為什麼我們能理解科學和藝術？
電腦與AI會影響大腦的演化嗎？

與眾不同的大腦

Michael S. Gazzaniga
葛詹尼加——著　鍾沛君——譯

HUMAN

THE SCIENCE BEHIND WHAT MAKES US UNIQUE

編輯弁言

本書編譯期間承蒙中央大學認知神經科學研究所所長洪蘭、高雄醫學大學心理學系助理教授蔡志浩、台灣大學心理學系教授花茂棽、資深翻譯人鄭明萱，以及台大心理學系碩士陳奎伯協助，針對本書名詞與概念給予指教，謹此致謝。

本書作者葛詹尼加常用 agency 或 agent 一詞，表示人類的「自由意志能力」，心理學界常譯為「能動性」；本書則用加了引號的「我」轉譯，以詮釋該詞隱含的客體性與獨立存在之意，特此注明。

各界好評

了解動物，了解人！

——白明奇／成功大學醫學院神經科主任

讓我們深入體會人類行為的根源，以及感受身為人類的驕傲。

——余顯強／世新大學資訊傳播學系教授兼系主任

「人」與其他動物的差別究竟為何，各家學者提供了豐富的資料與分歧的推論，本書有系統地剖析這些資料與推論，是值得細讀的好書。

——吳英璋／台灣大學心理學系教授

本書舉出四種人類特異於其他物種的認知能力發展面向：語言、社會互動、藝術創作及人工智慧運用，說明這些能力與環境適應、生存競爭之間的關係。並申論神經系統的演變在這些面向的認知能力進化中可能扮演的角色。以演化論的角度詮釋心理學近兩百年來的實徵發現及相關哲學議題，是本書的特點。書中使用到相當數量的心理學術語與概念，因此更適於具備現代普通心理學知識的讀者進行閱讀，極具參考價值。

——吳瑞屯／台灣大學心理學系教授

難得的作品，用最淺顯的方式，講述人之所以為萬物之靈的奧祕。

——李佳穎／中央研究院語言學研究所副研究員

人的大腦毫無疑問是人之異於禽獸的關鍵，也許我們更應該珍惜這樣的大腦所領悟出「己所不欲，勿施於人」的道理。

——周成功／長庚大學生物醫學系教授

耐心品讀，您將發現人腦的神祕機制。

——周蓮香／台灣大學生態學與演化生物學研究所教授

這本好書幫助你了解大腦也了解你自己。

——林一平／交通大學資訊學院院長

從大腦到行為的神奇之旅！

——林文瑛／中原大學心理科學研究中心主任

將認知神經科學深奧的學問，深入淺出介紹，引人入勝。

——邱仲慶／奇美醫學中心院長

確實是一位「認知神經科學之父」的經典之作，令人讀來津津有味，欲罷不能；相關領域之人一定想購閱的重要又珍貴的參考文獻。

——柯永河／台灣大學心理學系名譽教授

要了解人，先要了解腦。本書提供了解腦與人的捷徑。

——胡海國／台灣大學醫學院精神科教授

葛詹尼加用淺顯易懂的方式，將近代從神經科學到人工智慧的理論，編織成一個有趣的故事，告訴我們人為什麼比其他物種特殊。任何對人的最基本存在處境關切的人，將會從本書獲得莫大的助益。

——徐百川／中央研究院生物醫學研究所副研究員

讀這本書的我，和黑猩猩不一樣，一邊笑，一邊學會了如何善用人類的獨特性。

——陳文玲／政治大學廣告學系教授

「認識你自己」是人類知識最終的歸宿，也是最初的動力。

——勞思光／中央研究院院士，華梵大學哲學系講座教授想了解人性，自本書開始！

——程樹德／陽明大學微生物暨免疫學研究所副教授

一位真正大師級專家的心智之旅。

——黃榮村／中國醫藥大學校長

你真的以為你比黑猩猩還了解你自己嗎？

——裴家騏／屏東科技大學野生動物保育研究所教授

人類複雜的高層次心智運作，必然有神經生物之演化基礎。葛詹尼加在本書以其豐富專業之學識，精采生動地闡釋心智、腦與演化之相關與人類獨特性。

——劉福清／陽明大學神經科學研究所所長

人是漫長演化過程塑造的有機體，人的認知能力——大腦處理訊息的資料結構與演算法——當然也是生命現象。產品與服務的設計者若能在演化脈絡下理解人類認知，將能夠更深入了解使用者體驗的本質。

——蔡志浩／高雄醫學大學心理學系助理教授

在發現自己是騙子之前，慶幸人類已發明電腦；最後是騙子贏了電腦，還是騙子依然是騙子？希望這書可以給你我答案！

——蔡惠卿／中華民國自然生態保育協會祕書長

解開人之為人的祕密。

——蕭新煌／中央研究院社會學研究所所長

我終於明白「臉書」為何成為全世界人口第二多的「國家」，也終於認清「我是誰」了！

——羅文坤／文化大學廣告學系主任

葛詹尼加是當今最具影響力的心理學家之一。在這本令人驚豔的新書中，他將所學傾囊相授；以他一貫的妙筆生花、不故弄玄虛的寫作風格，流暢地解釋了在心智與大腦方面最新的科學發現。他的敘述能讓讀者感到心滿意足。

——平克／哈佛大學約翰史東心理學教授，著有《空白石板與思想的原料》

機智的筆觸讓內容精采絕倫。葛詹尼加是神經科學界的巨擘，除了一流的研究品質之外，他也擁有絕佳的能力，能將他的研究成果以充滿感染力的熱忱傳達給一般大眾。

——巴茲爾／NBC新聞網首席科學記者

《與眾不同的大腦》一書傳達了在認知神經科學界令人興奮的新發現……充滿讓人眼睛一亮的洞

見。

——拉瑪錢德朗／加州大學聖地牙哥分校腦與認知中心醫學博士與哲學博士，著有《尋找腦中幻影》

讓人能愉快閱讀的精準內容……連沒有受過專業腦部知識訓練的人都能在他描述的科學中找到樂趣。

——醫學博士布倫姆／斯克利普斯研究院榮譽教授

這本精采的書揭開了人性特殊狀態的祕密。

——波士納／奧勒岡大學心理學榮譽教授

葛詹尼加分享了他舉足輕重的洞見……既發人深省又條理分明。

——海曼／哈佛大學教務長

葛詹尼加這本令人讚歎、內容包羅萬象的指南，是探索人腦銀河的不二指南。

——亨寧格／《華爾街日報》專欄作家

■推薦序

人類為何如此獨特？

單定一

這是一本從神經科學的觀點，解釋人為什麼獨特的一本書。我很欣慰能見到這樣一本書的出現；當初我選擇走神經內科，也是著迷於人腦的獨特性，不光是人與動物比較時所展現出來的獨特性，也在於每一個個人的獨特性。近年來因為功能性磁振造影及電生理研究技術上的進步，大腦的奧祕漸漸被人了解。本書指出大腦成像研究顯示，針對特定資訊，大腦只有一些特定的區域產生反應。雖然人類與動物大部分的基因都相同，關鍵的少數基因卻使得人類對語言相關的資訊產生反應，神經科學的研究也證實人類與語言輸入有關的新皮質區域比靈長類的大。在原始的人類開始群體生活時，語言原來只是彼此溝通，為了避免被獵食者吃掉的一個工具。因為物競天擇的力量，讓具有語言優勢的群體存活下來。抽象思考的能力原本只是語言發展後的副產品，但是它也使得人類可以用一個客觀的角度去詮釋自己與這個世界的關係。本書指出人腦有一個既普遍又具有決定性的特色，就是會在內心建立起模型，來解釋他人的意圖、感受和目標。鏡像神經元就是將別人的經驗與自己相同的經驗比較，這就是移情作用（同理心）產生的原因，也解釋了情緒感染的神經機制。

本書另一個重點是指出在人腦做決定的過程中，情緒是催化劑；這也解釋了為什麼世界上的很多事物並不理性。在我年幼時，也曾經怕做決定，漸漸地我了解到掌控情緒的重要性。本書提到「想法」是如何藉由「注意力轉向」從潛意識的深處移動到意識裡；同樣地，人也要學著意識到自己潛意識的情緒反應，才能用客觀的角度去剖析它、掌控它。

本書還有一些特別的觀點，譬如提到語言是雙面刃，因為有人可以藉由提供錯誤的資訊（說謊）去操縱其他人的行為，讓發出信號者從中受益；這不由得讓我從進化論的角度去思考這個問題。本書還指出一些經驗的身體基礎，包括利他、美學，以及自我覺知的意識。譬如在藝術家的大腦，可能存在某些區域對美學經驗比常人更敏感；譬如當醫師對病人右側頂葉的角迴做電刺激時，竟然會讓病人產生靈魂出竅的體驗。

對於不熟悉生物學的讀者，本書內容可能有些艱澀，但還是一本值得細讀、啟人深思的一本書。如果要說本書還有甚麼遺漏的話，可能是對自由意志的神經基礎著墨不深。本書指出大腦功能的模組化，許多小的輸入根據各自的輸出程式產生反應。但是在大腦前額葉有一個區域負責掌控模組的轉換，讓我們可以用自由意志從某一個反應轉換到另一個反應。這也許正是讓我們不同於被巴夫洛夫制約的那隻狗，讓我們每一個人之所以獨特的地方。

單定一　台北榮民總醫院一般神經內科主任

獻給最美好的人類、大家最愛的姑姑、……

蕾貝卡·葛詹尼加

與眾不同的大腦　目次

致謝

這本書源自很久之前，最早應該是從加州理工學院的普魯夫洛克宿舍開始的；當時我有幸在那裡攻讀研究所，我們把那裡暱稱作「我們家」，裡面有好幾個臥房，我就住在其中一間。我告訴你，其他間臥房裡都住著比我聰明、有智慧許多的人。大多數是物理學家，他們之後也都成就非凡。他們會絞盡腦汁思考艱深的問題，而且也都解決了很多這類的問題。

對我這種年輕的菜鳥來說，住在那裡的經驗對我影響最深遠的，就是這些聰明人的遠大抱負。研究艱深的問題，努力、努力、再努力。當時我也這麼做了，而且到現在還是這樣。但看似矛盾不合理的是，我投入一生所研究的問題比他們研究的難多了；簡單來說，我研究的是：人類到底是怎麼一回事？奇怪的是，他們也對我研究的問題深深著迷。可是在那時候，我不像他們一樣可以隨時利用概念性的工具來研究他們的問題，我連一壘的邊都搆不到。那時候我常常在西洋棋盤上痛宰我的室友物理學家東貝，可是我到現在都還不太確定自己真的了解熱力學的第二定律。事實上，我知道我根本就不懂。但是東貝好像什麼都懂。

那裡的空氣裡瀰漫著這樣的信念：有意義的生命目標就是要洞察生命的謎團。那樣的氣氛太有感染力了，以至於到了四十五年後的現在，我又嘗試了一次。可是這次我不是只靠我自己，也不是碰碰運氣而已。我想知道的是，做為一個人類究竟代表了什麼。這樣就很清楚了。所以我再從牛棚出場一次，打入了我周圍這些聰明的年輕學生之中。

這趟旅程大約從三年前開始，那是我在達特茅斯學院的最後一年的進階課程。我將自己很想探索的幾個主題，交給一群不同凡響的年輕男女研究；他們聚集在酒吧吧台前，邊喝果汁邊交換他們的各種看法。我們披荊斬棘了大約兩個月，研究成果讓大家深受啟發。有兩個學生對此展現出熱情，而且我可以很欣慰地說，他們現在都走上心智科學研究之路。

隔年是我在加州大學聖塔芭芭拉分校教書的第一年，這間大學相當致力於研究與學術探索。我的那門課是開給研究生的，而他們不只讓這個演化的故事更有深度，也加入了很多見解。接著發生了一件有趣的事。

我被診斷出罹患前列腺癌，必須要接受手術。我可以告訴各位，那天諸事不順，就算是禿頭也會覺得頭髮怎麼弄都不對勁！可是我的醫療團隊非常棒，他們對我的病情發展所做的診斷結果也都很好。所以我還是埋首工作，而且很幸運的，我的姊妹蕾貝卡．葛詹尼加準備好要做點新嘗試，在所有給予這個世界恩賜的人之中，她應該是最美好的一位；她是醫生、植物學家、畫家、廚師、旅行者、大家最愛的姑姑，而且我現在發現她還是個科學成癮者、作家、編輯、合作對象。她是冉冉升起的明日之星。如果沒有她的幫忙，這本書根本不會存在。

我打算扮演傳聲筒，傳達我的學生與家人等許多人豐富的才華。我做這件事時滿懷著榮耀感與喜悅，因為我依然記得加州理工學院普魯夫洛克宿舍責無旁貸的信念：思考大問題。並不是因為這些問題很重大，而是因為它們具有挑戰性、能激勵人心，而且歷久不衰。看看你怎麼想的吧。

序

「好好保重、認真工作，我們保持聯絡。」每次聽見主持人寇勒這麼說，我都會微笑，雖然是這麼簡單的結語，卻充分表現了人類的複雜。其他的猿猴都沒有這樣的感情，想想看就知道了。我們這種物種就是喜歡祝福別人，而不是傷害別人。不會有人說「祝你今天諸事不順」或是「工作失敗」；保持聯絡更是電信產業發現我們都會做的事，就算沒事也要聯絡一下。

寇勒用一句話就捕捉了人性。有一張搭配各種說明的著名圖片在演化生物學界流傳甚廣：圖片的一端有一隻猿猴，接著出現好幾個中間發展階段的早期人類，逐漸演化成另外一端的高大、直立人類。雖然我們現在知道人類的發展並不是這麼的直接，但這樣的譬喻依舊成立。我們的確演化了，天擇的力量使得我們成為現在的樣子。但我還是想修正一下這張圖，我認為這張圖上的人類應該要轉身，手上拿著一把刀，切斷自己與過去版本之間那條想像的聯繫，好讓他能獲得自由，得以做出其他動物完全無法設想的事。

人類很特別，我們都能經常性地、不費吹灰之力地解決問題。當我們手上拿著大包小包的購物成果走到紗門前，我們馬上就知道怎麼伸出小指勾住門把開門；人類的心智十分有生產力，而且活力旺盛，以至於我們會有各種行為，例如幾乎對於所有東西都想**套上「我」意識**（也就是投射我們自己的意圖）——我們的寵物、我們的舊鞋、我們的車、我們的世界、我們的神。好像我們不甘於獨自處在認知鍊的最上層，獨占地球上最聰明的生物的位置。我們想看到狗討我們歡心、喚起我們的情感，我們會想像牠們也有七情六欲、愛恨情仇。我們很了不起，卻也有點害怕自己這樣。

數百年來，數以千計的科學家和哲學家分為兩派，一派肯定人類的獨特性，另一派則抱持著否定的態度，並且試圖在其他動物身上，找到人類各種特性的前身。近年來，聰明的科學家已經發現，各種我們以為純粹是人類建構的事物，其實都有前身存在。過去我們以為只有人類有能力思考自己的想法，所謂的**後設認知**。不過這個嘛，再想想吧。喬治亞大學的兩位心理學家已經證實老鼠也有這種能力，原來老鼠知道牠們不知道什麼。這代表我們應該收起捕鼠器嗎？我可不這麼想。

關於差異的趣聞隨處可見，你也一定能在生物生命的其他面向裡找到特別的趣事。傑出的神經科學家與遺傳學家葛林斯班，在加州拉荷雅的神經科學機構專門研究果蠅的睡眠。

某天午餐時，有人問他：「果蠅會睡覺嗎？」他妙答：「我不知道，我也不在乎。」但之後他思考這個問題，開始覺得他也許能從睡眠的神祕過程中，學到些過去不為人所了解的知識。這個故事的簡短版本是，果蠅的確就跟人一樣會睡覺；更重要的是果蠅在睡覺與清醒時表現的基因都和我們一樣。其實葛林斯班最新的研究還發現連原生動物都會睡覺。這可真是令人鬆一口氣，可見我們沒什麼不一樣的嘛！

重點是，大部分的人類活動都能和在其他動物身上看到的前身扯上關係。但若被這個事實給擊倒，那就會錯失了人類經驗的重要性。在本書的章節中，我們會整理各種資料，包括關於我們的大腦、心智、社交圈、感覺、藝術成就、我們賦予事物以「我」的能力，還有我們的意識，以及我們逐漸了解的學問：大腦能用矽零件來取代。從這段旅程開始，一個清楚的事實逐漸浮現：雖然我們是以同樣的化學物質所組成、有同樣的生理反應，但我們和其他動物還是很不一樣。就像氣體能變成液體，液體又能變成固體，演化過程裡會發生各種階段的轉換，這些轉換涉及的事物多到讓人無法想像人類與其他動物其實有相同的組成成分；如同瀰漫的霧氣與冰山的成分相同，但在與周遭環境的複雜關係中，有著同樣化學結構的相似物質，在實際上與形式上也可能會天差地遠。

在深思過後，我確實認為在人類演化的過程中有類似階段轉換的情況發生。當然不是只有單一的東西，就能造成我們這些了不起的能力、我們的抱負，還有我們突破現有狀態、神遊於無盡時空中的能力。儘管我們和孕育我們的生物世界有著這些聯繫，有時候還擁有相似的心智結構，但我們彼此還是有很大的不同。我們的基因與大腦結構和動物十分類似，但也總能在兩者中找出差異。即使我們會用車床研磨珠寶，而黑猩猩會用石頭敲開堅果，兩者間的差距卻有光年之遙。雖然家裡的狗似乎有移情作用，但事實上沒有一種寵物能了解悲傷與遺憾間的差別。

階段轉換曾經發生，而且這是我們的大腦與心智眾多改變導致的結果。這本書談的就是我們的獨特性，解釋我們如何成為現在的樣子。我個人很喜歡我們這個物種，一直都是這樣。我從不認為我們應該放棄自己的成功以及主宰宇宙的地位。因此讓我們展開這趟旅程，了解人類之所以特殊的原因，並從中得到樂趣吧。

關於參考資料

本書的附注格式均依照美國心理學會（APA）所出版寫作手冊規定。在本書付梓出版時，最新的手冊版本為第五版；手冊中詳列之美國心理學會格式是教育與心理學之科學類文章普遍認可的標準。

第一部

人類的生命基礎

兩足運動讓我們能空出雙手並改變呼吸模式，可相對的拇指讓我們發展出精細的運動協調動作，獨特的喉頭讓我們能說話；而我們的腦袋也經歷了其他改變……

第一章 人類的大腦特別嗎？

大腦是讓我們和其他物種有所差異的器官。讓我們與眾不同的不是我們的肌肉或是骨頭的力量，而是我們的大腦。

——拉基許，〈二十一世紀重大醫學議題〉，《紐約科學院年刊》第八百八十二期，六十六頁，一九九九年

偉大的心理學家普瑞馬克曾哀嘆：「為什麼（同樣偉大的）生物學家愛德華威爾森能在九十公尺外分辨出兩種不同種的螞蟻，卻看不出螞蟻與人之間的差異？」這句帶有嘲諷意味的話點出了對人類獨特性這項議題的不同看法。科學界有一半的人認為人類和其他動物走在同一條持續發展的道路上；另一半的人覺得人類和動物之間有著明確的界線，是兩個完全不同的群體。這個議題已經爭論不休了數年之久，也勢必無法在近期內解決。畢竟人類要嘛就喜歡稱兄道弟，要不就畫清界線；我們要不就只看到相似處，不然就喜歡挑出相異點。

我想從一個特殊的觀點來討論這項議題。我覺得如果用「人類和螞蟻都有社會行為」這種理由，就推論出人類的社會行為沒什麼獨特的，未免也太空泛了。F－16戰鬥機和派柏小熊號輕航機都是飛機，都遵守物理定律，也都能從甲地載你到乙地，但這兩者卻是天差地遠。我首先要肯定一件事，也

就是人類的心智與大腦，和其他動物的心智與大腦有極大的差異，接著來看有哪些結構、過程、能力都是人類所特有的。

我一直都很疑惑，為什麼很多神經科學家面對「人類的大腦是否有獨一無二的特徵」這個問題時，反應都十分激動。為什麼他們輕易地接受「我們獨特的外觀讓我們與眾不同」，可是一說到人與動物腦部的差異與運作方式的不同，反而變成一個棘手的問題？最近我問了幾個神經科學家下面的問題：「如果你在記錄一塊腦部海馬切片的電脈衝，但事先並不知道這塊切片是來自老鼠、猴子，或是人類，請問你能分辨其中的差異嗎？換句話說，人類的神經元有什麼特別的嗎？未來製造人腦是不是只能用這種神經元，還是隨便用猴子或老鼠的神經元也可以？我們不是都假設神經元本身沒有什麼特別的，而讓人之所以為人的特殊處是來自於神經網路圖譜的微妙嗎？」

他們的激烈反應可以用下列幾種回答來表達：「細胞就是細胞，就是細胞。細胞是通用的單位，蜂蜜細胞與人體細胞的差別只在於大小而已。如果你用對方法測量老鼠、猴子，或是人類的錐狀細胞，就算你會通靈都沒辦法辨別其中的差異。」就是這樣！我們研究老鼠或螞蟻細胞時，我們研究的是一套跟人類神經元沒有差異的機制。句號。沒什麼好說的了。

另外一種反應是：「大腦裡的神經元種類各有不同，反應特性也不一樣。但就哺乳動物來說，我想神經元就是神經元。神經元（和突觸組成物）輸入與輸出的資訊會決定它的作用。」看吧！又是動物神經元的生理學和人類一樣的說法。如果沒有這個假設，大費周章研究神經元就會變得毫無意義。當然這些神經元有相似處，但難道就沒有不同點嗎？

人類很獨特。但人類究竟是怎麼獨特？又是為什麼獨特？是數個世紀以來這麼多科學家、哲學家，甚至是律師感興趣的問題。當我們想要找出動物與人類間的差異時，隨之而來的就是針對各種想法與資料的意義，所引發的爭議與對立；等到聲囂漸歇，留下來的是更多的資訊，讓我們能依此建立更強而有力、更扎實的理論。有趣的是，在這個過程裡，似乎很多相對的意見被證實彼此都有部分正確之處。

雖然人類生理上的獨特性顯而易見，但同樣顯而易見的是，我們與其他動物在一些更複雜的層面上也有所不同。我們創造藝術、波隆納義大利麵、複雜的機器，還有些人能了解量子物理。不用神經科學家告訴我們，我們也知道這些是我們的大腦所主導的，但是我們需要他們來解釋這是怎麼辦到的。我們有多特別，又是怎麼樣特別呢？

大腦如何造成我們的想法與行動依舊難以解釋，而在這麼多未知的謎團中，最大的謎就是：想法是如何從潛意識的深處移動到意識裡的。隨著大腦研究方法的日益成熟，有些謎團已經解開。可是一旦解開一個謎團，常常似乎又引出了更多的謎團。大腦成像研究已經使得一些普遍的觀念受到質疑，有些觀念甚至完全被推翻。舉例來說，過去認為大腦像是通才，會無差別地處理所有接收的資訊，然後再整合這些資訊，但就算是在十五年前，這種說法都已經不再普遍地為人所接受了。大腦成像研究顯示，大腦的特定區域會針對特定類型的資訊產生反應。若你看見一樣工具（為了某種特殊目的製作的人造物品），你的大腦並不是全體動員在研究這個東西，而是有一個特定的區域特別活躍，負責檢視這樣工具。

這個領域中的發現引發了許多問題：有特定負責區域的資訊到底有多少種？哪一種明確的資訊會啟發各自區域的活動？為什麼某種活動會刺激特定區域，但別的活動不會？如果某些資訊沒有特定的腦部區域負責處理，那又會怎麼樣？雖然先進的成像技術能告訴我們，哪些思考或行為和大腦的哪一個部分有關，但掃描結果卻不能告訴我們腦部的這個區域究竟發生了什麼事。現在大腦皮質已被視為是「科學界已知堪稱最複雜的實體[1]」。

大腦本身已經夠複雜了，但研究大腦的各種學科數量之多*，更創造出數以千計的研究領域，提供無數的資訊。要在堆積如山的資料中找出秩序，根本就是奇蹟。某個學科使用的詞語，在另一個學科裡常常代表不同的意義。科學發現也可能因為差勁或錯誤的詮釋而遭到扭曲，形成不當的基礎或是對理論不正確的反駁，可能要過了好幾十年才會受到質疑並重新評價。政治人物或其他公眾人物常常也會錯誤詮釋或忽視某些科學發現以達到某種目的，或乾脆抑止可能造成政治不便的研究。不過這也沒什麼好沮喪的！科學家就像拿到骨頭的狗一樣，會緊咬著現有的東西不放，從中建立一套理論。

讓我們用和過去相同的方法開始探討人類的獨特性：觀察大腦就好。它的外表能告訴我們什麼特別的事嗎？

*不只是人類學家、心理學家、社會學家、哲學家、政治人物對腦有興趣，連各領域的生物學家（微生物學家、解剖學家、生化學家、基因學家、古生物學家、生理學家、演化生物學家、神經學家）、化學家、藥理學家，連電腦工程師都對腦有高度興趣。最近行銷學家和經濟學家也加入研究行列。

腦袋愈大愈聰明？

比較神經解剖學的研究內容正如其名，專門比較不同物種的大腦尺寸與結構；這樣的比較很重要，因為不管是就了解人腦或任何其他動物的特別處這件事而言，我們都必須了解各類腦袋的相似與相異處。過去這種工作很簡單，也不需要什麼設備，大概只要一把鋒利的鋸子跟秤子就夠了，十九世紀中葉之前大概也只有這些能用。接著達爾文出版了《物種起源》一書，讓人類是否是猿猴的後代這個問題受到相當的關注。比較解剖學頓時成為焦點，大腦也站上了舞台中央。

神經科學的歷史上曾出現過一些假設，其中一項假設是：認知能力的日益增加與發展，與大腦在演化過程中的尺寸增加有關。這是達爾文的看法，他寫道：「人類和其他高等動物的差別雖然相當大，但也只是在於程度的差別，而非種類的差別。[2]」和他站在同一陣線的神經解剖學家赫胥黎也認為，人類的大腦除了尺寸之外，和其他動物並無差異[3]。當時大家普遍相信所有哺乳類的大腦組成都一樣，但尺寸愈大的腦表現就愈複雜。這樣的觀念是動植物種類史的等級圖表基礎，有些人可能在學校裡看過這張圖：人類坐在演化過程的最頂端，而不是在樹的分支上[1]。然而目前任教於哥倫比亞大學的人類學教授霍洛韋則不同意這項理論。他在一九六〇年代中期提出，認知能力的演化改變是由於大腦重組，而不只是單純的尺寸改變的結果[4]。這項關於人類與動物間、動物彼此之間腦部質與量的差異爭論，至今仍方興未艾。

尤基斯全國靈長類研究中心的神經科學家普尤斯解釋了為什麼這種意見分歧的爭議性會如此之高，又為什麼關於連結差異的新發現會被視為是「麻煩」[1]。很多關於皮層組織的歸納都是基於

「量」的假設，所以科學家相信，以老鼠或猴子等其他哺乳類動物的大腦結構模型得出的研究發現，也適用於人類。如果這樣的假設有誤，造成的衝擊也會影響到其他領域的研究，包括人類學、心理學、古生物學、社會學等等其他學科。普尤斯主張針對哺乳類大腦的**比較性**研究，不要使用像是老鼠的整個大腦模型來解釋人腦的作用，而是要研究小一點的範圍。他和很多其他科學家都發現，用顯微鏡觀察哺乳類動物的腦就會發現彼此間有很大的不同[5]。

這種關於量的假設正確嗎？似乎不是。若以腦部的絕對尺寸來看，很多哺乳類動物的腦都比人腦還大。藍鯨的腦比人腦大五倍[6]，但牠比人類聰明五倍嗎？我很懷疑。牠要控制的身體比較大，但是腦部的結構卻比較簡單。《白鯨記》裡的埃哈伯船長可能找到了一隻絕頂聰明的鯨魚（雖然他面對的是一隻抹香鯨，但這種鯨魚的腦還是比人類大），但這種情況畢竟並不普遍。因此也許成比例的（異速生長的）大腦尺寸才重要——大腦與身體尺寸的比例，通常稱做相對腦尺寸。用這種方法測量腦部尺寸的差異就讓鯨魚能適得其所，因為鯨魚的腦重量只有體重的百分之〇・〇一。相較之下，人腦重量則是體重的百分之二。同時再想想看，囊鼠的腦袋重量是牠體重的百分之十。事實上，十九世紀初的解剖學家居維葉就說過：「萬物平等，小型動物會有比例上較大的腦袋。[6]」因此可預測的是隨著體型縮小，腦部比例會跟著變大。

然而人腦的大小卻比類似體型的哺乳類腦袋大了四到五倍[7]。事實上，在人類演化的始祖（猿猴類）當中，一般來說腦的尺寸都比身體尺寸增加得快，其他的靈長類卻不是這樣。自從脫離黑猩猩往不同方向演化後，人腦的尺寸便突飛猛進[8]。黑猩猩的腦約重四百公克，但人腦的重量大約是一三〇〇公克[6]。所以我們的腦的確比較大，但這就是我們的獨特之處，而且能解釋我們的聰明才智的原因嗎？

記得尼安德塔人嗎？尼安德塔人的身體質量大約與現代智人相近[9]，但是頭蓋骨的容量稍微大一些，大約是一五二〇立方公分，現代人則是一三四〇立方公分，所以他們的相對腦尺寸也比人類大。那麼他們的智力和人類相似嗎？尼安德塔人會製作工具，顯然會從遠方進口原料，還發明了製作矛和工具的標準化技術[10]，大約在五千年前就開始彩繪身體並埋葬死者[11]。很多研究者認為這些活動顯示某種程度的自我覺知以及初步的象徵性思考；這些發展的意義重大，因為它們據信是人類發展語言的關鍵[12]。沒人知道他們的語言能力程度到哪裡，但尼安德塔人的物質文化顯然不如現代的智人那樣複雜[13,14]。雖然尼安德塔人比較大的腦袋不如智人厲害，但一定比黑猩猩的腦更進步。大腦袋理論的另外一個問題是，智人的腦袋尺寸在物種歷史上**減少**約一五〇立方公分，但他們的文化與社會結構卻變得更複雜。因此腦袋的相對尺寸也許有其重要性，但並不是唯一決定因素。既然我們面對的是「科學界已知堪稱最複雜的實體」，這樣的結果應該不至於讓人感到驚訝。

我個人對這項議題的看法是，我從來不信腦袋尺寸理論那一套。過去四十五年來我都在研究裂腦症患者。這些患者接受讓左右腦分開的手術以控制他們的癲癇。在手術過後，他們的左腦就無法與右腦進行有意義的溝通，使得兩者互相獨立。結果就是一個原本互相連結的一三四〇公克的腦袋，變成一個六七〇公克的腦袋。這對智力有什麼樣的影響？

其實沒有太大的影響。他們表現了人類在多年的演化變遷中所發展出的特化作用。左腦是比較聰明的那一邊，負責說話、思考、產生假設；右腦不會這樣，是左腦象徵性的笨兄弟。但是右腦還是有些優於左腦的能力，尤其是在視覺感知方面。然而以現在的目的來說，重點是左腦保留了與右腦分割前的良好認知能力，讓右腦的六七〇公克隨風而逝。聰明的腦袋靠的不只是大小。

在我們結束腦袋尺寸這個問題之前，先來看看基因學上令人振奮的新消息。基因學研究為其他很多研究領域帶來了變革，其中也包括神經科學。對於那些天擇說的支持者來說，一個相當合理的假設是：人腦尺寸的突然增加，是眾多機制造成的天擇結果。基因是染色體上有作用的區域（染色體是顯微鏡才看得到的細長組織，位在細胞核，帶有遺傳特徵），而這些區域由DNA序列組成*。有時候這些序列會有些微差異，因此該基因帶來的影響也有所不同。這些多變的序列就是**對偶基因**。因此帶有花朵顏色基因的DNA鹼基對可能會不一樣，也造成花朵顏色的不一樣。當對偶基因對器官有極重要的正面效果時，例如讓該器官更適於生存或是增加產量，這項對偶基因就會受到所謂的正向篩選或定向選擇。天擇會偏好這樣的變異，這個特定的對偶基因也就很快會普及。

目前不是所有基因的功能都已為人所知，不過很多與人腦發展有關的基因都跟其他哺乳類的不同，尤其跟其他靈長類不同**。在胚胎的發展過程中，這些基因會決定神經的數量和腦的大小。各物

---

*去氧核糖核酸，即所謂的DNA，是雙股螺旋分子，主要由糖和磷酸酯組成。每一個糖會連結四種鹼基其中之一，這四種鹼基分別為：腺嘌呤（簡稱A）、胞嘧啶（簡稱C）、鳥糞嘌呤（簡稱G）、胸腺嘧啶（簡稱T）。這些鹼基會互相結合（A和T，C和G），連結兩條螺旋。這些鹼基的排列就是基因碼。

**包括下列這幾種的基因：ASPM、微腦磷脂基因、CDK5RAP2、CENPJ、音蝟基因、APAF1、CASP3。

種間負責神經系統的新陳代謝、合成蛋白質等基本細胞功能等「一般家務」的基因都差不多[15]，但是目前已辨識出兩組負責調節腦尺寸的基因：微腦磷脂基因[16]和ＡＳＰＭ（與異常紡錘型小腦症相關的基因）*[17]。之所以會發現這些基因，是因為基因缺陷會透過繁殖傳給家族的其他成員，而這兩種基因不論哪一個有缺陷，都會造成先天小腦症，這是一種體染色體隱性遺傳**神經發展失調。這種異常有兩個主要的特徵：頭部尺寸顯著縮小，也就是說患者的腦比較小，但是腦的結構都很正常；另一項特徵是非進行性智能障礙（nonprogressive mental retardation）。這兩種基因都是以該基因有缺陷時所造成的疾病命名***。尺寸大幅縮減的是大腦皮質（記住這一點）。事實上，他們腦部尺寸的縮減程度之大（比正常的腦低了三個標準差），相當於回到人類始祖的大腦尺寸[18]！

藍田是芝加哥大學與霍華休斯醫學研究中心的基因學教授，他的實驗室最近研究指出，在智人演化的過程中，這兩項基因在天擇的壓力下都經歷了重大的改變。沒有缺陷的微腦磷脂基因證明了整個靈長類族系的加速演化[19]，同樣的，沒有缺陷的ＡＳＰＭ在人類與黑猩猩分道揚鑣後也快速演化[20]，顯示這些基因是造成我們祖先的大腦尺寸大躍進的原因。

加速演化就是字面上的意思。這些熱門基因形成的特徵，讓基因的擁有者有明顯的競爭優勢。只要有這些基因就能有更多的後代，因此這些基因成為主要的基因。但這些發現並不使研究者感到滿足，他們想知道這些基因能不能回答人腦會不會繼續演化的問題。結果是會，而且人腦也的確在繼續演化。基因學家推論如果基因在形成人類的過程中會演化以適應環境，就像這些基因增加大腦尺寸一樣，那麼基因可能還在繼續演化。你是怎麼知道的？

科學家比較了世界各地居住在不同地理區、不同族裔的人的基因序列，發現這些人神經系統的基因密碼都有序列差異（所謂的**多型性**）。利用基因可能性及其他各種方法，分析人類與黑猩猩的多型性模式與地理區分布後，他們發現證據證明這些基因在人類體內正在進行正向篩選。他們算出了微腦

---

*這是一個迷人的基因故事：巴基斯坦人在一九六〇年代，在傑倫河上建了曼格拉水壩作為發電與儲水灌溉之用。因水壩而形成的湖淹沒了水壩後方的山谷，造成喀什米爾米爾普爾區兩萬個家庭流離失所，失去肥沃的農地。這些受災戶很多搬到了英格蘭的約克夏地區，因為當地缺乏技術高超的紡織工。多年以後，一名來自英國里茲聖詹姆士大學醫院的醫師兼臨床基因學家伍茲，發現很多巴基斯坦家庭的小孩都有先天小腦症。因此他開始研究受這種疾病所苦的小孩與正常親戚的ＤＮＡ，於是發現了這兩種基因。曼格拉水壩在當時是個備受爭議的計畫，現在也再度引起爭議。巴基斯坦政府目前打算擴建水壩，將再造成四萬四千人到十萬人流離失所。關於發現這兩種基因的探查工作，可以在以下書籍中看到相關的簡述：A. Kumar, M. Markandaya, S. C. Girimaji, Primary microcephaly: Microcephalin and ASPM determine the size of the human brain, *Journal of Biosciences*, vol. 27:629-632, 2002.

每個人的非性聯染色體上的每個基因都有兩個複製品，一個來自母親一個來自父親。如果一個基因是隱性的**，為了讓它變成顯性的或可見特徵，就必須有同時來自母親與父親的這項基因複製品。如果只有一個複製品，假設是來自母親的，來自父親的顯性基因就會決定可見特徵。除非父母親都帶有這項隱性特徵，小孩才會表現出這項特徵。如果父母親都帶有這種基因，每個小孩都有百分之二十五的機率會表現出隱性特徵。

***如果你對基因的命名有興趣，可參考下列網站：gene.ucl.ac.uk/nomenclature。

磷脂基因的一項基因變異約發生在三萬七千年前，約與文化上屬於現代的人類崛起的時間相同；而且這種變異出現頻率的增加速度，也快到不像是隨機的遺傳漂變或人口遷徙的結果。這顯示它經歷的是正向篩選[21]。ASPM基因的變異約在五千八百年前發生，正好與農業和城市開始普及和最早的手寫文字紀錄出現的時間相同。這項變異在群體中出現的頻率，也高到顯示出強烈的正向篩選現象[22]。

這些發現聽起來都讓人為之一振。我們有個大腦袋，而且至少發現了一些跟腦尺寸有關的基因，這些基因看來也在我們演化的關鍵時刻出現改變。難道這不代表它們是一切的推手，而且是它們讓我們與眾不同的嗎？如果你覺得第一章就會告訴你答案，那你應該沒有在用你的那個大腦。我們不知道基因改變到底是造成文化改變的原因，或者只是推了一把而已[23]。然而就算它們是主因，大腦裡面到底發生了什麼事，一切又是怎麼發生的？是只有我們會這樣，還是我們的猩猩親戚也經歷一樣的過程，只是程度比較小而已*？

腦部結構

大腦的結構可以從三個層面來觀察：區域、細胞種類、分子。若你還記得，我曾提到過去的神經解剖學很簡單。著名的實驗心理學家賴胥利曾經建議我的良師史培利：「不要教書。如果你一定得教，就教神經解剖學，因為它不會變。」但它已經變了。現在要研究大腦的各個區塊，除了在顯微鏡下觀察會透露不同資訊的各種染色技術，還有各式各樣的化學方式可以應用，像是放射線追蹤、螢光特性、酵素組織化學、免疫組織化學技術，還有各種掃描儀器等等。現在不夠的是可供研究的實體。

靈長類的大腦並不好取得；黑猩猩現在瀕臨絕種，大猩猩和紅毛猩猩的腦也不多。雖然有腦袋的人類很多，但也很少有人願意為了研究而放棄自己的腦。很多對於一些物種的研究都是侵入性及永久性的，不怎麼受到智人的歡迎。成像研究也很難用在非人類的物種上，畢竟要讓一隻大猩猩安靜躺好難度還滿高的。即使如此，現在還是有很多工具能使用。而雖然我們已經學到了很多知識，還是有很多該學到的卻還沒學到。老實說，真的學到的東西很少。這種情況一方面保住了神經科學家的工作，另一方面這條知識的鴻溝，也提供了各種推測與意見存在的空間。

腦部區域

我們對大腦的演化了解多少？大腦是整個均衡地變大，還是只有特定的區域變大？

有一些定義可能有助於回答上述問題。**大腦皮質**是腦的外部，尺寸就像一條大毛巾，然後擠出皺摺，鋪在腦上面。大腦皮質共有六層神經細胞，有互相連結的通路。大腦皮質的膨大是人類與其他靈長類的大腦尺寸差異的主要原因。皮質的內部連結非常密切。百分之七十五的腦部連結都位在皮質層，剩下的百分之二十五通往腦的其他部位與神經系統，包含輸入與輸出的連結[6]。

新皮質是大腦皮質演化上較新的區域，也是產生感官感知、運動命令、空間感、思考能力，還有我們智人的語言能力的區域。新皮質在結構上分為四片腦葉：一片額葉和分別是頂葉、顳葉與枕葉的

---

*我們坐在演化樹的一根樹枝上，而不是在階梯的最上方。黑猩猩是我們最近的親戚，我們的祖先也相同。動物研究常常會比較人類與黑猩猩，因為牠們是最可能和我們有相似能力的動物。

三片後葉。大家都同意，包括人類在內的所有靈長類的新皮質都異常地大。刺蝟的新皮質重量只有大腦的百分之十六，小型猴嬰猴的新皮質則占百分之四十六，黑猩猩的新皮質占腦的百分之七十六，而人類的新皮質更大[6]。

腦的某部分變大代表什麼？若是等比例放大，則所有部分都會變大。如果整個腦變成兩倍大，那腦的每一個部分都會變成兩倍大。若是非等比例放大，就只有某個部分變得比其他部分大。通常當腦部區域改變大小，內部結構也會跟著改變。就像企業或組織一樣：你和哥兒們做了個小東西，然後賣出了幾個，等到產品受到歡迎，你就要雇用更多人來生產，接著你需要祕書跟業務代表，最後你會需要專家。

腦也是這樣。某個區域變大時，結構中就會有一個部分出現分支結構，專門負責特定活動。隨著腦變大而增加的其實是神經元的數量，神經元的尺寸在物種間是相對固定的。單一神經元能連結的其他神經元數量有限，所以雖然神經元的數量會增加，每一個神經元的絕對連結數量卻不會增加。可能的情況是，隨著腦部的絕對尺寸增加，連結的比例就會相對減少，因為單一神經元不能連結所有的神經元。人腦有數十億個神經元整合在區域迴路裡，如果這些迴路像蛋糕一樣層層疊起來，就會形成皮質區；如果這些迴路擠成一團而不是疊起來，那就是所謂的神經核團。皮質區和神經核團也會互相連結形成系統。加州大學爾灣分校的史崔特提出[6]，和尺寸相關的連結改變**可能**會限制腦部變大的程度，以避免造成不連貫的情況；而這也可能推動了演化，以克服腦變大所引發的問題。較鬆散的連結迫使大腦必須變得專業化，創造區域迴路並且自動化運作。然而根據柏克萊大學生物人類學與神經科學教授狄肯所言，整體來說，愈大的皮質區連結得愈好[24]。

現在來看看爭議所在：新皮質到底是平均變大，還是只有某些部分變大？如果是後者，又是哪些部分變大了？我們先來看看枕葉。這裡包括了一級視覺皮質（又稱紋狀皮層）等其他皮質；黑猩猩的新皮質中有百分之五是枕葉，人類則只有百分之二，比一般以為的還要少。這要怎麼解釋呢？是我們的枕葉縮小了還是新皮質的其他部分放大了？其實這種紋狀皮層的尺寸，正與和我們體型相似的猿猴所應有的尺寸相同，因此它應該沒有縮小，而是新皮質的其他部分變大了[7]。到底是哪些部分變大了才是爭議所在。

過去認為人類的額葉和其他靈長類相比，是等比例地膨大。早期這方面的研究是以非靈長類的研究為基礎，因為在大部分的非類人猿靈長類研究中，腦各部位的命名和重要發現都很分歧[25]。一九九七年時，絲門德菲芮和同僚發表了一項研究結果[26]。他們比較了十個活人、十五隻非活體類人猿（六隻黑猩猩、三隻巴諾布猿、兩隻大猩猩、四隻紅毛猩猩）、四隻長臂猿、五隻猴子（三隻恆河猴、兩隻宿霧眼鏡猴）的額葉體積。樣本數看起來不大，但是以靈長類比較神經解剖學來說，這樣的樣本數已經很多了，而且囊括的樣本也比之前的研究多。而他們的研究結論是，雖然人類額葉的絕對體積是最大的，但是人科動物的額葉相對尺寸都很相近。因此他們認為人類的額葉和類似體型的猿猴類應有的額葉尺寸相比，並沒有特別大。

這有什麼重要的？額葉與人類行為中的高等功能（例如語言及思考），有很大的關係。如果人類的額葉相對尺寸不比其他猿猴類大，那麼以語言為例，我們要怎麼解釋這種功能的增加？研究人員提出了四個可能：

一、這個區域可能經歷過重組，其中包括選擇性的（非全面的）皮質區膨大，造成了其他區塊的損傷。

二、同樣的神經迴路在額葉內的區塊連結，以及這些區塊和其他腦部區塊之間的連結，可能都比較複雜、豐富。

三、額葉次區塊可能經歷了區域迴路的修改。

四、這個混合區可能增加或減少了肉眼不可見或可見的次區域[25]。

普尤斯認為，就算你接受額葉和皮質其他部位相比並沒有不成比例地放大，額葉和**前額葉**皮質還是不可等同視之。前額葉皮質是額葉的前端，這裡多了一層神經元*，並且涉及計畫複雜的認知行為、個性、記憶、語言與社交行為的某些部分，因此和其他的額葉皮質有所區別。他認為在額葉中，前額葉所占的比例可能變了。普尤斯提出證據指出，運動皮質在人類額葉所占的比例小於黑猩猩，顯示人類額葉的另外一個部分有擴大，所以額葉的整體大小才沒有改變[1]。事實上，絲門德菲芮證實了人類前額葉皮質側面的第十區，幾乎是猿猴類的兩倍[27]。第十區掌管記憶和規畫、認知彈性、抽象思考、採取合宜的行為並禁止不合宜的行為、學習規則，以及從感官所感知到的刺激中選擇相關的資訊。我們在後面的章節會講到在這些能力中，人類有某些特別強，有些還是獨一無二的。

賓州大學的史寇耐曼和同僚想了解**白質**在前額葉中的相對數量[28]。位在皮質下方的白質是由連結皮質與其他神經系統的神經纖維組成。他們發現人類前額葉的白質和其他靈長類相比，是不成比例地多，因而推論出大腦這一區的連結度較高。

連結度很重要。假設你要建立一個組織來追蹤一個逃犯，你推測他開車在全國各地逃亡，那麼所有相關的執法單位之間最重要的是什麼？是溝通。如果路易斯安納州的警察知道要注意藍色的豐田汽車但不告訴其他單位，或是公路巡邏警察在帕索發現可疑車輛往西前進，卻不告訴新墨西哥州的巡邏警察，這樣一點好處都沒有。隨著大量的資訊湧入，調查單位間的溝通愈順暢，搜查也會更有效果。

前額葉皮質也是一樣。它和其他部位的溝通愈順利，不只能讓它的運作速度變快，彈性也會愈好。也就是說，用在一項任務的資訊也能用在其他方面。你知道的愈多，你的腦就會運作得愈快。雖然我們和黑猩猩的腦部結構相同，但我們受到刺激會有比較多的回饋，部分原因可能就來自前額葉皮質的內部連結。

前額葉皮質還有另一個有趣之處。非靈長類的哺乳動物的前額葉皮質有兩個主要區域，但靈長類有三個區域。原始區域是其他哺乳類動物也有的，也是比較早演化的眼眶前額葉區域，這一區會對外來的並且能獲得報酬的刺激有反應；另一區是前扣帶皮質，負責處理身體內部狀況的資訊。這兩個區域互相合作，形成決策中所謂的「情緒」層面[29]。在這兩區之外增加的新區域，稱為側前額葉皮層或**顆粒前額葉皮層**，也是第十區所在的位置。

這個新區域顯然是靈長類特有的[6]，主要掌管決策中的理性層面，也就是我們做決定時所意識到的努力。這個區域與人腦其他比較大的區域，也就是後頂葉皮質和顳葉皮質，有緊密的**互相連結**。在

＊稱為**內顆粒層**IV。

新皮質之外，這一區還**連結了**背側丘腦的數個細胞群，也就是同樣不成比例地放大的中間背側丘和視床枕。史崔特認為，膨大的並不是隨機選取的區域和細胞核，而是整個迴路[6]。他認為正是這個迴路讓人類更有彈性，並有能力替問題找到新的解決方法。這個迴路裡包括抑止自發反應的能力，這對於人產生新反應來說是必要的。

說完了額葉這個大部分研究的重點，顳葉和頂葉其實就沒什麼好說的了。我們只知道它們也比我們所預期的大，而且是博士論文題目的寶庫。

那大腦的其他地方呢？還有其他地方也變大了嗎？嗯，小腦也變大了。小腦在腦的下後方，負責協調肌肉活動。小腦有一個部分比預期的大，明確地說，是齒狀核部分。這一區負責接受來自側小腦皮質的神經輸入，並透過丘腦輸出神經元傳到腦皮質（丘腦會分類並引導來自其他部位神經系統的感官資訊）。有意思的是，愈來愈多證據顯示小腦除了掌管動作之外，和認知能力也有關係。

功能的故事：皮質區

腦除了實體上可以分成腦葉等部位之外，也依照不同的功能分為「皮質區」，每一區也有特定的位置。有意思的是，一位叫做高爾的德國醫師在十九世紀初首先提出了這個想法，當時稱為顱相學理論，這個理論後來由其他的顱相學家發揚光大。高爾的理論中好的部分是，他認為腦是心智器官，而腦的不同區域都有專門的工作；然而壞的部分是，他由此推論從腦部各區域的大小，就能判斷一個人的個性與人格，而且既然頭蓋骨的形狀能準確對應腦的形狀（其實不是這樣的），觸診頭蓋骨就能判斷腦部各區域的大小。顱相學家會用手摸遍人的頭蓋骨，有些人還會用測徑器測量，並透過這些觀察預測人的個性。顱相學曾經大受歡迎，並且配合其他的方法，被普遍用來評估工作應徵者還有預測小孩的個性。問題是，這方法沒有用。但高爾理論裡，好的那一部分倒是有用。

皮質區都有具備某些特定特質的神經元，例如這些神經元都會對某些刺激產生反應，而這些神經元和某些認知任務有關，或有相同的顯微解剖學特徵*。舉例來說，有些獨立的皮質區負責處理來自眼睛（位在枕葉的一級視覺皮層）與來自耳朵（位在顳葉的一級聽覺皮層）的感官輸入，但如果一級感官區域遭到損傷，人就無法知覺到這些感官感知；聽覺皮層受損的人無法意識到自己聽見了聲音，但還是會對聲音有反應。其他的皮質區稱為聯合區，會整合各種資訊。另外還有運動區專門負責特定方面的自主運動。

額葉的皮質區掌管衝動控制、決策與判斷、語言、記憶、問題解決、性行為、社會化、自發性。額葉是腦的「執行者」，負責計畫、控制、協調行為，另外也控制了身體某些部分的自主運動，尤其是手。

頂葉的皮質區究竟是怎麼回事，目前還是個謎，但已知那裡和整合身體各部位的感知訊息、視覺空間處理及操作物品有關。顳葉的一級聽覺皮質掌管聽覺，還有其他區域掌管高級的聽覺處理。人類的左顳葉專門負責語言功能，例如說話、理解語言、為事物命名，還有語言的記憶；關於說話韻律的韻律學，則是由右顳葉處理。顳葉腹側的區域負責處理一些特定的視覺資訊，例如臉孔、景色、物體

---

*神經元的分工很專業；它們的形狀、大小、電化學特徵都有很多的變化型，會依照它們負責處理與傳送的類型而定。

辨識；顳葉中間則忙著記憶事件、經驗、事實。海馬結構是演化上相當古老的結構，位在顳葉深處。據信這裡是短期記憶轉變成長期記憶與空間記憶的地方。枕葉則和視覺有關。

既然我們能做到的比其他猿猴類多那麼多，我們一定能在這裡找到獨特之處，不是嗎？靈長類的皮質區比其他哺乳類都多。目前已經發現他們有九個或九個以上的運動前區負責計畫、挑選、執行運動動作。非靈長類只有二到四個這類區域[6]。既然我們人類擁有較高等的能力，那麼認為我們的皮質區應該比其他靈長類還多，好像也很合理。的確，最新的研究發現人腦的視覺皮質上有一些獨特的區域。紐約大學的海格發現的這些新區域，是其他靈長類身上找不到的*。然而大致上來說，並**沒有**在人類身上發現額外的皮質區。

我們的皮質區怎麼可能沒有比較多呢？語言和認知要怎麼解釋？還有創作協奏曲、西斯汀禮拜堂的畫作，甚至是賽車，老天啊，這些要怎麼解釋？如果黑猩猩的皮質區跟我們一樣，牠們怎麼沒做出一樣的事？至少我們的語言區應該不一樣吧？答案也許在於這些區域的結構。它們的連結網路可能不一樣。

雖然我們的研究愈來愈複雜，但結果也愈來愈有趣。目前沒有證據顯示人類的皮質區比猿猴類多，撇開這個不談，已有愈來愈多證據顯示，掌管人類特定行為的皮質區，在猿猴身上也能找到。看來包括類人猿等其他靈長類，也有和我們掌管語言及使用工具區域相符的皮質區[30]，而且牠們的這些區域也有側化，也就是這些區域主要集中在某一側的腦，就跟人類一樣[31,32]。

目前發現人腦中有一個獨特的地方，是叫做**顳平面**的區域，這是所有靈長類都有的，是與語言的輸入有關的威尼基區的一部分，理解書寫與口語的能力都在這個區域**。人類、黑猩猩還有恆河猴左邊的顳平面都比右邊大，但人類的左顳平面在顯微鏡觀察下，卻有相當特別的地方[33]！明確地說，人類顳平面的皮質功能柱比較大，人腦左側的功能柱之間的空間也比右側的大；黑猩猩和猴子左右腦兩側的功能柱以及彼此間的空間都一樣。

到此為止我們知道了什麼？我們的腦比猿猴類應有的尺寸大，我們的新皮質比我們的體型應有的面積大三倍，我們的新皮質和小腦上有些區域都比預期的大，我們的白質比較多所以我們的連結可能比較多，還有我們的皮質功能柱有要用顯微鏡才看得出來的不同之處，誰知道那是什麼東西。

顯微鏡下的腦

只要東西變大，連結就似乎會增加；但連結到底是什麼？這些柱體是什麼？要回答這些問題就要用到顯微鏡了。記得，腦皮質有六層，這六層可以看成是六片互相堆疊的神經元（處理衝動的細胞）。它們不是隨便排的，而是每一片上的每一個神經元都對齊了上下片的神經元，形成垂直通過每一片的細胞**功能柱**，也就是微柱或功能微柱[33-37]。聽起來好像會形成一面磚牆，不過這些磚塊不是長方形的，而是因為形狀而得名的錐狀細胞神經元，長得比較像往四面八方長出毛（神經樹突）的賀喜巧克力。形成這些圓柱的神經元不只是疊起來而已，它們還形成了一個基本迴路，而且應該是以單位

---

*個人通訊。

另一個和語言有關的皮質區是布洛卡區，目前對這一區的功能還不是完全了解，但是本區與語言的輸出有關。一條稱為弓狀束**的神經纖維束負責連接此二區。

運作。一般相信，神經柱是腦皮質內的基本處理單位[37,38]。結合多個神經柱就能在皮質上創造出複雜的迴路[39,40]。

所有哺乳類動物的皮質都會組織成柱狀。除了腦皮質的尺寸之外，相關的皮質柱數量也一直是試圖解釋物種間差異的演化研究焦點。二十世紀末的研究發現，哺乳類物種之間的柱狀細胞數量相去甚遠。其他的研究也指出，單一皮質柱內的神經化學物質不只有物種差異，甚至在同一物種的不同皮質位置都不一樣[41-46]。

皮質柱的連結模式也很多樣。好，現在有不一樣的六層皮質，負責接收與傳送來往特定目標的訊號[46]。最深的皮質層，編號第五與第六的顆粒下層是最早發展的兩層（在懷孕時發展），這裡的神經元主要發射訊號到皮質外的目標。最表層的細胞上顆粒層（編號第二與第三）是最晚成熟的[46]，主要發射訊號到皮質內其他位置的目標[47-49]，而且靈長類的這兩層比其他物種的厚[50]。有些科學家認為細胞上顆粒層，以及它們和不同皮質位置形成的連結網絡，與高等認知功能密切相關。這是藉由連結運動、感官和聯合區所達成的。這些區域從高等感官系統接收感官輸入，參考過去相似的經驗加以解釋，並發揮推論、判斷、情緒、語言表達、儲存記憶等功能[50,51]。此外這些皮質層的厚薄似乎也代表它們的連結度差異[49,52]，可能是造成不同物種的認知與行為差異的原因[43]。舉例來說，齧齒動物細胞上顆粒層的平均相對厚度是百分之十九，而靈長類動物則是百分之四十六[53]。

換個方式來說，想像一下：長了毛的賀喜巧克力，一個一個疊在一起，這就是功能柱。好幾疊綁成一束，就是皮質柱；現在有好幾千束的賀喜巧克力全部包在一起。這樣要占用多少空間？又需要怎麼安排？就要看每一疊賀喜多粗、它們的毛有多密集、每一束有幾疊賀喜、包得多緊（這又要看這些巧克力是怎麼擠在一起的）、一共有幾束、每一束又有多高等因素決定。變數很多，每一項都很重要，而且據信是我們認知與行為能力的幕後功臣之一。是什麼決定我們有多少賀喜巧克力的？

皮質水平展開的面積（大毛巾）以及皮質柱的基本結構改變，可能在胎兒發展早期就已經決定了，決定的關鍵就是改變皮質神經元生成細胞分裂的數量與時機。皮質神經新生可以分為早期與晚期兩個階段。不管是哪一個物種，細胞周期花在細胞分裂早期的時間長度與數量，最終將會決定該物種的皮質柱數量[54]；而細胞周期花在細胞分裂晚期的時間長度與數量，則會決定皮質柱內的神經元個體數量。早期分裂的數量愈多，皮質層會愈大片（比較大片的毛巾）；晚期分裂的數量愈多，單一皮質柱內的神經元數量就愈多。不管是哪一個物種，形成神經元所需的時間，會與細胞上顆粒層的厚度有高度相關[55]。因此在細胞新生過程中，細胞新生的絕對時間以及細胞周期數量的改變，可能就決定了物種的神經層模式以及細胞上顆粒層的大小。在神經元產生的過程裡，產生的時機不同可能就會造成皮質結構的劇烈變化[56-59]。那麼是什麼控制了產生的時機？是ＤＮＡ，這就要深入基因學的世界了，但現在還不是時候。

特化區域

既然我們知道功能柱是什麼了，接著我們要來看看，在顳平面（你快忘記這是什麼了吧？）裡發現的功能柱不對稱性和功能有何關聯，還有這是否真的和人類的獨特性有關。說話的中樞位在左腦的聽覺皮質，耳朵所接收的聲音刺激，會在這裡轉化成電脈衝，接著被傳送到左右腦的一級聽覺皮質。聽覺皮質由多個部分組成，每一個部分都有不同的結構與負責工作。例如，聽覺皮質的某些神經元對於各種聲音頻率很敏感，有些則對聲音的大小很敏感。在人類聽覺皮質中，這些部分的數量、位置、組織，目前都還沒完全為人所了解。就說話而言，左右腦各自負責不同方面。左腦的威尼基區辨識說話當中的特定部分，而右腦聽覺皮質的另一區專門辨識話語內的韻律結構（這個部分會在稍後的篇章解釋），然後再把資訊傳送到威尼基區。

我們現在進入推測的領域。我們確定人類左腦的顳平面（威尼基區的一部分）比右腦大，在細微的構造上也是左右不同。左腦的功能柱比較寬、相互之間的空間也比較大，這種側化構造改變僅見於人類。功能柱間增加的空間也讓錐狀細胞的樹突（賀喜巧克力的毛）分布增加，但是空間的增加與樹突的增加並不成比例，因此左腦內互相連結的功能柱數量比右腦少。有說法認為這可能顯示左腦這一區的區域處理結構比較精細、沒有冗餘[1]，也可能顯示增加的空間裡有別的結構成分[1]。其他聽覺區域的情況則不一樣。在這些區域裡，錐狀細胞的樹突分布會彌補增加的空間；換句話說，賀喜巧克力的毛會變長以填補每疊巧克力間的空間。

左右腦後方語言區的差別則在於**複合功能柱**。左右腦一塊一塊互相連結的區域大小相同，但是左腦每一塊之間的距離比較大，顯示左腦互相連結的複合功能柱數量比較多。據推斷，這種連結的模式和視覺皮質很相似；視覺皮質上處理類似資訊的相連複合功能柱會群聚在一起。也許後方聽覺系統所出現的較高連結度也創造了相同的功能群組，能夠更細微地分析接收的資訊[1]。

目前為止還沒有直接證據能說明左右腦區域間連結的不對稱性，因為研究人腦遠距離連結的技術有限。但目前已有一些間接證據出現。功能柱間距離增加的部分原因，可能是輸入和輸出訊息的連結差異，不管是數量或尺寸增加都有可能。已知掌管長、短距離的神經元會影響大腦迴旋的形狀，而這兩種神經元的形狀並不一樣；相同的，左右腦的形狀也不一樣。

最後一點，前後語言區左側的上細胞顆粒層，還有一級與二級聽覺區的特大錐狀細胞，數量都比較多。很多研究人員都認為這指出了左右連結的不對稱，而且可能與暫時的處理有關。這點非常值得注意。

我們都知道時機很重要。問問演員史提夫馬丁或麗塔拉德娜就知道了。左腦比較擅長處理暫時的資訊，這是因為時機對理解語言相當關鍵，所以人腦可能需要專門的連結來處理這一部分。目前有說法認為，在左右腦間傳送訊息的時間延誤所造成的損失，可能是驅使語言功能側化發展的動力[60]。

側化與連結度

可以肯定的是，人腦是一個奇怪的裝置，透過天擇而存在，主要目的是：做出有助於繁殖成功的決定。這個簡單的事實造成了很多後果，也是演化生物學的核心。抓到這個重點後，就能幫助腦部科學家了解人腦功能的主要現象，也就是常見的側腦特化作用。在動物世界裡，其他動物都沒有像人腦這麼豐富的功能特化現象。為什麼會這樣，這又是怎麼形成的？

或者像我妹妹的朋友強森說的：「腦由兩半所組成，兩側必須有互動才能讓心智發揮作用。如果我們假設大腦和心智都是演化力量的成果，左右分治的腦有任何適應上的優勢嗎？怎麼可能有演化的力量讓這種奇怪的安排有適應力？」我自己的裂腦症研究結果，也許能回答這些問題。

奇怪的安排

也許一般認為只負責交換左右腦訊息的纖維束，也就是經常被忽略的胼胝體，正是造就人類現狀的大功臣。相反的，其他哺乳類的腦都缺乏偏側特化作用發展的證據，不過像我的同僚漢密爾頓與薇蜜兒針對獼猴辨識臉孔能力的研究，就是鮮為人知的例外[61]。他們發現當獼猴在偵測猴子的臉孔時，其右腦的表現比較優越。鳥類也有單側發展的現象，但這究竟是動植物種類發展上共通的解決方案，還是單獨發展出的現象，則還需要進一步研究。之後的章節會再詳細討論鳥類的腦。

隨著所需的皮質空間愈來愈大，天擇的力量也許就開始修改某一邊的腦，卻不管另外一邊。既然胼胝體會在左右腦間交換資訊，也有可能只有某一側的皮質區發生突變，但另一側完全沒有突變，進而持續從相對應的區域發揮皮質功能，支援整個認知系統。隨著這些新功能發展出來，原先負責其他功能的皮質區很可能會被吸收。也由於這些功能依舊由另外一側的腦所支援，大腦的功能整體來說並無喪失。簡單來說，胼胝體能讓大腦功能無償延伸，皮質能力能藉由減少冗餘而擴張，提供新皮質區空間。

這樣的解釋是基於認知神經科學的發現所提出的，該學科的研究強烈認為區域性、短距的連結，對於神經迴路的適當維護與運作相當重要[62,63]。長纖維系統主要應該和傳達運算的結果密切相關，而短纖維系統則負責進行當前所需的運算。這是否代表隨著專門的運算需求增加，就會產生壓力，要求改變活動發生位置附近的迴路，使之發生永續性的突變？

裂腦症研究發現一個重要事實：左腦的感知功能明顯受限，但右腦在認知功能方面受到的限制則更為顯著。這種模型延續了偏側特化作用的發展，也反映了新技能的出現與其他技能的保留。天擇讓這種怪異的狀態得以維持，因為胼胝體將這些發展整合成一套功能系統，成為良好的決策機制。

這種說法的另一面也能用來解釋右腦可能要付出的代價。現在看起來，發展中的兒童與恆河猴的認知能力相似[64]。目前已知猴子和十二個月大的小孩，都具備一些簡單的心智能力，例如分類；但以裂腦症患者來說，很多這一類的能力在右腦是不顯著的[65]。看來右腦的注意力—感知系統吸收了這些能力，就如同左腦發展出的語言系統吸收了感知能力一樣。

隨著腦愈來愈側化發展，你可能預測局部的單側腦內迴路會增加，而左右腦之間的迴路則會減少。隨著區域迴路為了特定功能而愈來愈專門化與最佳化，過去雙邊發展的腦，就不再需要用配合全體的相同機制來處理所有的資訊。左右腦之間的溝通可以減少，因為只要將處理中心所產出的資訊傳達給另外一邊的腦就夠了。埃默里大學尤基斯靈長類研究中心的研究人員發現，靈長類大腦白質相對於胼胝體，有獨特的擴張情況[66]。人類的胼胝體成長率和單側腦內的白質相比，則顯著下降。

里佐拉帝發現**鏡像神經元**（稍後會再提）也有助於了解人類本質上特有的新能力，如何在皮質演化中形成。猴子前額葉的神經元不只在伸手抓食物時會有反應，在人類實驗者要抓同一份食物時也會有反應[67]，這顯示猴子大腦裡的迴路讓猴子能重現其他生物的行為。針對人類鏡像神經元系統的研究發現，這種系統在人類身上比在猴子身上應用得更廣泛，牽涉層面也更廣。里佐拉帝[68]認為這種系統也許是人類獨有的心智模組理論基礎[69]。

在發展與演化時間共同影響的背景之下，動態的皮質系統就形成有助於適應的偏側特化系統。人腦逐漸成為獨一無二的神經系統。

分子與基因方面

我們的大腦之旅已經接近尾聲，但別忘了我們還要看看更細節的部分：分子。我們已經準備好進入基因學的領域，而且這是正在進行中的領域。事實上我們目前談的這些東西之所以是現在的樣子，都是因為物種的DNA將他們編碼成這樣子的。人腦的獨特就是來自於我們獨特的DNA序列。人類和黑猩猩基因體定序的成功，以及比較基因體學這個新領域的興盛，讓我們稍微瞄到了一些與表型特化（可觀察到的生理或生物化學特徵）差異有關的基因基礎，而感到心癢難耐。在你開始洋洋得意地以為我們都知道答案了之前，我想先和你分享這句引言：「物種形成後的基因體改變與其對生物體造成的影響，會比原先假設的更為複雜。[70]」你不知道嗎？我們接著要看一個特定的基因，了解一個看來簡單的改變會有多複雜。

基因介紹

但首先我們得更了解基因是什麼，以及它有什麼作用。基因是染色體上特定位置的一段DNA*。每一個基因都是由DNA的編碼序列組成，DNA序列會決定蛋白質結構，調節序列則控制蛋白質形成的時間和位置。基因能控制細胞的結構與新陳代謝作用。位在生殖細胞上的基因，能將其所攜帶的資訊傳給下一代。每個物種的每一條染色體都有一組固定數量和排序方式的基因，基因的數量或排序一旦改變，就會造成染色體突變，但不一定會影響這個有機體。有趣的是，只有極少數的DNA是真的編碼成蛋白質的。在染色體上散落的絕大多數（大約百分之九十八）都是沒有編碼的DNA，它們的功能目前仍未知。現在我們可以進入正題了。

語言基因

就像小腦症和ＡＳＰＭ的故事一樣，這個故事也從英格蘭的一間診所開始。醫生在治療一個特別的家庭，就以ＫＥ家稱呼他們吧。這一家人都深受嚴重的說話及語言能力失調所苦。他們完全沒有能力控制複雜的、協調的臉部與口部動作，這大大阻礙了他們的說話能力。他們在說和寫方面也面臨各式各樣的問題，包括無法了解句法結構複雜的句子意思、無法依照文法處理文字等，他們的平均智商也比沒有受到影響的家庭成員低[71]。這一家人後來被轉介到牛津大學人類遺傳學衛爾康信託中心，那裡的研究人員從該家族的譜系發現，這種失調是以很簡單的方式遺傳的。其他有說話及語言能力問題的家庭的遺傳方式都複雜很多，但ＫＥ家的失調來自於一個非性聯顯性基因缺陷[72]。這表示有這種突變的人有百分之五十的機率會把這個缺陷傳給下一代。

於是他們開始尋找這個基因，搜尋範圍縮小到包含五十到一百個基因的第七條染色體上的一個區域。和莫非定律不同的是，好運這時降臨了。一名毫無關係的病人（ＣＳ）被轉介到這個中心，他也有類似的說話及語言問題。ＣＳ的染色體異常稱做**易位**，也就是兩條染色體末端有很大一部分斷掉後互相換了位置。其中一條染色體就是第七條染色體，而斷掉的位置正是造成ＫＥ家問題的區域。研

＊前面說過，染色體是極微小的細長結構，位於所有細胞的細胞核裡，帶有遺傳特徵。染色體由蛋白質複合物與ＤＮＡ（也就是包含所有細胞發展的基因指令的核酸）組成。每一個物種都有固定數量的染色體，人類有四十六條染色體，分為二十三對。但是生殖細胞（配偶子）只有二十三條，這樣當男性與女性的配偶子結合時，受精卵就會各有一組來自父母的染色體。

究發現，在KE家第七條染色體那個位置的基因，發生了單一鹼基的突變[73]——腺嘌呤被鳥糞嘌呤取代，而在其他三百六十四個對照組身上，都沒有發現這種鹼基對突變。這個基因（FOXP2）的突變推測會造成其對應蛋白質的改變，因為在FOXP2蛋白質上的叉頭DNA結合區域，組胺酸取代了原本的蛋白胺酸。這個FOXP2基因的突變是造成問題的元兇。

為什麼？一個小小的改變怎麼會造成這麼大的傷害？深呼吸，慢慢吐氣。好，現在你準備好了。生物界有很多不同的FOX基因，它們是一個龐大的基因家族，所編碼的蛋白質具有所謂的叉頭盒（FOX）區域。**叉頭盒**是一串八十到一百個的胺基酸，會形成一個特定的形狀，能和DNA的特定區域結合，就像是一把鑰匙配一個鎖一樣。配成對之後，FOX蛋白質就會調節目標基因的表現。組胺酸取代蛋白胺酸會改變FOXP2蛋白質的形狀，因此無法和DNA結合，就像鑰匙和鎖不合一樣。

FOX蛋白質是一種**轉錄因子**。啥？你說什麼？記得基因包含編碼區和調節區嗎？編碼區就是形成蛋白質的食譜，為了製造蛋白質，DNA序列裡的食譜必須先行複製到傳訊核糖核酸（mRNA）的中介複製品上，也就是產生蛋白質的版模。這個複製的過程必須受到細心監控，稱為**轉錄**。調節區決定要複製多少mRNA，也因此控制了蛋白質的數量。轉錄因子是結合其他基因調節區的蛋白質（所謂的其他基因數量不只一個，受影響的基因數可能成千上萬），並且能控制轉錄的程度。有叉頭結合區域的轉錄因子會和特定的DNA序列相符，所以它們不是隨意結合的。依照叉頭的形狀不同、細胞環境的不同，目標的選擇也有所不同；轉錄有可能增加也可能減少。缺少轉錄因子可能影響的基因數量目前仍未知，但應該是很大的數字。你可以把轉錄因子想像成一個開關，能啟動或關閉特定數量的基因表現，而這個數量可能只有幾個，也可能有兩千五百個。如果FOX蛋白質無法和一股DNA的調節區結合，那麼不管這個區域編碼負責製造的是什麼，都沒有辦法啟動或關閉。很多 FOX 蛋白質都在胎兒發展時扮演關鍵的調節角色，負責將無特定用途的細胞轉成特化的組織與器官。

回到 FOXP2 蛋白質，已知這種轉錄因子會影響成人的腦部、肺部、內臟、心臟等其他部位[74]。這個基因的突變只影響了KE一家的腦部。記得先前說過每個染色體都有兩個複製品，這個家族裡受到影響的成員有一條正常的染色體和一條突變的染色體。目前推測，若 FOXP2 蛋白質的數量在神經新生的某些階段變少，會造成對於語言和說話能力非常重要的神經結構異常[73]，但由正常染色體所製造的 FOXP2 蛋白質數量，對於其他細胞的發展已經足夠。

如果 FOXP2 基因對於發展語言這麼重要，那這是不是人類所獨有的呢？這個問題很複雜，複雜的地方在於討論基因（基因學）和討論基因表現（基因體學）是天差地遠的兩回事。很多哺乳類身上都有 FOXP2 基因；人類和老鼠由 FOXP2 所編碼的蛋白質只有三個胺基酸不同。目前已知其中兩項差異是在人類與黑猩猩的演化分道揚鑣後發生的[75]。因此人類的 FOXP2 基因的確很特殊，能製造獨特的 FOXP2 蛋白質。人類基因的兩項突變改變了該蛋白質的結合特性[76]，對於其他基因的表現也能產生重大影響。根據估計，這兩項突變應該是在過去的二十萬年內發生[75]，並且經歷了加速演化與正向篩選。不管怎麼樣，這兩項突變讓人類有了競爭優勢；值得注意的還有估計發生突變的這段時間，也正巧是人類語言出現的時期。

就是這個嗎？這就是決定說話及語言能力的基因嗎？嗯，我再來說一個比較研究的結果，這個研究找出了人類皮質中和黑猩猩皮質表現不同的九十一個基因，其中百分之九十都是基因表現調升，也就是人類的表現量較高[77]。這些基因都有不同的功能，有些是神經系統正常發展所需，有些則和增加的神經訊號與活動有關，有些會協調能量輸送的增加，還有一些的功能目前不明。很有可能 FOXP2 基因是造成語言功能發展的眾多改變之一，但是這又引發了更多問題：這個基因負責什麼？它會影響哪些其他基因？人類與黑猩猩的那兩個突變差異，真的是造成迴路或肌肉功能發生重大改變的原因嗎？如果是，那又是怎麼影響的？

不只是這樣而已。堪稱世界上最偉大的神經解剖學家拉基許，不久前才提出了發展中的人腦的其他新特徵。在二〇〇六年夏天，拉基許和同僚描述了新的「前身細胞」，會在其他細胞出現前出現，構成區域性的神經新生基礎[78]。目前尚無證據證明其他動物也有這種細胞。

結語

歷史和目前社會與科學的影響所及，依舊認為猿猴的腦和我們人腦間的唯一差異在於大小，也就是神經元的數量；這樣的觀念占有壓倒性的分量。然而若冷靜檢視眼前的資料，人腦各種獨有的特徵顯而易見。事實上，科學文獻中有非常多的例子，從大體解剖學到細胞解剖學到分子結構，應有盡有。簡單來說，要解釋人腦的獨特性，我們的基礎非常穩固。既然我們的腦有很多細節都與眾不同，那麼我們的心智又怎麼會平凡無奇呢？

第二章　黑猩猩是完美約會對象嗎？

有腦袋但不會說話也無益。

——法國諺語

世界上所有人對於自己的狗或貓，甚至是舊鞋，都抱持著不理性的尊寵和迷戀。幾乎所有非人類的生物與物品都會被賦予人性，而且我們也逐漸相信這些事是真的，歷久不變。我們會賦予它們某種「我」意識：「我的狗當然很聰明。」會有人這麼說。「我的貓很有靈性。」「我家的老爺車從來不會困在雪裡。她知道怎麼抓緊道路。」這種例子怎麼也舉不完。

我們很不會把自己與它們畫清界線。中世紀的時候我們甚至還有動物法庭。你可能很難相信，不過我們過去真的會審判動物，而且認為牠們應該為自己的行為負責。在西元八二四年到一八四五年的歐洲，動物如果觸犯人類的法律，或甚至只是干擾到人類，都和人一樣是逃不過制裁的。牠們和一般的罪犯一樣會遭到逮捕入獄（動物跟人類罪犯會關在同樣的監獄裡），而且會因為錯誤的行為遭到起訴，接受審判。法庭會為牠們指定律師，代表牠們出庭辯護，還有幾個律師是因為替動物辯護而出名的。動物被告如果被判有罪就會遭受懲罰。懲罰通常是以牙還牙型的，所以不管那隻動物做了什麼，都會受到同樣的懲處。

有一個案件是一隻豬（豬在當時可以在城鎮裡到處亂跑，而且攻擊性滿強的）攻擊一個小孩的臉，還把他的手臂扯下來。事後這隻豬所遭受的懲罰就是臉部被砍，前腳也被切下來，最後再處以絞刑。動物被懲罰的原因是因為牠們對人有害，然而有時候如果犯錯的動物價值很高，像是牛或馬，牠們受到的懲罰就會比較輕微，或是可能會被送到教堂去。如果動物犯了「雞姦」（獸姦）的罪，那麼動物和加害者都會被判死刑。如果家畜造成損害並且被判有罪，那牠們的飼主就會因為沒有管好家畜而被科以罰金。這樣看來，動物到底是要替自己的行為完全負責，或是由飼主來負責，當時還沒有定論。因為動物和人類在司法過程中地位平等，因此食用任何遭處死的動物屍體被視為粗野的行為（但節儉的法藍德斯人不這麼想，被吊死的母牛能讓他們大快朵頤）。動物也有可能會遭到刑求，被強迫認罪。如果牠們不認罪——也沒人認為牠們會認罪——牠們的判決可能會比較輕。所以完全遵守法律是很重要的，因為如果人類受到刑求卻沒有認罪，他們所受到的判決也可能會改變。上過法庭的家畜有很多種類：馬因為把騎士摔下去或是讓馬車翻覆而被告，狗因為咬人被告，公牛因為亂跑弄傷人或害人流血被告；最常被告的就是豬了。這些審判都在民事法庭舉行[1]。

人對動物的看法這麼複雜是很容易理解的。我之前說過，人腦有一個既普遍又具有決定性的特色，就是我們會在自己的內心建立起模型，來解釋他人、動物，甚至是物體的意圖、感受和目標。我們就是忍不住會這樣。當你造訪布魯克斯在麻省理工學院的人工智慧實驗室，看見有名的機器人「寇格」時，不消幾秒鐘你就會把某種「我」賦予這一大塊鋼鐵和電線的組合。寇格會轉頭，眼珠會追隨你在房間裡的動作而移動，這就是了，寇格是有意義的東西，他是人。如果這種想法適用於寇格，那小狗路華也是人了。

獸醫會告訴你，失去寵物的主人所經歷的悲傷循環——從震驚、否認、生氣、討價還價、沮喪到接受，就和面臨親友死亡的人相同。生者對死者會抱持一種典型的心理狀態，需要經歷一段過程才能恢復平靜。我做過廣泛的靈長類動物研究，在過程中我們很快就會認同每一隻動物，會注意牠的個性、智力以及合作程度。研究常常需要進行大型神經手術，而有時在手術後，動物會需要接受密集的照顧。我覺得這些照顧都很耗費心神，也讓人心裡難受。當動物在手術後恢復精神與健康後，我們對動物的感情也的確更深了。

我記得我曾經一眼就喜歡上一隻這樣的動物，那大約是四十年前的事了。她需要吃維他命，但是她又很討厭藥物的味道。所以我拿出了猴子最愛的美食：香蕉。我把維他命注射到香蕉的一端，希望這樣能讓她在大口享受香蕉的時候順便把維他命吃下去。這方法成功了一次。第二天我採取相同的計畫，做了相同的準備。這次莫珊比克拿了香蕉，檢查兩端，發現有一端冒出了維他命液，於是她把香蕉折成兩半，把有黏液的那一半丟到地上，只吃沒有加藥的那一半！我不敢相信我的眼睛，但我為她的行為喝采。

這個故事的問題在於，我無法確定我看到的這件事是否跟我想的一樣，能證明莫珊比克的聰明才智，或者只是一個被我過度詮釋而捧上天的巧合。我願意花很多時間和莫珊比克做精神上的交流嗎？我究竟願意花多少時間和黑猩猩相處？我們這才要進入正題，也真的需要花心思才能了解我們和黑猩猩到底有什麼共通點。當然還有另外一面：這種想把「我」意識強加於萬物的渴望，是不是我們之所以為人的特質？

和猩猩約會

參考以下兩則交友啟事：

時髦單身女性想找強壯的男性玩伴，年齡不是問題。我是個年輕、苗條、漂亮的女孩，**非常愛**玩。我喜歡在林間散步，喜歡搭你的小貨車兜風（要新款、真皮內裝），還喜歡打獵和露營活動、和當地人來往。我喜歡你在溫暖的熱帶夜晚用手指撫過我的毛髮。月光晚餐能讓我聽話地從你的手上吃東西，但你可別想從我手上拿走食物。我不是那種愛談心的女孩，你只要順著我的脾氣，我就會好好地回報你。你下班回家的時候，我不是在門口就是在鄰居家，除了上天給我的衣服外，我什麼都不穿。只要你親我，我就是你的。帶朋友一起來吧。我的電話是：五五五××××，找黛絲就好。

另一則：

單身女性尋找聰明的男性建立長久的關係。我是個年輕、苗條、美麗的女孩。有幽默感，**非常愛**彈鋼琴、慢跑、用花園裡的作物烹飪美食。我喜歡在樹林裡長時間散步、談天，喜歡搭你的保時捷兜風，還有看橄欖球比賽。我喜歡在你去打獵或釣魚時的營火旁看書。我喜歡去博物館、音樂會、藝廊。我也愛在冬天的晚上和你單獨躺在火堆旁，享受溫馨、舒適的夜晚。高級餐廳的燭光晚餐能讓我乖乖聽你的話。說對話，順著我的脾氣，不要忘記我的生日，我就會好好地回報你。

你比較喜歡哪一則啟事？你可以在都市傳奇網站（snopes.com）的「都市傳說」這個頁面找到第一則啟事。據說這則啟事當初刊登在《亞特蘭大報》上，上面列出的電話是人道協會的號碼。協會在啟事刊出後的兩天裡接到六百四十三通電話，而黛絲其實是一隻黑色拉不拉多犬，連隻猩猩都不是。人道協會則否認這則啟事是他們刊登的。

這兩個約會對象有什麼不一樣？如果你回覆了第一則徵友啟事後，發現來到你門前的是一隻猩猩，是因為你做了什麼錯誤的推測？你會和一隻猩猩約會嗎？你們有什麼共通點？

近親？

我們和近親猩猩在生理上的相異與相似處當然很顯而易見。但我們所謂的「近親」到底是什麼意思呢？我們常常聽說人類與黑猩猩有百分之九十八．六的ＤＮＡ序列相同，可是這個數字讓人的誤會可大了。這不表示我們和黑猩猩有百分之九十八．六的基因相同。最新的研究估計人類有三萬到三萬一千個基因，但一般不會強調的是，這三萬個基因只占了所有基因體的百分之一．五多一些，剩下的基因體都是非編碼的[2,3]。因此絕大多數的基因體都是這一類的：作用不明。

既然人類的ＤＮＡ裡，只有百分之一．五的編碼是對於形成人類極為關鍵的基因，那麼基因學家是說這百分之一・五裡面，人類和猩猩相似的基因就占了百分之九十八・六嗎？不。換句話說，少少的百分之一・四的DNA，怎麼能造成這麼大的差別？答案顯而易見。基因（DNA序列）與其最終的功能之間的關係並不簡單。每一個基因都會用很多不同的方式表現自己，而各種不同的表現可能正是功能天差地遠的原因。

一份刊登在《自然》期刊上關於黑猩猩染色體排序的報告摘要如下：

> 人類因為基因改變而獲得了認知能力，並且有兩足行走、使用複雜語言等獨特行為；若要縮小人類基因改變的研究範圍，人類與黑猩猩的比較基因體研究是不可或缺的。我們在此提出，黑猩猩第二十二條染色體上，有三億三千三百萬鹼基的DNA序列為高品質。將整個序列與人類相對應的第二十一條染色體比較，我們發現除了將近六萬八千個插入與刪除外，這條染色體的百分之一・四四都有單一鹼基的替換。這樣的差異已經足以使大多數蛋白質產生改變。的確，在包括重要功能的基因的二百三十一個編碼序列裡，百分之八十三的序列的胺基酸排序都有所不同。此外，我們證明了支系間特定亞族的反轉位（retrotransposition）有不同的擴張程度，顯示反轉位對人類與黑猩猩的演化有不同的影響。物種形成後的基因體改變及其對生物體的影響似乎比原先假設的更為複雜[4]。

包括紅毛猩猩、大猩猩、黑猩猩、巴諾布猿，以及人類在內的類人猿，都是從相同的祖先演化而來。演化成紅毛猩猩的這一支系，大約在一千五百萬年前向外分支，大猩猩約在一千萬年前向外分支。根據估計，大約在七百萬到五百萬年前，我們和黑猩猩都有相同的祖先。因此我們才會認為人猿是我們現存最親近的親戚。出於某些原因，一般認為是氣候使得食物供應出現改變，造成我們的族系漸行漸遠。家族的一個分支留在熱帶森林中，另一個分支則進入了開放的林地。留在森林裡的支系變成了黑猩猩，之後還有巴諾布猿（又名侏儒黑猩猩，不過體型只比黑猩猩小一點點）。巴諾布猿和黑猩猩有同樣的祖先，大約從一千五百萬年到三百萬年前分支出來。牠們盤踞中西非的薩伊河南部熱帶森林，那裡沒有大猩猩會和牠們爭奪食物。黑猩猩則和大猩猩共同住在薩伊北部熱帶森林中。因為黑猩猩一直都居住在熱帶森林裡，因此被稱為保守型物種。牠們不需要適應很多改變，因此就演化上來說，牠們從我們共同的祖先分支發展以來，也沒有什麼改變。

但對於離開熱帶森林、到林間空地或無樹平原發展的這個分支來說，就不是這麼回事了。牠們必須適應截然不同的環境，因此經歷了許多的改變。嘗試了幾次錯誤的開始與走進死胡同後，牠們終於演化成現代智人。人類是和黑猩猩從同樣的祖先分支演化後，唯一存活下來的人科動物；但在我們之前其實有很多其他的先鋒。露西就是一個例子，她是喬漢森在一九七四年發現的阿法南猿（*Australopithecus afarensis*）化石。她震撼了人類學界，因為她可兩足行走，卻沒有較大的腦袋。在那之前，一般都認為兩足行走是由大腦袋所造成的。

加州大學柏克萊分校的懷特在一九九二年發現了目前已知最古老的人科動物化石，是兩足行走、與人猿相似的動物，被稱為湖濱南猿（*Ardipithecus ramidus*），據信生存在距今七百萬年到四百四十萬年前。懷特最近還在衣索比亞發現湖濱南猿的新化石，距今約四百一十萬年，可能是地猿（*Ardipithecus*）的後代，露西的前輩。南猿屬（*Australopithecus*）演化出很多不同的物種，包括我們物種的始祖：人屬（*Homo*）。然而我們並不是直接從露西發展而來的。人屬和南猿屬的不同物種曾經共同存在過一些時間。

生理差異

無論如何，現在我們就在這裡，而且還是要問：我們有多不同？既然知道在我們的基因體裡那看起來微不足道的百分之一．五其實意義重大，那麼應該可以在我們的物種裡發現某些了不起的差異。

首先，兩足行走很特別嗎？澳洲人搖頭了：你看袋鼠。雖然人類不是唯一的兩足動物，但用兩足行走的確在人類祖先的發展過程中，引發一系列讓我們與黑猩猩有所差別的生理改變。我們失去了可相對的腳拇趾，發展出足以承受我們站立時重量的腳，這雙腳還能用來穿義大利設計師的名牌鞋，這可就是人類獨有的行為了。黑猩猩還是有可相對的腳拇趾，作用類似手拇指，能靈活地抓住樹枝，但不能支撐站立時的重量。隨著人類開始使用兩足行走，我們的腿也變直，和黑猩猩彎曲的腿長得不一樣。我們的骨盆和髖關節的尺寸、形狀、連接的角度都變了。我們的脊椎彎曲成S形，和黑猩猩的直脊椎不同。有脊椎神經通過的胸椎孔也放大了；脊椎神經進入頭骨的那個點往前移到了我們頭蓋骨的中間，而不是在後面。

馬里蘭大學的普羅萬專門研究「笑」。他推測其實是兩足行走的能力，才讓說話在物理上變得可能。當人猿用四肢行走的時候，肺部必須完全充滿氣才能讓胸腔變得格外堅硬，以吸收奔跑時前肢自地面受到的衝擊。然而兩足行走打破了呼吸模式與行走間的關係，使得動物能彈性調節呼吸，最後發展出說話能力[5]。

還有其他有助於說話能力發展的改變：脖子變長，舌頭和咽頭也變低到喉嚨的位置。黑猩猩和其他人猿的鼻管直接連到肺，和食物的路徑（從嘴巴到達食道）完全分開。也就是說其他的人猿吃東西不會嗆到，但是我們會。我們的系統完全不一樣，是一套獨一無二的系統：空氣和食物共用喉嚨後方的通道，因此我們必須發展出**會厭**這個結構，在我們吞嚥時關閉通往肺部的通道，在我們呼吸時打開。也就是這個咽頭的構造，尤其是喉頭的部分，讓我們得以發出各式各樣的聲音。就算嗆死的風險增加，我們也一定從中得到了某種生存優勢——就是我們進步的溝通能力嗎？

解放前掌

我們一旦能站直走路，就有兩隻空手可以拿東西，我們的大拇指也很特別。事實上我們的拇指變成獨一無二的。黑猩猩的確有可相對的拇指，但是牠們做不到我們的拇指能做的**所有**動作，而這就是關鍵所在。我們可以彎曲拇指和小指相碰，形成弧形，這就是所謂的尺骨對指，但是黑猩猩做不到。這表示我們可以用指尖撿東西，而不是只能用手指的側邊。我們的指尖也比較敏感，大約六平方公分的面積裡就有數千條神經通過，負責傳遞訊息給腦。這也讓我們有能力從事最精細的動作協調任務，不僅勝過所有人猿，而是勝過所有生物。

目前的化石證據顯示，我們的手大約是從兩百萬年前的巧人（*Homo habilis*）開始突然產生作用；巧人的化石是一九六四年初在坦尚尼亞的奧杜威峽谷所發現的，同時在當地也挖掘出最早的手工製作工具。這又讓當時的人類學家感到震驚，因為巧人的腦只有我們的一半大。過去一直認為需要有比較大的腦才能製作工具，但事實上呈弧形的拇指，才是讓我們的祖先能握住物體，並敲打組合成最早的工具的要素。記住，製作工具不是只有人類才會做的事，黑猩猩、烏鴉還有海豚都會利用樹枝、草及海綿當作工具，但是牠們都不會做瑪莎拉蒂跑車，這是人類獨有的能力。

關於骨盆：大腦袋、大骨盆

骨盆大小的改變也帶來了很大的影響。產道變窄會讓生產變得困難——因為同時腦變大了，頭部也隨之變大。而骨盆變寬應該會讓兩足行走在物理上變得不可行。以胚胎來說，靈長類的頭蓋骨由滑過腦袋的板狀物形成，而且要在出生後才會合起來。（記得大家警告你不准碰新生兒頭上那個軟軟的地方嗎？）這樣頭骨才夠軟，能夠通過產道。和其他人猿寶寶相比，人類的寶寶出生時發展得很不完整。事實上，我們比其他人猿早產一年，所以人類的寶寶才會那麼無助，需要比較長期的照顧。我們的頭骨板要到大約三十歲才會完全密合，我們出生時的腦部大小只有成年的百分之二十三，而且直到青少年時期都會持續一直擴大。

雖然我們的腦好像有某些部分，在我們有生之年都會一直成長，但很可能並不是因為增加了新神經元，而比較可能是因為神經元周圍的髓鞘持續生長。在哈佛醫學院專攻神經科學，同時擔任哈佛腦組織資源中心主任的精神病學教授班妮絲教授發現，腦至少有一個部分的髓鞘化*會持續六十年[6]。神經細胞的軸突（神經纖維）髓鞘化會增加細胞本身到神經末端的電波傳導。她假設這些軸突在整合情緒行為與認知過程方面，可能扮演某種角色，這些功能也可能會在成年時期「成長」、日益成熟。另外很有意思的一點是性別也有影響：在六歲到二十九歲之間，女性髓磷脂的增加比男性多。

這樣看來，雖然我們的生理構造很重要，但這究竟對腦部發展以及我們的人性有多大影響，卻都還是未知數**。不過我們先回到約會這個話題。在生理之外（這在性擇方面倒是很重要），我們在約會時真正在意的是如何引起對方的興趣。我們之間有什麼共通點，又有什麼無法跨越的鴻溝？我們的應徵者很聰明又很好奇，他和黑猩猩是不是天作之合？

心智差異

在我們可能的約會對象敘述裡，有幾個很顯著的差別。我們的黑猩猩伴侶不會說話，從來不知道怎麼控制火，不會烹飪，從未發展出藝術、音樂或文學的文化，不特別大方，不是一夫一妻制，而且不會耕種糧食。但是她喜歡強壯的對象，重視地位，什麼都吃，喜愛社交、狩獵、享受美食，而且和伴侶有親密接觸。我們來看看這些相同與相異之處。

猩猩和我們的智力相同嗎？人類和動物的智力有差別嗎？這個主題可以寫一整本書，而且這種書已經很多了。這就是一個充滿爭議的領域。智力的定義通常是以人類的觀點出發，例如：「智力是能

---

*位在海馬迴旁的上髓板。

**可參考：Chip Walter, *Thumbs, Toes and Tears and Other Traits That Make Us Human*, New York, Walker, 2006. 這本書值得一讀，對這個主題也有很好的評估。

夠抽象思考、理解想法和語言，能夠學習、計畫、推論以及解決問題的一般心智能力。[7]」但是一個物種的智力真的能和另一種相比嗎？也許德國馬克斯普朗克學會的前會長馬柯，對於動物智力的定義比較有用，他說智力是：「能夠以新方法將彼此無關的不同資訊加以連結，並以適應的方式運用連結成果的能力。[8]」

面對這個問題，同時擔任認知演化協會及路易斯安納大學兒童研究中心主任的波米納里，問了一個關於動物智力的問題：「不同物種間的思考有何不同？[9]」或者這麼說：物種需要哪一種思考方式，才得以在其成功演化的環境中生存下來？你能想像不同的思考方式嗎？我們很難想像要怎麼用不同於我們現在的思考方式去思考，因此我們也很難設想其他物種的心智狀態。要了解我們自己物種的心智狀態已經夠難了。波米納里憂心的是，心理學家一直都太執著於建立一套貫通於人類與其他類人猿的心理學，而且也只專注於尋找共通點。他提醒我們，確實「演化是真的，而且會創造出多樣性。[10]」觀察心智狀態的多樣性，而不要因為「設想牠們的心智跟我們一樣，只是比較小、比較無趣，比較不會講話的版本[9]」，而扭曲了牠們真正的天性，應該能讓我們得到更純粹的資訊。邊境牧羊犬訓練師赫姆斯說：「狗不是『像人』，而且我認為這種形容對於犬類是天大的侮辱。狗可以做到很多人現在、過去、未來都做不到的事。[11]」的確，差異才能用來定義一個物種，並且使其與眾不同。

這也呈現出我們在研究黑猩猩心智狀態與行為時面對的一個大問題：我們要怎麼做？我們可以觀察在野外的牠們，但要先翻山越嶺、長途跋涉才能抵達牠們的居住地。接著還要費盡千辛萬苦在蚊蠅滋生、潮溼悶熱的天氣裡追蹤觀察牠們。或者我們可以在實驗室裡觀察牠們，但很少有實驗室有照顧牠們的設備，能接受實驗的黑猩猩數量也很少，實驗的設計也很有限，而且黑猩猩一旦熟悉了實驗環境後還會變得「油條」。在野外觀察牠們的科學家說實驗室太人工了，黑猩猩在那裡的行為並不正常，而且可能會被進行實驗的人影響；在實驗室的科學家會建立假設與預測，接著設計實驗，盡可能控制各項變因，記錄結果並加以詮釋。他們說在野外的科學家對行為產生的情況並沒有加以實驗控制，因此無法從中得到準確的因果推論。雙方都苦於以人類的出發點詮釋猩猩的行為，而人類會受到自身文化、政治、背景、宗教，以及心智推理的影響。先記住這些限制，我們接著要從實驗室與野外分別得到的證據與觀察結果，看看我們和黑猩猩到底有多相似，又有多不一樣。

心智推理

人類天生就有能力了解其他人會有不同的渴望、企圖、信念，還有心智狀態；我們也有能力建立某種準確到某種程度的理論，來解釋那些渴望、企圖、信念及心智狀態。最先是心理學家普瑞馬克將這種能力稱為**心智推理**（Theory of Mind，簡稱TOM，另譯為「心智理論」），我們在第一章提過他，和他一起在一九七八年提出這種說法的是同僚伍瑞夫。這是相當過人的洞見。換一種說法解釋，心智推理是能夠觀察行為，並且推論出造成行為的非外顯心智狀態的能力。心智推理功能在小孩四到五歲的時候就已經自動發展完成，也有些跡象顯示這種能力有部分在兩歲前就已經展現出來了[12,13]。這種能力似乎與智商無關。有自閉症的兒童和成人在心智推理方面有缺陷，推論他人心智狀態的能力不足；但是他們其他的認知能力還是很完整，甚或是更高的[14,15]。觀察其他動物的行為時，我們的心智推理會造成兩個問題。一個問題是，我們在看見某種動物行為時容易落入一個陷阱：我們會用自己的心智推理推論出人類的心智狀態，並套用在動物身上，因此得到不恰當的擬人化結論。另外一個問題是，我們可能會把自己的心智推理能力看得太重，以至於把它當成與萬物相比的黃金準則，讓我們認為人類與所有其他哺乳類是完全無關的。所以只有人類有心智推理嗎？

這是黑猩猩研究中的關鍵議題之一。心智推理是我們的重要能力之一，而且一般主張這種能力僅限於人類。不管是出於社交需要或為了尋求保護，了解其他人的信念、渴望、企圖以及需要都會影響我們的行為與反應。當普瑞馬克和伍瑞夫創造出「心智推理」這個詞的時候，他們提出的問題是：黑猩猩也有嗎？從當時至今已經進行了三十年的實驗，但在實驗室裡這個問題還是沒有得到滿意的答案。英國倫敦大學學院的海絲在一九九八年回顧了截至當時為止，所有對非人類的靈長類做的實驗與觀察，並加以嚴格評量。這些實驗研究動作模仿（自動模仿新動作）、鏡像自我認知、社交關係、角色取替（採用他人觀點的能力）、欺騙、觀點取替。（最後一項是指能否了解所視之物的觀點，也就是知道別人看見什麼的能力。）她得到的結論是，每一個實驗中，非人類的靈長類出現被詮釋為具有心智推理跡象的行為，除了真的代表心智推理之外，也都可能是恰好發生的，或者是非心智處理過後的產物[16]。她不認為目前的程序已經證明或反證明黑猩猩的心智推理能力。不過她特別針對鏡像自我認知的論點並沒有獲得廣泛支持。現在波米納里和同僚馮珂已經得到和她相同的結論了[17]。

但是在危機四伏的野外，沒有什麼事是簡單的。任職於德國萊比錫的馬克斯普朗克進化人類學研究所的湯瑪斯洛和他帶領的研究小組得到了不同的結論。「雖然幾乎能確定黑猩猩不會用人類的方式了解他人的心智（例如牠們顯然不了解信念是什麼），但牠們確實了解某些心理過程（像是看見東西）。[18]」他們認為黑猩猩至少具有心智推理的某種構成要素。

如果我對於你的心智狀態抱持一種信念，你對我的也有某種信念，這就是所謂的意向性層級

（所謂**意向性**〔intensionality〕是原本的做法，特別指和心智推理有關的心智狀態。拼法和**意圖性**〔intentionality〕有所不同。意圖性是意向性的一種。）我知道（一）你知道（二）我知道（三）你想要我去巴黎（四）而我也想去。在意向性的對話中，大多數人最多能理解到第四層，但有些人也許能跟上第五或第六層，所以我可以接著說：你知道（五）我不能而且我知道（六）你明知道這件事，卻還是一直提出要去的理由。呼。像我剛剛說的，人猿的心智推理能力究竟到什麼程度至今仍受到高度爭議。一般相信牠們有第一級的意向性。

很多研究人員（但不是全部）都相信施行騙術的一方有第二級的意向性，他們認為一隻動物如果要欺騙另一隻，就必須相信另一隻動物相信某事。綜合多重觀察研究的結果，伯恩和懷特恩提出，技術性欺騙的例子在原猴亞目動物*和新世界的猴子之間非常少見，但在社會比較進步的舊世界猴子與人猿間卻很常見——在黑猩猩團體尤其如此[19]。

雖然不是所有的研究者都滿足於觀察研究，但還是有很多人接受非人類的靈長類有第二級的意向性。湯瑪斯洛實驗室的科學家，在過去幾年一系列的實驗中發現，黑猩猩知道其他黑猩猩看得見與看不見什麼，並會據此採取行動。牠們會去拿猩猩王看不見的食物，不會去拿猩猩王看得見的食物。有些部下甚至會耍一些花招以得到食物，像是等待或是躲藏等[20]。我們會在第五章討論黑猩猩到底對於看見的事物有何了解。湯瑪斯洛也發現牠們對他者的企圖有某些了解，尤其能明白實驗者是不願

*現存的靈長類最遙遠的祖先。

意，還是不能夠給牠們食物[21]。黑猩猩對於競爭性的任務比合作型的任務在行[22]，但是當牠們需要合作時，牠們也會選擇在過去任務當中，比較好的合作對象[23]。

但黑猩猩做不到四到五歲的小孩能完成的錯誤信念任務。過去這項測試被用來顯示心智推理的完整發展，然而最近發現這種推論其實是把這些案例誇張化了。如同耶魯大學的布魯姆與卓曼（當時在英國埃塞斯科爾切斯特大學）共同指出：心智推理不只是錯誤信念任務那麼簡單，而錯誤信念任務也不只和心智推理有關[24]。

這是什麼任務？典型名稱為「莎莉與安測試」，這是非語言的測試，測試的方法如下：有兩個一模一樣的櫃子，莎莉把食物之類的獎賞藏在其中一個裡面，安則看著她這麼做；但是受試者（小孩或是猩猩）沒有看見藏物品的過程。接著受試者看見安在她認為藏有食物的櫃子上做記號，然後受試的小孩或是猩猩要選擇一個櫃子以取得食物。到這裡為止，雙方都能成功完成任務。接著莎莉會再藏一次食物，安還是看著她這麼做，但受試者沒有。然後受試者看見安離開房間，而在安不在場的時候，受試者看見莎莉在此時調換兩個櫃子的位置。安接著回到房間，還是在她認為藏有食物的櫃子上做記號（當然是錯的那一個）。有時候大約四到五歲的小孩，會知道安以為有食物的那個櫃子已經被換掉了，但是安不知道，他們知道安有錯誤的信念，所以他們會選擇真的放有食物的那個櫃子，而不是安標記的櫃子。但是猩猩和有自閉症的小孩不了解安有錯誤信念，所以還是會選擇她標記的櫃子[25]。

過去幾年裡，研究人員開始得到這種測試對三歲以下的小孩太過困難的結論。但是在不同版本或種類的實驗中，連十八個月到兩歲的小孩都會注意到目標、感知、信念之類的心智狀態，以解釋其他人的行為[26]。

這種任務究竟告訴了我們什麼？為什麼三歲和五歲之間會有這樣的分水嶺？小孩的腦袋裡發生了什麼事，讓他們能做到黑猩猩做不到的事？

快退後，不然你會站上火線！關於這個問題的爭議從來沒少過，主要有兩派不同的解釋互相角力。一派認為隨著小孩長大，他們對「信念」究竟是什麼的理解，出現了觀念上的改變。他們對心智狀態有了理論上的了解[27]，也許是一個關於理論形成的總括性機制[28]。換句話說，先有了理論才延伸出觀念。另一派則認為在兒童成長過程中有一套可靠的發展程序表，會依照時程逐漸形成模組化的心智推理機制[29,30]。

我在這邊提到模組是有點跳太快了，不過你們很快也會常常聽見這個東西。現在就暫時把模組想像成內建的（天生的）機制，會無意識地讓你往某方向思考或行動，讓你注意到某些狀態，例如信念、渴望和虛偽，然後讓你了解那些心智狀態[31,32]。目前的看法是你天生就有這些概念，先有了這些概念後理論才逐漸成形。這樣的機制讓兒童有一些關於信念狀態的選擇，然後進入二級選擇過程（這不是模組化的，而且會受到知識、情況與經驗影響），推論造成這種信念的潛藏心智狀態。

舉例來說，小孩會觀察並注意一項行為，例如有人說：「嗯。」接著就出現各種選項：「可能是她相信糖果藏在她畫了X記號的箱子裡，而且此事為真；也可能是她相信此事，但此事並不為真。」接著難搞的地方來了：「她相信此事且此事為真」這個選項是「預設選項」，這個選項一直存在，經常被選擇，而且在一般情況下都是對的。大家相信的事通常是真的。但在某些情況下，他人的確會有錯誤的信念，而且你也知道這種情況。在這種不尋常的情況下，就不應該選擇上述的預設選項。為了不選這個選項，並且成功完成錯誤信念任務，就必須要禁止這個選項——這就是了，對小小孩還有我們的朋友黑猩猩來說，最困難的部分就是「禁止」。這個理論也能用來解釋為什麼我們對於把信念延伸到他人身上愈來愈在行。一旦「禁止」出現在我們過去的經歷裡，知識和經驗就能幫助我們。

湯姆斯洛不認為黑猩猩有完整的心智推理能力，但他假設黑猩猩「擁有社會認知基模，讓牠們能夠稍微擺脫表象，辨別行為的某些意圖結構，並且知道感知如何影響行為。[33]」波米納里卻對這個結論表示異議。他不認為牠們相似的行為所反映的，是相似的心理狀態。他提出自己重新詮釋過的假設，認為人類和其他靈長類共有的大部分社會行為，早在人類這一支系演化出詮釋二級意圖行為的心理方法之前，就都已經出現了[34]。

這樣的爭議還延伸到黑猩猩和我們都有的意識。波米納里認為我們和黑猩猩充其量只有少數的意識相同：「根據現有資料中的關鍵部分，可能的情況是，如果黑猩猩真的有心智推理能力，那一定和我們的截然不同。[9]」這又讓我們回到了他一開始提出的問題：不同物種的思考有何不同？

波米納里把他的問題再縮小範圍：「牠們的心智狀態在想什麼？」可以確定的是，一定和熱帶森林裡的生活有關。「最合理的想法是，黑猩猩的心智狀態最重視的一定是和牠們的自然生態最有關聯的東西──記住果樹的位置、提防獵食者，還有跟上頭號雄性。」目前看來，猩猩是很適合帶去露營的伴侶。他還說：「和人不一樣的是，黑猩猩完全依賴他人可觀察到的特徵，來建立牠們的社會觀念。如果沒錯的話，這表示黑猩猩不知道對於他人來說，除了牠們的動作、臉部表情，還有習慣行為之外，其實還有別的東西。」簡單來說，波米納里相信：「任何人類和黑猩猩共有的能力，都來自這兩個物種共有的一套心理結構；同時人類也靠著物種特有的系統（一個或多個）將這個結構擴大。」我們之後還會討論其他動物的心智推理。

能夠計畫未來則是智力的另外一個部分。除了研究心智推理之外，莫卡席和一樣在萊比錫德國馬普學會工作的卡爾，還研究了其他的類人猿有沒有計畫能力。最近他們公布了針對五隻巴諾布猿和五隻紅毛猩猩所做的研究結果，發現牠們的確有能力儲存適當的工具以供未來使用[35]。在研究當中，他們先教導受試者在測試房間裡用一樣工具從機器裡拿出食物做為獎勵，「接著我們把兩樣有用及六樣沒有用的工具放在測試房間裡，但阻擋受試者前往放有餌食的機器。五分鐘後把受試者趕出測試房間，進入等待房間，讓牠看著照顧員把測試房間裡所有剩下的東西都清掉。一小時後受試者再度獲准進入測試房間，並且能夠接近那台機器。因此為了解決拿食物的問題，受試者必須從測試房間裡選擇適合的工具，帶著工具到等待房間裡，保有工具一個小時，之後再帶著工具一起回到測試房間。」百分之七十的情況下，受試者都會帶著一樣工具；之後研究人員將時間延長到十四個小時，結果還是一樣好。莫卡席和卡爾得到的結論是：「這些發現顯示，類人猿計畫未來的前驅技能，是早於一千四百萬年前就演化出來的，所有現存的類人猿在當時都有一樣的祖先。」也許和黑猩猩約會時，牠會事先計畫，預約餐廳喔。

語言

所以你的猩猩對象對你可能沒有什麼理論，你不管對她做什麼，她大概都不會覺得你有什麼意圖。即使如此，也許她還是對於自己的心智狀態有所感覺，並且想和你分享。說話能力當然是一種利用文字表達或形容思想、感受或是感知的技能或行動，但是黑猩猩不會說話。我記得我在哥倫比亞的朋友薛克特曾經感嘆：「為什麼泰瑞斯*可以因為展示猩猩不會說話而成名？」總之牠們就是沒有說話所需要的生理構造，所以「說話」這件事本身就可以淘汰出局了。但這當然不代表牠們不會溝通。

簡單來說，溝通就是用話語、信號、寫作或是行為來傳遞資訊。在動物溝通的世界裡，它的定義更加明確：一個動物影響另一動物目前、或未來行動的任何行為。響尾蛇響起自己的尾巴就是一個物種間溝通的例子，目的是警告對方自己要攻擊了。當然語言是另外一種溝通。語言的起源與能力複雜多了，當然定義也是。事實上語言學家一直都在修改語言的定義，讓研究黑猩猩學習人類語言的研究人員感到驚駭萬分。

薩維基蘭保是喬治亞州立大學的靈長類動物學家，她宣稱人猿也有語言能力。她這麼形容她的沮喪：「一開始語言學家說，我們如果要說動物學會了語言，就要讓動物用象徵的方式使用符號。好，我們做到了。結果他們又說：『不，那不是語言，因為沒有語法。』所以我們證明了人猿能組合符號，但語言學家又說那樣的語法不夠，或是語法不正確。他們永遠都不認為我們已經做得夠多了。[36]」

語言啊，是一種抽象符號的系統，並以語法（規則）操作這些符號。例如英文的 *dog*、法文的 *chien*、義大利文的 *cane* 都是「狗」的意思，但是這些字聽起來並沒有它所代表的意思，只是不同語言裡代表「狗」的聲音，是抽象的符號。語言不一定要用說的或是用寫的，用手勢也可以，例如美國手語。複雜而且一直在改變的，是對於這些規則的看法：這些規則牽涉哪些層面、從何而來、是否有使人類的語言獨一無二的要素，有的話又是哪些。

語法是形成句子或詞組的模式，決定文字在句子裡組合的方式。人類的語言可以無限制地將詞組串在一起，形成無數個迥異且前所未有的句子。如果你會說那一種語言，你就能了解內容。因為這些文字是以有等級的、遞迴的方式所組織而成的，不是隨意亂湊的。所以使用人類語言的人就能約定碰面的時間與地點，並且指示你到達那裡的方式以及時間。「我們中午在銀行旁邊的博物館前面碰面」跟「我們中午在博物館旁邊的銀行碰面」不一樣；當然也跟沒有道理的「銀行碰面我們中午博物館前面的」不一樣。為什麼這句話沒有道理？這個句子不符合文法規則。如果語言沒有語法，那我們就只會聽見一串隨意組合的字，這樣也許還是可以傳達一些很基本的意思，但是你可能會非刻意地被放鴿子。這樣對約會可不太妙。

語法是怎麼發展的？物種也許有學習語言的能力，也許沒有，而這個能力是在天擇的演化過程中習得的。能學習語言的物種個體，天生就會有符號表徵和語法的觀念。當然也有人不同意這種理論，主要有兩派意見。有些人相信語言不是天生的能力，學習語言的能力是後天學來的。這種說法不限於學習某種語言的能力，而是泛指學習任何語言的能力。換句話說，這種看法認為個體不會自發性地使用語法和符號表徵。但另外一派的人不同意所謂語言的演化，認知語言學家和「連續性」理論的擁護者認為心智特徵和生物特徵一樣，都是天擇力量選擇的對象。「中斷」理論的擁護者則認為，行為的某些要素與心智特徵，就品質上而言是某個物種所特有的，不是在演化過程中，從古早生物流傳到所有現存生物所共有的特徵。著名的麻省理工學院語言學家杭士基認為，從這方面來看，人類的語言是「非連續性的」[37]。

記得我們的重點是，找出人類有什麼與眾不同的地方，而我們的語言能力常常會被列在上面，但

*哥倫比亞大學靈長類認知實驗室主任暨心理學教授。

杭士基不這麼想。黑猩猩能用語言溝通嗎？這個問題要問的其實是：非人類的人猿能不能利用人類教導的語言溝通？最早想教黑猩猩使用語言的是普瑞馬克，當時他任職於加州大學聖塔芭芭拉分校。我之所以會知道，是因為那隻被訓練的黑猩猩當時可以說擁有了一整間辦公室，就在我的辦公室隔壁。那隻黑猩猩叫做莎拉，而且她異常地聰明。事實上，要是她真的把事情搞定了，說不定還能得到終身教職。

普瑞馬克後來搬到賓州大學，而且依舊努力不懈。其他人也加入戰局，其中包括哥倫比亞大學的泰瑞斯。一九七九年，泰瑞斯出版了一份懷疑論的文件，說明他教導叫做「寧姆猩斯基」這個古怪名字的黑猩猩美國手語的努力。寧姆猩斯基能夠把一個手勢和意義做連結，並且表達簡單的想法，像是「給橘子我給吃」。然而寧姆猩斯基不能用沒有學過的方式把這些手勢連在一起，創造出新的想法；他並沒有學會語法。泰瑞斯也看了其他企圖教導人猿語言的報告，並且得到相同的結論：牠們不會創造複雜的句子。

這讓我們想到大猩猩可可，教她手語的應該是帕特珊。在評估可可的能力時出現了一個問題：教練帕特珊是唯一能解釋對話的人，因此她並不客觀。耶魯的語言學家恩德森對此的評論是，雖然帕特珊說她有系統化的記錄，但是沒有人可以研究這些紀錄。而且從一九八二年開始，所有關於可可的資訊都是從大眾媒體以及在網路聊天室與可可的交談而來，而這些都是靠帕特珊翻譯可可的手語所得到的結果[36]。

詮釋手語所造成的曖昧不明，使得薩維基蘭保開始使用沒有模糊地帶的「圖形字」[38]。薩維基蘭保的確得到了最吸引人的資料，以及一隻意外的巴諾布猿。她設計了一套叫做「圖形字」的人造圖像符號系統放在電腦鍵盤上。

她開始教導一隻叫做瑪塔塔的母巴諾布猿使用這個鍵盤。實驗者會按一個圖形字的按鍵，指明需要的物品或行動，電腦就會說出那個字，那個按鍵也會亮起來。瑪塔塔有一個寶寶叫做坎茲，當時年紀太小不能和母親分開，所以他會在瑪塔塔接受訓練時旁聽。瑪塔塔不是個好學生，兩年後她也沒學到多少。當坎茲大約兩歲半的時候，瑪塔塔被送到另外一個機構，換坎茲站上舞台中央。雖然他並沒有接受過特別的訓練，而只是在一旁看著母親受訓，但他已經學會有系統地使用鍵盤上的某些圖形字了！

薩維基蘭保決定要改變策略。她放棄之前安排給瑪塔塔的那種專門訓練課程，而是在日常慣例活動中就帶著鍵盤使用。那麼坎茲做到了什麼？嗯，他能把圖片、物品、圖形字和口說的語言配對。他能自在地使用鍵盤要求他想要的物品或去他想去的地方，他能告訴你他想要去哪裡，然後他就會去那裡。他能用廣泛的說法涵蓋特定的指稱：他會用代表**麵包**的圖形字泛指所有的麵包，包括墨西哥脆餅在內。他會聽帶有資訊的陳述，然後利用新的資訊調整自己正在從事的行為。這就是薩維基蘭保所說的：「一開始語言學家說，我們如果要說動物學會了語言，就要讓動物用象徵的方式使用符號。」她是對的，坎茲做到了。

然而這些又讓人不禁想問問語法的問題。恩德森指出產生語言的東西（鍵盤）和確認語言的工具（口說英語）都必須經過評估[36]。坎茲會使用鍵盤和手勢，有時候會結合兩者製造順序。他會先使用圖形字指明動作，像是「搔癢」，然後用指的確認對象——一定是這個順序，就算他要走到房間的另一頭才能先按到圖形字，然後又要走回來指示對象也一樣。這是坎茲自己發展出來的規則，不容更改*。恩德森說這並不符合語法的定義，因為語法中規定字的詞性（名詞、動詞、介係詞等等）、字的意義，以及它們在句子中的角色（主詞、受詞、關係子句等等）都對於溝通的意義有幫助，意義不在於是用打字、比手勢、用說的還是用寫的。

加州大學研究兒童學習語言的語言學家葛琳斐德分析了薩維基蘭保所有的資料，並有不同的看法。她認為坎茲的多字組合中的確有語法結構**，例如他能辨識字的順序，他了解「讓小狗咬蛇」和「讓蛇咬小狗」的不同，他也會使用填充動物示範這兩句話的意思。他在百分之七十的情況下能對不熟悉的句子做出反應，例如他聽見沒有露面的指導員發出「擠那根熱狗」的聲音指示時會有反應。他是第一隻展現出上述兩種能力的非人類動物。

但恩德森還是沒有被說服。他指出在要靠介係詞之類的「語法詞」才能理解句子的情況下，坎茲的表現就差強人意。他似乎不會分辨**裡面**、**上面**，或是**旁邊**；也看不出來他是否了解像是**和**、**那個**、**這個**之類的連接詞。坎茲作為一個約會對象的明顯優勢是，他不會對你說「你將會在哪裡？」這種使用垂懸分詞或是末端前置詞的句子。以目前的階段來說，坎茲只認得代表可見物體和行動的字。恩德森得到的結論是「坎茲能把圖形字和一些話語，與他自己心中的複雜概念聯想在一起，但內容只有文法作用的字就會被他忽略，因為他沒有需要用到這些字的文法觀念。[36]」雖然坎茲表現出絕佳的能力，但我們必須記得在多年過後，他依舊只有基本能力而已。

我們在上一章看到人腦和其他類人猿的腦在結構上有很多相似處，尤其和黑猩猩很像。但是我們的腦比較大，連結度比較高，此外還有 FOXP2 基因。我們也學到，自從我們從相同的祖先分支發展以後，我們的生理構造也改變了很多，讓我們有了更強的發聲能力。難道我們不能合理地認為，我們和黑猩猩分道揚鑣之前，一部分的神經網路就已經存在，只是黑猩猩那一支系把它用在某一方面，而人類與祖先這一支系經歷的重重改變，則產生了不一樣的東西？薩維基蘭保說：「不論如何，坎茲擁有的某些語言元素，還是具有相當的重要性。人猿的腦只有人腦的三分之一大小，我們應該要接受只能找到少數的語言元素來證明連續性的情況。***」

其他非人類的靈長類能彼此溝通嗎？其他的物種有沒有自然語言？到底如同波米納里提醒我們的，其他物種已經演化出和彼此溝通的能力，而不是和人類溝通。很可惜，就像薩維基蘭保指出的，坎茲對人類語言的了解多於人類對巴諾布猿語言的了解[39]。

溝通和語言可能的起源

如同我之前所答應的，我們現在要來看其他種類的溝通。語言只是溝通的一種，而且顯然有一點不可靠，讓我們到森林裡看看有什麼發現。最出名的物種內溝通研究，大概就是賽法斯和錢妮在肯亞的安博塞利國家公園的長尾黑顎猴研究了。他們發現長尾黑顎猴針對不一樣的獵食者會發出不一樣的警告聲：蛇有一種，美洲豹有一種，獵食性的鳥類又有另外一種[40]。其他長尾黑顎猴在聽見蛇的警告

---

*Kanzi, p. 161.

**Kanzi, p. 155.

***Kanzi, p. 164.

聲時會站起來往下看；如果是美洲豹的警告聲，牠們就會跑到樹叢裡；如果聽見的是獵食性鳥類的警告聲，牠們會沿著樹幹往上爬，避免位在暴露於外的樹枝末端。過去人類都以為動物的發聲只有情緒性的作用，這種看法直到最近才有所改變；長尾黑顎猴也不是每次都會發出警告聲。牠獨處的時候幾乎不會發出警告聲，和親屬在一起的時候也比和非親屬在一起的時候容易發出警告聲。可見這些聲音不是自動的情緒反應。

這次又是普瑞馬克觀察到，就算是完全基於情緒的情感溝通系統，也可能具有語意（也就是除了傳遞情緒外，還能傳遞訊息）[41]。就算尖叫聲是一種情緒反應，也能傳達其他的訊息。雖然這個說法經過了二十年的爭議，但賽法斯與錢妮在深入研究長尾黑顎猴之後，也同意了他的說法：「發信者與接收者雖然在一個溝通性的事件中有連結，但依然是分離且互有區別的；因為造成發信者發出聲音的機制，完全沒有限制聽者從叫聲中攫取資訊的能力。[42]」他們解釋，一個叫聲如果要能提供資訊就必須要明確：同樣的叫聲不能有不同的使用原因。另外這個叫聲也必須包含資訊，也就是說不論何時，只要這個特定的情況發生了，就應該要發出這個叫聲[43]。顯然這個叫聲的確傳達了訊息，而且也被聽者了解。這可能代表了語言演化的機制。

然而賽法斯與錢妮繼續指出，人類語言最常見的功能就是藉由改變對方所知、所想、所相信、所渴望的內容來影響他人的行為。但大多數的證據顯示，雖然動物的發聲可能會造成改變，但是這卻不是動物的意圖，而是無心的結果。長尾黑顎猴看來並不認為對方有心智狀態。舉例來說，長尾黑顎猴的幼猴常常錯把鴿子當成老鷹而發出警告聲，附近的成猴會往上看，但是如果牠們沒看到老鷹，自己就不會發出警告聲。然而如果幼猴第一個看見獵食者並且發出警告聲，成猴有時候會往上看然後發出第二聲警告，但並不是每次都這樣。這種時有時無的重複警告模式顯示，成猴的表現並不像是知道幼猴還不懂事，只是在學習辨識獵食者，所以每次都會確認正確的警告聲[42]。

野生黑猩猩也有類似的資料，牠們看起來並不會調整叫聲，以讓其他不了解情況的個體知道牠們或者是食物的位置[44,45]。猩猩媽媽會聽見迷路的小孩的叫聲，但是她不會回應。在實驗室裡，波米納里發現受過訓練的黑猩猩，並不會教其他的猩猩拉繩子好拿到食物。簡單來說，非人類的靈長類似乎不像人類會因為感知到對方的無知或知道對方需要資訊，而發出叫聲或是有想溝通的意圖。如果黑猩猩有心智推理能力，母親可能會想：**我聽見小孩從遠處發出聲音，他一定不知道我在哪裡。我應該發出聲音，讓他知道我在哪裡。**即使如此，黑猩猩和其他的靈長類，可能了解牠們的叫聲對其他動物的行為會產生的影響：**如果我用某種方式發出叫聲，我的兄弟就會跑到樹上。**不能否認的是，訊息的確傳了出去，只是可能不是發出訊號者的**意圖**。所以這跟我們的約會對象有什麼關係？從猩猩的角度來看，聲音的溝通可能只是「我只關心我的感覺。」想一想，這倒是和大部分的人類約會對象差不多。

我們觀察到野生黑猩猩會綜合目光、臉部表情、姿勢、手勢、理毛，還有聲音進行溝通，就像坎茲會用圖形字和手勢來溝通一樣。這些方法引發了關於語言起源的有趣問題，而且這些問題至今依舊無解：語言是像郭敏豪所支持的理論一樣，從手勢演化而來[46]？或者是像里佐拉帝和艾比柏假設的，是結合手勢和臉部表情而來[47]？或者語言只是從聲音演化而來的？還是杭士基的人類語言「大爆炸」理論才正確？

人類的語言中心位在左腦，左腦控制了右半邊身體的動作。黑猩猩在用手勢溝通時傾向使用右手，在配合聲音溝通時這種傾向會更明顯[48]；被關起來的狒狒主要也是用右手做手勢[49]。很多有趣的人類研究都發現手勢和語言有關。一項針對十二個先天失明的盲人的研究發現，他們在說話的時候比手勢的速度和另一群看得見的人相同，使用的手勢範圍也相同。眼盲的人說話時也會比手勢，就算在跟另外一個盲人說話也一樣；這顯示手勢和說話這個動作密切相關[50]。居住在與外界隔絕的社區裡的先天失聰者，會發展出自己的一套具有語法的溝通手勢[51]。

奧勒岡大學娜威爾與同僚利用功能性磁振造影研究，確認了失聰並使用手語的人，其左腦的布洛卡區和威尼基區，在看見美國手語的句子時也會啟動；這兩個區域是在聽見他人說話時會啟動的主要語言調節區。然而失聰的受試者在閱讀時，這兩個區域並不會啟動[52]。另外他們也觀察到，布洛卡區附近若有前側損傷，會對打手語造成困難；如果是後側損傷比較多，則會對理解手語有困難。娜威爾也發現失聰的受試者的右腦，比聽覺無礙者的右腦還要活躍，原因可能是手語需要的空間感主要是由右腦所負責的功能。黑猩猩比手勢的時候也有相同的腦部現象。

接著我們來到了以手勢多而出名的義大利。里佐拉帝、佛格西，還有來自美麗的帕瑪地區的迦列賽，在一九九六年首先在猴子腦的前運動區（F5區）發現了鏡像神經元。這些神經元在猴子執行一個用手或嘴巴與物體互動的動作時，會釋放訊號；且在猴子只是**看見**另一隻猴子（或是人類的實驗者）進行同類的動作時也會釋放。鏡像神經元的名稱也是這樣而來。後來在猴子腦部的其他區域，也就是頂下小葉[53]，同樣發現了這種神經元。一般相信猴子大腦的F5區和人腦的布洛卡區的始祖相同[47]。人腦的布洛卡區據信是負責說話能力以及前面說過的手語能力，而猴子的F5區背側則是負責手部動作的區域[54,55]，腹側負責嘴巴與喉頭的動作[56,57]。里佐拉帝和南加州大學大腦計畫的負責人艾比柏認為，反射系統是說話能力的發展基礎，也是在說話之前的其他有意圖的溝通形式的基礎[47]，像是臉部表情與手勢。人類也有這些鏡像神經元嗎？很多證據顯示我們的確有[58]。人類在觀察動作的時候，產生活動的腦皮質區和猴子有活動的腦部區域相符。看來辨識動作的基本機制是人猿與人類共通的。

他們對於語言發展所提出的說法是：個體能辨識他人做出的動作，是因為神經元在觀察動作時產生釋放反應的模式，和自己要採取動作時產生的模式相似。所以也許人類會發展出說話迴路，是因為布洛卡區的前驅結構具有辨識他人動作的機制——而這是語言演化之前必須先具備的能力。

啊？里佐拉帝和他的哥兒們知道提出這個假設是在走險路，但是我們要來看看這條路通往哪裡，因為這就是神經科學。你在細胞這個層次上發現一些有趣的事，然後試著把它和行為連結在一起。你提出一項假設，接著這個假設會被雞蛋裡挑骨頭，或者不會。就像科學的很多領域一樣，情緒軟弱或薄臉皮的人都不適合。

長尾黑顎猴的例子讓我們看到，牠們雖然能辨識動作，但距離發出帶有溝通意圖的訊息，還有一段差距。那麼人類如何發展出這種溝通意圖？通常個體在觀察動作或是準備進行動作時，前運動區會保持警戒。有一套「禁止系統」會阻止觀察者模仿看到的運動行為[47]，不然我們就會像一直在玩猜領袖的遊戲。然而有時候當觀察的行動特別有趣，禁止系統可能就會短暫失效，讓觀察者產生不由自主的反應。所以這形成了一條雙向道：執行動作的個體（行動者）會發現觀察者的反應，觀察者也會發現他的反應讓執行者有所反應。如果觀察者能控制他的鏡像神經系統，那他就能傳送自願性的訊號，以此開始最基本的對話或類似的形式。能隨意地控制鏡像神經元，是語言開始發展的必要基礎。能注意到他人已經傳送出一個訊息，和了解這訊息會造成反應，是兩項不同的能力，不一定會同時出現。這兩項能力應該都具有很好的適應優勢，而被選擇留下。

他們說的是什麼行動？是臉部表情還是手勢？記得F5區和布洛卡區都有控制兩者的神經結構。里佐拉帝和艾比柏推測了形成語言的事件順序，猜想個體間最早使用的表態方式是「口顏」。珍古德認為長時間的眼神接觸可能伴隨著友善的互動，她接著形容其中一種臉部表情：「有一種臉部表情比其他的表情都還有戲劇性的訊號價值，就是張大嘴巴，露出成排密合的牙齒。這種表情突然出現時，就像是整張臉被一整排長在粉紅色牙齦上的白色牙齒切成兩半。這種表情通常是安靜地出現，回應非預期以及驚恐的刺激。當個體對他的同伴做出這種扭曲臉部齜牙咧嘴的可怕表情時，通常會立即引發觀察者的恐懼感。[59]」

猴子、人猿，和人類至今都還是會用口顏表態，做為最自然的溝通方式；猴子唇舌嘖嘖作響的方式也被保留了下來，形成人類說話的音節。下一步就是發聲了嗎？里佐拉帝和艾比柏不這麼認為。記得我們說過猴子和人猿的發聲系統是封閉的嗎？（見八十、八十一頁）手部的系統能提供的資訊更多。以解剖構造上受限的發聲系統來說，唯一能加強「尖叫、尖叫、尖叫」這種情緒聲音而讓你感到害怕的方法，就是叫得更大聲：「你要更害怕」。但是手勢的系統能增加更多資訊：「尖叫、尖叫、尖叫」告訴你要害怕，接著比出手勢表示有一條很大的蛇，並且指出牠的位置。象牙海岸的黑猩猩被觀察到在某種程度上也有這種行為：當在行進或是遇到附近的群體時，黑猩猩除了咆哮之外，還會敲打作響[60]。

這種現象一旦發生，用手勢描述的物體或是事件，就會跟非尖叫的聲音有所連結，可能是簡短的**嗚**或是**啊**。如果每次都用一樣的聲音表達一樣的意思，可能就會開始發展出基本的字彙。為了讓這種新的發聲發展成說話，就不能只靠過去的情緒聲音中心來控制這種發聲，而需要更有技巧的控制。類似F5的前驅結構——已經具有鏡像神經元、能控制口喉動作、並連結到一級運動皮質——可能就發展成了布洛卡區。因為有效的溝通系統能提供生存優勢，所以演化的壓力會導致更複雜的聲音，連同發出這些聲音的生理構造，最終都會被選擇。手勢會失去其重要性（對義大利人除外），成為語言的配件，但在需要的時候還是能發揮作用，像是手語。

來看看巴茲尼在他的書《義大利人》裡怎麼說：

通常一個單純的手勢，伴隨著適當的臉部表情，取代的不只是幾個字，而是一整段有力的語言。舉例來說：想像有兩位男士坐在咖啡店裡，第一個人說起了長篇大論……「我們的這塊大陸，歐洲大陸，古老又破舊的歐洲，分為很多不同的國家，每一個國家又分裂成很多省分，每一個國家和省分各自為政，說著沒人聽得懂的方言，孕育自己的想法、偏見、缺點、仇恨……我們各自沾沾自喜地回想我們過去對鄰國予以痛擊的歷史，完全忘記我們的鄰國是如何把我們打得落花流水。如果我們融合成一體，變成歐洲聯盟，事情就簡單多了啊。恢復成過去的基督教國家，這是查理大帝的夢想、梅特涅的夢想，是許多偉大人物的夢想，而且有什麼不好呢？這也是希特勒的夢想。」

第二位男士耐心聆聽著，專注地看著第一位的臉。在某一刻，似乎是受不了他朋友多如牛毛的論點或滔滔不絕的樂觀主義，他慢慢地舉起一隻手，從桌面往上垂直直線舉高，舉到比他的頭還要高，然後發出一個聲音，拉長的「呃」，像是嘆息一樣。他的眼睛沒有離開過另一位男士的臉，他的表情平靜，帶點疲累，稍微有點懷疑的樣子。他的動作表示：「你太快做出結論了吧，朋友。你的立論太複雜，你的希望也太不合理。我們都知道這個世界一直都是一樣的，所有能解決我們問題的聰明方法，都製造出更多不一樣的問題，比我們習以為常的問題更嚴重、更難以承受的問題。[61]」

感覺與大腦

回到我們的約會對象。目前我們已經知道她會做一點計畫，會一點溝通，但是沒有我們使用的說話或語言技巧，也許不會抽象思考，大概只會溝通她自己的需求。那感覺呢？情緒呢？

情緒研究過去一直受到忽視，直到最近才出現轉變。我之前的學生勒杜非常聰穎，他現在就讀於紐約大學。他提出造成這種現象的原因有好幾個。從一九五〇年代開始，學界普遍相信邊緣系統（牽涉到很多腦部結構）是負責製造情緒的，但最近認知科學的崛起，則主導了研究的關注焦點。雖然他認為邊緣系統的觀念不足以解釋特定的腦部情緒迴路，但他的確同意情緒牽涉到的，是哺乳類在演化過程中所保留下來相對較原始的迴路[62]。

情緒研究也受到主觀性的問題所苦；相較之下，認知科學家已經能夠展示大腦如何處理外在刺激（例如痛覺），而且不需要說明有意識的感知經驗是怎麼發生的。目前已經發現，大多數認知過程都在潛意識發生，如果有最終產物的話，這樣的產物才會到達意識層。勒杜繼續指出：「和一般所相信的相反，有意識的感覺不是產生情緒反應的必要條件。就像認知過程一樣，情緒反應也牽涉到無意識的處理機制。[62]」甚至人腦中很多無意識運作的功能，其實和其他動物腦中的作用相似。就自我的無意識層面而言，物種之間其實有很大一部分的重疊[63]。

目前被研究得最透澈的情緒之一是恐懼。你聽到響尾蛇的聲響或是撞見草叢裡有物體滑過的景象時會怎麼樣？感官的輸入會送到丘腦，這裡像是接力站，接著把脈衝送到在皮質的處理區，然後接力到額皮質。脈衝在這裡會和較高等的心智處理整合在一起，接著進入意識流，人要到了這一步才會覺知到這項資訊（那邊有一條響尾蛇！），必須開始決定動作（響尾蛇有毒，我不想要牠咬我，我應該往後退），然後採取行動（我的腳可別這時候打結！）。這些都要花一點時間，可能是一到二秒，但其實有一條顯然很有利的捷徑。這條捷徑就是通過大腦杏仁核，它位在丘腦下方，會追蹤所有通過的資訊。如果丘腦辨識出一個和過去的危險有關的模式，它和腦幹的直接連接就能啟動戰鬥或逃跑的反應，還會拉警報。你在自己還沒理解到為什麼的時候，身體就已經往後跳了；這種現象尤其在你先往後跳才發現那不是蛇的時候更明顯。這種比較快速傳遞訊息的管道和古老的戰鬥或逃跑的反應，在其他哺乳類上也看得到。目前還不知道在雙向的訊息管道裡還能找到多少其他的情緒，但是這個領域也有很多值得研究的題目。

看起來我們和黑猩猩約會對象至少有些無意識的情緒是相同的，但除此之外，野外觀察研究還顯示，我們在無意識的層面上，可能比我們想像的還要像人猿。我們到外面來吧。

進入熱帶森林

直到一九七四年一月七日前，科學家都認為人類非比尋常的暴力行為是獨一無二的。後來在坦尚尼亞的岡貝國家公園，來自岡貝的珍古德研究中心的資深田野研究助理馬塔瑪，首次觀察到一支黑猩猩突擊隊，祕密潛入另外一群黑猩猩的領土，殺掉一隻單獨安靜進食的公猩猩，然後在接下來的三年裡，繼續有系統地殺害敵對群體中其他的公猩猩。那母猩猩呢？兩隻年幼的母猩猩被送到突擊的群體中，其中一隻看著自己的母親被她所屬的新群體成員打死，另外還有四隻母猩猩失蹤了。更令人驚訝的是，這些群體以前都屬於同一個黑猩猩社群。其他地區的觀察員也記錄到愈來愈多這樣的觀察結果。在坦尚尼亞，馬哈雷山國家公園的西田康成工作小組（這是除了珍古德計畫外，唯一進行了二十年的黑猩猩研究計畫的小組），發現在邊境巡邏的黑猩猩會對陌生猩猩採取暴力攻擊，分屬於鄰近社群的公猩猩團體之間也會發生猛烈衝突。

自從第一次觀察到這些現象後，共有兩個黑猩猩社群被牠們的同類滅絕。其他非人靈長類的觀察員，也目擊到公的大猩猩和某些品種的猴子會殺害剛出生的寶寶；公的黑猩猩和紅毛猩猩會強暴母猩猩。愈來愈多的田野觀察都被記錄下來，我們從中知道，雖然殺嬰在很多動物群體中是很典型的行為——鳥、魚、昆蟲、齧齒動物和靈長類都會，公的母的或是嬰孩都會動手，端看物種為何；但是殺害成年動物則並不常見。

哈佛大學的生物人類學家藍翰相信，人類——尤其是男性——暴力行為的起源可追溯到人猿身上；更明確地說，是在我們和黑猩猩共有的祖先身上找到。他在著作《雄性暴力》中提出了有力的論證[64]。他說導向這個結論最有力的事實，就是人類與黑猩猩社會的相似之處：「以男性為主的父系社會很少出現在動物世界，而女性在這樣的社會裡為了減少近親繁殖的風險，會遷徙到鄰近的團體中交配。目前已知只有兩種動物會這樣做，而且採用的是激烈的、由男性主動進行領土侵略的系統，其中包括對鄰近社群進行造成致命傷害的襲擊，以及尋找弱小的敵人並加以攻擊、殺害。在四千種哺乳類以及一千萬種以上的其他動物物種裡，這一套行為只有在黑猩猩和人類社會中發生。*」

藍翰提出，觀察研究已經發現黑猩猩是父權社會，公猩猩有主導地位，能繼承領土，負責攻擊與殺害鄰近的猩猩，並贏得戰利品（不只是增加的糧食，還有鄰近的母猩猩）。但是公猩猩一旦失去自己的領土，自己也會遭到殺害。然而母猩猩就有不同的優勢。牠們能繼續住在領土內尋找食物，只要效忠於征服者就可以了。牠們能活下去，再度繁殖，但是公猩猩會被殺害。好，所以黑猩猩是父系社會，那人類呢？

藍翰回顧了許多人種誌記載、現代原始人研究，以及考古學的發現，進而提出，儘管有些女性主義團體宣稱不是這樣，不過人類一直都是父系社會。（很有趣的是，我在用微軟的文書處理軟體打字時，**父系**這個字被標示了代表「拼字錯誤」的底線，而且「拼字建議」出來的字是**母系**——這個字倒是不會被標示拼字錯誤。）有說法認為父權是文化的產物，但是名為演化女權主義的新研究領域認為，父權也是人類生物學的一部分。

那麼造成致命傷害的襲擊呢？藍翰推測團體間的侵略行為可能也有同樣的起源，因為這在其他動物當中非常罕見。人類的侵略行為在現代世界非常出名，不過他也在目前的原始文化中，看見和黑猩猩相似的暴力模式。舉例來說，文化與世隔絕的亞諾馬米族有兩萬人居住在亞馬遜盆地的低地森林，

---

* *Demonic Males*, p. 24.

這群人以頻繁的戰爭聞名。他們是自給自足的農夫，食物充足，每一個部落大約有九十人。男人會留在出生的村落裡，女人會隨著婚姻遷徙到不同部落。亞諾馬米族的戰爭不是為了資源，通常是為了女人。有百分之三十的亞諾馬米男性是死於暴力衝突。然而這些兇暴的戰士會得到獎賞：他們會受到社會表揚，妻子的人數也是其他人的二．五倍，小孩的數量則是其他人的三倍。「亞諾馬米族造成致命傷害的襲擊行為，讓戰士獲得基因上的成功。

「讓亞諾馬米社會和黑猩猩社會相似的條件是這一族的政治獨立性，另外他們的物質商品也比較少，沒有黃金、昂貴的物品及糧食商店等讓他們搶奪。在這樣貧乏的世界裡，一般比較熟悉的人類戰爭模式會消失。這裡沒有大型會戰，沒有軍事結盟，毋需針對獎賞擬定策略，也不需要占領儲存的商品。只剩下滲透偵察，尋找攻擊的機會，殺害鄰居，然後逃跑。*」岡貝國家公園裡百分之三十的公猩猩都在攻擊行動中死亡，和亞諾馬米部落的比例相同。其他原始部落——在新幾內亞的高地、澳洲、喀拉哈里沙漠的剛族人，因攻擊而造成的死亡率也差不多。根據藍翰鉅細靡遺的觀察，打獵與採集社會的遭遇也沒有比較好。

能夠長期避免全面戰爭的社會屈指可數，瑞士就是最好的現代例子。然而為了維持他們的和平，就像麥克菲在《瑞士協和廣場》書中寫的那樣：「瑞士幾乎沒有一個地方不是做足了隨時開火抵抗侵略性戰爭的準備。」瑞士的人均武力是世界上最強大的，這裡執行強制徵兵，重要橋梁與通道都埋有地雷，山裡挖了深洞儲存足夠的醫療資源、食物、飲水以及足以提供整座軍隊與一些市民生活一年以上的設備。他們也因為阿爾卑斯山而隔絕於世。[65]」

所以人類和黑猩猩都是父系社會，人類與黑猩猩也都有造成致命傷害的襲擊歷史。另外眾所周知的是，人類男性比女性更為暴力；世界各地的暴力犯罪統計數字都反映了這種情況。以這些我們都同意的相似處為基礎，我們來聽聽看藍翰覺得為什麼會這樣。去蕪存菁後，他得出了經濟學的生態學版本，有些人稱之為**成群結隊的代價**理論。這個理論基本上說的是：一個群體的大小會依照其擁有的資源而定。在一個食物有季節性規律或供應不穩定的環境裡，團體的大小也會依此有所不同：食物愈多團體愈大，食物愈少團體愈小。一個群體是否需要跋涉覓食，或是要跋涉的距離遠近，會和牠們的食物有關。有些物種的糧食來源很豐富也很穩定，所以這些群體會趨於穩定（例如大猩猩，牠們只要整天坐著吃樹葉就好）。然而有些物種已經演化到要吃高品質、難找的食物，這類食物不是隨時可得的，例如堅果類、水果、根莖類和肉類。就這點來說，我們和黑猩猩也很像。

可是巴諾布猿就不一樣了。牠們會吃黑猩猩的食物，但是也和大猩猩一樣會吃取之不盡的樹葉，而且不需要跟大猩猩競爭。牠們不需要為了找食物而跋涉，牠們不需要為生活發愁。我們和黑猩猩吃的食物種類，使得雄性占有優勢。四處尋找食物的生活方式，讓要帶著嬰孩照顧的雌性動作慢了下來，但是雄性和無小孩的雌性可以走得比較遠、比較快，優先抵達食物所在地。牠們繼而會一起居住，因此有能力擁有較大的團體。以一個規模可大可小的團體來說，四處遷徙尋找食物的優點是讓一個物種具有彈性，而且有適應環境改變的能力；缺點則是當團體變小時，臨時遭受比較大的團體攻擊會較為脆弱。這就是藍翰所謂的「成群結黨物種」：有聯盟關係（男性會成群結隊），而且團體規模

---

* *Demonic Males*, p. 68-71.

會改變的物種。

這些物種之所以能夠殘殺，就像某些物種可能會放肆地殺嬰，背後的原因依然是經濟學。殺戮行為很划算，本益比很高。你在殺害嬰兒時根本不會有傷害到自己的風險，所以成本很低。你可以從中得到食物資源，或是增加與雌性交配的機會，因為當嬰兒死亡，她就會停止泌乳，重新開始排卵。當你和幫派一起前去欺凌弱小的鄰居時，你受傷的風險也比較小。你會得到什麼？這樣可以削弱鄰居的力量，這對未來而言總是好的；此外還能擴展糧食的供應範圍，並且再次找到交配對象。

但是為什麼雄性這麼有侵略性？性擇是否選擇讓雄性有侵略性？雖然沒有大獠牙，但是所有的人猿都能用拳頭打架。為了要適應在樹林間擺盪移動，人猿的肩關節可以轉動，長手臂和能握成球狀的拳頭可以給對手迎頭痛擊，同時和牠保持距離。拳頭也能抓住武器——我們知道黑猩猩會丟擲石塊與樹枝。在青春期時，雄性人猿和人類上半身的所有肌肉都會增加，肩部的軟骨與肌肉也會隨著睪丸素的增加而有所改變，讓肩膀變得寬闊。但即使生理上具有侵略的能力，也不是所有強壯的動物都有侵略性。

腦部的發展是怎麼一回事呢？我們了解動物不能控制自己的情緒或是衝動，但是人類難道不能用冷靜的理性控制他們的侵略性嗎？這個嘛，看來這不是這麼簡單。南加州大學神經學系系主任達馬修，研究了一批前額葉皮質中腹部*某處受損的病人，他們都缺乏主動性、無法做決定，而且完全不顯露感情。他深入研究的一名病人，在智力、社交敏銳度及道德觀念的測試都表現正常，還能想出適當的解決方法、預見假設性問題的後果，但是他就是做不了決定。達馬修的結論是，這名病人和其他症狀類似者不能做決定的原因在於，他們不能將一項情緒價值和選項連結：單純的理智是不足以讓人做決定的。理智能列出一串選項，但是情緒才能做出選擇[66]。我們在後面的章節裡還會談到這個。現在必須要知道的是，就算我們人類喜歡把自己想成能做出非情緒性決定的人，但事實上情緒在所有決定中都占有一席之地。

藍翰的結論是，如果行動最終還是由情緒決定，那麼黑猩猩與人類侵略行為底下的情緒就是驕傲。他認為成熟雄性黑猩猩的整個生活都圍繞著階級，所有的決定也都由此主導，包括早上什麼時候起床、跟誰一起上路、幫誰理毛、和誰分享食物等。所有行動的目標就是成為頭號雄性，而到達這個位置的困難度造成了牠們的侵略性。人類的情況也相去不遠。藍翰引述詹森在十八世紀的觀察：「沒有兩個人能相處半小時而不出現其中一人地位顯然高於另一人的現象。」就像現在，男性還是會用昂貴的手錶、車子、房屋、女人，還有階級分明的社團炫耀自己的地位。

藍翰假設這種驕傲「在無數個世代中演化，過程中達到較高地位的雄性，能夠將社會成就轉變成額外的繁殖力。**」這是性擇所留下的產物。瑞德利在《紅色皇后》一書中，討論女性天性的章節是以此做結的：「我們的基因從打獵採集時代至今並沒有什麼改變，而在現代男性的內心深處，還是有

---

*如果你平躺下來，把手放在身側，手掌向上，你的身體胃的那一側，就是身體的腹側；你的背就是身體的背側。如果你把頭放鬆往後倒，你就知道你的腦的頂端是背側表面的延伸，腹側表面是較低的表面，在頭的深處。所以前額葉皮質的中腹側位置就跟字面上一樣：在腦部額葉前面中間下面的位置。

**Demonic Males*, p. 191.

一條簡單的男性採獵者規則：努力獲得權力，然後用它來擄獲會孕育繼承人的女人；努力獲得財富，買下其他男人會生私生子的妻子。一切起於一個男人曾和鄰居漂亮的妻子共享一片珍貴的魚肉或蜂蜜，換取了一夜溫存，延續到今天就是明星帶著模特兒走進賓士車。67」

所以人類和黑猩猩在生理上都準備好可以進行生理攻擊，情緒上也成熟到能達到高階地位。但是除了社會性的人類和黑猩猩以外，單獨行動的紅毛猩猩也是這樣。驕傲也是造成社會侵略性的原因。任何群體——不管是團隊、宗教、某一性別、企業或是國家，都會有一批獻身的追隨者，但這是為什麼呢？是理性深思熟慮後的結果，還是古老的人猿腦天生的反應？

社會心理學家證明了，一個團體的忠誠度與敵意的誕生，是來自於可預期的簡單原因。這個過程起於團體會分成「我們」和「他們」，這叫做**內團體／外團體的偏見**，這是舉世皆然、根深柢固的現象：講法語的加拿大人相對於講英語的加拿大人、警察相對於聯邦調查局探員、野馬隊球迷相對於其他人、滾石樂迷相對於披頭四樂迷……。對於群體內的侵略行為歷史悠久的物種來說，這是可預期的。達爾文寫道：「部落如果有許多成員有高度的愛國心、忠誠、服從、勇氣和同情心，隨時準備幫助他人，並為共同的利益犧牲自己，那麼這個部落會勝過多數的部落，這就是天擇。*」他寫下這段話來解釋，道德是怎麼從天擇選擇了團結後而崛起。藍翰也認為，以團體內的忠誠為基礎的道德，在演化歷史中的確是有用的，因為這讓團體的侵略行為更有效果。

結語

有時候看著家族的樹狀圖不一定會讓人愉快，但是它能解釋很多看起來很神祕的行為。很多夫妻的下場悲慘，就是因為他們忽略了未來另一半的家庭。以我們這位黑猩猩女伴來說，我們的祖先相同，我們的家族在很多方面都分道揚鑣，但還是有一些藍翰指出的共通性格。我們看到了我們的身體結構如何發生重大變化，而以此為基礎的改變，則造就了我們許多獨一無二的特色。兩足運動讓我們能空出雙手並改變呼吸模式；我們的弧形可相對拇指，讓我們能發展出比所有物種都精細的運動協調動作；我們獨特的喉頭，讓我們能發出無數的聲音用來說話；我們的鏡像神經元系統範圍比其他物種都還要大，而且之後我們會看到，反射系統所帶來的結果錯綜複雜，不只是和語言有關。我們的腦袋也經歷了其他改變，讓我們比黑猩猩親戚更能深入了解其他人也有思想、信念及渴望。以這些差異為基本觀念，我們將進入下一章，看看情況會怎麼發展。我想花一天時間和坎茲相處應該滿好玩的，但時間不要太長，我比較希望有文化一點。讓我和智人約會吧。

---

* *Demonic Males*, p. 196.

第二部

融入社交世界

人類清醒的時間裡，平均有百分之八十都和其他人在一起，一天平均有六到十二個小時都在進行對話。這種行為是有益的，是我們為了在社會裡生存所學到的方式。

第三章 大腦與擴大社交關係

互相砥礪腦袋很好。

——蒙田

想像一下：你平常都不太會抱怨的女兒在你們外出度假時，開口跟你說她的肚子很痛很痛。你知道她不會無病呻吟，於是帶著女兒和老婆到了急診室。值班的外科醫生完全是個陌生人，而他檢查了兩分鐘後，說你女兒**馬上**要準備動急性盲腸炎手術。你想起來有個高中的哥兒們現在是城裡的醫生，你神奇地用電話聯絡上了他，他向你保證會好好照顧你女兒。一切都順利進行，你讓這個外科醫生進入了你的新聯盟關係。不止重建了過去的聯盟，也建立了新的聯盟，手術也成功了；而隨著手術結束，這些新鮮短暫的聯盟也跟著破裂。這些就是社交心智的運作結果。

想像一下：你登記參加有導遊帶領的旅行團，前往一個新奇、驚險的地點，是你自己不會想去的地方。你和團員與嚮導在第一天早上碰面。環顧四周陌生的臉孔，你自問：**我在想什麼？**然而，兩天後當你在攀爬狹窄蜿蜒的通道時，你全心相信你只認識了四十八小時的人；稍後你和幾乎完全是陌生人的隊友在午餐時間進行了一場開心的談話，當晚你便受邀與一個小團體共進晚餐。這周到了尾聲時，你參加的這個旅行團已經形成了很多個小團體，小團體裡還有小團體。這些團體關係隨時在改變。在關係建立與破裂時、在人類的政治現象浮上檯面時，社交心智都很活躍。

我們隨時都在形成或改變社會群體與聯盟，這是大致上的情況。但很多像我一樣的實驗科學家，則專注於大範圍裡面的小細節。我們在前面一直致力於了解，什麼是人類所繼承的基本認知技巧，讓我們能分類、處理數量，或是收集零散的感官輸入，整理成完整感知到的知覺。但我們還沒有開始關注人腦最在行、似乎天生就是為此而生的那件事：用社交觀點思考。

其實就是社交過程這回事。雖然我們很會把人、動物，還有物品分類，但我們考慮的並不是他們是圓是扁，是紅是藍。我不會看著一個在街上遛狗的人心裡想：「他的頭是圓的，身體是三角形，哇，他的四肢是長方形的，嗯，應該是圓柱形。而且還有十隻圓柱形的手指唷……接下來看狗。」事實上，我們是在人群之中演化的，腦部也發展能力來監督我們在大團體中的社交行為，好讓我們能評估合作的價值、不合作的風險等等。當你終於了解我們事實上只是一群愛群聚享樂的動物，而非獨居的隱士或只是處理感知資料的機器時，一個新的問題就蹦出來了：如果我們這麼會社交，這是怎麼開始的呢？這是從哪裡開始的？我們的祖先也很會社交嗎？天擇又是怎麼造成團體合作的？天擇是不是只能影響個體的認知特徵選擇？或者也會選擇團體行動？

這個根本的問題吸引了達爾文的注意。當他推動適者生存的看法時，同時也注意到一個看來矛盾的現象：很多生物都會讓自己成為不適者，好讓團體能夠生存。這種情況在蜜蜂和鳥類的世界裡常常發生，而這些現象也激起了一種觀點，認為天擇應該會對整個團體發揮作用。而這樣的機制也的確是人類出現社交與道德行為的重要基石。

這樣的說法過去一直都沒什麼問題，直到了不起的演化生物學家威廉斯（暫時）推翻了群體選擇的說法。他在一次訪問裡談到自己的看法：「天擇對於個體的效果最好，其造成的個體適應性改變，讓個體在與其他同類個體競爭時獲得適應能力；天擇不是以全體的福祉為目的。[1]」天擇不會對於迅速出現又消失的社交過程與規範的機制產生作用。個體選擇的意義也不是為了避免整個物種的滅絕，而讓活著的生物體去適應環境；生物體只會想辦法避免自己的滅亡。威廉斯的「適應者」典範是過去四十年裡演化生物學的主流思想。

在威廉斯的分析加持下，擔任牛津大學查爾斯西蒙義科學教育講座教授的演化生物學家道金斯，更進一步延伸這個理論，成為自私基因理論的先鋒。看到天擇只適用於基因這樣的說法，可能有人會說利他主義以及其他對團體有益的想法都只不過是巧合。這樣的想法被很多人的厭惡是很容易想像的，反對者包括著名的古生物學家暨演化生物學家古爾德。他將天擇只適用於基因的這種中心思想稱為「達爾文主義的基本教義派」。

道金斯也用漢米爾頓的研究作為基礎。漢米爾頓在一九六〇年代初期在倫敦政經學院與倫敦大學，為利他主義建立了達爾文主義的觀點；漢米爾頓研究親擇，用簡單的數學算式就顯示出我們人類之所以傾向利他主義，是源於共有基因的理性模式（算式是 $C<R\times B$。C 代表行動者的成本，R 是行動者與接受者之間的基因關係，B 是對接受者的好處）[2]。這暗示了自私競爭行為的限制有限，自我犧牲可能也有限。如果你們關係夠親近，基因可能會讓你願意幫助親屬。他還認為這種行為支持社會演化的普遍生物原則。簡單來說，漢米爾頓給了達爾文和自私基因的信徒一個統一的方法，來了解利他主義的問題，他解釋了適應性如何發生在個體身上，而不是發生在採取行動者身上。這個理論後來被稱為漢米爾頓原理，而且是個很了不起的理論。

然而不是每個人都樂於否認群體選擇在演化中扮演的角色。雖然道金斯、威廉斯，還有其他批評群體選擇的人也承認天擇基本上也適用於團體，但他們的立場仍認為個體承受的選擇壓力總是比團體來得大。不過並非所有的演化生物學家都同意這種論點。大衛威爾森和愛德華威爾森研究了群體選擇理論在歷史上的起起落落，結果認為過去四十年的研究，提供了支持群體選擇理論的新實驗證據，也支持此理論作為演化力量的合理性。「問題在於社會團體若要以一個有適應力的單位運作，其中的成員就一定要互相幫助。但是這些對團體有利的行為，很少會讓團體內的相對適應性最大化。達爾文對此提出的解決方法是，天擇不只會出現在一個生物層級而已，團體裡自私的個體可能會勝過利他者，但是在內部有利他性的團體會勝過自私團體。這就是後來所謂多層級選擇理論的主要邏輯。[3]」大衛威爾森認為，群體選擇不只是一種**重要的**演化力量，有時候還會成為**主要的**演化力量。他在寫給科學懷疑論網站eSkeptic的信裡提到：「其實不只是小規模的突變會造成演化；當社會團體與多重物種的群體因為太過緊密，以至於靠自己就能夠成為高階層的生物體時，也會促使演化發生。*」

雖然這是一個爭論不休的問題，但就留給演化生物學家去討論吧。我們只要知道我們的社交行為有生物學淵源就夠了。

只要看看我們怎麼會變成現在這個樣子，就知道造成社交心智背後的生物力有多深入、多顯著。更讓人想一探究竟的是，可能**我們現在掛心的這些社交關係，只不過是本來為了避免被獵食者吃掉所選擇的行為的副產品**。天擇強制我們為了生存而處於團體之中，而一旦進入團體，我們就會建構出我

*www.skeptic.com/eskeptic/07-07-04.html

們「有意義的」以及「可掌控的」社交關係；我們有詮釋能力的心智一直忙著處理周遭的事情，而其中大部分都與我們的人類夥伴有關。這些人類的社交關係成為我們最掛心的事，有時候甚至根本就是我們生存的理由，但相較於我們進入社會團體的真正原因，社交關係形成的過程其實沒那麼重要。我們現在總是想到別人，是因為我們就是被塑造成這個樣子。沒有了所謂其他人，就沒有聯盟或夥伴，我們也就會死掉。我們會知道這對早期的人類而言是千真萬確的，而且現在依舊適用於我們自己。

如果你是地球上唯一的人，你會想什麼？也許是下一餐？然而你不需要思考誰能幫你弄到下一餐，也不用思考你要和誰分享這一餐。不過你可能要思考怎麼避免自己成為一頓大餐，但也沒有別人能幫你注意是否有獵食者出現。

我們的本質是社會性的，這無庸置疑。我們的大腦之所以存在，主要就是為了處理社交問題，而不是去看、感覺，或是想出熱力學第二定律。我們能做到個人與偏向心理上的行動，我們也會發展出豐富的理論來解釋自己的個性，但我們這麼做，是社交圈運作的結果。這些都來自於一項事實，也就是：為了生存與繁榮，我們必須要有社交能力。所以要了解我們怎麼變成現在這個樣子，就要了解演化生物學；而要了解我們現在的社交能力（包括利他主義等現象）的生物學背景，就必須了解演化是如何作用的。

演化、天擇、推動社交行為的力量

達爾文和華萊士*都觀察到一個現象：雖然物種繁殖的潛力都很大，物種數量也應該要呈指數成長，但實際上並沒有這樣。除了偶爾出現的波動外，物種的數量大多維持穩定。畢竟在穩定的環境裡，天然資源不僅有限，而且也會維持不變**。因此當誕生的個體數量大於資源可支持的數量時，就會出現資源競爭。達爾文和華萊士也觀察到，每一個物種團體裡的個體都不一樣，沒有兩個是一模一樣的，而很多不一樣的特徵也都順利遺傳下來了。因此他們得到的結論是，生存的機率不是隨機的，而是隨著繼承的特徵不同而有所不同。根據天擇的法則，**任何在競爭的環境中被選擇的特徵，都必須提供個體某種生存優勢**，而且這種優勢必須表現在更多成功生存下來的後代身上。這些特徵可能讓個體更成功地找到食物（這樣他就會更強壯、更健康，也就能繁殖更多後代，活得更久），更能成功交配（這樣他就能繁殖更多），或是更能夠擊退獵食者（這樣他就能活更久，繁殖更多）。這些特徵都編寫在個體的基因碼中，遺傳給下一代。因此**任何編寫了讓繁殖成功率增加的行為的基因，在族群中都會變得普遍**。

競爭壓力會受到氣候、地理環境，還有同物種或其他物種的個體影響。氣候與地理環境的改變（例如火山爆發也會影響氣候），會造成糧食來源改變，可能變多也可能變少。物種內會因而產生社會競爭，可能是競爭糧食資源也可能是競爭性伴侶。面對糧食競爭，不同的物種演化出了不同的處理方式，有些會互相分享，有些則否。

---

*華萊士是十九世紀頂尖的動物物種地理區分布專家。他獨立提出了天擇的理論。

**人類從來沒有居住在穩定的環境中。衛生改善、營養變好、免疫法以及現代醫療照顧的普及都減少了死亡率，農耕與糧食分布也增加了食物供給。

在達爾文的理論中，讓他百思不解的就是利他行為。個體分享甚至提供東西給其他個體，會導致自己的繁殖成功率降低、對方的利益增加；這是很不合理的行為。然而這常常發生在群體生活的物種身上。如同我之前說過的，漢米爾頓在一九六四年提出了親擇理論來解釋這種行為：如果受益的個體在基因上和提供者有關，就會演化出利他行為。父母會為了小孩犧牲，因為小孩有他們百分之五十的DNA，個體和手足也有百分之五十的DNA相同，他們的孫兒與外甥子女或姪子女也和他們有百分之二十五的基因相同，因此幫助你的近親生存與繁殖的同時，也能讓你的基因遺傳到下一代。不管基因是怎麼傳下去的，只要有傳下去就好。

然而親擇並無法解釋所有的利他主義。為什麼會有人願意幫助朋友？這個問題在過去一直無解，直到羅格斯大學的人類學教授崔佛斯找到了答案。如果個體幫助一個無血緣關係的個體，並確定對方往後會加以回報，這樣可能也會造成生存優勢[4]。這個說法當然需要很多前提，包括個體要能明確認出另一個體，而且記得曾經接受過這個幫助；另外，兩者的來往關係要夠密切，才會出現可預測的情況，讓個體得到回報。他們也必須能夠評估幫這個忙的成本，並確定得到的回報是等值的。這叫做**互惠利他主義**，在動物世界非常少見*。

困難來自於：個體提供幫助和接受者回報之間的時間隔了太久，久到足以產生欺騙行為。如果接受幫助的個體不可靠，提供幫助的個體和對方合作就沒有利益，建立合作系統的可能性就會動搖。所以採取互惠利他主義的物種也會有辨識騙子的機制[5]，否則這種行為就不會流傳下來。這樣一來，嚴格的達爾文原則就能解釋這種現象為利他主義。在恩隆風暴中的口號是「向錢看」，在生物學則是「向基因看」。

這又引發了一個更深入的問題——老問題：為什麼在餐廳你會付出永遠不會得到回報的小費？我們之後就會談到這個問題，而且可能要用群體選擇來解釋囉！

性擇與社會群體

有些適應性的改變能加強在繁殖競爭中的成功率，最典型的例子就是孔雀的尾巴。照常理來說，拖著笨重的尾巴只會妨礙行走，這怎麼會增加適應力？然而任何能生存下來的大尾巴鳥類，一定都是很有吸引力的交配對象：強壯、健康、機靈。大尾巴是廣告界的大師之作，是能吸引更多配偶的活廣告。尾巴愈大的鳥後代也愈多。

孔雀的尾巴讓牠有**性擇**的優勢，這個詞指的是選擇配偶與繁殖方面的社會動態。牠的尾巴是所謂的**適應性指標**。個體要為適應性指標付出的代價愈大，這個適應性指標就愈可靠。孔雀要花很多力氣才能帶著這個大尾巴行走並維持這個尾巴，這是裝不來的，所以這是個可靠的適應性指標。買了雪弗蘭新車的男人可能會假造自己的適應性指標，因為他可以用零利率貸款、不需信用紀錄、每個月只要付一點點錢就能買到這種車。但是買了藍寶堅尼的人就不一樣了，這是昂貴且需要細心照顧的車子，沒有良好的信用是買不到的，所以這是對他握有資源的可靠指標。藍寶堅尼是一個好的適應性指標，但雪弗蘭不是。

---

*深入討論可見 Stevens, J. R. & Hauser, M. D., Why be nice? Psychological constraints on the evolution of cooperation, *Trends in Cognitive Science*, vol. 8:60-65, 2004.

崔佛斯還讓我們了解，性擇背後的行為都環繞著親代投資而進行。**親代投資**是「父母親為了增加一個後代個體的生存機率而對其所做的投資；這樣的投資必須付出的代價，就是犧牲父母投資其他後代個體的能力。[6]」因此不管是哪一個物種，繁殖潛力比較高的性別就會比較在意交配這件事（儘量把他們的基因散播到下一代，愈多愈好）；繁殖潛力比較低的性別就會比較在意教養，以確保他們少少的後代能夠生存下去[7]。在百分之九十五的哺乳類物種身上，都能看到雄性與雌性投資在交配與教養方面的精力有顯著差異[8]。雌性的繁殖時間有限，因為懷孕（體內懷孕）和照顧幼小的後代（哺乳）占用了她們的時間[9]。而且我們都很了解雄性，他們隨時都準備好要繁殖。

將精力主要投注在教養，而且繁殖潛力比較小的性別通常是雌性，她們對於交配對象的選擇都常比較挑剔[10]。她們做錯決定的損失比較大（適應力較為不佳的後代可能就不能繼續繁殖）。雌性選擇交配對象時，會受到雄性生理（孔雀尾巴）、行為，還有社會演化的影響。不管對雄性或雌性來說，這都會讓爭取交配對象的競爭更為激烈。性擇也可能造成「失控的性擇」，也就是說被選擇的基因也在選擇，形成正向的反饋循環。讓我舉出一個簡單的例子說明這是怎麼進行的。

假設你養了一群短耳兔，耳朵的長度就像其他的特徵一樣可能會改變，也會遺傳。公兔子的親代投資很少，牠們一有機會就交配，對象不拘。現在雖然牠們都是短耳朵，但是雷克斯的耳朵比其他兔子長一點。出於某些原因，有一些雌性演化出對長耳朵的偏好，所以她們選擇和雷克斯交配。她們的後代不只會有長耳朵，還會對長耳朵有**偏好**。當不同特徵的基因（長耳朵和對長耳朵的偏好）出現在同一個身體裡，這些特徵就已經變成與基因相關的特徵。正向的反饋循環就此建立。選擇長耳朵的雌性愈多，擁有而且偏好長耳朵的雄性和雌性也就愈多，這就是失控的性擇。

大腦、大胃王、狩獵

使我們傾向社交的第三個因素，似乎是因為我們需要滋養一直在生長的大腦。狩獵、畜牧、躲藏還有奔波都讓我們培養出社交直覺，最終讓我們成為萬物之靈。現任職於密蘇里大學擔任心理學教授的吉爾，之前使用了一種比較大腦尺寸的方法：估計各種人科動物所謂的**腦化商數**（encephalization quotient，簡稱ＥＱ*），和現代人相比的百分比例**。結果顯示在人類祖先演化的過程裡，腦的相對尺寸一直都在變大[11]。為什麼會有這樣的發展呢？

傳統理論認為，生態問題和解決問題的需要推動了大腦的改變。擔任加州大學洛杉磯分校的精神病學榮譽教授，同時也是古人類學家的傑立森認為，獵食者和獵物的腦尺寸在過去的六千五百萬年裡來來回回、你攻我守地一直增加[12]，因為人類利用工具來打獵（獵食），所以可以假設生產及使用工具是促成腦部尺寸增加的動力。然而這個理論並不符合事實。

科羅拉多大學的人類學家溫恩指出：「人腦，也就是我們假設是智力的解剖學結構，大部分的演化都比技術成熟的證據還要早發生，因此技術本身不太可能在人類卓越能力的演化過程中扮演要

---

*如我在第一章所提到的，只看大腦絕對尺寸的其中一個問題是，腦會和身體整體尺寸一起增加，混淆了跨物種的腦部尺寸比較。傑立森發展的腦化指數（ＥＱ），比較腦和同體重的一般哺乳動物的腦的相對尺寸關係，為這個問題提供了對照基準。

**他利用出土的人類頭骨化石所推斷的腦分量，並插入根據南非約翰尼斯堡金山大學解剖學與人類生物學榮譽教授特比亞的理論所估計的現代人類ＥＱ，做到了這一點。

角。[13]」這不表示生態環境不是腦部尺寸增加的早期驅動力，但使用工具這件事並不是。

大腦非常昂貴，和尺寸比較小的腦相比需要更多的能量（食物）；有證據顯示，早期的人類狩獵和採集糧食的確比較有效率，因此在生態界所占有的範圍才會愈來愈廣*。人類學家圖比和迪佛認為狩獵對人類演化非常重要。如平克所說：「關鍵在於，不要問心智為狩獵做了什麼，而要問狩獵為心智做了什麼。[14]」狩獵能提供肉類，讓貪吃的大腦有完整的蛋白質和最佳的能量來源。平克指出，在哺乳類的世界裡，肉食性動物的腦都相對較大。

我們的黑猩猩專家藍翰則認為光是吃肉還不夠，還必須要有效率地吃肉。雖然黑猩猩的飲食裡百分之三十是猴子肉，但是猴子肉很硬，要花很久的時間咀嚼；因此從中可以增加的卡路里會被耗費的時間抵銷。也就是說，花同樣的時間吃植物就能得到同等的卡路里。藍翰不只花了很多時間觀察黑猩猩的行為，他還採集牠們的食物樣本。結果並不有趣。牠們的食物既堅硬又充滿纖維，還很難咬。他無法了解和黑猩猩一樣吃生水果、樹葉、塊莖、猴子肉的人猿，怎麼能累積足夠的卡路里供新陳代謝需求極高的大腦運作。黑猩猩清醒的時間裡，幾乎有一半時間都在咀嚼，偶爾會休息一下讓胃清空，但是這些時間並不足以讓牠們進行更多狩獵。一天中讓牠們吃夠卡路里的時間根本不夠。

還有另外一個窘境。黑猩猩的牙齒很大，下顎很有力，就像早期的阿法南猿和巧人一樣。直立人（*Homo erectus*）可不一樣了。他的下顎和牙齒比較小。但是他的腦是祖先巧人的兩倍大。他那沒力的牙齒和下顎是吃了什麼才獲得足夠的卡路里，促使並維持他的腦部擴張？不只是這樣，直立人的胸腔和腹部也比較小；表示這裡裝不下像巧人那麼大的消化道。事實上，現代人的消化道比相同大小的類人猿應有的消化道短了百分之六十。

接著來談談「火」，藍翰有一個極端的想法：那些早期的人類都吃烤肉[15]！煮過的食物比生食多了很多優點[16]，像是卡路里較高，也比較軟，所以不需要花費很多的時間與能量來咀嚼，總結來說就是：卡路里高、花的時間短、花的力氣少（和現代的速食有點像）。事實上，食物愈軟，提供成長所需的卡路里就愈多，因為食用跟消化所需要的能量會比較少[17,18]。有些人類學家反對這個理論，因為目前發現最早的用火證據出現在五十萬年前，但是也有些跡象暗示火可能在更早之前就已經出現，甚至可能在一百六十萬年前就已經出現，大約也就是直立人出現的時候。藍翰認為現代智人在生理上已經適應了吃熟食[15]。他認為煮過的食物因為能提供更多的卡路里、減少消化時間，所以促使了腦部擴張，讓人有更多時間花在狩獵與社交。

然而，另外有一些人認為，重點其實是腦裡面的脂肪酸。長鏈多元不飽和脂肪酸二十二碳六烯酸（ＤＨＡ），是過去一到兩百萬年間人腦皮質擴張所需要的養分。北倫敦大學腦化學與人類營養學院的克勞佛與研究夥伴認為，因為從飲食中的次亞麻油酸生化合成ＤＨＡ的效率相對而言太低，所以人腦的擴張需要大量預先形成的ＤＨＡ[19]。ＤＨＡ最豐富的來源就是海洋食物鍊，但這在無樹平原的環境裡相當缺乏。熱帶淡水魚和貝類都有很高比例的長鏈多元不飽和脂質，是已知的食物中與人腦最相似的。克勞佛的結論是，智人不會在無樹平原上演化，而是到海邊躲起來，從海岸捕食[20]。這樣所得到的營養有助於腦部尺寸與智力增加，使得我們的祖先能更有效率地採集食物和捕魚[21]。

但是埃默里大學的人類學家卡森和金斯頓不相信這個理論。他們不認為生物化學有這樣的意思。

＊參見 Geary, D., *The Origin of Mind*, Washington, D.C., American Psychological Association, 2004.

他們指出這種說法的重要前提是：從次亞麻油酸生化合成ＤＨＡ不只**沒有效率**，而且**不足以**讓發達的大腦成長、成熟。可是並沒有足夠的證據支持這個前提。相反的，證據顯示在很多陸地上的生態系統裡，有比較多樣的次亞麻油酸來源可供食用，並且**足以**讓現代人類的大腦正常發展並維持運作，應該也能讓我們祖先的腦運作[22]。

搬到開放式的林地、無樹平原或是草地等較開放的地貌環境中居住，不只讓早期的人類有更多的動物能獵捕，自己也變成了獵食者的目標。目前逐漸形成的共識是：促使腦部變大的主要原因是社會團體內形成的團結情況，不僅讓狩獵與採集更有效率，也能保護彼此不受獵食者攻擊[23]。

要智取獵食者有兩種方式。一種是比牠們更大，另一種是成為更大的團體的一份子。（在漫畫《遠方》裡面，作者拉爾森畫出了第三個方法：只要有個跑得比你慢的夥伴就可以了。）團體裡的成員愈多，觀察的眼睛愈多。獵食者的攻擊範圍會隨著牠們的速度與獵食方式而改變。只要你看見牠們，並且待在牠們的獵食範圍外，你就沒事；如果你的夥伴在你有麻煩的時候會來幫你，獵食者也比較不會攻擊你。家畜類沒有互助的系統，但是會社交的靈長類有。團結的個體生存率比較高，這使得我們進入了社會團體。

所以促使我們發展出社交心智的是這三項互相牽連的因素：天擇、性擇，以及需要更多食物供給成長的腦部所需的營養。一旦社交能力成為人腦結構的一部分，其他的力量就會跟著解放出來，繼而對我們變大的腦做出貢獻。

社會群體的起源

在美國接受訓練、現任教於英國溫徹斯特大學的行為生物學家喬莉，在一九六六年提出一份狐猴社會行為報告，內容指出：「靈長類的社交生活提供了靈長類智能的演化脈絡。[24]」一九七六年，韓福瑞在沒看過喬莉報告的情況下，也提出這樣的看法：「我認為靈長類的高等智能能力，是為適應社交生活的複雜性而演化的。[25]」他認為預測及操縱他人行為的能力，可以增加生存優勢，也會讓心智更加複雜。這些理論與其他資料，共同孕育了馬基維利智力理論。

這項假設最先是由蘇格蘭聖安祖大學的伯恩和懷特恩提出。他們認為靈長類與非靈長類的差異在於他們社交技能的複雜度：在關係複雜的社會團體中居住，比面對實體世界更有挑戰性。這種社交生活所選擇的認知需求，增加了腦部的尺寸與功能[26]。「大部分的猴子和人猿都住在長期續存的團體裡，所以牠們熟悉的同種動物也是牠們取得資源的主要競爭對手。這種情況對於會利用手段與策略抵銷競爭成本的個體比較有利，而有技巧的操縱則要仰賴廣泛的社交知識。因為競爭優勢來自相對於團體裡其他人的能力，所以社交技巧的『軍備競賽』會隨之而來，最終以大腦組織高度新陳代謝的代價取得平衡。[23]」可憐的馬基維利，雖然他是偉大的社會學家，但是人們提到他的名字時總帶著輕蔑的言外之意，所以那位信使才遭到槍殺。這個理論叫做**社會化大腦假說**。

另外一種關於腦部尺寸增加的相關假設是由亞歷山大所提出。他是密西根大學的動物學教授，主要研究團體間而非團體內的競爭行為。亞歷山大認為，由於人類的主要獵食者變成了其他的人類團體，引發了計謀與武器研發的軍備競賽。「人類以一種特殊的方式，在生態中的主導性過強，以至於他們實際上成為自己在自然界的主要敵人。這在人類的心理與社會行為的演變上特別顯著。[27]」

為什麼社會群體的規模會受到限制？

在支持大腦裡有某種社會元件的說法中，最著名的是由一位聰明的人類學家鄧巴所提出。任教於利物浦大學的他認為，每一種靈長類都傾向讓自己的社會團體規模和同物種的其他成員一致。鄧巴將靈長類與人猿的腦部尺寸與社會團體規模加以連結，發現有兩種不同但平行的規模，分屬於人猿和其他靈長類。兩者都顯示新皮質愈大，社會團體就愈大。然而以相同的團體規模來說，人猿需要的新皮質比其他靈長類大[28]。牠們似乎需要花比較多的力氣才能維持社交關係。

但是為什麼社會團體的規模會受到限制？這和我們的認知能力有關嗎？鄧巴認為有五種認知能力可能會限制社會團體的規模：詮釋視覺資訊以辨識他人的能力、記憶臉孔的能力、記得誰和誰有關係的能力、處理情緒資訊的能力，最後是操縱一組人際關係資訊的能力。他主張最後這種處理社交議題的認知能力，是團體規模受到限制的原因。他指出視覺看來不成問題，因為新皮質一直在生長，但視覺皮質並沒有跟著增加；記憶也不是問題，因為人類記得的臉比預估的認知團體規模還多；情緒看來也不是問題，腦部的情緒中樞甚至還有縮減的情況。因此鄧巴認為，其實是操縱、協調資訊及社交的能力，限制了社會群體的規模。個體只能使出數量有限的手段，也只能處理數量有限的關係！

要找出衡量社交技巧與社會複雜度的方法相當困難。社會行為目前有五個方面與靈長類的新皮質尺寸關係密切。第一個被指出的是社會團體的規模[29,30]，其他還有：

＊理毛派系的規模——動物能同時和多少個體維持涉及身體理毛的和諧親密關係[31]。

＊雄性交配策略需要的社交技巧程度。意思是雄性個體的階級和權力優勢似乎能被社交技巧抵銷：你不需要有錢才能追到女生，靠你的魅力也是一種方法[32]。

＊狡詐的欺騙頻率——這是不需要武力，就能在社會團體中操縱他人的能力[23]。

＊社交遊戲出現的頻率[33]。

鄧巴尋找可能和大腦尺寸有密切關係的生態指標：飲食當中水果所占的比例、活動範圍的大小、白天移動的距離、採集糧食的方式。這些都與新皮質的大小沒有相關。他的結論是，社會群體規模變大最可能的原因，是獵食者風險的生態問題；此外，居住在愈來愈大的社會團體裡的壓力和複雜度，則導致了大腦尺寸的擴張[34]。所以我們最後會有這種大腦，都是因為我們不想變成本日特餐嗎？我們來檢視這五種社交技巧，看看哪一種是人類特有的。

人類社會團體的規模

目前觀察到的黑猩猩團體規模是五十五，而鄧巴從人類的新皮質大小計算出的社會團體規模是一百五十，但這怎麼可能？我們現在居住的超大城市裡，人口常常有好幾百萬啊。不過再仔細想想，當中大部分的人你根本沒有跟他們互動的理由。記住：我們的祖先是以狩獵與採集維生，人類直到農業在約一萬年前出現之後，才開始會定居在一地。現在以狩獵與採集維生的大家族部落，也就是會在一年一度的傳統祭典上集合的所有群體人數，典型的數量規模就是一百五十。這也是傳統的園藝型社會規模，也是現代個人通訊錄裡寄送聖誕卡的名單數字[35]。

原來一百五十到兩百，是不需要組織性的階級就能控制的人數，也是能維持個人忠誠與人際接觸秩序的軍隊基本單位人數。鄧巴認為這也是現代商業組織能非正式運作的規模上限[36]。這數字除了是個人能持續聯絡的人數上限之外，也是他能維持社交關係並且願意提供幫助的人數上限。

社交理毛：「說閒話」扮演的角色

說閒話給人的印象總是不好，但是研究閒話的人員發現，這種行為不僅舉世皆然[37]，而且還是有益的；這是我們為了在社會裡生存所學到的方式。鄧巴認為說閒話相當於其他靈長類的社交理毛行為（記住，理毛的團體規模與腦部相對尺寸密切相關）。進行身體上的理毛花去靈長類相當多的時間，花最多時間理毛的靈長類是黑猩猩，牠們最多會花百分之二十的時間做這件事[38]。在人類祖先演化過程中的某個時刻，隨著團體變得愈來愈大，個體開始需要理毛的對象會愈來愈多，才能維持在大型團體裡的關係；但是理毛的時間會減少採集食物的時間，而鄧巴認為這就是語言發展的開端[39]。如果語言能取代理毛，個體就能一邊採集食物、遷徙、吃東西等，一邊「理毛」——也就是說閒話。這可能是嘴巴塞滿了東西還說話的開端。

然而語言也是雙面刃。語言的優點在於你能一次照顧到很多人（比較有效率），而且能透過更廣的網絡得到與給予資訊；缺點則是你很容易受到欺騙。進行身體上的理毛時，個體要投資高品質的個人時間，這是無法作假的。但有了語言，就出現了新的面向：騙子。個體能說出非當場發生的事，因此他們的誠實度難以評估。理毛是在團體內進行，所以是大家都可見到、可確認的；但是講八卦則可以私底下進行，真實度也無法受到質疑。可是語言也能幫你解決這個問題：朋友可以用自己之前不好的經驗警告你注意某人。隨著社會團體的規模愈大、愈擴張，騙子或搭順風車的人也愈來愈難抓到。說閒話可能有一部分也是為了控制那些懶惰鬼而演化出來的[40,41]。

很多研究都發現，人類清醒的時間裡，平均有百分之八十都和其他人在一起。我們一天平均有六到十二個小時都在進行對話，主要是和熟識的對象進行一對一溝通[42]。研究的發現應該不會讓你感到驚訝。倫敦社經學院的社會心理學家埃默，研究了這些對話的內容，發現其中百分之八十到九十都是關於被指名道姓的認識的人；換句話說，就是閒聊。一些可能帶有個人意見但屬於非個人性的話題，像是藝術、文學、宗教、政治等，只占了全部對話裡的一小部分。不管是在雜貨店的偶遇，或是大學、公司裡的午餐時間對話都是這樣。你可能會覺得這個世界的問題會在強國領袖的午餐上提出討論解決，但其實百分之九十的時間裡，話題都圍繞著鮑伯的高爾夫開球時間、比爾的新保時捷、新來的祕書等等。如果你覺得這個數字太誇張了，何不想想你不小心聽見的那些煩人的手機對話；你聽過隔壁桌的人或排隊結帳的人在討論亞里斯多德、量子力學或巴爾札克嗎？

另外一項研究也顯示，有三分之二的對話內容都是自我揭露，而其中的百分之十一講的是心理狀態（我婆婆快把我搞瘋了）或是身體狀況（我真的很想去做抽脂），剩下的則是關於喜好（我知道這很奇怪，但我真的很喜歡洛杉磯）、計畫（我周五要開始運動了），還有最常說到的：舉動（我昨天開除他了）。事實上舉動是關於他人的對話當中最常見的主題[42]。說閒話在社會上的用途很多：可以培養說閒話的兩個人之間的關係[43]、滿足人歸屬於一個團體與被團體接受的需求[37]、攫取資訊[44]、建立名聲（好壞都有）[43]、維持並加強社會規範[45]，並且讓個體能藉由與他人比較而評估自我。說閒話也許能加強在團體中的地位，或者只是好玩[46]。說閒話讓人能表達自己的意見、尋求建議、表達贊成或反對。

在維吉尼亞大學研究快樂的心理學家海德特寫道：「閒話是警察也是老師。沒有了它，世界就會陷入混亂與無知。[47]」不是只有女人才會講閒話，只是男人喜歡說這是「交換資訊」或是「建立關係」。男人唯一比女人不八卦的時候，就是女人在場的時候。至於比較崇高的話題，只有在對話中剩下的百分之十五到二十的時間裡才會討論到。男女間說閒話的唯一差別在於，男人會花三分之二的時間談論自己（我好不容易把那傢伙釣起來，我保證那有二十五磅重！），而女人只會花三分之一的時間談論自己，並且對別人比較有興趣（上次我看到她，她一定胖了二十五磅！）[48]。

除了對話的內容之外，鄧巴也發現對話的團體不會無限大，通常會自我設限在大約四個人左右。想想看你去參加過的聚會，大家會在各個對話團體中來來去去，可是一旦你走到四個人的團體去，他們通常會分裂成兩個話題。他說這可能是巧合，不過他提出這和黑猩猩的理毛行為很有關係。以四個人的對話團體為例，其中只會有一個人在講話，另外三個人在聽；用黑猩猩的行話來說，就是這三個人是被理毛的。黑猩猩必須要一對一理毛，而牠們的社會團體最高數量是五十五；如果你把三個理毛夥伴乘以五十五，就會得到一百六十五——近似於鄧巴從人類大腦新皮質尺寸所計算出的人類社會群體規模。

策略性欺騙

在八卦工廠工作的人不只會交換資訊，可能還會操縱與欺騙。他可能會欺騙和他一起說閒話的夥伴，癥結在於他跟這些人說話並不是因為關心他們，而可能只是為了自己的目的在挖掘資訊。他甚至可能捏造一些事，好讓自己有更多的八卦消息可用來交換資訊。這是兩件事。我們先從交換資訊看起。我之前說過，互惠的交換要成立，就必須要能夠認出騙子，否則這些不用付出代價就能受益的騙子最終就會占了上風，互惠交換機制也就無法維持下去。

雖然人類各團體之間會有文化差異，但還是有普世行為存在[49]。如先前所提到，這些行為有些起源於我們和黑猩猩共同的祖先，甚至更早的祖先；有些行為則會有質的差異。演化心理學是試圖解釋心理特徵的學科，其中包括記憶、觀念、語言、適應等這些天擇或性擇下的產物。這門學科看待心理機制的方式，就如同生物學家看待生理機制的方式。

演化心理學認為，認知就和心臟、肺或免疫系統一樣，有具基因基礎的功能性結構；認知也經歷了天擇或性擇的演化。如同其他器官和組織，這些心理適應是同一物種所共有的，有助於生存與繁殖。有些特徵不具爭議性，例如願景、恐懼、記憶、運動控制等；對於其他受到爭議的特徵的看法也逐漸形成共識，像是習得語言、避免亂倫、偵測騙子、特定性別的交配策略等。演化心理學家解釋，人腦至少有一部分是由模組所形成，這些模組發展出特定的功能用途，內建於人腦，並且被挑選出來。科思麥蒂絲是這個領域的先驅之一，她這麼描述尋找這些功能的過程：

演化心理學家提到「心智」的時候，指的是人腦中一組處理資訊的機制，負責所有意識與無意識的心智活動，產生所有行為。演化心理學家之所以能超越傳統研究心智的方法，是因為他們在研究中積極利用了一個過去常被忽視的事實：組成人類心智的程式，是天擇為了我們狩獵採集的祖先面對的適應問題所規畫的。因此他們開始尋找設計良好的程式，處理下列問題：狩獵、採集植物糧食、追求配偶、與親屬合作、組成聯盟提供彼此保護、避開獵食者等等。不管這些問題在現代社會中還重不重要，我們應該還是擁有能好好解決這些問題的心智程式[50]。

從演化的角度來研究我們的行為與能力，是有一些很實際的原因的。科思麥蒂絲指出：

經由了解這些程式，我們就能學到如何更有效地處理演化上的新情況。舉例來說，採獵者唯一能取得關於可能性與風險的資訊，就是遇到真實事件的頻率。看來我們「石器時代的心智」裡，已經有一些程式專門用來學習並解釋頻率資料。有鑑於此，演化心理學家要發展更好的方法，來說明複雜的現代化數據資料。

假設你乳房攝影的結果是陽性，你真正得到乳癌的可能性有多大？典型呈現相關資料的方法是用百分比，這讓人很難判斷。如果你說隨機進行乳房攝影的女性中，百分之一的人有乳癌，她們的測試結果也都是陽性，但其中有百分之三是假警報；這樣一來，大部分的人會誤以為乳房攝影結果若是

陽性，就表示她們有百分之九十七的機率得到乳癌。但讓我用採獵者的心智所接受的生態有效資訊格式——也就是「絕對頻率」，來告訴你相同的資訊：每一千位女性裡，有十位罹患乳癌且攝影結果為陽性，三十位的測試結果是陽性但沒有乳癌；換句話說，每一千位女性裡會有四十位的攝影結果是陽性，但其中只會有十位是真的罹患乳癌。這樣的格式讓你很清楚了解到：如果你乳房攝影結果是陽性，你罹患乳癌的機率是四分之一，也就是百分之二十五，不是百分之九十七[50]。

找出騙子

科思麥蒂絲也提出一個實驗，她認為這能顯示人類心智中具有特殊模組，專門用來偵測在社交情況中說謊的個體。她的方法是利用沃森實驗*，這項測試要求你找到可能違反條件規則「若P則Q」的狀況。這個測試有很多形式，都是設計來了解人類到底有沒有專門處理社會交流的認知機制。我們來看看你做這個測試會怎麼樣：

桌上有四張卡片，每一張卡片的兩面分別是一個字母和一個數字。目前你看到的是R、Q、4和9。你只能將必要的卡片翻面，以確認下列規則是否為真：如果一張卡片的一面是R，另外一面就會是4。懂了嗎？你的答案是要翻哪幾張卡片？

答案是R和9。好，接著來看這題：

---

*參見 Wason, P. C., Reasoning about a rule, *Quarterly Journal of Experimental Psychology*, vol. A 20:273-281, 1968.

桌邊坐了四個人，一個十六歲，一個二十一歲，第三個人在喝可樂，第四個人在喝啤酒。只有超過二十一歲的人可以合法喝酒，保全要檢查誰的身分證以確定他們沒有違法？這一題比較簡單吧？答案是十六歲的和喝啤酒的人。

科思麥蒂絲發現人類對於第一類問題比較有困難，只有百分之五到三十的人能答對。但是第二類的問題則有百分之六十五到八十的人會答對。這樣的結果不只發生在她最先測試的史丹佛大學，而是舉世皆然：從法國到厄瓜多亞馬遜河流域的施維阿爾部落都一樣；不只是成人如此，三歲小孩也是一樣。不管問題的內容是什麼，只要叫你在社交情況裡找出騙子，對人來說總是很好解決，但如果以邏輯的形式呈現問題，大家就會覺得比較難解決[51]。

經過很多跨文化、跨年齡層的實驗後，科思麥蒂絲發現，偵察騙子的機制不僅在年幼時期就已經發展，而且不需要經驗或熟悉情況就能運作；可以找出欺騙行為，而不會針對**無心的**違規。她認為這種偵測騙子的能力是共通的人性的一部分，是天擇所設計的一套演化的穩定策略，專門處理「有條件的幫助」。

這甚至還有神經解剖學上的證據。一位名叫RM的病患有腦部受損的病灶，造成他偵測騙子的機制受損，但是他在不涉及社會交流的類似任務方面，卻都能完全正常地推理[52]。科思麥蒂絲認為：「身為人類，我們覺得自己利用交易物品與服務的方式互相幫助是理所當然的，但大多數的動物都無法從事這樣的行為，因為牠們缺乏讓這種行為變成可能的程式。我覺得人類的這種認知能力，是在動物世界中推動合作的最大力量。[50]」

我們不是唯一能在社會交流中找出騙子的動物。布洛斯南和德瓦爾的實驗發現，褐戴帽捲尾猴也會這樣，只是牠們能力有限[53]。然而，有互惠行為的動物提供的是相似的內容，可是對人類來說，光是相似是不夠的，我們想確定自己施與受的分量是相等的。事實上哈佛大學的豪瑟認為，我們的數學能力是隨著社會交換系統的崛起而跟著發展出來的[54]。

欺騙騙子

你能騙過偵測騙子的系統嗎？根據多倫多大學心理學家恰朋的研究，也許不行。他的研究發現，在社會契約的情況裡，人會認為記住騙子的重要性高於記住合作愉快的對象。看著騙子愈久，就愈能記住他們的長相，也就更能記住和他們有關的社會契約資訊[55]。

騙子被發現時會受到兩種處置：你會避開他們，或是懲罰他們。避開他們不是比較簡單嗎？懲罰騙子要耗費處罰者的時間和精力，這樣有什麼好處？最近康乃爾大學的巴克萊進行了一個實驗研究，顯示在玩家重複碰面的遊戲裡，懲罰騙子的玩家會受到信賴與尊敬，成為團體中的焦點。隨著好名聲的建立（你還記得這是性擇的適應性指標），帶來的好處能抵銷擔任處罰者的成本，這也許能解釋利他行為的心理機制是如何演化的[56]。所以最好不要做出讓你的競爭者可以有好名聲的事。你真是好運能看到唐帶著那個金髮美女到賽車場，大家都很懷疑他放假時去了哪裡，這個小趣聞一定會是辦公室的八卦圈裡炙手可熱的消息。但是你怎麼知道你回去說的是不是真的？**如果你能找出騙子，難道就表示你知道有人在說謊？**不完全正確，還要靠解讀臉部表情和肢體語言才行。但我很高興你提到了這一點，因為……

蓄意欺騙

雖然欺騙行為在動物世界裡俯拾皆是，例如高鳴行鳥會假裝受傷好讓獵食者遠離牠們的鳥巢[57]，但是蓄意欺騙可能是類人猿專屬的行為[58]，而人類又是箇中翹楚。這類行為十分常見，從女人早上化妝（讓她們看起來比較漂亮或年輕）、噴香水（掩飾自己的味道）就開始了。女人使用珠寶、髮色、化妝的歷史源遠流長，只要參觀一下羅浮宮的埃及區就會知道了。但男人在欺騙方面也不是省油的燈。他們會用除臭劑，用稀疏的頭髮掩飾禿頭（好像真的能騙過人一樣），或是隨手戴上假髮，走向他們要借錢才買得起的車子。

你能想像沒人說謊的世界嗎？那一定糟透了。你真的想知道「嗨，你今天好嗎？」的答案嗎？還是你想聽見「我注意到你的雙下巴了，你大概胖了五磅吧」這種話？在工作面試時也需要謊言來推銷自己（「我當然知道怎麼做」），和新朋友見面時也需要謊言（「這是你女兒嗎？她真可愛！」而不是像洛尼丹吉菲爾德說的：「我現在知道老虎為什麼會吃幼虎了」）[59]。和可能交往的對象見面時也得說謊（「當然，我天生就是金髮」）[60]。

我們不只會互相欺騙，還會欺騙自己。不管是有百分之百的高中生認為自己的社交能力優於一般人（這在數學上是不可能的），還是有百分之九十三的大學教授覺得自己的工作表現比平均值還好，都是自我欺騙作怪的結果[61]。還有「我的運動量夠了」、「我的小孩絕對不會這樣做」等等。要當個說謊大師，最好就是不要知道自己在說謊；或是像精神病患那樣，根本不在意說謊。事實上教導兒童說謊的就是父母（「跟奶奶說你有多麼喜歡那件皮短褲」還有「不要告訴山米他很胖」），還有老師（「不管你是不是覺得喬很笨，這樣說都不好」）。

我們要怎麼知道這個人在說謊？我們真的想知道嗎？為什麼我們會對自己說謊？

我們怎麼知道別人有沒有說謊？

在說閒話和判斷我們是否覺得自己聽見的訊息是真實的時候，我們也會觀察臉部表情。對臉部的感知，應該是人類發展得最好的視覺技能，而且顯然在社交互動中扮演了很重要的角色。過去大家一直認為，人腦有一個專門的系統負責調節對臉部的感知；而我們現在知道人腦有不同的部分，各自調節不同種類的臉部感知。負責察覺身分和察覺動作與表情的通路就不一樣。

寶寶出生沒多久，就會喜歡看臉勝過於看其他物體[62]。七個月大之後，我們開始會對特定的表情做出適當的反應[63]。從那之後，臉部感知就提供給我們無數的資訊，讓社交互動能順暢進行。人從可觀察到的臉部外觀，就能得到關於他人的身分、背景、年紀、性別、情緒、是否感興趣還有意圖等資訊。我們能注意他們在看什麼，然後也跟著一起看；讀對方的唇，也能讓我們更了解他們說話的內容[64]。

辨識他人臉孔的能力並非我們獨有，黑猩猩和恆河猴也都有這種能力[64]。和先前的觀察結果相反，最近的解剖顯示黑猩猩和人類的臉部結構幾乎一模一樣[65]，也都能做出各式各樣的表情。埃默里大學的珮爾進行了一些研究，展現黑猩猩有能力將生動的臉部表情，和影片中情緒性的畫面配對[66]。因此我們和黑猩猩在說閒話和社會交流方面有兩項共通點：知道我們在跟誰打交道，而且能從臉部表情判斷情緒；但是這能幫助我們認出騙子嗎？這個嘛，有很多的臉部表情與肢體動作都和欺騙有關，這又讓我們回到了馬基維利這個人身上。

加州大學舊金山分校的艾克曼，對臉部表情所投入的研究比任何人都多。他剛開始進行這類研究時非常孤獨，因為大家——當然除了達爾文和一位十八世紀的法國神經學家德波洛涅以外——向來都避開這個題目。艾克曼在多年的研究後，確定了臉部表情是舉世皆然的[67]，而且特定情緒會有特定的表情。人在說謊時，如果牽涉到的利害關係愈大，他就會感受到愈多的情緒（像是焦慮或是恐懼）[68]。這些情緒會從臉部[69]和聲調[70]洩漏出來。真正的自我欺騙的好處之一就是：如果你不知道你在說謊，你的臉部表情就不會出賣你。

艾克曼研究了人類找出騙子的能力，結果相當可悲。即使大家覺得自己有能力辨識騙子，但事實上大部分的人對此都不太在行（自我欺騙再度出現），受試者找出騙子的比例和湊巧猜對的比例一樣。然而他也發現有些職業的人對這方面很在行：特務人員最厲害，再來是一些心理治療師。在一萬兩千名受試者中，他發現只有二十個人天生有辨識騙子的卓越能力[71]！解讀臉部表情固有的問題之一是，人能看出情緒，卻不一定能了解情緒的由來，因此會錯誤解讀；這在後面的章節會有更多解釋。你可能看出一個人在害怕，而且覺得這是因為他在對你說謊，而且怕你會發現事實；但他害怕的原因也可能是因為他根本沒有說謊，但別人卻指控他說謊，而且他覺得你不會相信他。

當然不是所有的欺騙都是惡意的。人常常會出於禮貌而假裝自己很開心，像是人家稱讚你做的魚料理很美味，但其實他們看到魚就想吐；或者他們會對你說的冷笑話哈哈大笑，但其實你已經講過很多次了。這些是不會造成嚴重後果的低風險謊言。

人學會控制自己的表情，但是艾克曼發現了試圖掩飾自己的情緒所形成的細微表情。很多人都不會注意到這些，但你可以學著去觀察。刻意做出的表情也可能難以察覺。舉例來說：假笑。真正的笑容主要會牽動兩條特殊的肌肉，分別是將嘴角往上拉的顴大肌，和拉動臉頰造成眼角魚尾紋的眼輪匝肌外側，這條肌肉也會把眉毛側邊往下拉。眼輪匝肌不是隨意肌，所以假笑的時候眉毛的側邊不會往下，不過拉緊的顴大肌會把臉頰往上擠，形成眼角的笑紋。

如果我們很會在社交場合裡找出騙子，那我們為什麼很難找出說謊的人？說謊一直非常盛行於人類社會，所以不是應該要發展出偵測的機制嗎？艾克曼提出了很多解釋。首先，他認為在我們演化的環境裡，說謊並不盛行，因為當時說謊的機會比較少。大家公開地住在團體裡，缺乏隱私也使得偵測到騙子的機會提高，直接觀察**行為**就能發現謊言，不需要依靠**樣子**來判斷。第二，謊言被揭穿會造成臭名。可是我們今天所處的環境已經很不一樣了，說謊的機會大增，我們又關起門來生活。所以你可以逃過惡名昭彰的下場，但代價可能不小：換工作、換居住的城市或國家，或是換掉配偶。演化也沒有讓我們做好準備，可以從對方的樣子來偵測謊言。那麼既然我們沒有天生的能力，我們又為什麼沒有**學到**怎麼偵測謊言呢？也許是因為我們的父母教我們不要揭穿他們的謊言，例如他們用來掩飾自己性行為的鬼話；也許是我們寧願不要揪出說謊的人，因為跟保持警戒比起來，信任他人更容易建立並維持關係；也許我們根本就想被誤導，因為不知道真相對我們來說比較有利。真相也許能讓你自由，但也可能讓你失去四個小孩和收入。常見的原因還有出於禮貌：對方告訴我們這麼多，正是他們只想讓我們知道這麼多，我們也不會去偷那些沒有告訴我們的資訊。

但也許在人類社會裡近來演化出的「語言」才是問題所在。了解和詮釋語言是有意識的過程，牽涉到很多的認知能量。如果我們專注於說出來的內容，而不讓視覺和聲音線索占據我們的腦部意識，我們偵測謊言的能力可能會減弱。德貝克在其著作《恐懼的禮物》中[72]，建議大家相信他所定義的

「知道但不知道為什麼」現象。他是預測暴力行為的專家，而他發現大部分的暴力行為受害者，在事前都收到了警告訊號，但卻沒有理解其意義。我們的社會訓練是否**教導**我們不要去揭穿謊言？我們是否重新詮釋了自己真正看到的景象？這都還需要更多的研究。

自我欺騙

自己騙自己難道不會有惡果嗎？俗話說得好，如果你不相信自己，你還能相信誰？記得我們在社交場合的騙子偵測機制嗎？當你要提防騙子時，和人合作就要付出代價。不過其實你不一定要真的合作，只要**看起來**很合作就好，只要有好名聲就可以了，你不一定要名副其實。

你是說當個偽君子嗎？只要想到偽君子我就一肚子火。

反應別那麼快。每個人（當然不包括我）都是偽君子。從外表看人當然是比看內涵容易。如同我們剛剛學到的，要扯掉這個假象，比較好的方法就是：不要意識到你要扯掉一面黏得牢牢的面具。因為這樣你就比較不會焦慮，也比較不會失敗。

堪薩斯大學的巴斯頓做了一系列的實驗[73,74]，結果滿令人訝異的。受試的學生有機會指派自己和其他學生（其實是虛構的）擔任不同的工作。一項工作比較吸引人（有機會贏得獎券），另一項工作沒有機會贏得獎券，而且內容聽起來很無聊。他告訴這些學生，另一位學生會以為工作是隨機分配的，以及大多數的參加者都以為擲銅板是指派工作最公平的方法；每位參加者都有一枚銅板，如果想擲銅板就可以使用。實驗過後，差不多所有的參加者都說，給另一位參加者比較好的工作或擲銅板比較道德，但是大約只有一半的人真的擲了銅板。在不擲銅板的人當中，百分之八十到九十的人都把比較好的工作指派給自己；但不符合機率的是，擲銅板的人自己得到比較好的工作的比例也一樣。但是即使自己對結果做了手腳，擲銅板的學生還是覺得自己比不擲銅板的學生有道德。

這樣的結果在很多研究裡都重複出現，就算銅板都做了記號，以避免在擲銅板時可能的混淆，結果也是一樣。有些參加者會用擲銅板試圖表現公平，但是最後還是會以自己的利益為依歸，忽視擲銅板的結果，把比較好的工作給自己；但他們不過是做了「擲銅板」這個動作，就讓他們評價自己是比較有道德的！這叫做道德偽善。甚至當學生被告知自己做出這項決定的過程，將會傳達給另一位參加者時，結果都還是一樣。差別只在於選擇擲銅板的人變多了（百分之七十五），他們向實驗人員回報自己是根據擲銅板的結果做出決定，但在擲銅板的人之中，把比較好的工作給自己的比例還是維持不變。巴斯頓認為：「道德偽善替自己帶來的好處顯而易見：一方面能經由自私的行為讓自己獲得物質上的好處，另一方面也能因為他人與自我都感覺自己是正直與道德的，獲得社會與自我的報酬。」

在各種道德責任感測試中，得分結果高的參加者都比較可能會擲銅板；但在擲銅板的人當中，道德分數比較高的人把好工作分配給自己的比例，也沒有比道德低的人少。因此那些比較有**道德責任感**的人，並沒有表現出比較高的**道德正直度**，他們表現出的其實是更高度的虛偽！他們比較會**表現**道德（擲銅板），但不會真的比較**有**道德（讓擲銅板的結果決定工作分配）。

參加者唯一不會竄改擲銅板結果的情況（他們都竄改了），就是當他們坐在鏡子前做決定的時候。顯然要面對自己宣稱的公平道德標準和忽視擲銅板結果之間的極大落差，實在太難以令人承受了。那些希望自己表現出道德的人，就必須真的實踐道德。也許我們需要更多的鏡子，這可能也有助於愈來愈多的過重問題。

好吧，我們會對自己說謊，而且又不太會看穿別人的謊言，這對於你的閒話交流活動可不是好消息。你可能要修一堂艾克曼的課*，學習怎麼找出說謊的人。但目前而言，你至少可以注意你的眉毛，並且記住你的同事不太能揭穿你的謊言，除非在辦公室說謊的利害關係大到讓你更焦慮了一點。

回到大腦和雄性交配策略

新墨西哥州大學的演化心理學家米勒有個語言問題。不是啦，他說話沒問題，他只是關心語言為什麼會演化。大多數的說話，看來都是講者要傳達有用的資訊給聽者，而這很花時間和精力，看起來是利他行為。給予另一個個體好的資訊，對自己會有什麼適應性的好處呢？參考了道金斯和克利伯斯的原始理論後，米勒提出：「演化對於利他的資訊分享的喜愛，不會大過於對利他的食物分享。因此大多數的動物信號之所以會演化，一定都是為了要操縱其他動物的行為，讓發出信號者從中受益。[75]」其他的動物演化成忽視這些信號，因為聽從發信者對牠們沒有好處；聽了的人也沒有成為後代的祖先。

具有可信度的可靠信號很少。這些信號包括「我有毒」、「我比你快」，或是「想都別想，我比你強壯」；也有來自親屬的警告，像是「豹來了！」；或是適應性指標，例如「寶貝，你看見我的尾巴了嗎？」米勒的結論是，只要有欺騙的誘因存在，就沒有可靠的模型能證明演化偏袒帶有任何類型資訊的信號。一旦出現競爭，就一定會有欺騙的誘因。人類的語言是欺騙的溫床，因為語言能用來提到聽者不在場的其他時間地點，例如「我昨天釣到的鱒魚有八公尺長」，或是「我在山坡那邊的樹林裡留了一隻瞪羚腿給你。唉呀，不見了？那一定是獅子叼走了。」「只有我祖母開去店裡又開回來而已。」還有最惡名昭彰的：「我昨天晚上在辦公室加班。」

可靠的資訊分享怎麼會演化出來？分享資訊不一定會讓講者的利益受損。事實上，親擇與互惠利他主義可能也會讓資訊分享有益處。雖然米勒承認這大致上正確，而且可能也是語言一開始崛起的方式，但當他觀察人類實際上的行為時，卻發現這不太符合親屬關係與互惠模型的預測。若你把語言當成資訊來看，會發現它為聽者帶來的好處大於講者，所以我們應該是發展成好聽眾，並抗拒擔任講者。我們不應該厭惡快嘴、自顧自講話的人，或又多講十五分鐘無聊內容的講者，而應該要對那些在座位上著迷於我們說話內容、不花力氣談論自己的聽眾感到生氣。每個人都有話要說，而且在對話的情況中，大家常常會想自己接下來要說什麼，而不會專心聽另一個人說話。之所以會有會議程序手冊，就是要制訂誰在什麼時候可以說話的規定。我們應該是演化出很大的耳朵和最基本的說話器官，這樣才能儘量收集資訊，而不應該演化成現在這樣：擁有巧妙使用語言說話的能力，以及比較基本的聽力。

關於這個謎題，米勒提出的答案是：語言的複雜度是為了口頭求偶所演化而成的。這解決了利他的問題，因為男女流利的說話能力會得到性做為回報。「語言的複雜度可能是由失控的性擇、偏好清楚表達的思想內容的心理偏向，以及適應性指標效果等綜合演化而成的。[75]」米勒並不是說性擇就能解釋整個大腦的現象，只是也許占了百分之十。

人類學家博林提出了一個相關的理論，他很好奇當語言的原始形式已經足以應付人類狩獵、交

＊參見 www.ekmangrouptraining.com/。

易、製作工具的需求時，為什麼還會發展出更複雜的形式呢？他認為在語言開始崛起後，由於辯才無礙的男性互相爭奪社會地位，而口才最好的男性有繁殖優勢，繼而造成語言的複雜度日益增加。他從很多社會裡找到這種繁殖優勢的證據，從亞馬遜流域的亞諾馬米族到印度到古希臘都有。雖然他的理論大部分在解釋領導力的問題，但他的結論是：「我們需要非常良好的語言能力才能贏得美人歸。[76]」

等一下，你是說大腦是為了調情發展出來的？這表示法國人的腦最大嗎？

可能是。快去拿鋸子，我們得研究一下。

想想看人類的求偶過程裡有些什麼。如果你和某人隨意閒聊，對方可能只有一點點提防。但求偶的風險可就大得多了，如果你成功了，得到的回報可能就是因此有了後代。你得掏出所有傢伙來，因為你的聽者會裡裡外外打量你。她會自動評估你說的話合不合理，是否符合她所知道的與相信的，你說的話有沒有趣、新不新鮮，還有她能不能開始推論你的智力、教育程度、社交能力、地位、知識、創造力、幽默感、個性、人格。「你覺得紅／白襪隊他們怎麼樣？」沒辦法讓她判斷這些。記得在電影《今天暫時停止》裡比爾莫瑞花了多久時間才找對追求的方法嗎？

口頭求偶不限於一對一的場合。在公眾場合說話就和其他能證明你的智力的方法一樣，可以展現你的魅力與地位。如同米勒所說：「語言讓人能公開展現自己的心智，這是演化歷史上第一次，人在做性選擇時能清楚看見心智。[75]」

這有點讓人迷惑。如果男人這麼會講話，為什麼他們又以不會溝通而出名？如果男人是因為他們的口頭求偶能力而被選擇，那女人怎麼會擔了「大嘴巴」的稱號？這個嘛，要記住口頭求偶是雙向的，而且是一種適應性指標。也就是說，這是很耗費能爭取生存資源的時間與精力的。一旦他求偶成功，男性就不用再進行這種高成本的表演了。與其講到嘴乾，他可能只講幾個句子就夠了；除非沒有性了，那他可能就要重新變得舌燦蓮花。女性則有繼續進行口頭求偶的誘因，因為她們要維持男性在身邊幫助她養育下一代。

社交遊戲和大腦尺寸？

這個問題很難。為什麼要有社交遊戲？這麼花時間和精力是為了什麼目的？沒有人真的知道這個問題的答案，但是有很多推敲出來的想法。一般認為大部分年幼動物的遊戲是一種練習，練習跟蹤、追緝、逃跑、打架；是一種健身的方法[77,78]，可以發展運動與認知技巧[79]，磨練戰鬥技巧[80,81]，還有讓身體更善於從失去平衡、跌倒之類的突然驚嚇中恢復，情緒上也比較能承受壓力[82]。想想看一群小貓的情況就知道了。但是在比薩大學研究巴諾布猿和黑猩猩遊戲行為的帕拉吉認為，研究遊戲的理論都太專注於長期而非立即的好處，這種研究重點可能限制了我們對於遊戲的適應性意義的了解，對於成人遊戲行為的了解可能特別是如此。雖然玩遊戲在年幼的動物間最常見，但在很多物種中，像是黑猩猩、巴諾布猿，還有人類，成年者也還是會玩遊戲。

但是成年者為什麼**要**這樣？為什麼即使他們已經不需要練習了，卻還是會玩遊戲？法國聖太尼昂市的波瓦爾動物園的黑猩猩聚集地中，住著十隻成年猩猩和九隻未成年猩猩，針對這個群居地的研究發現，黑猩猩不只會在進食時間前最殷勤地互相理毛，成年者和未成年者在進食時間前也會玩得特別起勁[83]。黑猩猩有競爭意識，餵食時間對牠們來說是最有壓力的時候，而互相理毛會刺激乙型腦內啡的分泌[84,85]。帕拉吉認為理毛和遊戲也許限制了牠們的攻擊性，同時增加牠們的包容力，有助於在承受高度壓力時管理衝突。這是立即性而非長期的優點，對於年幼與成年者都有幫助。

社交遊戲對於人類的重要性更甚於黑猩猩與巴諾布猿。我們的性擇專家米勒也提出了另一個關於成人遊戲的理論。他認為玩遊戲所耗費的成本會隨著年齡而增加，因此成為年輕、精力、生育力、適應性的可靠指標。「嗯，他剛剛還在看那個年輕的馬子，突然間就跑出去玩風帆、打網球了。他的表現就像個青少年。」事實上，米勒認為發明與欣賞能表現生理健康的新方法——也就是運動——是人類獨一無二的能力；這是心智與生理能力的交會[75]。這又是另一種普世現象：所有的文化中都有運動。和其他動物一樣，人類男性從事競爭性的運動多於女性。為了避免競爭者互相殘殺，也為了決定贏家，運動逐漸發展出規則，雖然你在看足球比賽時可能覺得根本沒有規則可言。金錢的獎賞是最近的發明，過去唯一的獎賞就是地位，但那樣已經很好了。在運動中獲勝是可靠的適應性指標，得到的獎賞是迷人的優質性伴侶。

結語

人類就是「轉變成高度社會性」這麼一回事。很多動物都有某種程度的社會組織，但是都沒有像我們一樣沉迷其中。隨著我們的腦愈來愈大，我們的社會團體規模也變大。某樣東西引發了我們對其他人的興趣，讓我們想群居並團隊合作。藍翰提出一個讓人為之傾倒的理論，他說烹飪促進了靈長類的這項巨大轉變；其他的意見包括擊退獵食者與覓食的需求等。不管原因為何，其他人現在認為我們較高的智能技巧，是為了適應我們新演化的社會需求而發展出來的。了解人類的社會性是了解人類狀況的基礎。

既然我們現在已經充分了解了社會團體的重要性，應該也很容易理解為什麼會出現這樣的討論：天擇對團體是否和對個體一樣會產生作用？這是一個複雜的問題，有很多值得討論的，包括這個問題的兩個面向，以及試圖整併這兩個面向的理論。然而這些問題終於塵埃落定，獲得大家的共識；我們有大腦，而且這讓我們更適於居住在社會群體中。我們一步一步地了解到，我們的社交天性深植於我們的生物學，而非只是我們對於自己的認知理論而已。我們開始了解到，人類的其他功能如何引導我們走出社交迷宮。

第四章　內在的道德羅盤

你有兔子的道德，蛞蝓的個性，還有鴨嘴獸的腦。

——西碧兒雪佛，在一九八五年電視影集《雙面嬌娃》中扮演麥蒂

如果有一個火星人出現，和你一起看晚間新聞，他可能得喝下好幾杯的馬丁尼，才能相信人類其實並不是天生殘暴、道德淪喪、漫無目的的動物。新聞無聊地播著，一開始可能是地方警察報告車禍肇事逃逸、路邊小店持槍搶劫殺人案、家暴案件、市政府裡那些爾虞我詐的把戲，接著報導伊拉克的砍頭新聞、美國的報復攻擊、非洲的饑荒、愛滋病蔓延、非法移民的慘況等等。「老天爺啊，」火星人可能會這麼說，「你們這個物種真是問題多多。」是這樣嗎？

地球上大約有六十億人。這六十億人多多少少都還能相處，但這難道代表**全部的**六十億人都能好好相處嗎？如果我們假設只有百分之一的人在某方面是老鼠屎，會給其他人帶來麻煩，表示有六千萬人會給我們其他人製造問題，這樣可慘了；如果比例是百分之五，那就是世界上有三億人會製造麻煩。晚間新聞的題材俯拾皆是。出於某些原因，我們想知道人類生存的問題，而不是愉快的面向。

我們面對的是這個令人著迷的事實：不知為何，至少百分之九十五的人都能和平相處，而且有某種共通的機制，引導我們在日常的混亂或複雜中生活。我記得那天，我和女兒發現我們走進了北京

的一條小巷弄。我們本來到了天安門廣場前寬廣的大街上遊覽，那裡到處都看起來氣勢恢弘、結構相稱。但隨著我們走進路邊的小巷，想來點當地人的購物體驗時，我們馬上就被那密密麻麻的人群，還有自己鶴立雞群的身高和模樣給嚇到了。但是我們適應的速度之快更是讓我們自己都感到驚訝：我們兩個在幾分鐘內就融入了那裡的社交流動和周遭環境，從簡單的過馬路到買東西都進行得無比順暢與自然。我在紐約的運河街的社交活動都沒有我在北京這麼自然。

身為一個物種，我們不喜歡殺戮、欺騙、偷竊、虐待他人。我們在悲劇或是緊急狀況等情形發生時，會特地伸出援手。事實上，像是負責搜救的公園管理員等救難人員，受到的訓練是**不要**逞英雄，不要冒太大的風險去救人。士兵也需要打氣，而且要在情緒過度亢奮的情況下才能殺人；軍隊裡提供酒類不是要紓解傷痛，而是要讓他們失控，這樣才可以執行可怕的動作。那麼為什麼我們基本上是一群好動物呢？

我們人類喜歡覺得自己是理性的。我們喜歡覺得自己面對問題時，可以想出一大票的解決方法，分析優劣，衡量每一個解決方法，再決定哪一個是最好的。畢竟是理智讓我們不會「只是動物」。但我們在決定解決方法的時候，真的是因為這是最理性的嗎？為什麼當你把選擇列出來的時候，你的朋友會問你：「你的心怎麼說？」

我們在面對道德選擇時，到底是理性的自己跳出來做決定，還是我們的心、我們的直覺先做出判斷後，才讓理性的自己想辦法找出理由？我們的理性決定是不是以很多道德信念為基礎？如果是，那麼這些道德信念是哪來的？是我們內在的直覺，還是外在對我們有意識的影響？我們是裝好了一套標準的道德直覺後才離開生產線嗎？還是這些是可選購的配件？

數個世紀以來，世上許多偉大的哲學家都在爭論這些問題。柏拉圖和康德相信有意識的理性是我們道德行為的幕後推手，休謨則傾向是對於對錯的立即情緒反應。沒多久之前，我們也只能在缺乏實質證據的情況下反覆討論這些想法，但是情況已經改變了。有了目前的研究技術，我們能夠回答很多問題。接下來我們會更了解我們的直覺，以及這些直覺如何影響我們的道德決定。接著我們會發現，我們真的有內建的道德程式，我們也會了解這些道德程式所關注的內容。我們會了解我們的社交世界是如何塑造了這些程式，並且把其中一些轉換成某些文化中的美德，某些文化中的陋習。

我們有沒有內建的道德程式？

首先讓我來問你一個道德兩難題，這是由研究人員設計來展現我們的直覺道德判斷的。海德特是維吉尼亞大學一位聰明絕頂的心理學家，我們在第三章提過他。他想出了這個挑釁的問題來問學生：

茱莉和馬克是姊弟，他們在大學的暑假期間一起去法國玩。有一天晚上他們單獨住在海邊的一個小屋裡，他們覺得如果他們發生性行為的話會很有趣也很好玩，不論如何，至少會是他們的一項新體驗。茱莉已經吃了避孕藥，但是馬克還是用了保險套以策安全。他們兩人在過程當中都很盡興，但也決定以後不再這麼做。他們把這一晚當作一個特別的祕密，讓他們覺得和彼此更加親近[1]。

對學生提出的問題是：他們兩人的性行為合宜嗎？這個故事是設計來喚醒一個人的本能直覺與道德直覺的。大部分的人都會說這是錯的，而且很噁心，但是這種反應是海德特在實驗開始前就知道的。他想挖掘的是更深層的東西，深入我們必須使用的理性的根基，前提是如果理性真的存在的話。

所以他鼓勵他的學生繼續討論：「告訴我為什麼。你的理性怎麼說？」如同意料之中，很多人回答近親交配可能造成畸形的胎兒，或是可能造成情緒傷害。但是記得，他們使用了兩種避孕的工具，所以這不是問題。我們也知道他們的情緒並沒有受傷，而且還感覺更親近。海德特告訴我們，最後大部分的學生會說：「我不知道，我無法解釋，我就是知道這樣不對。」但是如果這是錯的，你又不能解釋為什麼，這到底是理性還是直覺的判斷？是父母或文化或宗教教導我們的理性教條，讓我們知道和手足發生性關係可能會造成生育缺陷，所以是道德錯誤的嗎？或者這是我們無法用理性的論調所駁斥的內建知識？

亂倫禁忌是從何而來的？亂倫禁忌是我們在上一章談過的人類普世行為之一，所有的文化都有亂倫禁忌。衛斯特馬克在一八九一年就發現這是怎麼發展出來的。他提出由於人類不能用看的就自動認出自己的手足，所以人類演化出一套內建機制負責阻止亂倫。這種機制的運作，使人沒興趣和小時候長時間相處的人發生性行為，或是對此產生負面反應[2]。大多時候這都能避免亂倫發生。這樣的規則預測，一起長大的童年玩伴或繼兄弟姊妹就和真正的手足一樣，都不會是結婚的對象。

以色列的集體農場現象支持了這種想法[3]。很多無血緣關係的小孩在那裡一起長大，他們建立了終生的情誼，但其中很少有人結為連理。台灣的古老習俗裡也有支持這項理論的證據：**童養媳**的習俗是家庭從小養育兒子未來的妻子，但這些婚姻常常沒有留下子嗣，簡單來說就是因為夫妻不覺得對方有性吸引力[4]。

夏威夷大學的演化心理學家莉伯曼進一步延伸這些發現[5]。她不只對於和亂倫及互惠利他行為有關的「親屬辨識」有興趣，還關心個人的亂倫禁忌（「和**我的**姊姊發生性行為是錯的」）如何演化成廣義的反對（「亂倫對每個人來說都是錯的」）。這是來自父母、社會，還是內在自然產生的？她首先讓受試者填寫一份家庭問卷，接著要求他們把十九種第三者的行為依照道德錯誤的嚴重程度排序，當中包括手足亂倫、性侵兒童、吸毒、謀殺等。她發現只有一個變因會顯著地影響受試者對第三者手足亂倫的道德錯誤程度評價，也就是受試者本人在兒童時期與青少年時期的早期，和異性手足共處一個屋簷下的時間長短。和異性手足同住的時間愈長，就愈會覺得第三者的亂倫是很嚴重的道德錯誤。這並不受血緣關係的影響（手足可能是領養的或是繼父母帶來的），也不受父母、受試者，或是同儕對於性行為的看法影響；性傾向和父母結褵的時間長短也沒有影響。

這對我們目前的主題有其重要性。反對亂倫的道德態度並非隨著**學到的**社會或父母的指導而增強，也不是隨著與手足的血緣關係而增強，而是單純地依照受試者在成長過程中，實際與手足（不論是否為親手足）在同一個屋簷下生活的時間而增強。這不是經由父母、朋友或是宗教導師的教導，而讓我們理性地學習到的行為與態度。如果我們是理性的，那麼這項禁忌應該不適用於領養的兄弟姊妹或繼兄弟姊妹。這項特徵之所以被選擇，是因為它幾乎適用於所有情況，能避免因為近親交配及隱性基因表現而產生較不健康的後代。這是我們一出廠就有的裝置。

但是我們的意識，也就是理性的大腦，並不知道這些。我們有意識的大腦是以「需要知道的」為基礎在運作，而它需要知道的就是：手足發生性行為是**不好的**。一旦別人問你「為什麼不好？」，情況就變得很微妙了。現在你啟動了有意識的理智系統，這是你的翻譯器，但除非你最近研究過避免亂倫的文獻，否則它也不知道上述的答案。不過這不是問題，反正理智終究會從你的腦袋裡跑出來！

這和我研究因醫療原因切斷左右腦連結（胼胝體）的患者的結果不謀而合。這種手術讓右腦和通常在左腦的語言中樞分離，因此右腦不只無法和左腦溝通，根本是和誰都無法交談。利用特殊的儀器，你能看出右腦會向一隻眼睛下達視覺命令，以達到某種目的，例如「把香蕉撿起來。」而右腦控制了左半邊身體的動作，所以左手會伸出去撿香蕉。接著如果你問這個人：「你為什麼要撿香蕉？」回答你的是左腦的語言中樞，但是它不知道為什麼左手會去撿香蕉，因為右腦無法告訴左腦，左手是因為讀取了右腦要它這樣做的指示而做的。左腦得到了視覺輸入，知道左手的確拿著一根香蕉；面對你的問題，它會說「天哪，我不知道」嗎？幾乎不會！它會說「我喜歡香蕉」或是「我肚子餓了」，或是「我不想讓它掉到地上」。我把這個稱為翻譯器詮釋模組。直覺判斷會自動出現，當人家要求解釋時，翻譯器就會跳出來做出合理的解釋，讓一切看來很正常。

另外一個我們似乎能直覺地了解的東西，是社會交流中的**意圖**。這表示如果有人在社會交流中意外地無法報答恩惠，並不會被視為是欺騙；但如果有人是蓄意不報答恩惠，就**會**被視為是欺騙。三到四歲的小孩聽完社會交流的故事後，能夠判斷故意的動作是「頑皮的」，但不小心的就不是[6]。黑猩猩也能判斷意圖：如果人想幫牠們拿食物但拿不到，牠們不會生氣；但是如果有人拿得到卻不幫牠們拿，牠們就會生氣[7]。在澳洲昆士蘭湯斯維爾鎮，詹姆斯庫克大學的心理學講師費迪克已經發現，如果人要在社會交流中找出騙子，他們找出蓄意的騙子的比例高於找出非蓄意的騙子。而在預防性契約當中（例如「如果你和狗一起工作，你就要注射狂犬病疫苗」），蓄意和非蓄意的欺騙被發現的程度相同[8]。根據他的假設，費迪克推測人具有這種能力：他假設大腦有兩種不同的內在迴路，一種用在社交情況，這種情況中不偵測非蓄意的欺騙是好的；另一種用於預防措施，而在這種情況下，能夠偵測到所有的欺騙行為會比較好。如果一切在腦袋裡都很有邏輯，那不管意圖為何，你在兩種情況下找到騙子的能力應該是相同的才對。

不完全理性

所有的決策都不是理性的、有意識的決定，對此進一步的證據就是十九世紀的一位佛蒙特州人。蓋吉是鐵路工程的工頭，他很勤奮、能幹、有禮貌、有教養、深受敬重。在一八四八年九月的一個早晨，他出門去工作，當時他還不知道他接下來的一天，會悲慘到讓他成為教科書上的範例以及最有名的神經創傷生還者。那天早上他們要用火藥清空鐵軌上的岩石，因此在岩石上鑽了一個洞，在裡面填滿火藥。導火線鋪設完成後，上面要蓋一層沙，再用一條長的鐵管壓緊後才能點燃炸藥。不幸的是，蓋吉那時一定分心了，因為他還沒放沙土就先點燃火藥，所以就爆炸了。實心的鐵條被炸飛，順著拋物線打到蓋吉的頭：從他的左頰插入，穿過他的眼窩，通過他的前額葉後再從頭骨穿出來，最後落在他身後大約二十三到二十八公尺的地方。

這可不是什麼小木條。這是一條長約一〇八公分，重量將近十四公斤，一端直徑三公分，然後約從三十公分處開始縮小成為直徑約六．四公釐的鐵條。現在在哈佛醫學院還可以看到這根鐵條。不可思議的是，蓋吉大約只昏迷了十五分鐘，接著就可以口齒清晰、理智地說話！據當地報紙記載，他第二天就完全不會痛了[9]。在他的醫生哈洛照料下，他的傷勢與感染情況都順利復原，兩個月後就可以回到在佛蒙特州的黎巴嫩的家。不過恢復精神倒是花了他比較久的時間。

雖然這個故事已經很驚人了，但這還不是他有名的原因。蓋吉在那之後就變了。他的記憶和理性都沒有變，但是他的個性和他過去的和藹可親南轅北轍。「他現在情緒反覆無常，沒禮貌又愛咒罵，毫不尊重工作夥伴。他變得很沒耐心、頑固，可是又善變、猶豫不決，無法對於他替未來行動做的計畫下決定。他的朋友都說他『再也不是蓋吉了』。[10]」他的行為超出了社會可接受的範圍。雖然他的理智與記憶都沒有受到影響，但是他的腦部有些地方受損，並且造成了他這樣的改變。

更近期的例子是達馬修和同僚接觸到的一系列有類似腦部損傷的「蓋吉型」病人（雖然他們是因為手術或創傷而非鐵棍受傷）。這些病人都有某個共通點：他們也不再是原來的自己，行為也超出了社會可接受的範圍，而且他們無能為力。第一個病人叫做艾略特[11]，他切除了一個在前額葉的腫瘤。手術前他是個盡責的丈夫、父親和員工。幾個月之後，他的生活就陷入混亂。他要三催四請才能起床，工作上也不會安排時間，他不能針對當下或未來做計畫。他的財務狀況一團糟，他的家人也離開他了。他看過很多醫生，但他們都不知道他到底是怎麼了，因為所有的測試都顯示他的腦部運作正常。他的智力測驗結果高於平均，面對問題的時候也能想出周詳的可能解決方案。他的感官和運動技巧都沒有改變，過去的記憶、說話和語言能力也都無礙。然而達馬修發現，他表現出情緒平板徵狀；換句話說，他的原始情緒和社交情緒能力都嚴重受損。

艾略特再也無法以社會所接受的方式行動，他無法做出適當的決定，而達馬修假設原因是他再也沒有情緒了。達馬修的說法是，我們在面對一個選項要做決定之前，會先出現情緒反應。如果出現負面的情緒，那這項選擇在理性分析前就會先被刪除，根本不列入考慮。達馬修認為，情緒在做決定方面扮演了重要的角色，一個完全理性的大腦是不完整的大腦。這樣的發現讓情緒對決策過程的影響力，被徹頭徹尾地重新評價。看來不論人有多少理性的想法，情緒都是做決定時的必要元素，當中包括了面對道德兩難時的決定。

做決定

人隨時都在做決定。**我要現在起床還是再瞇一下？我今天要穿什麼？我早餐要吃什麼？我要現在去運動還是等一下？**決定的數量多到你甚至不會意識到自己在做決定。你開車去上班時要決定什麼時候踩油門、踩煞車，也許還有離合器。你要調整速度和路線才能準時到公司；你會調整電台頻率，可能還會講個手機。有趣和可怕的部分是，你的大腦一次只能有意識地想一件事，其他的決定都是自動化的。

自動化的過程有兩種。開車就是一種，這是有意圖（你有開車去上班的意圖），而且具目標導向（準時去上班）的過程。經過一段時間的學習後，這樣的過程便成為自動化的動作；彈鋼琴和騎腳踏車也是這一類的。第二種是對感知事件的前意識處理過程：你透過看、聽、聞或是觸摸而感知到一項刺激，你的腦會在你有意識地察覺到之前就處理這項刺激。這完全不耗費你的力氣，也沒有意圖或覺知。結果就是這種自動化的處理過程會把你所有的感知用「喜惡量表」評量，從厭惡（這房間是白色的，我不喜歡白色）到喜歡（這房間的顏色很鮮豔，我喜歡鮮豔的顏色），並且讓你偏向某個決定（這裡有某些部分我不喜歡，我們再看看），或是另一個決定（我覺得這間店一定很不錯，我們在這裡吃飯吧）。你的自動化處理過程幫助你回答了這個在演化上很重要的問題：「我該接近或是閃避？」這叫做**情感性導引**，也會影響你的行為。如果我問你為什麼不在第一間餐廳吃飯，你會告訴我一個理由，但不太可能會是「白色的空間讓我有負面感受」，而是「那間餐廳看起來就不吸引人」。

紐約大學的巴格要求自願者坐在電腦螢幕前，告訴他們螢幕上會閃過一些字，如果他們覺得那個字是不好的（例如**吐**或是**暴君**），就用右手敲一下按鍵；如果是好的字（像是**花園**或是**愛**）就用左手敲按鍵。但是他們不知道他會在要求他們判斷的字出現之前，先用百分之一秒的速度讓其他的字閃在螢幕上（快到他們不會意識到）。結果發現，如果他先讓螢幕出現一個負面的字，接著再放自願者看得見的負面字，自願者做出反應的速度會比沒有先看見字的情況快。如果一個正面的字接著負面的字出現，自願者就需要比較長的反應時間，才能調整潛意識中的負面印象，然後敲擊按鍵[12]。巴格之後也證明，如果你先讓受試者看到描述無禮行為的字，然後要求他們完成實驗後通知另一個房間裡的人，他們比較傾向打斷對方（百分之六十六的受試者）；但如果沒有受到事前的情感性引導影響，受試者打斷對方的比例就比較低（百分之三十八）；如果他們事先看到的是有禮貌的字，他們打斷對方的比例就更低（百分之十六）[13]。

疏失管理理論預測，一個人會傾向犯代價比較低的錯誤[14]。一想到演化，你自然會認為生存下來的都是反應比較快的，也就是能比較自動地對負面信號做出反應的動物，因此負向偏誤也是應該受到選擇的。畢竟能夠偵測那些會傷害、殺害，或是讓你生病的東西，比看見野莓叢的反應來得重要多了。野莓叢到處都是，但是**要是你被獅子殺掉了就沒了**。就是這樣，我們的確有負向偏誤！而且還是第一流的。受試者從中性的群眾中找到憤怒臉孔的速度，比找出快樂的臉孔快[15]。一隻蟑螂或是小蟲會毀了一盤美食，但是放在一堆蟲上面的佳餚並不會讓底下的蟲變得好吃。極端不道德的行為會造成幾乎無法抹滅的負面效果：心理系的大學生被問到殺過一個人的兇手，要在不同的情況下、每次都冒著生命危險救多少人才能被原諒；他們答案的中位數是二十五人[16]。

賓州大學的羅津和羅茲曼記錄並探討了這種負向偏誤。他們告訴我們這似乎普遍存在於我們的生活中。負面的刺激會使血壓升高、增加心臟輸出與心跳[17]；負面刺激會吸引我們的注意（報紙就是靠壞消息蓬勃起來的）；我們比較能察覺他人的負面情緒而非正面情緒。負向偏誤會影響我們的心情、我們對他人的印象、我們對完美的追求（稀有書上的一個小小污漬就會降低它的價值）、我們的道德判斷。我們甚至還有比較多的負面情緒，我們形容痛的字比形容愉快感受的字多[16]。

羅津和羅茲曼認為負向偏誤的適應價值有四項要素：

一、負面事件具有影響力。你可能會被殺！

二、負面事件很複雜。你該逃跑、反抗、不要動還是躲起來？

三、負面事件會突然發生。有蛇！有獅子！這些事件必須立即處理，這是解釋比較快的自動化處理程序受到選擇的好理由。

四、負面事件可能有傳染性：壞掉的食物、屍體、病人。

稍早在討論情緒時，我們學到資訊一開始會先從丘腦進入，接著送到知覺處理區，然後送到額皮質。然而其實有一條通過大腦杏仁核的捷徑。大腦杏仁核會對過去和危險有關的模式產生反應，不只會影響你的運動系統，還會改變你的想法。你面對產生威脅的（負面的）訊息輸入，快速產生了恐懼、噁心、憤怒之類的情緒反應，繼而影響你處理後續資訊的方式，讓你的注意力集中在負面刺激上。你不會覺得那塊乳酪看起來很新鮮、羅勒很香、番茄紅豔多汁，你只會想**真噁心，我的盤子上有一根油膩的毛髮，我才不要吃這道菜。老實說，我再也不會來這家餐廳了**。這就是我們的負向偏誤。

有些東西會對我們產生正面的影響，不過還是比不上負面刺激的緊急地位。無意識的模仿就是這種正面效果之一。巴爾和沙特朗發現受指派和陌生人共事的人，在對方模仿他們的習慣時，會比較容易喜歡對方，互動會比較順利，還會傾向模仿陌生夥伴的舉動，之後也不會意識到自己這麼做了[18]。研究人員假設，自動化的模仿能增進好感，並且有助於讓社會互動更加順利。當你首次與某人碰面，你對他會留下印象，這種第一印象通常和之後長時間接觸與觀察後形成的印象相同[19]。事實上，不同的觀察者對於一名陌生人的個性評斷，有相當顯著的相似性，而且這些評斷結果，也和陌生人自己對於這些性格特徵的評斷有相當程度的一致性[20]。

模仿讓新生兒能複製母親的表情。母親伸出舌頭的時候他也會，母親微笑時他也笑。相關的正面效果是，人會傾向同意自己喜歡的對象[21]（你朋友告訴你她的鄰居是混蛋，所以你也會同意），但當同意對方會與當事人已知的資訊相衝突時，就不是這樣了（你認識她的鄰居而且覺得她人很好）。就連你的生理姿態也會無意識地影響你的偏見。人的手臂曲屈（接受）時比手臂張開（推開）時更容易接受新的刺激[22]。一項研究發現，有一半的受試者在看見正面的字的時候會將控制桿拉向自己，負面的字則會使他們把控制桿往外推；但另外一半的人恰好相反。看到正面字就往自己拉的受試者，對正面字的反應速度比較快。之後他們又做了其他實驗，一次是要求受試者不管看到什麼字，都一律往外推；一次是要求他們看到所有的字都往自己拉。結果發現，原本往外推的人看見負面的字的反應速度比看見正面的字的反應快；原本往內拉的人則剛好相反，他們看見正面的字的反應速度比較快[23]。我們做的所有決定基礎都是要接近還是後退，道德決定也是其中之一。我們想接近好的東西，遠離壞的東西。這些決定都會受到偏見機制的影響，接著引發我們在寶寶工廠就安裝好的標準配備：情緒。

道德判斷的神經生物學

現在來看看這個故事，這是一般所知的電車兩難題：

一列脫軌的電車往五個人的方向前進。如果電車維持目前行進路線就會撞死這五個人，救他們的唯一方法是按下一個切換開關，讓電車轉往另外一條軌道，這樣只會撞死一個人而不是五個人。你是否應該讓電車轉向，救那五個人而犧牲另外一個人呢？

如果你和大部分的人一樣，你會贊成救五個人比救一個好。

現在來看這個問題：

跟剛剛一樣，一列電車威脅到五個人的性命。而你站在軌道上方的天橋上，身邊有一位高大的陌生人。失控的電車和五個鐵軌工人各在天橋下方的兩側。把你旁邊的陌生人推到軌道上，你就能讓電車停住。你這麼做他就會死，可是能救那五個工人。你會不會把那個陌生人推下去，讓他死掉好救其他五人的命[24]？

大部分的人都會對這一題說「不」。為什麼兩個問題裡的人數明明就一樣，卻會有兩種不同的結果？你的詮釋模組現在怎麼解釋？

哈佛大學的葛林是從哲學轉行過來的神經科學家，他認為上述的差別是因為第一個情況比較不涉及個人：你只要按一個按鍵，不需要有身體的接觸。第二個情況則牽涉到個人：你真的要動手，把那個陌生人推下去。葛林向我們的演化環境尋求解答。我們的祖先活在小型社會群體的環境裡，裡面的成員都互相認識，個人的行為會受到情緒控制，而且限於個人層級。所以我們演化成在面對個人的道德兩難時，會有內建的情緒反應是很合理的，這是為了生存或繁殖成功而受到選擇的反應。葛林使用了功能性磁振造影觀察人的腦部面對上述難題的反應，他發現在面對涉及個人的難題時，受試者腦部和情緒及社會認知相關的區域活動的確會增加；不涉及個人的難題則不屬於古老的環境，因此腦部不會有預設的反應，必須訴諸真實的意識思考才能判斷。面對不涉及個人的難題，和抽象思考及問題解決有關的腦部區域會增加活動[25]。

然而豪瑟則認為上述的兩難題中有很多其他變因，因此不能簡單地用個人與非個人來分類。這種結果也能用哲學原則來解釋：如果能達到更大的好處，那麼造成傷害的副產品是可接受的；但不能用傷害去達到目的[26]。換句話說，不能為達目的不擇手段。這就是以意圖為基礎來討論行動。第一種情況的意圖是盡可能救愈多的人愈好，但第二種情況的意圖是不要傷害無辜的旁觀者。

也許我們可以這樣說：按下切換開關是情緒中立的行為，沒有好壞之分。所以我們不需要直覺偏向或情緒的幫助，就可以理性地思考這個問題：犧牲一個人救五個人，比犧牲五個人救一個人好。然而在第二個兩難題裡，把一個無辜的人推下天橋並不是情緒中立的，會讓人感覺很差——不要這樣做。的確如此，如果你是那個高大的人，自己跳下去這個選項可能完全不會進入你的腦袋，因為這是非常差的選擇。達特茅斯學院的波葛和同僚決定更進一步探討。他們發現在面對更困難的個人情況時，後側上顳葉溝會發生作用；簡單的情況則會啟動前側上顳葉溝。他們假定後側上顳葉溝可能是用來思考發人深省的、首次出現的情況，而前面的部分則是用來處理先前解決過的、例行公事型的狀況[27]。

行動vs.不行動

首先我們觀察到我們能迅速且自動地做出道德判斷。就算我們無法用邏輯解釋，我們還是會這樣嘗試。避免亂倫就是一個我們覺得是「道德」的內建行為的例子。在電車兩難的題目裡，我們看到道德判斷並不完全是理性的，而會視情況而定（無意識的偏見、涉及個人或非個人的情況），並且會依照是否需要採取行動或不採取行動而決定。此外意圖與情緒（達馬修的病人艾略特）也會影響結果。我們發現某些自動的通路是長時間以來所學會的（開車），有些是我們天生的（負向偏誤造成的「接近或閃避」）。天生的反應可能會受情緒影響，而我們也有不同程度的內建情緒。現在我們要再多了解一下腦是怎麼運作的。

過去一般認為（雖然現在這麼想的人數有減少，不過還是有人這樣想），腦是通用目的型的器官，處理各種問題的能力都一樣。但如果真是這樣，那我們學習分子生物學應該就跟學說話一樣簡單，而且面對頂尖演化心理學家科思麥蒂絲提出的社會交流問題，也不會比我們處理邏輯問題輕鬆。顯然我們的腦在演化過程裡已經發展出的確是專門處理特定工作的神經迴路。

大腦有特定迴路處理特定問題的觀念稱為**模組化的腦理論**。我在幾年前的《社交大腦》裡第一次寫到這個觀念。看起來很符合邏輯，因為當時大多數神經心理學強調的都是腦部損傷如何在病人身上造成分離且特定的缺陷。若腦的特定部位受損，就會出現某種特定的語言、思考、認知、注意力等等的失調現象。裂腦症患者戲劇性地表現了這種現象，證實左腦專門負責一系列的能力，右腦則負責另外一些。

最近的演化心理學家讓功能模組性的觀念更發揚光大。科思麥蒂絲和圖比就將模組定義為：「在回應選擇壓力的過程中演化而成的心智處理單位。」然而從神經科學的文獻來看，模組顯然並不像各自獨立、在腦中整齊堆疊的小積木。現代的腦部造影研究顯示，這些模組的迴路會散落在各部位。而模組的定義是根據它們如何處理資訊，而非接受何種資訊（啟動模組的輸入或刺激）來決定的。顯然隨著時間的演化，這些模組演化成會針對環境裡特定刺激做出特定反應。

但是我們的世界改變的速度快到演化無法跟上。愈來愈多的資訊進入我們的腦中，但是模組還是用同樣的老方法才會啟動。雖然刺激的範圍變大了，但還是會產生自動的反應。

此外，腦也受到限制。有些事它就是做不到、學不來、無法理解。出於同樣的原因，一條狗無法理解你會那麼在意，或是為什麼會那麼在意被牠咬爛的那雙古馳鞋，畢竟不過就是皮革而已啊。但是牠能感覺到那好像是不好的動作。有些事是腦一次就能學會的，有些則要花很多力氣才行。腦不是萬能的，這個觀念很難理解，因為我們無法想像我們的腦無法理解的事。嗯，不然就請你再解釋一次四度空間，還有時間不是線性的那個東西看看。腦基本上是懶惰的，它只做最少的工作。因為使用直覺模組很簡單又很快，需要花的力氣也最少，因此成為腦的預設模式。

現在很多研究道德與倫理的研究人員認為，我們的模組之所以會演化出來，是為了處理我們採集狩獵的祖先常見的特定情況。在他們居住的團體中，成員多數是有親屬關係的人，偶爾會遇見其他支系的人；有些人和其他人的關係比某些人親近，但是他們都需要處理生存的問題，包括吃東西和防止自己被吃。由於那是一個需要社交的世界，他們經常要處理的特定情況都牽涉到其他個體，有些則涉及我們認為的道德或倫理議題。而這些模組產生特定的直覺觀念，使我們創造出我們目前所身處的這些社會。

道德模組：這是什麼？是從哪裡來的？

一般認為刺激會引發要贊成（接近）或反對（閃避）的自動化處理過程，可能會導致情緒狀態全開。這種情緒狀態會產生道德直覺，也許會促使個體採取行動。因為腦想為自己完全不知道怎麼發生的自動反應找出理性的解釋，就會產生對判斷或行動的推論。道德判斷也是其中一種，但這不一定真的是道德推論的結果。然而偶爾還是會有理性確實介入判斷過程的情況。

豪瑟指出直覺處理有三種可能的情況。一種極端的意見來自那些相信有明確的、天生的道德規範的人：殺人、偷盜、欺騙是不好的，提供幫助、公正、守諾是好的。另外一端的意見依舊認為我們天生沒有任何直覺，就是俗話說的像一張白紙，有學習道德規範的能力。因此你也能毫無困難地學會欺騙和亂倫是好的、公平是錯的這種相反的觀念。第三種是中庸的看法，也是豪瑟所贊成的：我們生來就有某些抽象的道德規範，並且已做好學習其他規範的準備，正如我們生來就準備好學習語言一樣。因此我們的環境、家庭、文化都限制並引導我們進入某一套道德系統，就像他們讓我們學會某種語言一樣。

就我們目前所看到的，這個中庸之道似乎是最有可能的。為了了解這些抽象的道德規範從何而來，豪瑟朝我們和其他社交物種共有的行為研究，例如擁有領土觀念、以保護領土為目的的統治策略，或是形成聯盟以獲得食物、空間、性，還有互惠行為。在動物世界中，只有人類把社交互惠行為放在這麼高的層次，使得這種行為成為一個探索抽象道德規範的寶庫。社會互惠行為要存在，就需要特定的條件，就像研究者在賽局理論中所呈現的，不只要能找出騙子，還要讓騙子受到懲罰才行。否則這些付出的比較少卻得到相同好處的騙子，就會勝過那些不是騙子的人，占了上風。一旦騙子占了上風，互惠的機制就會崩潰。人類演化出兩種必要的能力來**延長**互惠的社會交換：長期抑制行動的能力（也就是延遲喜悅），以及在互惠交換中懲罰騙子。目前這兩項能力都名列在人類寥寥可數的獨特能力清單上[28]。

海德特和在西北大學的同僚約瑟夫，在進行人類道德（普世的和有文化差異的）和黑猩猩道德前驅的比較研究後，列出了一份普世道德模組清單*。他們也參考了豪瑟所使用的一份類似的共同行

*他們定義的模組是許多小的輸入—輸出程式，讓我們能對特定的環境刺激做出快速自動的反應。

為清單，但是他們增加了一種由人類特有的憎惡情緒所衍生出的抽象直覺。他們提出的五大模組是：互惠行為、苦難、階級制度、內團體與外團體（聯盟）的界線、純淨[29,30]。不是每個人都同意這份清單，但如同海德特與約瑟夫所指出的，這幾項已經涵蓋了相當大範圍的道德優點，他們將之定義為一個所謂道德高尚的人應有的個性特徵。他們的清單包括了世界各地文化都注重的道德，而非僅限於西方文化。

這些清單都提供了我們研究的途徑，但它們當然不是絕對的。美德不是舉世皆然的，是特定的社會或文化觀念中可以學習到的道德良好行為。不同文化會分別強調上述五項模組中的不同面向，這也是道德的文化差異的由來。這是豪瑟的中庸理論中，所謂被社會影響的那一部分。芝加哥大學的人類學家史韋德提出道德所關心的領域有三個：自主倫理，也就是關於個人權利、自由、福祉的部分；社群倫理，也就是關於保護家庭、社群、國家的部分；最後是神性倫理，是關於精神層面的自我以及身心的純淨[31]。海德特和約瑟夫也贊成類似的分類，他們將苦難與互惠放在自主倫理之下，階級和聯盟界線放在社群倫理之下，純淨則置於神性倫理之下。

接著我會討論這些不同的模組，有哪些輸入會啟動它們（環境刺激物）、它們所引發的道德情緒，以及它們所造成的道德直覺（輸出）。如同達馬修所推測，情緒是催化劑，能幫助我們解釋為什麼世界上的事物都不理性。雖然表面上看起來完全理性的世界似乎比較好，然而只要很快地思考一下，我們就會把這種想法拋諸腦後了。舉例來說，經濟學上的經典問題是：為什麼你明明不會再回到這間餐廳，離開的時候你卻還會給小費？這完全不理性。為什麼不拋棄你生病的配偶，找另外一個健康的對象？這樣應該比較理性啊。為什麼要把大眾的錢花在幾乎不可能還錢的重度殘障者身上？

海德特也指出，道德情緒不是只為了讓人當好人而已。「道德的重要性高於利他主義與和善。引發幫助行為的情緒很容易被視為是道德情緒，但是引發排斥、羞愧、致命的報復等行為的情緒，也是我們道德本性的一部分。人類的社交世界既驚人又脆弱，是參與其中的成員所共同建構而成的。任何讓人關心這個世界，並且想支持、加強、增加其完整性的情緒，都應該被視為是道德情緒，就算因而採取的行為並不『和善』亦然。[32]」

法蘭克是一位經濟學家，但卻很奇怪地踏入了心理學、哲學，還有自私基因的世界。他認為道德情感和自私基因的理論一致。擁有可以透過道德情緒明顯表現出的道德情感，對於自私者可能是有利的，道德情緒會讓他傾向不要欺騙。道德情緒很難造假，可以讓人知道你有良心，在毀約時也會受到罪惡感折磨。舉例來說，你知道你能相信一個絕對會臉紅的人說的話，因為她只要說謊，臉就一定會紅得跟番茄一樣。人是唯一會臉紅的動物。另外一個可見的情緒象徵是眼淚。人類也是唯一會哭的動物。雖然其他動物也有淚管，但牠們分泌眼淚是為了眼部健康，牠們不會因情緒而掉淚。

道德情感與情緒可以成為一種擔保機制，讓可能的交易夥伴或社會交換對象通過第一回合的交換門檻，不會一出了問題就馬上跑掉[33]。簡單來說，它們能解決個人關係與社會交流中關於承諾的問題，也就是：人一開始和他人合夥的原因是什麼？一個理性的人絕對不會和他人合夥，因為另外一個理性的人會欺騙的可能性太高了。當機會來臨，沒有任何理性的原因能讓人不要欺騙。你怎麼能說服另外一個理性的人相信你不會欺騙？不欺騙才不合理。

任何理性的人在看過了離婚率的數字後，或在能夠和無數的對象無償發生性關係時，怎麼會願意結婚？你怎麼會和他人合夥做生意？你怎麼會答應借錢給別人？情緒解決了這些問題。愛與信任讓人步入婚姻，信任讓人相信合夥關係；對罪惡感或羞恥感的恐懼讓你不會欺騙，而你知道（因為你的心智推理）你的夥伴也有相同的感覺。對騙子強烈的憤怒情緒是一種威嚇力量。心智推理讓我們能計畫行動，考慮行動對他人的信念和欲望的影響。若你欺騙某人，對方會生氣並且報復。你不想在對方發現實情後覺得困窘，也不想遭到報復。所以你不會欺騙。

然而單一的道德情緒，並不會僅限於單一模組的範疇。我們很快就會了解這一點。以下概略介紹最常被假設的五種道德模組。

道德模組

互惠模組

社會交換是讓社會凝聚在一起的力量，而社會交換則是靠情緒所維繫。很多道德情緒都可能會在互惠利他的情境中出現，在嬰兒和其他動物身上也會看到前驅表現。如果你還記得，為了要讓社會交換成立，必須要定下社會契約並加以尊重。形式如下：**如果我為你做這件事，你在未來會以同等價值的事回報我**。在上一章解釋了親屬利他主義的崔佛斯認為，互惠利他主義和情緒能調節我們的直覺與行為。我們會和我們信任的對象發生互惠行為，我們也相信會回報我們的那些人。因為不喜歡被欺騙而會採取行動的個體，和覺得欺騙別人會有罪惡感所以不喜歡那種感覺的個體，都是讓互惠行為存在的必要條件，因為他們能創造一個正直的人不會輸給騙子的社會。雖然證據顯示互惠行為也存在少數幾種動物身上，例如吸血蝙蝠和古比熱帶魚，但牠們都只有一對一的情況。人類會說閒話，告訴其他人哪些人違反了互惠原則，哪些人又值得信任。

和互惠行為有關的道德情緒有同情、輕視、憤怒、罪惡感、羞恥心與感激。同情讓人有交換的動機，是成為推動互惠的初始力量。「當然，我會幫你。」憤怒則促使你懲罰欺騙者，這是對不公正的反應，會成為復仇的動機。輕視是看不起沒有盡到本分或不符合自稱的典範的人，並且自覺道德比他們高尚。輕視一個人會削弱其他的情緒（例如憐憫），於是進一步的交換就比較不會發生。感激來自交換行為，但對於發現騙子的人也會產生這樣的情緒。腦部針對互惠模組的自動處理方式如下：**有債必還、合作、懲罰騙子**等於**好的、可以接近**；而**欺騙**則表示**不好的、要閃避**。從直覺互惠行為所發展出的美德是公平、正義、可靠、耐心，然而互惠行為並不是基於天生的公平感，而是建立於天生的互惠感覺。

兩位大學教授寄聖誕卡給一份陌生人名單上的人，令人驚訝的是，大部分的人都會回送卡片給他們，很多人根本不問他們是誰[34]。慈善團體也發現如果在募款時附贈一些小東西，例如回郵地址貼紙，就能讓他們募得的金額加倍。互惠行為是一種強烈的直覺，但雖然公平是從中衍生出來的美德，卻不是主要的部分。目前在喬治梅森大學教授經濟學與法律的諾貝爾經濟學獎得主史密斯說明了這一點[35-37]。有一個研究遊戲叫做「利他談判遊戲」。你給戴夫一百元要他分給艾爾，而他必須事先告訴你他要分給艾爾多少錢；如果艾爾拒絕，兩人都拿不到錢。最理性的分法就是給艾爾一元，艾爾也應該接受，因為這樣他還是賺。但是在這個遊戲中，分到的錢比較少的人就不會接受這樣的金額。因為他們會生氣，而且會用拒絕的方式來懲罰對方。兩邊皆輸。

大多數參與這個利他遊戲的人都會拿出五十元，這會讓你有公平的感覺。然而在一群大學生當中，如果稍微更改一下遊戲的內容，他們的行為就會改變了。新規定是在常識考試中分數達到班上的前百分之五十的學生才能扮演戴夫的角色，而艾爾則必須接受對方所提供的任何金額（這是所謂的「獨裁者遊戲」）。此時這些戴夫都小氣多了，他們不再像在利他遊戲裡那樣分一半給對方。如果戴夫覺得自己的身分不會被艾爾知道，他會更小氣。如果戴夫覺得實驗者不會知道他的身分，那百分之七十的戴夫在獨裁者遊戲裡，根本**一毛錢**都不給艾爾。這項結果讓史密斯得到的結論是，戴夫似乎根本沒想到如果他們**被發現**沒有按照社會接受的方式行動，他們可能會遭到質疑。這個遊戲的動機顯然不是公平，是機會。史密斯認為戴夫在原始的利他遊戲裡之所以會有公平的行為，是因為他們執著於互惠原則，並希望能維持個人的名譽。一旦他們的身分受到隱瞞，或是他們有比較高的地位，公平就不重要了。

接著史密斯又對這個遊戲做了些調整，他讓戴夫和艾爾玩**一系列**而非只有一次的遊戲。戴夫和艾爾每一輪都能決定要放棄還是拿現金，每次放棄的金額會愈來愈高，最後到了某一點，如果沒有人選擇拿現金，戴夫就能拿走所有現金。如果一切都在理性當中進行，艾爾就應該知道他該在最後一次輪到自己時拿走現金，而戴夫也會想到艾爾會這樣做，所以他自己應該在倒數第二次輪到時拿走現金，以此類推。因此理性的人會在第一次輪到自己時就拿走現金。但這些學生沒有這樣做。他們會讓戴夫在最後一輪拿走現金，並希望對方在下一輪時會回報他們的慷慨。這就是法蘭克的承諾模型：雙方都認識對方，而且要玩多次的遊戲。

這些研究後來延伸到學生之外的受試者，在四大洲和新幾內亞的十五個小型社會中施行。雖然結果有很大的差異（有些社會比較能夠接受金額很低的出價，有些則否），但是研究人員的結論是，這些社會裡都沒有人會用完全自私的行為來玩這些遊戲。他們的玩法會根據合作在當地的重要性而異，也會依照他們依賴銷售與交換商品的程度而定，遊戲參加者的個人經濟地位或人口統計資料都沒有影響，他們玩遊戲的模式和平日的互動形式也很相似[38]。跨親屬關係的互惠交易愈蓬勃的社會，提出的分錢方式就愈公平。

苦難模組

擔心受苦、對他人的生理痛苦跡象覺得敏感或厭惡，以及厭惡造成痛苦的人，對母親來說都是良好的適應結果，有助於她養育依賴期很長的嬰孩。任何能增加後代生存機率的適應結果都是受到選擇的，察覺後代痛苦的能力也符合這項標準。同情、憐憫與移情的古老源頭最可能來自模仿，形成母親與後代的緊密聯繫，也就有助於增加後代的生存機會。海德特認為，從這種直覺倫理中衍生出的社會美德是憐憫與仁慈，但是我們也可以加上正當的憤怒。

階級模組

階級和在重視地位的社會環境中活動有關。我們演化成在社會與性方面都充斥著統治與地位的社會團體。我們的親戚黑猩猩永遠都很重視等級和統治權，人類也是。就算在平等主義的社會裡，階級依舊存在於社會地位、工作組織、性競爭之中。不管一個社會有多麼平等，一定有些人會適應得比較好，比較有吸引力，也因此在異性的心目中位於比較高的等級。總是有人要主持委員會議，不然就會一團混亂。尊重統治者或泰然自若地行使權力等人類行為，都是讓人能掌握社交網絡的直覺行為，而且一直以來應該都很成功。我們看到了罪惡感與羞恥心這些情緒如何在社會交換中發生作用，但它們也會促使人以社會可接受的方式行動，幫助人在階級性的社會中找到方向。罪惡感是相信自己已經造成傷害或苦難的想法，可以成為幫助他人的動機；特別在某人從事不道德的行為被發現時，罪惡感會轉變為羞恥感。羞恥心是在知道別人看得見的情況下違反了社會規範，促使人想躲避或退縮，也顯示此人了解這是違反規範的行為，所以他比較不會因此受到譴責。罪惡感和羞恥心可以是所有道德模組的動機。地位高的人比較常感到難堪。這促使人以適當的方式表現自我，並且對握有權威的人表達敬意，以免和有權有勢的人發生衝突，增加自己生存的機會。我們在上一章中看到，那些懲罰騙子的人得到的回報就是更高的地位。其他和階級有關的情緒是尊重、敬畏，或是怨恨。基於階級的美德有尊重、忠誠、服從。

內團體／外團體聯盟模組

聯盟在黑猩猩、海豚等社會性的哺乳類動物社會裡相當普遍，在人類社會則是有地域性的。人類會自發性地組織成彼此排斥的團體。愛吃甜的人和愛吃鹹的人，農夫和牧人，愛狗人士和愛貓人士。如果看看世界地圖上有哪些國家不喜歡自己的鄰國，結果不禁讓人發噱（如果沒有造成重大悲劇的話）。庫斯班、圖比和科思麥蒂絲發現證據，證明有專門辨識盟友的模組[39]。在演化的世界裡，親屬團體會住在一起，敵對的鄰人也可能會碰面，社會團體間也會爆發權力轉移的爭鬥。因此能夠辨識合作、競爭、政治忠誠的模式是有好處的，代表誰和誰是同盟的可見標誌也就變得很重要。像膚色、口音、打扮的習慣等，這些沒什麼道理的線索，只有在能夠有效地預測盟友的身分時才有重要性；若沒有辨識的作用，那這些線索就不重要了。我們過去在狩獵與採集的社會中演化，在那樣的環境中，我們幾乎很少會和其他種族的人相遇，因為他們通常都只是短距離移動。但是種族在對的情況下，也會被用來當作聯盟關係的標誌，因為這是很顯眼的特徵。在過去社會學的測試中，不管面對何種社會情境，人總是會根據種族將其他人分類。

為了測試有沒有一個模組是專門負責辨識盟友，而不是辨識種族的——因為後者並不符合演化的觀念——庫斯班、圖比和科思麥蒂絲創造了一個社會情境，其中種族並不是能預測對方是否為合作同盟的條件。他們發現這大大減少了受試者注意種族的程度。他們也證明任何暗示合作與同盟模式的可見標誌（他們用上衣顏色），都會被腦袋給記住，而且效果都比種族特徵還要強烈。實驗開始才四分鐘，受試者就再也不重視種族了。他們的結論是，人很快就能了解結盟模式的改變，所以他們能夠適應不同的社會環境，例如一個無法用種族來預測聯盟關係的環境。

身為聯盟的一員會引發很多種情緒：憐憫其他團體（藉由參與慈善醫院和競走募款活動）、蔑視其他團體（非吸菸者對吸菸者的感覺）、憤怒（非吸菸者反對吸菸者）、罪惡感（因為不支持自己的團體）、羞恥感（因為背叛你的團體）、難堪（因為讓「團隊」失望了）、感激（屋主對消防隊員）。所以這個模組的運作方式是：**辨識為自己團體的份子：好的，接近；不是自己團體的份子：壞的，閃避**。辨識聯盟的模組根源於模仿；像是從正向偏誤所衍生出來的習性。內團體聯盟孕育出的美德有信任、合作、自我犧牲、忠誠、愛國心、英雄主義。

純淨模組

純淨根源於抵禦疾病：細菌、真菌、寄生蟲等，這是瑞德利所謂的競爭[40]。如果不是它們的存在威脅到我們，根本就不需要基因重組或是有性生殖（反之為無性生殖）；要不是它們，我們根本不用像跟著隔壁鄰居東買西買，深怕比不過人家那樣，拚命和大腸桿菌（*Escherichia coli*）或是阿米巴原蟲（*Entamoeba histolytica*）這些為了繁殖與生存而不斷突變、以更有效地攻擊我們的東西一較高下。嫌惡的情緒保護了純淨。海德特認為嫌惡的情緒是從人類祖先開始吃肉的時候出現的，並且似乎是只有人類才有的情緒[41]。顯然你的狗不會有這種感覺，看看牠吃的東西就知道了。嫌惡的感覺雖然只是人類拒絕食物的四種原因之一，但是其他三種原因動物也有：不好吃、不適合（棍子）、危險。嫌惡暗示了對這項食物的來源或本質的了解。小嬰兒會拒絕苦的食物，但他們直到五歲才會出現嫌惡的感覺。海德特和同僚認為嫌惡的情緒一開始是做為拒絕食物的系統，證據是嫌惡的感覺和想吐、擔心污染物（接觸令人嫌惡的物質）有關；另外與嫌惡有關的臉部表情，也通常是由鼻子與嘴巴表現的。他們把這稱之為「核心嫌惡」。

一開始，嫌惡的情緒會防衛傳遞疾病者，像是腐爛的人與動物屍體、腐壞的水果、排泄物、寄生蟲、嘔吐物、病人等等。海德特認為「然而人類社會需要拒絕很多東西，包括性與社會的『異常』。核心嫌惡一開始的適應價值，應該是作為一個拒絕系統，之後就能輕易套用到其他種類的拒絕上。[41]」隨著它的範圍擴大到某個地步後，嫌惡的情緒就變得更廣泛，涵蓋了外表、身體功能以及像是放縱等某些行為，還有某些職業，例如與屍體相關的工作。

但是如果嫌惡的情緒之所以演化是為了達到這些適應性功能——選擇食物與避免疾病，那麼令人驚訝的是，幼童幾乎不會有嫌惡的反應。事實上，幼童幾乎什麼都會放進嘴巴裡，連排泄物也不例外。完整的嫌惡反應（包括對污染物的敏感），要到五歲至七歲才會表現出來。就我們目前所知，對污染物的敏感度在人類以外的物種身上也看不見*。因此「嫌惡的情緒對於生物生存很重要」這種說法，是需要仔細考量的。嫌惡的社會功能……也許比生物功能還要重要。

的確，當研究人員要求來自不同國家的人列出他們嫌惡的事物時，發現在核心嫌惡之外，這些事物還能分成三大類。第一類是讓人聯想到自己的動物本質的事物，包括死亡、性、衛生，除了眼淚（人類獨有的）以外的所有體液，以及身體這個皮囊的任何反常，例如缺手缺腳、畸形、肥胖等。第二類包括觀念中有風險的人際污染源，讓人嫌惡的不是人體所製造的污染形式（大家對於穿洗過的他人衣物只有輕微的抗拒），反而是在於他人的本質。大家會比較抗拒穿殺人兇手或是希特勒的衣服，對好人的衣服就沒那麼排斥，印度人列出的嫌惡事物大多都是這一類。最後一種是道德罪行，美國和日本的受試者雖然背景南轅北轍，但列出的都大多是屬於這一類的事物。美國人對於違反個人權利與尊嚴的事會覺得嫌惡，而日本人則是對於違反個人在團體內的定位感到嫌惡。

嫌惡的情緒具有文化成分，會依不同文化而異，而兒童是受到教育才理解其內涵的。這種模組最

---

*為了讓人害怕污染物，人需要能夠設想看不見的實體，並且了解外表不一定等於現實。

可能具有生物學的源頭，之後廣泛擴大到食物以外所引發嫌惡情緒的事物，甚至包括他人的行為。這個模組會無意識地說**令人嫌惡的**就是**髒的**、**壞的**，**要閃避**；**乾淨的**則是**好的**，**要接近**。我最近看見一個招牌上寫著：**乾淨的手製作安全的食物**，可見純淨模組活生生地徹底存在於美國聖塔芭芭拉市。

隨著時間發展，人制訂了宗教和世俗的律法及儀式，來規範食物與身體的功能，其中包括衛生、健康、飲食。一旦這些律法被接受，違反這些律法就會導致負向偏誤與道德直覺。其他的宗教與道德關注也都廣泛地延伸到身心的純淨。很多文化都將乾淨、貞潔與純淨視為美德。

韋特利和海德特做了一項實驗[42]，想了解他們能不能用增加某項情緒的方法來影響人的道德判斷。他們催眠了兩群人，告訴其中一群人只要看到「那」這個字他們就會產生嫌惡感；又告訴另外一群人看到「常」這個字就會覺得嫌惡。接著他們要求受試者各自閱讀內容出現了這兩個字其中之一的故事。兩組都覺得內容出現他們被催眠的字的道德故事比較令人嫌惡。他們甚至發現，三分之一的人會覺得內容實際上沒有任何道德錯誤的故事，不知怎麼的就是有道德問題。史坎納、海德特和克羅爾嘗試了不同的方法。他們讓受試者分別坐在散落著用過的速食店包裝袋和衛生紙的骯髒桌子，以及乾淨的桌子前，然後問他們道德問題。先前測試結果是「個人身體意識」較高的受試者（比較注意自己的身體狀況的人），坐在骯髒的桌子前會做出比較嚴厲的道德判斷。這個實驗教我們的是，如果你要趁爸媽出去度周末時在家裡偷偷辦派對，記得要在他們回家時把房子打掃得一塵不染。因為要是他們發現真相，而房子又凌亂不堪……

所以如果我們有這些普世模組，為什麼道德標準還會有文化差異？海德特和約瑟夫從我們天生的道德直覺與社會定義的美德間的關聯找出答案。在豪瑟的模型裡，我們天生已經準備好以受限的特定方式來回應這個社會環境。也就是說，有些事學起來就是比較容易，有些事根本就學不來。動物研究顯示有些事只要教一次就行，有些事要教好幾百次，有些則是怎麼教都教不會。人類的典型例子就是要教人怕蛇很簡單，但要教人怕花就幾乎不可能。我們的恐懼模組準備好要學習害怕「蛇」這種在我們祖先的環境裡代表危險的動物，但沒有準備要學習害怕「花」這種在過去並不可怕的植物。若你問小孩他們怕什麼，答案會有獅子、老虎、怪物，但不會有車子，但車子在現代生活反而更容易會傷害他們。同樣的，有些美德很容易學習，有些則否。學習懲罰騙子很容易，學習原諒他們則很難。

美德是文化所定義在道德上值得稱許的行為。不同的文化重視不同的道德模組產出。不同的文化會將一個以上的模組互相連結，這樣才能應用到更多的刺激上。印度教徒把純淨、階級以及聯盟連結在一起，產生了種姓制度。君主制度也差不多，最後發展成一種階級制度，讓皇室成員在貴族階級內延續血統的純淨。各種文化對於源自不同模組的美德有不同的定義。公平是一種美德，但是要以什麼為基礎的公平才算數？是基於需求的公平？還是基於勤奮工作者的公平？或者是基於平均分配的公平？至於忠誠，某些社會重視對家庭的忠誠，但有些則重視對同儕或像是城鎮或國家這種階級結構的忠誠。某些文化可能也會從不同的模組裡發展出混合的美德；不同的模組互相連結，會創造出一個超級美德。例如「榮譽」在多數的傳統文化裡，就是從階級、互惠、純淨模組共同連結所衍生的[30]。

理性處理

有了這些幾乎什麼都能處理的模組，理性思考何時才會插手？巴爾札克在《莫黛斯特米尼翁》裡如此描述這樣的時刻：「在愛裡，女人誤以為自己所嫌惡的，其實只是看清事實而已。[43]」這什麼時候會發生，目前還有所爭議。我們什麼時候會有理性思考的動機？就是我們想要找到最好的解決方法的時候啦。但什麼是最好的解決方法？是實際的真相？還是要符合你對世界的看法？還是以能維持你的地位與名氣為首要條件？

我們假設你想要的是準確、實際的真相，不要受到任何你個人的偏見影響。這在不牽涉道德詮釋時比較容易。例如：「我真的很想知道哪一種藥物對我比較好，我不在乎要花多少錢、藥品從何而來、是誰製作的、我需要吃藥的頻率，也不在乎這是藥丸、注射還是軟膏。」上述的問題沒有下一個那麼具威脅性：「從死刑犯身上取得器官可以嗎？」另外一種情況是，當我們有很多時間思考的時候，就不會做出自動的反應。你會不會一時衝動把雜貨店前待領養的可愛小貓，帶回你不能養寵物而且室友對貓皮屑過敏的公寓？還是你會回家仔細想想？當然，人需要認知能力才能了解並利用相關的資訊。

再一次的，就算我們想要理性思考，我們可能也沒辦法。研究顯示人類會採用符合他們意見的第一種論點，接著就停止思考了。哈佛心理學家伯金斯將之稱為「合理」原則[44]。然而大家會覺得合理的事各有很大的差異。軼事證據（有假定的因果關係的獨立事件）和事實證據（有受到證實的因果關係）是不一樣的。舉例來說，可能有女人相信避孕藥會讓她不孕，因為她的阿姨過去吃了避孕藥而現在無法懷孕。她只需要軼事證據，也就是一個故事，就能支持她的看法，讓她覺得合理。然而她並沒有考慮到也許她的阿姨在開始吃避孕藥之前就已經不孕；或是可能她阿姨是受到性行為傳播的細菌感染，得了淋病和衣原體感染之類的，造成輸卵管受傷——而這才是她不孕的真正原因。她也不知道吃避孕藥事實上比其他非荷爾蒙方法更能維持她的生育力良好（事實證據）。絕大多數的人都會使用軼事證據[45,46]。

看看這個哥倫比亞大學心理學家庫恩用來調查知識學習的例子：

以下哪一種說法比較強烈？

一、為什麼青少年會開始抽菸？史密斯說是因為他們看了那些讓吸菸看起來很有吸引力的廣告。你想變成穿著好看衣服、叼著菸的帥哥那樣。

二、為什麼青少年會開始抽菸？瓊斯說是因為他們看了那些讓吸菸看起來很有吸引力的廣告。如果電視禁播香菸廣告，吸菸率就會下降。

在八年級到研究所的學生群當中，雖然研究所學生表現得最好，但還是很少有人了解上面兩種論述間的差異。第一段話是軼事型，第二段話是事實型。這顯示即使人想要做出理性的判斷，大多數人還是不會分析資訊[47]。

海德特觀察我們的演化環境後指出，如果我們負責道德判斷的機制永遠都要精準無比，那麼當你有時和敵人站在同一陣線，和朋友家人敵對時，結果就會很悽慘[1]。他提出了道德推論的社會直覺論者模型。在做出直覺判斷以及後續的推論後，海德特認為在四種可能的情況下，直覺判斷會被取代。前兩種涉及在社會環境中被理由說服（不一定是理性的），或盲從大眾行為（這也不一定是理性的）的情況。他認為與他人討論一項議題時，理性的推論就有機會蓬勃發展。

記得我在上一章提到和說閒話有關的那些社會群體嗎？說閒話會達成什麼？這種行為有助於建立群體內的道德行為標準。那大家又喜歡說些什麼閒話？生動刺激的軼聞，其中最腥羶的莫過於悖德的行為，能讓有一搭沒一搭的對話變成熱烈討論。莎莉跟有婦之夫有一腿比她最近要辦個派對來得有趣多了。你覺得自己理直氣壯，並且和你的朋友同聲一氣譴責有婦之夫實在太過分了；但是如果你和你的朋友意見不同呢？如果你認識那個有婦之夫，知道他娶的不過是個拜金女，是為了他的錢才和他結婚的。他們沒有小孩，家裡現在也分成兩半：她在自己的那一半夜夜笙歌，他則在自己的那一半空間裡，管理當地的聯合勸募協會網站來打發時間。除了她拒絕他的離婚協議書之外，他們之間毫無聯繫。這樣你會怎麼辦？你們兩人能夠理性地討論這些事實，最後讓其中一人改變看法嗎？

這取決於你在事件中的情緒有多強烈。我們已經知道人類傾向同意他們喜歡的人，所以如果一項議題是中性的或沒有什麼大影響，或是一個論點還沒有成立，那麼社會說服就會發揮作用。如我們剛剛所看到的，這些有說服力的論點可能理性也可能不理性，而你也會提出各種說法與佐證，試圖說服他人接受你的看法。不過如果你們兩人對某事已經有了強烈的反應，那麼就不要浪費時間了。當然真正強烈的反應會出現在和道德相關的議題上。古人說不要在吃飯時討論宗教或政治是其來有自的。強烈的情緒會導致爭執，會破壞味蕾，讓人消化不良。

如賴特在《性．演化．達爾文》一書中所述：「等到開始吵架時，工作就已經完成了。」接著輪到翻譯器出場。壞消息是，他是個律師。賴特形容大腦是要贏得爭論的機器，找出真相不是它的工作。「大腦就像一個好的律師，不管他要捍衛的是哪一套利益，不管他那一套說法到底有沒有道德與邏輯價值，他都準備好要說服整個世界相信他。就像律師一樣，人類的大腦要的是勝利而不是真相，而且有時它的技巧比美德更令人讚賞，這點和律師也無二致。[48]」他指出我們應該要想到，如果我們真的是理性的動物，那麼到了最後，人應該會開始懷疑永不犯錯的可能性。想想看，如果我們都是理性的動物，那我們不是都應該要用避免口袋被筆弄髒的保護套嗎？

有時候光是身處於一群人之中就會出現社會說服的情況。你是不是常常覺得人的行為很像綿羊？舉例來說，我女兒敘述了感恩節前一天在聖地牙哥車站發生的事：她要搭的那班車誤點了，等到終於能上車的時候，通往月台的門當中只有一扇是開的。乘客在那扇門前大排長龍，她走到一扇關起來的門前，把門推開，逕自上了火車。很多研究都顯示人會受到周遭他人的影響。電視節目《偷窺》的製作團隊利用這種心理拍攝了很多讓人捧腹大笑的片段。

社會心理學先驅艾希曾經做過一個經典的實驗。他安排了一間房間，裡面有八個受試者（其中七個是「樁腳」）。他先給他們看一條線。然後遮住這條線，接著再給他們看另外一條顯然長很多的線。然後他問房間裡的每個人，第二條線是不是比第一條長，不過最後他才會問到那個真正的受試者。如果前面七個人都說這兩條線一樣長，大部分的受試者都會同意他們的說法[49]。社會壓力讓人會說出一些顯然不正確的事。

米爾格蘭是艾希的學生。在拿到社會心理學博士學位後，他也做了一些電擊實驗，結果也的確讓人如遭雷擊。這些實驗不是關於社會說服，而是關於服從。他告訴受試者他要研究處罰對學習的效果，然而他事實上要研究的是對權威人物的服從度。他測量了受試者服從權威人物（研究者）的意願程度，研究者會指示受試者從事有違他們良心的行為。米爾格蘭告訴受試者他們是隨機被分派扮演老師或是學生的角色，可是受試者一定都會被安排扮演老師的角色。米爾格蘭要求老師在學生每次答錯文字配對記憶問題時就要電擊學生（但老師不知道這個學生其實是由演員所扮演的），每次犯錯的電擊強度要愈來愈強。演員並沒有真正遭受電擊，但是會假裝自己被電擊。扮演老師的受試者則被告知對方是真的接受電擊。電擊機器的操控面板上顯示從「輕微電擊」到「嚴重電擊」的量表，上面有〇到三十的數字刻度。這些受試者事先已經說過在這種情況下他們會怎麼做，因此他認為大部分人到第九級時應該就會停止。然而他錯得離譜。不論是否受到實驗者的催促，受試者平均會讓學生接受級數二十到二十五的電擊，連學生已經大叫或是要求離開時也是一樣。就算學生假裝已經無法動作或是失去意識，還是有百分之三十的人會繼續進行更高級數的電擊！但如果老師和學生的距離比較近，服從度就會下降百分之二十，顯示移情作用有助於反抗[50, 51]。

這項研究後來在很多國家都進行過。服從指示在很多進行實驗的國家裡，都是普遍的情況，但是其中又有程度上的差異：德國有百分之八十五的人願意發出最高級數的電擊，而澳洲只有百分之四十的人願意這樣做。這樣的結果相當耐人尋味，因為現代的澳洲過去的人口組成大多是犯人，在基因上就是比較不服從的人！美國則是有百分之六十五的人會服從指示，這對於交通法規可能是好消息，但是我們也知道盲從可能帶來的後果。

海德特認為最有可能會使用理性判斷的第三種可能情況，是他所謂的理性判斷連結。在這種情況裡，人用邏輯推論做出的判斷會凌駕於直覺之上。海德特認為這只會在初始直覺比較弱，而分析能力比較高的時候發生。因此如果這是比較不重要的事情，也就是情緒投資低或甚至沒有，那麼大腦律師就會放假去了。如果你夠幸運的話，會有個科學家來幫他代班*[52]，但這不一定會發生。如果這是個重要的議題，而且你的直覺很強，分析性的心智就會強制你採用邏輯思考，但最後可能會出現雙重態度，因為直覺也蠢蠢欲動。所以也許在重要議題上，科學家會過來旁聽一個論點，然後一邊啜飲餐後酒，一邊推推早就該閉嘴的律師。

第四種情況是個人反應連結。人在這種情況下可能對於一項議題根本沒有直覺，或是在慎重思考，此時突然冒出的新直覺可能就凌駕於一開始的直覺。當你站在另一邊的立場思考問題時，可能就會發生這種情況。接著你會面對兩種互相競爭的直覺。然而就像海德特所指出，這真的是理性思考嗎？這不正是達馬修所謂需要情緒偏向才能讓你二選一的說法嗎？

道德行為

這些到底有什麼重要的？道德推論和道德行為有關聯嗎？會理性評斷道德行為的人做事真的比較有道德嗎？顯然不完全是這樣。有兩個變因看來似乎與道德行為密切相關：智力與抑制。犯罪學家發現犯罪行為和智力成反比關係，和種族及社經地位則無關[53]。布萊西發現智商與誠實度成正相關[54]。以此來說，抑制基本上指的是自我控制，或是駕馭你的情緒系統想要的目標的能力。就算你想在家睡

*最先提出律師和科學家的類比的是鮑邁斯特和紐曼。

覺，你還是會起床工作。

由哥倫比亞大學心理學家米歇爾領導的研究人員進行了一項針對抑制的有趣長期實驗。他們從學齡前兒童開始進行實驗，利用食物做為獎勵，讓小孩一個一個坐到桌子前面，問他們一個棉花糖比較好還是兩個。我們都知道他們會回答什麼。桌上有一個棉花糖和一個鈴，研究人員（叫她珍妮好了）告訴小孩（湯姆）她要離開房間幾分鐘，等她回來就會給他兩個棉花糖。但是如果湯姆要她早一點回來，可以搖鈴叫她回來，可是這樣她就只會給他一個棉花糖。十年後，這些研究人員給了父母親一份問卷，了解已經長成青少年的受試者情況。他們發現那些在學齡前就願意等久一點才吃棉花糖的小孩，在面對挫折時比較能夠控制自己，比較不會向誘惑低頭，比較聰明，而且在需要專心的時候也比較不會分心。他們的學術能力測驗成績也比較高[55]。這個研究小組至今仍繼續追蹤這些人的發展。

自我控制是怎麼作用的？人要怎麼向誘惑的刺激說不？為什麼有些小孩可以盯著棉花糖等著研究人員回來？在成人世界裡，為什麼有些人能拒絕甜點盤上的「死神巧克力蛋糕」，或是在別人一直超車時還堅持限速？

自制力是意志力的一個層面，也就是「能抑制破壞承諾的衝動反應的能力」。為了解釋自制力如何作用，米歇爾和同僚麥凱妃提出兩種處理程序：一種是「熱」的，一種是「冷」的。兩種各牽涉到不同但有互動的神經系統[56]。熱情緒系統專門負責快速的情緒處理，會對有啟發性的事件產生反應，並利用以大腦杏仁核為基礎的記憶，這是所謂的「行動」系統。冷認知系統比較慢，專門負責思考複雜的時空或不連貫的事件與想法。他們稱之為「知道」系統，這種神經基礎位在海馬迴與前額葉。很耳熟吧？他們的理論強調，這兩種系統的互動對於自我規範以及與自制相關的決策極為重要。冷系統發展得比較晚，也愈來愈活躍。這兩種系統的互動方式隨著年齡、壓力（當壓力變大時，熱系統就會採取主導地位）、性格而有所不同。研究顯示犯罪行為會隨著年齡增長而減少[57]，也支持了這個想法：增加自制力的冷系統會隨著年齡增長而日益活躍。

不受道德所限的人：精神病患的例子

那精神病患呢？他們是和大部分的罪犯不一樣還是更糟？精神病患在神經造影研究的表現不同[58]，他們的特定異常使得他們和一般人或反社會的人不一樣。這表示他們的異常行為是來自大腦認知結構的特定畸形。精神病患具有高度的智力與理性思考能力，他們不是妄想症患者，他們知道社會與道德行為規範，但是道德訓誡對他們來說也僅只是規範而已[59]。他們不了解暫時不遵守社會規範是可以的，像是「在餐桌上不要用手吃飯」；但是暫時不遵守道德規範卻是不行的：「不要對坐在你隔壁的人吐口水」。與正常的對照組受試者相比，他們的外細胞層對於具有情緒重要性[60]與移情作用的刺激[61]的反應大幅減少。他們沒有正常的移情作用、罪惡感或羞恥心等情緒。雖然他們就某方面而言不會表現出衝動的行為，但他們還是有一種不受抑制的單向態度，使得他們和正常人不一樣。看起來他們的精神疾病是天生的。

別光說不練

要找到道德推論和幫助他人這種主動道德行為間的關聯性一直都很難。事實上在最近的研究裡，幾乎沒有發現過任何關聯性[62,63]。不過有一項針對年輕人的研究倒是發現了微弱的關聯性[64]。根據目前所知，你大概會預測以幫助別人為例證的道德行為，會和情緒與自制比較有關。山姆歐林納和珮蘿歐林納都是杭柏德特州立大學的教授，同時也是「利他個性與利社會行為機構」的創辦人。他們用歐洲在納粹大屠殺時救援猶太人的情況來研究道德模範[65]。百分之三十七的人是因為移情作用的驅使而伸出援手（苦難模組），百分之五十二的人當初這樣做的原因是「表現並加強他們和他們社會群體的聯繫」（聯盟模組），而只有百分之十一的人是因為原則立場而伸出援手（理智思考）。

宗教假定

宗教跟這些又有什麼關係？如果我們天生就有這些道德直覺，那宗教又是怎麼回事？好問題。但你已經先做了假設了。你是否假設道德是來自宗教，而宗教也是關於道德呢？宗教在人類文化發展初期就已經存在，但事實上宗教內容只有某些時候會與道德和靈魂救贖有關。你可能會說：「但我的宗教是這樣，而且我的宗教才是真理，其他都是假的。」為什麼你這麼特別？其他的宗教也都這樣想。想想看聯盟和內團體的直覺偏見。在聖路易斯的華盛頓大學研究文化知識傳遞的人類學家包以爾指出，找出宗教的起源是人類普遍的渴望，就像想要定義道德系統或是解釋自然現象的欲望一樣。他認為這要歸咎於人類對於宗教和心理渴望的錯誤假設。以目前的研究技巧來說，我們不只可以憑空丟出一個又一個關於宗教的想法，而且能證明或是反證這些想法。他列出了一份清單，內容是關於宗教起源常見的假定原因，並且提出他不同的看法[66]。

不要說	而是說
宗教能回答人形而上學的問題。	宗教思想通常是人類面對實際情況（這種作物、那種疾病、這個新生兒、這具屍體等等）時所啟發的。
宗教是關於超越宇宙的神。	宗教是關於食屍鬼、鬼魂、靈體、祖先、神等等各種媒介與人的直接互動。
宗教能撫平焦慮。	宗教造成的焦慮與其能撫平的焦慮所差無幾；復仇的鬼魂、麻煩的靈體以及霸道的神，就和提供保護的神祇一樣常見。
宗教在人類歷史的某個時間點出現。	認為我們所謂「宗教」的各種思想都在人類文化的同一時期出現是不合理的。
宗教是要解釋自然現象。	宗教對自然現象大部分的解釋，事實上很少真的解釋了什麼，但卻製造了難解的謎。
宗教是要解釋心理現象（夢境、幻影）。	在那些不尋求宗教來解釋這些現象的地方，這些現象並不會被視為具有內在神祕性或是超自然的。
宗教是關於道德與靈魂救贖。	救贖的觀念僅限於少數教義（基督信仰以及亞洲和中東的教義型宗教），在大多數其他傳統中聽都沒聽過。
宗教創造了社會和諧。	宗教信仰可能（在某些情況下）被當作聯盟關係的信號，但聯盟製造社會分裂（脫離）的情況不亞於促進團體融合。
宗教的說法不容置疑，所以人才會信仰宗教。	很多不容置疑的說法根本沒人要相信。有些人會覺得這些說法有理的原因才是值得探討的。
宗教是不理性的、迷信的（所以不值得研究）。	對想像的力量深信不疑，並沒有放寬或暫停信仰形成的一般機制；事實上這還是證明他們的作用的重要證據（因此應該要仔細研究）。

表一：宗教研究守則，摘自 Boyer, P., Religious thought and behavior as by-products of brain function, Trends in Cognitive Sciences, vol. 7(3):119-124, 2003.

當我們談到任何腦會相信或會做的事，我們就必須回頭來看腦的結構與功能。宗教到處都有，因此也很容易學習及傳播，而宗教利用的就是用來處理非宗教的社會活動模組。但如同豪瑟所說，宗教是「預備」用在其他相關地方的。腦不只有一個地方用來處理宗教思想，而是有很多部分一起作用。宗教信仰虔誠的人的腦部結構，和無神論者或不可知論者的大腦沒有什麼不一樣。但別忘了，大腦也是受限的。如包以爾所說，我們的觀念的類別有限，不是什麼都可以放在宗教的領域。舉例來說，多數的宗教都認為看不見的死者靈魂會在某處飄盪，但是看不見的甲狀腺就不會。神不外乎是擁有超乎尋常能力的人、動物或是人造物，但除此之外祂們依舊符合我們對這個世界的所知。神符合心智推理，可能有或沒有移情作用，但是神絕對不會是一堆牛糞或是一根拇指之類的東西。

人類對宗教證據的要求標準和對生活其他層面不同。人為什麼會選擇將獲得的某些資訊用在信仰系統，而捨棄另外一些？我們對於偏見與情緒的認識應該能幫我們找出答案；分析性的心智則很少現身幫忙。另外一個有趣的層面最近則在一些實驗受試者身上釐清：人**說**自己相信和**相信**自己相信的，跟他們**真正**相信的是兩回事。即使他們說自己相信無所不在、全知全能的神，但當他們不是那麼專注於信仰的時候，他們會覺得神和人一樣。這樣的神的注意力是有順序的（一次只能做一件事），有特定的位置和特定的觀點[67]。既然我們知道了腦的翻譯器功能，為什麼我們不為此感到驚訝？

包以爾說宗教看起來是「自然的」，因為「宗教觀念與規範，會啟動很多在功能上專門負責處理特定（非宗教性）領域資訊的心智系統，使得這些觀念與規範變得極度顯著、容易接受、好記也好溝通，直覺上就會認為是可信的。[68]」我們來看看道德直覺的名單，就知道宗教的不同層面如何能被視為它們的副產品。

苦難

這個很簡單。很多宗教都提到減輕苦難，或是浸淫於苦行，甚至想辦法忽視。

互惠

這個也很簡單。很多自然與人為災難都被解釋為神給人類惡行的報應，也就是懲罰騙子。此外，社會交換在宗教裡也隨處可見：「如果你殺掉很多無辜的不信教者，你就能上天堂還有七十個處女隨侍在側。」這對女人也管用嗎？或是「如果你放棄所有的生理欲望，那你就會很快樂。」或是「如果我祈雨舞跳得好，就會下雨。」還有「如果你治癒我的疾病，那我就不會再做這個跟那個。」

階級

這個還是很簡單。我們來看看地位。一個人（看起來）有很高的道德，就會有比較高的地位，也比較會受到信任：甘地是出了名的對女人有辦法（地位）；教宗同時統治歐洲的絕大部分（地位、權力、階級）。那麼什葉派領袖呢？很多宗教都建立了階級制度，最明顯的例子是天主教教會，但他們並不是唯一這樣做的宗教。很多新教教派、伊斯蘭教、猶太教都有階級結構。就算在原始社會裡，巫醫也會在社區裡備受尊崇，並且握有權力。希臘、羅馬、北歐的神祇也有階級結構，印度教的神明也不例外。神就是大人物，或者也有地位最高的神，例如希臘的宙斯或北歐的雷神索爾。這樣你懂了吧。尊敬、忠誠、服從這些美德都變形成為宗教信仰。

聯盟和內團體／外團體的偏見

有人需要我解釋這個部分嗎？就是「我的宗教是對的（內團體），你的宗教是錯的（外團體）」——這就和各自有支持的足球隊一樣。正面的宗教的確能利用內團體形式，製造互相幫助的團體，就跟很多的社會團體一樣。但太極端的形式也是造成世界歷史上許多殺戮的原因。就連佛教也分裂成很多敵對的宗派。

純淨

這個還是很明顯。「未受污染的食物是好的」是很多宗教的食物儀式與禁忌的由來。「未受污染的身體是好的」也造成某些性行為，或是讓性本身被視為骯髒不潔的。有多少原始宗教用處女做祭品？我們可以從阿茲提克和印加開始延伸討論。遭到強暴的女性被伊斯蘭教視為不潔的，她們向來都會被男性親屬以「榮譽殺戮」這種純淨與階級模組的扭曲結合形式殺害。佛教有自己的「淨土」，稱佛號者必能在那裡得到重生。

宗教是否提供了生存優勢呢？是受到演化所選擇的嗎？我們一直很難真正證明這件事，因為宗教並非來自單一的特徵，這在包以爾的表格中顯而易見。然而在宗教所使用，或是某些人認為的「寄生的」心智系統上，天擇的確發揮了作用。宗教可以被視為是有強烈聯盟關係的大型社會群體，通常有階級結構，並且提供以身體、心靈，或是身心純淨的觀念為基礎的互惠性。不管是否以宗教為基礎，大型社會群體都具有生存優勢。意識型態能強化聯盟的聯繫，這也有助於群體生存。因此宗教是不是群體選擇的例子？這是備受爭議的問題。大衛威爾森指出，我們對於熱帶魚身上的斑點演化的了解，都比我們對於宗教要素的了解還豐富[69]。這是目前還在研究的領域。

了解道德與宗教的由來對我們今天的生活有幫助嗎？如果我們了解我們的腦是為了在小型採集狩獵團體內生存的機器，塞滿了能以特定方式反應的直覺模組，根本還沒有準備好在大型社會中運作，這能讓我們在現在的世界裡活得更好嗎？看來好像可以。瑞德利舉出因為所謂「共有財的悲劇」現象所造成的例子[70]。很不幸的，這個現象被生物學家哈丁錯誤命名了，他顯然沒有分清楚「開放讓大家無償使用」和「由大家共有的財產」之間的差異。這種現象應該被命名為「無償使用的悲劇」。大家都能無償使用的土地，在社會交換中會是騙子的目標。個體會想：「如果每個人都能在這片土地上漁獵、放牧，那麼我現在應該儘量掠奪這裡的資源。因為如果我不這樣做，別人就會這樣做，那我和我的家人就沒有得拿了。」

然而哈丁以共有地放牧當作他「無償使用」的例子。他不知道的是，大部分的共有地放牧都不是讓人無償使用的，而是受到嚴格控管的社區財產。瑞德利指出無償使用和有管制的共有財是兩件非常不一樣的事。「嚴格控管」表示每一個成員都對某物有某種權利，例如在某個區域捕魚、放牧某個數量的動物，或是有特定的放牧區。因此對持有人來說，維護該區域對他是有利的，由此才能夠建立長期的社會交換：「如果我只放牧十隻綿羊，你也只能放牧十隻綿羊，那我們就不會在公有地上過度放牧，這塊地也能長期維持我們的生計。」這樣一來，欺騙就沒有吸引力。

可惜這種對於大多數共有財產情況的誤解，使得很多經濟學家和環保人士在一九七〇年代得到這個結論：唯一能解決欺騙的方法（這在很多共有設施上根本就不存在），就是將共有財產收歸國有。政府管理的大片土地取代了零散的小型共管土地，造成漁業資源遭到濫捕，土地過度放牧，野生動物遭到濫殺；因為這些漁業資源、土地還有野生動物，都變成了大規模的無償資源。執法人員也不夠，無法偵察到騙子，所以不盡其所能獲取一切利益的就是笨蛋。

瑞德利解釋，這對於非洲的野生動物是一場浩劫。在一九六〇與一九七〇年代，非洲大多數國家都將土地收歸國有，於是野生動物都變成屬於政府的，因此雖然野生動物對作物造成的傷害相同，也依舊威脅到放牧，但是已經不再是食物或利潤的來源——對盜獵者來說除外。因此人民沒有保護動物的動機，反而很想擺脫牠們。不過辛巴威的官員領悟了這樣的情況，因此把野生動物的所有權交還給社區，當地人民對野生動物的態度立刻有了一百八十度大轉變，動物成了有價值且值得保育的資產。到了現在，保育野生動物的私有土地數量已經加倍[70]。

政治學家奧絲特蘿姆研究經營良好的地區共有土地已經有數年之久。她在實驗室裡呈現出當團體得以互相溝通，並發展出自己的方式來處罰占便宜的人的時候，這些團體就能近乎完美地管理共有資源[71]。而且這些可以管理的東西，也就是人能擁有的東西。我們有領土觀念，就像黑猩猩和其他動物一樣。因此，了解我們的直覺互惠行為以及其限制，同時知道我們在小型的團體裡最自在後，就能發展出更好的管理模式、更好的法律，還有更好的政府。就像了解了你買的植物原生於沙漠，你就不應該把它當成熱帶植物那樣澆水。

動物有道德感嗎？

這是個很有趣的問題。當然我們人類這樣問的時候，是從我們自己的角度來問，並暗示這個問題其實是「動物有沒有**像我們一樣**的道德感？」我剛剛提到，很多刺激都會引發贊成（接近），或是反對（閃避）的自動化處理程序，也可能會造成強烈的情緒狀態。情緒狀態產生的道德直覺可能是個體行動的動機。這些道德直覺來自於我們和其他社會性物種共有的行為，例如具有領土觀念、有保護領土的統治策略，以及會形成聯盟以獲得食物、空間與性、互惠行為等。在這一連串的事件裡，我們和其他的社會性物種也有共通之處；事實上，我們對於某些相同的煽動性刺激，會有和動物相同的情緒反應，而我們將之稱為道德。我們在財產遭到侵犯或是聯盟遭到攻擊時會生氣，黑猩猩和狗也會。所以這樣說來，有些動物也有以物種為基礎的直覺性道德，圍繞著牠們自己的社會階級與行為運作，也會受到牠們的情緒影響。

差別在於人類的道德情緒範圍比較大，也比較複雜，包括羞恥心、罪惡感、難堪、嫌惡的感覺、輕視、移情作用、同情心等等；這些情緒所造成的人類行為也是差異所在。這些行為當中，最值得一提的是延長時間的互惠利他行為，人類絕對是這方面的大師。但是人類也會沉溺於利他主義，並且不期望得到互惠。我知道你們這些養狗的人都要告訴我，你們的狗在你走進門看見牠在咬你的鞋子的時候會覺得很羞愧。但是要能感覺羞愧、困窘或是罪惡感這些海德特所謂的自我意識情緒，動物不僅必須辨識自己看得見的身體的自我覺知，還必須要意識到自己的自我覺知。我們會在第八章裡仔細討論自我覺知與意識，但是目前簡單來說，在其他動物身上並看不到這種自我理解的延伸。你看見被咬爛的古馳鞋時會沉下臉、簡短表達出你的不悅，而你的狗就是對你的這些態度做出反應……老大生氣了。動物的羞恥心與困窘感這類道德情緒根源於服從行為，但是變得比較複雜。你發現你的狗表現出這種畏縮的服從，並把這說成是因為牠覺得羞愧；但是感到「羞愧」這種情緒，其實比牠所感覺到的更為複雜。牠的情緒只是害怕遭到毒打，或是害怕會被拉下沙發，不是因為牠有罪惡感或覺得羞愧。

但是除了比較複雜的情緒以及其所造成的影響外，人類的腦袋裡還有別的事：必須在事後詮釋道德判斷或行為。人類的腦會對它毫無線索的自動反應尋求解釋，這是人類腦部運作獨一無二的詮釋功能，我想人類也在此時對自己的行為做出價值判斷：好的或壞的。這樣的價值判斷有多麼符合情緒上的「接近」或「閃避」標準，也是個很有趣的問題。然而有些時候理性的自己會比較早進行判斷，然後再告知行為。人類能抑制情緒所驅使的反應，接著有意識的、有自我覺知的心智就會出場，上前喝一杯，開始發號施令。這就是僅見於人類的情況了。

結語

休謨和康德各有正確之處。隨著道德行為的神經生物學內容日益豐富，我們應該會發現自己對於殺戮、偷竊、亂倫等各種行動的反感，有很大一部分是我們自然的生物學上與生俱來的，就像我們的性器官一樣。同時我們也要知道人類發展出的數千種讓人能互相合作生存的習俗，都是我們生活中每天、每周、每月、每年裡數千種社會互動所發展出來的規範。這些都來自（並且是為了）人類的心智與大腦。

你可以說我們人生的大部分時間，都花在大腦有意識的理性心智與無意識的情緒系統間的戰爭上。就某種程度而言，我們從經驗就能得知這件事。在政治上，若理性的選擇符合當時的情緒，就會產生好的結果；而當人民的情緒反對計畫結果時，若做出了理性的選擇，就會產生蹩腳的政治決策。

以個人層面來說可能就不一樣了。一個糟糕的個人決定，可以是強烈的情緒凌駕於簡單的理性指令後的結果。對我們所有人來說，這樣的衝突每天上演，永遠不會消失。

看來我們還不是很習慣我們理性的、善於分析的心智。以演化的角度來說，這是人類最近才發展出的新能力，我們也似乎是謹慎地使用這項能力。但是使用我們的理性心智讓我們出現了其他人類獨有的特徵：嫌惡的情緒以及對污染物的敏感、罪惡感、羞恥心，還有困窘、臉紅、哭泣等道德情緒。我們也發現宗教是大型的社會群體，奠基於對心靈或身體純淨的觀念；這也是人類由嫌惡這種道德情緒所發展出的獨特架構。我們萬事通的翻譯器會為我們的無意識道德直覺與行為找出解釋，我們分析性的大腦有時候也會參一腳。不只是這樣，還有更多我們沒有意識到的事在發生，別轉台喔……

第五章　我能感覺你的痛苦

如果我的心會思考，你的腦是否會開始有感覺？

——范莫里生

當你看見我的手指被車門夾到時，你會像是自己被夾到一樣皺起眉頭嗎？你太太什麼都沒說，但你怎麼知道她聞的牛奶是壞的？當你看見女子體操金牌戰的選手從平衡木上落地時失去平衡，跌傷了腳踝時，你知不知道她心裡的感受？那和你看見搶匪搶了受害者後逃跑，卻跌到洞裡傷了**他的**腳踝時的感受有何不同？為什麼你看小說時能夠感受到故事所引發的情緒？那不過是書頁上的文字而已。旅遊手冊又為什麼會讓你微笑？

如果你想出了幾個讓你滿意的合理解答，那想想最後這個現象。中風的病人X發生下列情況：他的眼睛依舊能接收視覺刺激，但是他的一級視覺皮質區已經遭到破壞，所以他瞎了。他無法分辨明暗。你可以讓他看圓形或方形的圖片，或是要他分辨男人與女人的照片，但他完全不知道眼前的是什麼東西。不管你讓他看猙獰的或是平靜的動物臉孔，他也都不會有反應。但是如果你讓他看憤怒的或開心的人臉圖片，他就和某些也有這種腦部損傷的病人一樣，還是能猜到照片裡的情緒為何[1]。他的狀況就是所謂的**盲視**。

我們怎麼能辨識出其他人的情緒狀態？這是有意識的，還是無意識的判斷？在這方面有幾種學說。一派學說認為，個體可能自己有一套天生的、或後天學到的心理學理論，會用這套理論從他人的行為、做的事、地點、同伴，以及過去的樣子，推論出他們的心智狀態。這叫做**理論理論**（theory theory）。另外一派則認為人會在自己的內心，刻意且自願地試圖模擬或複製他人的情緒，藉以推論他人的情緒狀態——先假設自己在對方的情況下，看看會有什麼感覺。接著在決策過程裡加入這樣的資訊，最後得到對於他人感受的想法。這叫做**模擬理論**（simulation theory）[2]。不過這兩種理論都是出於自願的，是你自己決定要去評量他人的情緒狀態，因此這兩種理論都無法解釋病人X判斷情緒的能力。

另外一種模擬理論認為，模擬行為不是刻意、自願的，而是無意識且非自願的[3]。換句話說，這不是你所控制或是理性輸入的結果。你透過感官感知到情緒刺激，接著不論你有沒有意識到，你的身體都自然會對這項刺激有反應，模擬那樣的情緒。這就能幫我們解釋病人X的情況了。當然也有綜合性的理論，也就是從理論理論與模擬理論中各取部分，有部分是無意識的，部分則是受意志控制的。一如往常，關於有多少是無意識的，多少是自願的，又有多少是學習而來的反應，仍然有很多爭議。因為社會交流對於身為人來說相當重要，也因為了解他人的心智狀態、情緒、意圖等，對互動來說是必要的，所以這一切從何而來不僅相當讓人好奇，也引發激烈的爭議。

另外還有移情作用的問題，我們想了解為什麼有些人會選擇性使用，或是根本沒有移情作用。其他的社會性動物多多少少都和我們有相同的能力，但是我們的腦袋有沒有什麼獨一無二的特徵，讓我們因此能有更複雜的互動？很多證據的累積顯示，我們會無意識模擬他人的內在體驗，這樣的模擬形成了移情作用以及心智推理。這些都是無意識發生的，還是有意識的大腦造成了這種評價發生？讓我們來看看目前有了哪些發現。

自願模擬：生理模仿

兒童發展領域大約在三十年前有了石破天驚的發現。在那之前，一般都認為嬰兒在模仿一項動作的時候，是**學習**這項動作。理論認為對動作視覺感知，和由動作系統執行模仿的動作，是各自獨立的兩件事，由腦部的不同部分控制。之後由華盛頓大學心理學家梅哲夫和摩爾所做的幼兒的模仿行為研究認為，也許視覺感知到動作（像是吐舌頭或是舔嘴唇）以及產生動作（事實上是模仿動作）並非個別學到的能力，而是有某種相關性的[4]。從那時候起，很多獨立研究都顯示[5]，出生四十二分鐘到七十二小時的新生兒就已經有準確模仿臉部表情的能力了[6,7]。

光是想想大腦在出生不到一個小時就能做到的事情就足以讓人瞠目結舌、驚訝不已。它看見一張吐舌頭的臉，不知怎麼的就知道自己也有一張臉、一根可以控制的舌頭，接著決定要模仿這項行為；它從一連串的身體部位中找到舌頭，先測試一下，然後命令舌頭伸出去——於是舌頭就伸出去了。它怎麼會知道舌頭是舌頭？它怎麼知道控制舌頭的神經系統是哪個？又怎麼會知道該如何移動舌頭？為什麼它要花精力做這件事？顯然這不是看著鏡子就學會的事，也不是別人教的。**模仿的能力一定是天生的**[8]。

模仿是寶寶和社會互動的開始。寶寶會模仿人類的行為，但不會模仿物體的動作。他們知道自己和其他人一樣[9]。腦有特定的神經迴路能辨識生物動作與無生命的物體動作，還有其他特定的迴路會辨識臉孔與臉部動作[10]。寶寶在能坐起來、控制頭部或說話之前，能做什麼來進入這個社交世界？她怎麼能和他人往來，建立社會連結？你第一次抱著寶寶時，讓你和她產生聯繫的就是她模仿的動作。你伸出舌頭，她也伸出她的舌頭；你噘嘴，她也噘嘴。她不會躺在那邊像個物體一樣，而會做出與你有關的反應。事實上除了臉部特徵之外，嬰兒還會利用模仿遊戲來確認一個人的身分[11,12]。

這種模仿到了大約三個月大後就不再會產生。模仿的能力會繼續發展，顯示嬰兒知道自己模仿的行為具有的涵義：模仿的動作不會一模一樣，但是會指向一個目標。把沙放進桶子裡的嬰兒，手指握鏟子的方式不一定要和示範的人一模一樣，目標是把沙子裝進桶子裡就好。我們都看過小孩在一起玩的樣子，所以下列事實應該也不會讓你太驚訝：小孩在十八到三十個月大時，就會在社會交換情境中用到模仿行為。他們會輪流扮演模仿者與被模仿者、分享資訊；簡單來說，就是利用模仿溝通[13]。模仿他人是一種強大的學習與文化適應機制[14]。

自願的行為模仿在動物世界裡似乎很稀有。不管經過多少年的訓練，還是沒有出現猴子有自願模仿行為的證據[15,16]。只有一個研究例外：有兩隻受過高度訓練的日本獼猴會被誘發模仿行為，牠們在訓練中學會跟著人類的目光[17]，正是所謂的「有樣學樣」。其他動物究竟能有多少程度的自願模仿至今仍有爭議，端視模仿的定義為何、有多少其他因素牽涉其中，少部分的爭議則是關於模仿究竟是不是目標導向、是否精確、受到啟發、是社會性的還是學習而來的[18]。類人猿與某些鳥類似乎會某種程度的模仿，也有一些證據顯示鯨魚也有這種行為[19]。很多人都在密切注意並測試動物世界的模仿行為，但幾乎都沒有找到證據；就算找到了證據，能應用的範疇也都很有限。上述事實顯示，模仿行為在人類世界如此地普遍又廣泛，是一種相當特殊的現象。

非自願的生理模仿：擬態

主動模仿和所謂的**無意識**模仿，也就是擬態，是有差別的。上一章裡我們從紐約大學的巴爾的研究中學到一點關於無意識的模仿：人會無意識地仿效他人的習性，但他們不只不知道自己會這樣做，甚至無法意識到他人具有自己能夠模仿的習性。不只是這樣而已，我們其實根本是擬態機器！人不只會模仿別人的個性，還會無意識地模仿臉部表情、動作、聲調、口音[20]，甚至是他人說話的模式與使用的文字[21]。你是否常常注意到打電話給朋友的時候，他們接電話的親人或是室友聲音聽起來很像你朋友？或是發現已婚的夫婦愈來愈像？

我們的臉是最明顯的社交特徵，能夠反映出我們的情緒狀態。不過臉也會對其他人的情緒狀態做出反應，只是發生的速度太快，以至於你根本不會意識到另外一個人的表情，或是意識到自己做出了反應。在一個實驗中，受試者會看到三十毫秒的笑臉、無表情的臉、怒氣沖沖的臉。因為時間太短，所以他們根本來不及意識到自己看到了一張臉，而且這些影像會立刻被無表情的臉蓋過去。但即使受試者是無意識地看見了開心與生氣的臉，激動電流描記術還是測量到他們的臉部肌肉很明顯地會產生對應開心與生氣的臉的反應。不管是正面或負面的情緒反應都是無意識被引發的，這顯示在無意識的層面上，有著情緒的「面對面」溝通在進行[22]。

人在對話當中也會模仿身體的動作。一位研究人員錄下了一連串的講解畫面，記錄她告訴一群受試者她是怎麼樣低下身體以免打擾進行中的派對，同時示範給受試者看她如何彎著身體走向右側。影片顯示受試者在聽她說話時會模仿她的動作，並表現出往左側壓低身體的強烈傾向——這是她的動作的鏡像[23]。你是否注意過自己的說話方式會隨著你到不同的地區或國家而有所改變？在對話中的人也會傾向跟著對方說話的節奏、停頓的時間長短，以及打破沉默的可能性[24]。這一切都不是你有意識地要使其發生的情況，它們到底有什麼意義呢？

這些模仿行為是社會互動機制的潤滑劑。無意識地，在你的腦無意識反應的部分，你和與你相似的人會形成一種連結，你也會喜歡這樣的人。想想看你是不是常常說「我第一眼就喜歡她了！」或是「光是看著他我就渾身不對勁！」模仿會增加正面的社會行為。阿姆斯特丹大學的馮巴倫與同僚證明，和沒有受到模仿的個體相比，被模仿的個體不只比較樂於幫助模仿自己的人、對他們比較慷慨，對同樣在場的其他人也都比較好[25]。因此當你模仿某人時，很有可能這個人不只會對你比較好，而且對你旁邊的其他人也會比較好。因為這種行為能助長移情作用、喜愛的程度以及平穩的互動關係[26]。強化有助於社交的行為，進而建立密切的人際關係，除了具有讓團體團結的社會凝聚力之外[25]，人多勢眾也助長了團體安全，因而具有適應性價值。這些行為的結果，可以作為以演化角度解釋模仿行為的旁證。

然而你很難**有意識地**模仿某人。一旦我們訴諸有意識的自願性模仿行為，那就太慢了。所有的意識通路都太花時間。拳王阿里的座右銘是「像蝴蝶一樣閃避對手，像蜜蜂一樣螫傷對手」。他的移動速度比誰都快，最少只需要一九〇毫秒就能察覺一閃即逝的光，也只要花四十毫秒就能出拳；可是一項研究發現，大學生只要二十一毫秒就能無意識地讓自己的動作同步化[27]。有意識地試圖模仿他人通常會招致不好的後果：看起來很假，而且會讓對話的同步性質中斷。

我在幾年前和史麥莉一起研究負責自願與非自願指令的腦半球各是哪一個[28]。測試裂腦症患者後，我們發現兩邊的腦都能對非自願的反應有反應，但只有左腦能執行自願反應。除此之外，左腦用兩種不同的神經系統執行相對於非自願反應的自願反應。這種情況在帕金森氏患者的研究中特別明顯。這種病症會侵襲控制臉部非自願無意識反應的神經系統，因此罹患帕金森氏症的病人無法在社交互動中表現出正常的臉部反應。他們可能其實很高興，但是他們的「面具」使得沒有人知道這件事。帕金森氏症患者說到這種情況時顯得非常絕望。

這讓我們知道，像是模仿臉部表情這樣的生理**動作**，其實和對臉部的視覺**感知**密切相關；一切發生的速度這麼快又這麼自然，一定是有密切相連的神經通路才做得到。但是動作的背後是什麼呢？微笑或是冷笑暗示了什麼？另外一個人真的感覺到了被模仿的臉部表情所代表的情緒嗎？模仿能幫我們找出答案嗎？

情緒擬態？

如果無意識的自動擬態會隨著生理動作發生，那觀察情緒狀態時會不會也有同樣的情況？我割傷手的時候，你會不會無意識地複製我的感受，跟著皺眉了一下？或是你會有意識地找出解釋？那你背脊上的冷顫又怎麼說？那你是有意識地製造出來的，還是無意識的反應？如果我們無意識地模仿一張悲傷的臉（只有生理動作），我們會不會也真的覺得悲傷？如果我們確實感受到那種情緒，那先感覺到的是臉部表情還是情緒？如果我們感覺到他人的情緒，像是悲傷，這是無意識的結果嗎？還是一旦我們無意識地出現悲傷的表情，我們就會有意識地告訴自己：「天哪，我臉上好像出現我記得是悲傷的時候才會出現的表情，山姆臉上也有一樣的糟糕表情，所以我猜他應該覺得很悲傷。我記得上次自己覺得悲傷的感覺，我不喜歡，我想他一定也不喜歡。他真可憐。」

我們會有意識或無意識地模擬他人的情緒狀態嗎？如果會，那又是怎麼做到的？我們怎麼分辨那是哪一種情緒？在這裡要小心一點了。我在上一段裡看似不經意地用了一個字，我不知道你有沒有注意到：**感覺**。達馬修特別區分了**情緒**和**感覺**的定義。他將「感覺」定義為「對身體某種狀態（情緒）的感知，還有對於針對某個主題的某種思考模式與想法的感知。」你的身體會對刺激自動產生反應，出現無意識的情緒；但是直到你的大腦意識確認了這種情緒，你才能說你有「感覺」。他強調的一點是，是情緒造成感覺，不能倒因為果。這和大部分人對於大腦運作方式的解讀剛好相反[29]。

情緒感染

先來看看小寶寶。你覺得為什麼在育兒房裡，所有的新生兒寶寶會同時開始哭？會是因為他們全部都同時餓了、尿布溼了嗎？不是，有那些護士在忙就不會這樣。針對新生兒的研究顯示，聽見其他嬰兒的哭聲會引發他們難過的反應，所以他們會跟著一起哭。然而聽見自己被錄下來的哭聲、或是比他們年長幾個月的寶寶的哭聲、或是其他任何吵鬧的噪音時，他們並不會出現難過的反應，也不會哭。寶寶能夠分辨自己的哭聲和他人的哭聲，顯示他們有某種天生的能力能了解自己和他人並不相同[30,31]。

這是**情緒感染**的原始表現嗎？這是**無意識地**模仿他人的臉部表情、聲音、姿勢與動作的傾向，造成他們的**情緒會合**[27]。看來當然是這樣，因為如果這只是一般對哭泣或噪音的反應，那新生兒在聽見自己被錄下的哭聲時應該也要哭，而不是只會在聽見他人的哭聲時才哭。這也無法支持理論理論，因為如果是那樣，我們就必須假定寶寶是這樣想的：「艾登、黎姆、希墨都在我周圍的搖籃裡哭。我知道我在飢餓、尿溼了、口渴等等都不舒服的時候都會哭。嗯，我現在覺得挺好的。我的尿布是乾的，我剛剛吃飽，我準備好打個盹了。可是聽他們哭的樣子，這些人一定很痛苦吧。我想我應該要表現出一點嬰兒的團結精神，那我也來吵一下好了。」這對三個小時大的寶寶來說可能有點太成熟了，畢竟他還沒有能力可以有意識地了解，他人也有不同的信念與情緒。

接著來想像一下這個情況：你朋友說笑到一半時電話響起，她去接電話。你覺得很開心，自己坐在溫暖的春日陽光下，享受冒著熱氣的卡布奇諾。但你一轉頭看到朋友的臉，就知道一定出了什麼事了。瞬間你也開心不起來了，反而覺得緊張。你在轉眼間就看出了她的心情。

德國烏茲堡大學的心理學家羅藍紐曼和斯特勞克做了一項很有趣的實驗來示範心情的感染力。他們想知道：沒有與他人進行社會互動動機的人，還會不會表現自己的心情？他們也想知道這是無意識的，還是和他人觀點取替的結果。為了找出答案，他們要求受試者聽一卷很無聊的哲學課文錄音帶，由匿名的朗誦者以快樂、悲傷，或是中性的聲音朗讀。他們同時也讓實驗受試者一邊聽錄音帶，一邊做一個小小的生理任務，好讓他們不能專注於朗讀的內容以及聲音的情緒，這樣他們才不會受到影響。接著要求受試者大聲朗讀同一段課文並接受錄音。結果受試者不只會無意識地模仿別人的高興、悲傷或是中性的聲音，更有趣的是他們會產生模仿的聲音表現的**心情**。他們完全無法了解為什麼他們會有那種感覺，也沒有發現他們模仿的聲音是快樂或悲傷的[32]。因此雖然當時並沒有真正的社會互動發生、他們朗讀的課文內容不包含任何情緒、他們對內容的注意力也被分散了，但是他們還是會無意識地模仿聲調，並感受到朗讀者的聲音當中所暗示的那種心情。

這些研究人員定義情緒有兩項構成要素：心情以及知道為什麼會感覺到這種心情的知識。心情的定義是經驗要素本身，不包括知識的部分。

羅藍紐曼和斯特勞克後來又做了更深入的實驗。在這之前，他們已經分散受試者的注意力，好讓她不會注意到自己聽的聲音帶有情緒。在最後一次實驗裡，他們要求一半的受試者採用朗讀者的觀點，這樣受試者就會**有意識地**辨認聲音裡的情緒成分。接著被要求採用朗讀者觀點的受試者，就能指出自己**感覺到**悲傷或快樂的情緒。

嬰兒呈現母親的心情

寶寶會受到母親心情不好的影響。針對嬰兒與母親的研究顯示，憂鬱的母親通常對於自己嬰兒態度比較冷淡、較少提供刺激，對嬰兒的動作反應也比較不恰當。而她們的嬰兒也比較不容易集中注意力、缺乏滿足的表現，和母親比較不憂鬱的嬰兒相比，他們也更挑剔而被動[33,34]。這些嬰兒與憂鬱的母親互動也會出現生理上的反應：他們會有心跳速度與皮質醇上升的壓力反應[35]。即使憂鬱的母親對待寶寶的方式不盡相同，寶寶也都會表現出憂鬱的心情[36]。不幸的是，這些互動都會在小孩身上造成長期的影響。

當然這種心情感染的現象應該不至於讓我們感到非常驚訝。聽見店員說笑或是看見陌生人對我們點頭微笑，就能讓我們從雜貨店笑著走出來。和一個消沉的室友或家人一起住，則會讓整個房子都籠罩著陰鬱。一個消沉、生氣或是負面的晚宴客人會讓整個派對都完蛋；但是一群親切的賓客，則簡簡單單就能讓活動成功。心情非常微妙，能夠被一個字、一幅畫或是一段音樂影響。當我們了解了心情感染，我們就能增加有好心情的頻率。因為我們能讓自己處於受到好心情「感染」的環境，讓我們自己也得到好心情！這樣的環境包括喜劇演出場所、熱鬧的餐廳、好笑的電影、小孩玩得很開心的公園、色彩豐富的空間、有美麗風景的戶外場所等。因此心情與情緒顯然是自動傳播的。那在腦子裡是怎麼進行的呢？

情緒感染的神經機制？

我們來看看能不能從神經造影研究找到情緒感染是怎麼發生，又為什麼會發生。人類研究最透澈的兩種情緒狀態就是嫌惡和痛苦——「真噁心」和「好痛！」聽起來非常適合我們現在討論的主題。有心理學系的學生真好！（「你好，我想要自願參加嫌惡實驗。如果人數已滿，請問痛苦試驗還有名額嗎？」）

有一群自願者觀看一部影片，主角在片中嗅聞不同的味道。有的味道很噁心，有的很好聞，有的很一般。這些受試者一邊看，腦一邊接受功能性磁振造影掃描。接著他們輪流嗅聞相同的味道。結果發現，受試者在看到影片中主角出現嫌惡的臉部表情時，腦部左前方的腦島和右前扣帶皮質都會自動啟動；當他們自己聞到難聞的氣味而被引發了嫌惡的情緒時，這兩個部位也會自動啟動。這顯示要了解某人嫌惡的臉部表情，自己在經歷相同情緒時通常會啟動的腦部區域也要啟動。

腦島在其他方面也很忙，這裡對味覺刺激也有反應：不只是噁心的氣味，還有噁心的味道。神經外科對前腦島施予電擊刺激，會造成想吐或是要吐了的感覺[37]，引起內臟運動反應（就是讓你想吐的那種感覺）以及喉嚨和嘴巴那種不舒服的感覺[38]。所以前腦島和轉換不舒服的感官輸入有關。不管是真的聞到或吃到噁心的氣味與味道，或者是只是看到別人的臉部表情，都會造成內臟運動反應以及隨著嫌惡情緒而來的生理反應。

因此至少就嫌惡來說，不管是視覺上看見他人表現情緒的臉部表情、自己的內臟反應、自己感覺到情緒，都會啟動相同的腦部區域[39]——這是一個小小的良好腦部套裝組合。你看見老婆臉上出現聞到酸牛奶的嫌惡表情，會跟著啟動你自己的嫌惡情緒。還好你不用自己聞。這顯然具有演化優勢：你的同伴咬了一口腐爛的瞪羚屍體，接著做出嫌惡的表情，那你就不用自己嘗試了。有趣的是，令人愉快的氣味並不會引發同樣的反應。愉快的氣味只會讓右後腦島有反應，而且我們也不會有相同的內臟運動反應。

痛苦顯然也是共享的經驗。在電影《霹靂鑽》裡，我們看見牙醫折磨病人的那一段都會嚇得要死。我們的腦有一個區域對「看見」與「經歷」痛苦同樣會有反應。自願受試的兩人同時接受功能性磁振造影掃描，其中一人的手會接受痛楚的電擊，而另一人只是在一旁看。結果發現腦部形成痛覺系統的區域會自動連結，顯示這不是獨立作用，而是具高度互動性的反應。然而似乎在感覺痛（「好痛！」）和在情緒上感知痛，像是能預測痛感以及痛所帶來的焦慮（「我知道那會很痛，快點結束吧。啊，到底什麼時候要開始？」），兩者間有所不同。掃描結果顯示，觀察者與承受痛苦者在**情緒**

上感知痛時會啟動的腦部區域**都**會有活動*，但是只有實際上承受痛苦的受試者在感覺痛的區域會有反應**[40]。這也是件好事。你可不想讓救護人員在幫你處理斷裂的股骨時，自己也痛到要打麻醉，你只希望他能小心處理你痛得要命的腳；你希望他了解你有多痛，但也不要痛到讓他自己也動不了。

可見不管是預期自己或是別人的痛，都會用到腦的同一區域。看見人類處於痛苦情況的照片，也會啟動對痛苦做出情緒評價時會啟動的腦部區域活動***，但是不會觸發真正感覺到痛苦時會啟動的腦部區域[41]。證據顯示，傳達個人痛覺與替代痛覺的情緒評估神經元是一樣的。在一些罕見的病例中，移除部分扣帶的病人曾接受以微電極局部麻醉的神經測試。結果顯示，在經歷痛苦的刺激、預期或看見他人經歷痛苦時，前扣帶同樣的神經元都會產生反應[42]。因此觀察他人的情緒，也會讓腦部無意識地產生與經歷該情緒相符到某種程度的活動。

這些發現對於移情作用的情緒來說都很有意思。在這裡就不對移情作用進行長篇大論的定義討論了，但我們至少能同意這種情緒暗示著此人能準確察覺他人傳遞的情緒資訊，意識到並且**關心這樣的情緒**。關心他人的狀態是一種利他行為，但如果沒有良好的資訊也不會發生。如果我無法準確察覺你的情緒，如果我以為你覺得很嫌惡但其實你很痛，那麼我對你的反應就不會很恰當，可能會遞給你肛門栓劑而不是止痛劑。

倫敦大學的辛格和同僚針對夫妻進行痛苦研究。他們想知道，可能你也想知道，如果觀察者與痛苦相關的腦部活動比較活躍，是不是代表此人比較有移情作用（同理心）。他們讓受試夫妻做一份標準測試，評估他們的情緒移情作用與同理心關注的程度。在一般移情作用量表上分數愈高的人，在看見對方感到痛苦時的確會有比較強烈的腦部活動。另外個體自我評估的移情作用高低，也和接近腦中央的內前喙扣帶的活躍程度相關。在第二項研究中，當人看見痛苦的照片時，前扣帶的活動與他們對於他人痛苦程度的評價呈現強烈相關。腦部的活動愈多，他們覺得他人承受的痛苦愈大；顯示腦部這一區的活動，會根據受試者對於他人痛苦的反應而有所不同。

針對嫌惡與痛苦的研究顯示，人會無意識地模擬這些情緒。但問題依舊尚未解決：是先模擬了情緒然後才出現無意識的生理模仿，還是先有了無意識的生理模仿才產生情緒？你看見你老婆聞到酸牛奶的表情時，你會無意識地複製她的表情，然後覺得嫌惡；或是你看見她嫌惡的表情，自己也覺得嫌惡，然後無意識地做出嫌惡的表情？這個雞生蛋或蛋生雞的問題在這個案例中一直無解。

生理模擬

當你感覺到恐懼、憤怒或是痛苦之類的負面情緒時，你也會有生理反應，這就和寶寶聽見其他新生兒哭泣時或是與憂鬱的母親互動時會產生的壓力反應一樣。你的心跳會加快，可能會流汗或是背脊打冷顫等等。事實上你對每種不同的情緒都會產生一套不同的生理反應[43,44]，這些反應是與特定情緒相符的。你對於看到的情況做出的生理反應，能不能用來預測你對於其他人的情緒詮釋有多準確？如

---

*前喙扣帶皮質、雙邊前腦島、腦幹、小腦。

**後腦島、二級體感覺皮質、感覺運動皮質、前扣帶迴上部。

***前扣帶、前腦島、小腦，丘腦的程度則比較少。

果你的生理反應和某人特別相似，你是不是就比較能夠判斷她的情緒？

這就是加州大學柏克萊分校的雷文生與同僚所提出的負面情緒研究結果。他們讓受試者觀看四段夫妻的對話錄影，同時測量受試者的五項生理變因*；進行對話的夫妻也接受同樣的生理變因測量。在觀察對話的過程中，受試者會評估丈夫或妻子的感受為何。實驗結果發現，若受試者的無意識生理反應比較貼近觀察對象的反應，的確能比較準確地詮釋丈夫或妻子的**負面**情緒。不過這不適用於正面情緒。這個結果顯示了生理連結（模擬他人生理反應的貼近程度）與評量負面情緒間的準確度之間的關係。研究人員認為具移情作用的受試者（也就是那些比較能準確評量目標負面情緒的人）比較容易經歷相同的負面情緒。這些負面情緒會讓受試者與目標產生相似的無意識反應模式，因此造成高度的生理連結[45]。這也引發了另外一個問題：「對於自己的生理反應比較敏感的人，情緒感受是不是也比較激烈？如果我能準確地覺知（意識）到我的心跳加速、開始流汗，是不是代表我比那些沒注意到這些反應的人更焦慮或害怕？如果我特別**注意**我的生理反應，是不是就比較容易對別人產生移情作用？」

英國薩塞克斯醫學院的克區雷與同僚對上述問題提出了答案，而且還發現了額外的資訊[46]。他們給一群人填寫一份問卷，要求他們評量焦慮、沮喪，以及正面與負面等症狀的情緒經驗。所有受試者的分數都不到被診斷為憂鬱或焦慮的程度。接著受試者一邊接受功能性磁振造影掃描，一邊要判斷聽覺反饋信號，也就是重複的音符，是否和他們的心跳同步。這項實驗是測量他們對於生理作用（也就是他們的心跳）的**注意力**。另外他們也要求受試者聽一連串的音符，判斷哪一個音不一樣。這是要測試他們的**感知**分辨不一樣的感官輸入的能力。這區分了一個人對痛的感覺有多強烈（感知）以及一個人有多注意他的痛（注意力）。

研究人員也測量了他們被啟動的腦部區域大小，發現右前腦島以及頂蓋皮質的活動，能用來預測受試者察覺（注意）自己心跳的準確度；另外，腦部這一區本身的大小也會造成差異！這個區域愈大的人，愈能夠準確察覺自己體內的生理狀況，而且這些人也是自我評量有比較高的身體覺知的人。然而不是每個自認身體覺知能力高的人，都真的很會察覺自己的心跳。這也是老問題了，人總是會把自己想得比實際上厲害。真的很會察覺自己心跳的人，只有那些腦部特定區域比較大的人：前腦島愈大，身體覺知愈強，移情作用也愈大；不過有一個例外：過去負面情緒經驗分數比較高的人，察覺自己心跳的準確度也會比較高。

這些結果顯示右前腦島與可體認到的內部器官反應有關（這我們在前面的嫌惡實驗裡就已經知道了），而體認到這些反應會引發主觀的感覺。有些人體認到這些內部訊號的能力比其他人優越；有些人天生就有比較大的腦島，但也有些人因為過去有比較多的負面經驗，從而學習到這項能力。這些結果也許能解釋為什麼有些人會比其他人更了解自己的感覺[47]。

成對的缺陷

除了上述的發現外，研究也發現當痛覺情緒元素相關的神經活動增加時，會提高人的移情作用。

*心跳、皮膚傳導、脈搏傳送到手指的時間、手指脈搏振幅、軀體活動。

這些研究結果不禁讓人疑惑：如果一個人不能感覺到一種情緒（缺乏腦部活動與生理反應），他還能體認到別人的情緒嗎？這質疑了模擬理論的中心思想之一：我們會模擬他人的心智狀態，然後從我們個人的對於該心智狀態的經驗，預測他人的感覺或是對方會有什麼行為。這是真的嗎？有沒有成對的缺陷存在？如果一個人的腦島受損，他是不是同時沒有感覺，又無法體認到嫌惡的情緒？如果我不嫌惡任何東西，我還能不能體認到你的嫌惡情緒？如果大腦杏仁核受損呢？那又是做什麼的？如果我們觀察腦部影響特定情緒的部位受損的人，會不會發現他們察覺他人情緒的能力也改變了？

看來這種成對的缺陷的確存在。劍橋大學的凱爾德與同僚測試一位羅患亨丁頓舞蹈症的病人，他的腦島與被殼都受損了。神經造影研究顯示腦島和嫌惡的情緒有關，因此他們假設病人體認他人的嫌惡情緒的能力應該有限，自己的嫌惡反應也應該比較少。結果他們的假設是正確的。他無法從例如反胃之類的臉部訊號或言語訊號中體認到嫌惡，而且他對於引發嫌惡情緒的情境嫌惡反應，也比對照組輕微[48]。

阿道夫與在加州理工學院及愛荷華大學的同僚研究一名羅患罕見的雙側腦島損傷的病人。他無法從臉部表情、動作、對動作的敘述或是令人嫌惡的事物圖片中體認嫌惡的情緒。實驗人員告知他別人嘔吐的事後，問他那個人會有什麼感覺，他會說他們是「餓了」或是「很高興」。觀察他人嘔吐出噁心食物的動作後，他說：「他們很開心地享受美食。」他無法體認到他人的嫌惡，而且他看來也沒有嫌惡的情緒。根據紀錄，他什麼都吃，連不能吃的東西也吃。而且他「對食物有關的刺激都不會表現出嫌惡反應，爬滿蟑螂的食物圖片就是一例。[49]」記得在上一章裡我曾提到，嫌惡似乎是人類特有的情緒。

回到大腦杏仁核。我們已經知道大腦杏仁核是痛覺系統的一部分，但我們在前一章裡看到它也和恐懼有關。阿道夫和研究小組發現**右**腦大腦杏仁核受傷的人，體認恐懼、憤怒、悲傷等多種負面臉部表情的能力都受損。但是**左**腦大腦杏仁核受傷的人，還是能夠體認這些表情。大腦杏仁核的損傷不會影響對愉快表情的辨識能力[50]。兩側大腦杏仁核都受傷的病人（雖然是右側的傷造成問題）在詮釋恐懼表情方面的能力，表現出選擇性的缺陷[50-52]。在一組九位兩側大腦杏仁核受傷的病患當中（很少人有這樣的損傷），雖然他們的智力都能了解什麼樣的情況應該讓他們感到害怕（車子朝他們衝來、面對暴力的人、疾病與死亡），但他們不能體認到他人的臉部表情中的恐懼[53]。在另外一項實驗中，一名兩側大腦杏仁核受傷的病患無法從他人的臉部表情、情緒性的聲音或動作中體認到恐懼。他在日常生活中關於憤怒（雖然他能體認到他人的這項情緒）以及恐懼情緒的經驗，與神經運作正常的對照組相比也比較少。他的恐懼程度比較低，因此他能從事在亞瑪遜河盆地狩獵美洲豹，或在西伯利亞垂掛在直升機外狩獵之類的活動[54]。這些病人都讓我們了解到，無法理解情緒和感受情緒兩件事是息息相關的；這些病例也顯示，讓人無法感覺或是模擬一項情緒的神經損傷，可能也會讓人因而無法體認到他人的這項情緒。

那麼因中風而造成無法猜測情緒性臉部表情的盲視病人X呢？功能性磁振造影掃描顯示，他的大腦杏仁核在閱讀他人表情時會有活動[1]。記得我們提過恐懼走的快車道嗎？藉由這條快車道，輸入的資訊傳到丘腦後，可直達大腦杏仁核。這就是病人X的情況。即使他視覺皮質的連接遭到阻斷，他接受的視覺刺激依舊能傳到大腦杏仁核，讓大腦杏仁核盡到本分。大腦杏仁核沒有連結到語言中樞，所以不會告訴語言中樞：「我剛剛看見一張很害怕的臉」，好讓病人X知道自己看見了一個害怕的人的圖片。取而代之的是，大腦杏仁核會創造一種感覺，讓病人X無意識地模擬一種感覺，然後用自己的感覺猜測那個表情的意思。他不需要有意識的大腦就能體認這種情緒！

這些關於腦部活化區域的說明，其實都牽涉到一項事實：這些區域正持續進行神經化學作用。另外一種研究情緒體認的方式，是利用抑制情緒的藥物人為阻斷一項情緒，再看看受試者能不能體認他人的這項情緒。有一項憤怒體認實驗就是這樣進行的。財產或主權爭議會引發人類一種形式的侵略性，與臉部的憤怒表情有關。你的鄰居覺得兩家車道間的長條形土地是他的，但你覺得是你的。他看見你挖土種玫瑰時非常憤怒，所以他把花挖起來，於是你也生氣了。

劍橋大學的勞倫斯、羅賓斯與同僚假設，人類應該已經演化出一套獨立的神經系統，負責辨認這種特定的威脅與挑戰並做出反應。目前已經發現，很多動物對這些侵略性的狀況的注意力上升，是與身體製造出更多的神經傳送介質多巴胺有關。當動物使用阻斷多巴胺行動的藥物時，對於這些情況的反應就會減少，但這並不影響牠們的生理行動能力。因此如果牠們對侵略行動沒有反應，你知道這不是因為牠們不能動；你還是能挖掉你鄰居那棵葉子一直落在你草坪上的得獎無花果樹，你只是不這麼做而已。他們想知道阻斷多巴胺傳輸是否不只會減少對憤怒表情的**反應**，而是還會減少對憤怒表情的**體認**。

結果的確是這樣。「天哪，佛瑞德，看起來你把我的花挖掉了。你覺得紅／白襪隊最近如何？」更有趣的是，這並不影響體認其他情緒的能力。「對了，你老婆用一種很厭惡的表情看著你，她怎麼了？」種種跡象顯示，人類有一個不同於其他的系統，負責處理特定的情緒訊號（例如恐懼、嫌惡、憤怒），這支持了心理演化理論對情緒的看法。他們認為人對於這些負面的情緒可能演化出了各種不一樣的系統，負責察覺並協調對於不同生態威脅或挑戰的彈性反應[55]。

其他動物也會模擬行為與情緒嗎？

有證據顯示，非人類的靈長類動物也有類似的無意識情緒模擬。目前已經知道實驗室裡的猴子會有情緒性模仿。就像人類一樣，大腦杏仁核受損的恆河猴比較不會恐懼或有侵略性，而且會比較順從[56]。牠們比較溫馴，而且異常友善。如果這些猴子也會模擬情緒，而且牠們的大腦杏仁核在恐懼的情緒中扮演的角色也類似人類，那麼你也許會想到，牠們看見其他個體產生恐懼表情時，自己大腦杏仁核的某些部分也會有活動；單一神經元的研究也證實了這一點。情緒感染在猴子之間相當顯著，老鼠和鴿子也有這樣的現象，可見情緒感染並不是人類獨有的。很多研究者認為，這是移情作用這種高度演化的、需要意識與利他關懷的情緒所必需的基石。

至於移情作用是人類獨有的，還是其他動物也有的情緒，這個問題目前還在積極研究當中。雖然雙方陣營互不相讓，不過大家都同意人類的移情作用程度遠超過其他動物。研究也顯示，受過訓練、知道按下控制桿能取得食物的老鼠，在看得到其他老鼠在牠按壓把手時會遭到電擊後，會停止按控制桿[57]。這種實驗有各種變化型，但是基本的問題依舊存在：老鼠停止按壓控制桿是因為利他、移情作用的衝動，還是因為看到另外一隻老鼠被電擊的景象令牠很不愉快？差別在於，這到底是對眼睛看見的不愉快景象所做出的反應，或者是老鼠具有所有形成移情作用的要素：心智推理、自我覺知、利他主義。針對恆河猴的研究也遭到同樣的難題所苦。而目前尚未設計出能有說服力地將這兩種反應分開的測試方法。

另外一條探索真相的康莊大道則是黑猩猩的哈欠。在一群黑猩猩當中，有三分之一的黑猩猩在看見其他黑猩猩打哈欠的影片時，自己會跟著打哈欠[58]。大約百分之四十到百分之六十的人在看見打哈欠的影片時自己也會打哈欠。我現在就在打哈欠了。有人認為這種感染性的哈欠可能是移情作用的原始形式。普拉提克與同僚認為這不只是模仿行為，而是用到了腦部與心智推理及自我覺知相關的部分[59]。他發現對於感染性的哈欠比較敏感的人，辨識自己的臉的速度會比較快，在心智推理任務的表現也比較好。他提出神經成像證據支持這種看法[60]。人類的移情作用行為當然遠超過感染性的哈欠。我們能在黑猩猩身上發現一些基本行為並不令人意外，但目前為止，依舊沒有確切的證據能證明，其他動物也有人類擁有的利他主義以及有意識的移情作用。

鏡像神經元又來了

大腦怎麼將觀察到臉部表情和複製表情這兩件事加以連結？又是如何將臉部表情與特定的情緒連結？你可能已經又開始想到鏡像神經元了。那些小傢伙真的很重要！第一個能證明觀察與模仿動作間也許真的有神經連結的具體證據，就是鏡像神經元的發現，這我們在第一章和第二章都提到過。如果你還記得，當恆河猴觀察到其他猴子有抓著、撕開、拿住等操縱物體的動作，還有自己在做這些動作的時候，都會啟動同樣的前運動神經元。猴子也有負責聽覺的鏡像神經元，因此在黑暗中聽見做動作發出的聲音，例如撕紙，也會啟動撕紙動作的聽覺鏡像神經元與動作神經元[61]。

我們已經知道，從那時起就有很多研究顯示人類也有類似的反射系統。以一群接受功能性磁振造影掃描的受試者為例，不論他們是僅觀看手指抬起來的畫面，或是看見這種畫面並複製這樣的行為，他們前運動皮質區裡同樣的皮質網絡，在觀看或是邊看邊做的時候都會有活動，但是在第兩種情況下會比較活躍[62]。人類的反射系統則不限於手部動作，而是全身所有的運動都有相對應的區域。當動作牽涉到物體時也不一樣。只要動作的目標是物體，腦部的另外一區（頂葉）就會一起運作。如果手在使用某物體，例如拿起杯子，則會有另一個特定的區域會啟動；如果是嘴巴對物體做動作，可能是用吸管喝飲料，就會啟動另外一個區域[63]。由於測試程序的種類不同，要像猴子一樣找出人體內每一個鏡像神經元的位置是不可能的。不過我們已經在人腦中的很多區域找到了鏡像神經元**系統**。

不過猴子的鏡像神經元和人類的系統還是有顯著的差異。只有目的導向的動作會啟動猴子的鏡像神經元。比如說當牠們看見有手去抓冰淇淋甜筒，然後放進嘴裡，這時候應該是第一種鏡像神經元啟動的情況（不過那其實是義式冰砂）。然而人類的鏡像神經元就算在沒有目標的時候也會啟動[64]，隨意在空中揮舞手的動作也會啟動反射系統。這也許能解釋為什麼雖然猴子有鏡像神經元，但牠們的模仿行為卻很有限；猴子的反射系統是針對特定目標的，而且不會包含導向某個目標的動作裡所有的細節[65]。

前額葉在模仿當中也扮演很重要的角色[66]。人類的前額葉皮質比較大，可能因此比猴子更能夠建立比較複雜的動作模式。我們看見某人在彈奏吉他的弦，就能模仿他的每一個動作；我們可以上跳舞課，模仿老師在舞池跳森巴的動作。猴子就只知道我們是往房間的另一頭移動，但牠們不懂旋轉的必要。猴子的反射系統比較不複雜，有助於我們了解鏡像神經元系統的演化發展。里佐拉帝和迦列賽原本提出鏡像神經元系統的功能是**了解**動作（我了解有一個杯子被拿起來放到嘴邊），猴子和人類都有這種了解動作的能力。然而人類的鏡像神經系統還能做到更多。人類之所以獨特，是因為他們是唯一能跳森巴舞的動物嗎？

反射系統牽涉到什麼？如前所述，這些系統都涉及立即的複製動作。另外也發現這些系統也都涉及了解**為什麼**要做這個動作，也就是其**意圖**[67]：我了解杯子被拿到嘴邊（了解行動的目標）是要知道內容物嘗起來的味道如何（動作背後的意圖）。如果同樣的動作有不同的意圖，就會有不同的意義，也因此能預測沒有觀察到的未來可能的行動。以猴子來說，拿起食物放進嘴巴和放進杯子會啟動不同種類的鏡像神經元。（我了解食物是要抓起來吃，相對於「是要抓起來放進杯子裡」。）你不只是了解一個人拿起棒棒糖，還了解她是要吃掉它、放進她的皮包、丟掉它，或是如果你很幸運的話，把糖果交給你。

那麼也有了解情緒的鏡像神經元嗎？還是鏡像神經元只限於生理動作？上面提到關於感覺與體認嫌惡與痛苦的成對缺陷研究結果顯示，腦島的確具有反射系統；和了解動作一樣，腦島的反射系統不僅和情緒觀察有關，也和透過內臟運動反應所調節的理解內容有關[68]。鏡像神經元涉及情緒觀察與理解（有助於社交技巧）的理論讓兩群研究者提出*，有些自閉症的症狀可能是因為鏡像神經系統的缺陷造成的。這些症狀包括缺乏社交技巧或移情作用、模仿能力差、語言缺陷等等。雖然里佐拉帝使用電極研究猴子的鏡像神經元，但聖地牙哥的研究人員則想到一種方法，不用電極就能測試人類的鏡像神經元[69]。

腦電圖的成分之一是μ波，會在人做出隨意肌運動，或是看別人做相同的動作時遭到阻斷。加州大學聖地牙哥分校的研究人員決定要看看腦電圖能不能用來監控鏡像神經元的活動。他們研究了十位有高功能自閉症的兒童，發現他們和一般兒童一樣，在執行動作時的確會抑制μ波；但與一般兒童不同的是，他們在觀察別人動作時並**不會**抑制μ波。他們的反射系統有缺陷。

在另一個由加州大學洛杉磯分校進行的研究中[70]，受試的兒童（包括一般兒童與有泛自閉症障礙的兒童）則在觀察或是模仿情緒性的臉部表情時，接受功能性磁振造影掃描。因為有泛自閉症障礙的個體通常會表現出無法了解他人情緒狀態的缺陷，因此實驗預測，當這些個體在模仿情緒表情與觀察他人情緒時，應該都會表現出鏡像神經系統的失能。證據也顯示這項預測是正確的。此外，神經活動減少的程度和社交技巧缺陷的嚴重程度密切相關；神經活動愈少，他們的社交技巧也愈差。

這兩組兒童在模仿臉部表情時使用的神經系統不同。一般兒童會用透過腦島連結邊緣系統的右腦鏡像神經機制；然而泛自閉症障礙的兒童不會使用這套反射機制，他們用的是不同的策略。他們會增加視覺與動作的注意力，利用的是不通過邊緣系統與腦島的通路；所以他們可能不會感受到模仿臉部表情所產生的內在情緒，因為那是由腦島所調節的。研究人員認為，因為成人和正常發展的兒童光是觀察臉部表情就會增加鏡像神經系統的活動，更證明了反射機制可能是從臉部表情了解他人情緒狀態這種卓越能力的基礎。泛自閉症障礙的兒童缺乏鏡像神經系統活動的情況，是「鏡像神經系統失能可能是自閉症社交缺陷現象的核心所在」這種理論的有力佐證。然而自閉症患者還有很多非社交性的注

*聖地牙哥加州大學著名的神經科學家拉瑪錢德朗的研究小組，以及蘇格蘭聖安祖大學懷特恩帶領的小組。

意力缺陷，這些可能就與鏡像神經系統無關了。

目前還不知道除了靈長類之外的動物有沒有鏡像神經系統，但是這方面也已經在研究。不過就像克林伊斯威特說的，「人要知道自己的極限。[71]」我們必須知道鏡像神經元的極限：它們並不會**產生**動作。

目前為止我們已經看到了特定情緒和腦部特定部位的活動有關，特定的生理反應與特定的臉部肌肉運動則會造成特定的表情。當我們感知到他人表現出某種心情或情緒時，我們在生理學上與身體上都會無意識地模仿對方，在心理上也會模仿到某個程度。如果正常支援反應的腦部結構出現某些異常，那麼經歷那種情緒以及體認到別人的那種情緒的能力都會受到影響。我們擁有的反射系統不只能理解動作與背後的意圖，同時還涉及透過模仿與體認情緒來學習。這是「情緒體認入門」，最初級的情緒體驗課。看來我們已經滿了解某些人類模擬他人的情況了。

不只是無意識的？

即使這樣的分析看起來很合理，這個機器還是有些地方卡卡的。羅患牟比士症候群（因為支援臉部肌肉的頭蓋骨神經發育不良或缺乏，導致臉部先天癱瘓）的人，就算自己生理上無法模仿臉部表情，但還是能成功辨認他人臉部表情代表的情緒[72]。可是如果我們是透過鏡像神經元理解情緒，那上述的病例就沒那麼難解了；因為就算運動系統無法運作，鏡像神經元還是會啟動。

還有一個比較奇怪的是最近對先天無痛症患者的研究。即使這些人自己沒有痛覺，他們還是和正常的對照組一樣從臉部表情體認疼痛及疼痛的程度。然而當影片中缺乏痛覺相關行為的影像或聲音時，無痛症患者和對照組相比，判斷的疼痛程度會比較低，也比較不會有厭惡的情緒反應。

另外一個有意思的發現是，無痛症病人對疼痛的判斷與他們個人的情緒移情作用高低有強烈相關，但在對照組則沒有這種高度相關現象。實驗主持人認為，雖然大家可能低估了過去的經驗在沒有情緒線索時的重要性，但個人對於疼痛的經驗，對於感知或感受他人疼痛的移情作用並不是必要的[73]。然而牟比士症候群病患與無痛症病患兩者都有長期的缺陷，所以多年以來，他們可能已經透過了不同於正常受試者的通路，**有意識地學習到了**體認他人情緒的能力。實驗主持人也指出有些無痛症病患的父母會利用表演疼痛的臉部表情，讓小孩了解特定的刺激可能會傷害他的身體。

我們已經知道，看見或聽見他人的疼痛，會啟動已知和自身疼痛經驗的情緒要素相關的皮質區，例如前扣帶皮質或前腦島。無痛症病人雖然沒有確實感覺到痛楚的神經機制，但他們可能保留了與他人疼痛的情緒層面相對應的鏡像神經元，因此他們能從臉部疼痛的表情之類的情緒線索，察覺到他人的痛苦。這項研究結束時，有三分之一的病人表示如果看不見受傷的人的臉，或聽不見他們喊叫，他們就很難評估傷患本人有多痛。如果讓這些病人一邊進行這些情緒體認的任務，一邊接受神經區域活動掃描，或者計算他們和一般受試者的反應時間差異，結果應該都會很有意思。他們使用的意識通路比較慢嗎？還是其實是一條比較快的無意識通路？

另外一項來自科羅拉多大學的荷絲與布萊瑞實驗結果則顯示，無意識的模擬行為並非一切。他們發現，模仿行為的發生與體認臉部表情的準確度間並無關聯[74]。這項研究利用不過於誇張的臉部表情，也就是一般比較會看見的表情來實驗。因此即使沒有模仿對方的臉部表情，也不影響判斷觀察對象情緒的準確度。其他的研究也顯示人不會模仿競爭對手的表情[75]，也不會模仿他們不支持的政治人物的表情[76]。這是不是因為我們有抑制能力呢？看起來一定是，不然我們就會和其他新生兒一起在育嬰室裡大哭了。那有沒有自願性認知牽涉其中呢？

我思，故我再評估

我們的思考方式確實能改變自己的情緒與感覺，做到這一點的方法之一就是「再評估」。我們上一章提到的虛構人物莫黛斯特米尼翁就是這樣：「在愛裡，女人誤以為所嫌惡的其實只是看清事實而已。」當她再度評估情人的個性後，她就從喜愛變成了嫌惡[77]。一輛車超到你前面然後在街頭消失，你覺得很生氣、血壓升高；突然間你想起來你曾經在去急診室的路上也是這樣驚險地開車。當時你旁邊坐著你肩膀脫臼的小孩，他的手臂垂在身旁，因為疼痛而嗚咽哭泣。你的怒氣頓時煙消雲散、血壓降低。隨著你想起醫院就在路的盡頭，你不禁跟著擔心了起來。

有意識地再評估情緒也受到大腦成像研究的檢視。受試者會看見傳達負面情緒的照片，但是這些照片中的情境並沒有明確的情緒，例如一個女性在教堂外哭泣的照片。受試者一邊被要求以比較正面的想法再次評估照片中的情境，一邊接受掃描。這項實驗的想法是，再評估會讓人注意到自己感覺到的情緒，並且需要**自願的**認知評估。經過再評估之後，例如想像這名女性是在婚禮後流下幸福的眼淚而非一開始覺得的喪禮場景，受試者表示自己受到的負面影響變少了。掃描結果也顯示在再評估的過程中，和情緒處理有關的區域活動會變少，與記憶、認知控制、自我監測等息息相關的區域則會啟動[78]。再評估能夠緩和情緒與模擬。另一項有趣的發現是，左腦在再評估時會比較活躍。目前有理論認為也許這是因為受試者表示，他們會「說服」自己採取再評估策略，而語言中樞就位於左腦。另外一種可能的解釋是，一般認為左腦是與評估一般正面情緒有關的部位[79]。左腦活動比較活躍的人，比較能夠對抗憂鬱的情緒，可能就是因為他們的認知能力能減少負面情緒處理。

抑制

模擬也可能被抑制所影響，也就是自願性的不表現出情緒跡象。父母面對小孩可笑但不恰當的社會行為時（在游泳池裡脫掉髒尿布）就常常會這樣，不過這有時候真的很難做到。在探討過去的情緒管理研究時[80]，史丹佛大學的葛洛斯解釋，抑制需要人持續監控自己的表情（微笑可能不由自主地會爬回嘴角）並修正表情（如果真的笑了）。這就要利用你的能力有限的意識神經迴路，並且轉移你對這項社會互動的意識注意力；讓你比較沒有能力處理這項互動，並且會影響你對它的記憶。這和你再評估一個情況，並且不再感受到那種情緒時是不一樣的；當你再評估時，你不需要監控自己、確保這種情緒不會出現。（在游泳池脫掉髒尿布其實不好笑，而是很噁心。所以微笑是不會爬回嘴角的。）

抑制與再評估會產生不一樣的情緒、生理以及行為結果。抑制不會減少負面行為的情緒感受，你還是會有那項情緒，你只是不表現出來。當你被超車的時候，你可能不會對那輛車的駕駛沉下臉並且撞上他的保險桿，但你還是會生氣；不像是再評估後，你會了解那個駕駛可能需要醫療協助，所以你不會繼續覺得生氣。然而抑制會減少對**正面**行為的情緒感受。很好，不出所料。當你試圖抑制不好的情緒時，你不只無法甩掉這種情緒，而且還沒辦法感受到好的情緒。抑制也不會改變你的生理反應，你還是會感覺到自己的心血管活動增加；你也許能隱藏你的怒氣、嫌惡、恐懼，但是你還是讓自己的心臟負擔加重，使它更快累垮。然而再評估**可以**改變你的生理反應，減少高壓情況的壓力。如果你能改變你對負面刺激的態度，讓它不再是負面的，那你就不會從你的心血管銀行做不必要的借貸。

這對模擬有什麼影響？抑制情緒表達造成的有趣結果是，這會隱藏他人在社交情境中原本能夠察覺到的重要訊號：她面對著撲克臉說話，完全不知道他有什麼感覺，所以也無法適當地回應他。但是老天啊，他根本不打算回應她。她剛剛告訴他自己最有趣的經歷，而他看著她的樣子就像是她連小學都沒資格畢業一樣。接著她提醒自己要把他列入「不要邀請」的名單裡，避免她的朋友經歷相同的社交互動窘境。至於那個撲克臉呢？他的社交互動將會很有限，因為顯然她不會是唯一想避開他的人。

和葛洛斯一起研究抑制的研究人員做了下列的預測：由於人在抑制情緒時必須監測自己，確保看得見或聽得到的表情不會洩漏真正的情緒，這樣一來就會使他分心，無法真正回應他人的情緒線索，因而可能會造成負面的社交後果。如果一個人專注於自己的情緒，能注意到其他人的意識就有限。想隨時表現出男子氣概的男人，就必須抑制自己所有可能流露的溫柔表現，他的腦也就比較沒有餘裕注意和他互動的其他人。葛洛斯和同僚也認為，因為再評估對於認知的負擔沒有那麼重，社交後果應該也會比較正面。

他們接著著手測試這個理論。首先他們要求互不熟識的女性觀看一段令人生氣的影片，接著兩人一組互相討論內容。每組中會有一名女性被要求做出下列三種行為之一：要抑制自己對影片的反應（如同要有男子氣概的人會做的：「我很強悍，那些殘酷的畫面對我一點影響都沒有」），或者再評估（「那些畫面很糟糕，但那只是電影而已，而且其實只是番茄醬」），或是自然地和她討論的對象互動。另外一名女性則不知道對方受到的指示。接著兩人一邊接受生理反應測量一邊開始對話。

正面的情緒表達（「真是太好了，我真替你高興！」）以及情緒性的回應（「老兄，你一定快被搞瘋了吧；如果是我就會！」）都是能減少壓力的社交支持中必要的元素[81]。研究人員認為，如果缺乏社交支持，小組中那些沒有接受到指示的女性，在各自面對不同互動對象時，應該會有相當不同的生理反應。結果也的確如此。和被指示要抑制情緒的女性對話的受試者，與和自然表達情緒或再評估那段影片的女性對話的受試者相比，血壓上升得比較多[82]。與缺乏正面情緒表現，或對情緒線索無反應的人互動，確實會讓社交對手的心血管活動增加[80]。所以如果你和抑制情緒表達的人來往，不只會讓**他的**血壓上升，也會讓**你的**血壓上升。

現在情況又變得更複雜了一點。看來我們已經超越了情緒感染的範圍，也就是超越了「模擬」是對臉部表情或其他情緒刺激的反身無意識反應，進入了有意識的大腦也扮演了一個角色的世界。在這裡，你能夠用你的記憶、你從過去經驗獲得的知識、你對於這個人的所知，形成你的輸入的一部分。這讓我們擁有另外一種模擬能力，也是最有可能獨一無二的能力：我們光是憑著抽象的輸入就能模擬情緒。

想像力

我可以寄電子郵件給你，告訴你我在用電鋸的時候，切掉了一部分的手指。就算你看不到我的臉，聽不見我的聲音，你還是能想像我的感覺。光是書面的文字就能刺激你模擬我的情緒。你在讀到我對這場意外的形容時可能會皺起眉頭，覺得背後打冷顫。你在看人物虛構的小說時，情緒還是會受到人物的牽動。寫實小說家沃爾夫作品裡的一些場景就是最好的例子。在《完整的人》裡，描述冰屋場景的那幕讓人不禁跟著心驚膽跳，我得把書放下，休息十五分鐘才行。可見想像一個情境，就能刺激人模擬一種情緒[83]。觀察在看書的人的臉部表情與動作是很有趣的，你能看到他們覺得恐懼、憤怒或是愉快。福爾摩斯就是箇中翹楚，每次他都會觀察華生看文件的樣子。事實上，和痛覺相關的文字，會啟動腦部與疼痛的主觀要素相關的區域[84]。想像力對於身體動作也有用。在無聲琴鍵上演奏和只是想像自己在彈奏同一首曲子，都能啟動鋼琴家腦部的同一個部分*[85]。

想像力讓你能不受手邊資訊的限制。當奧林匹克運動員跌倒，腳踝受傷時，我們只看見她臉上痛苦的表情，但我們的想像力補足了運動員多年辛苦努力、為比賽犧牲，現在夢想破碎、如此難堪，還讓全隊失望等資訊，加上我們對於腳傷可能影響她未來的表現的知識，因此我們對她會有強烈的移情作用。當我們看見搶匪摔傷腳踝時，我們也一樣看見他臉上痛苦的表情，但是我們會想像有人被他攻擊受傷、倒在路上還受到驚嚇，所以我們會很生氣，並且不再為他的痛苦產生移情作用，反而覺得他遭到了報應而感到滿意。

想像力讓我們能再評估情況。聽覺輸入可能告訴我們走廊那頭有一名女性在笑，但是想像力讓你知道她是和隔壁辦公室的笨蛋在面試，所以她其實是在假笑，不是因為高興才笑。想像力還能讓我們進行時空旅行，前往未來或回到過去。一件事可能發生在很久以前的過去，但是我能從記憶裡用想像力重演這個事件。我能模擬自己過去的經驗，在記憶裡重新經歷一次。我甚至能從現在的立場再評估當時的情緒。我記得當初考試拿到六十分的窘境，現在回想起來還會臉紅；然後我能心滿意足地想，那激勵了我更認真念書，最後拿到了九十分。我還記得我在接近中午時分，開著飛雅特的車子通過羅馬街頭圓環的感覺：喇叭聲四起、交通亂成一團，我的煩躁和心跳都愈演愈烈，於是我能決定不要再在那裡租車了；不過我也記得我和美麗的妻子坐在那佛納廣場，啜飲金巴利啤酒的感覺，所以我決定要再回去那裡，但搭計程車就好。

同樣的，我也能放眼未來。我能將過去的情緒經驗應用在未來的情況。例如我能想像我背著降落傘，站在敞開的飛機門前會有什麼感覺（恐懼，這是我過去有過，而且是不愉快的經驗），因此我決定我不要從事這項冒險。光是想像未來會發生的情緒，就能產生和感受情緒有關的神經活動。紐約大學的神經科學家菲爾普絲告訴自願受試者，他們會看到一系列的形狀，而他們每次看到藍色正方形的時候就會受到輕微電擊。她對這些受試者進行腦部造影研究，發現即使他們根本就沒有受到電擊，每次出現藍色正方形的時候，他們的大腦杏仁核都還是會啟動[86]。光是「想像」電擊就會造成迴路的反應。看了恐怖電影之後，半夜你聽見房子裡發出聲音可能就會想像是有人闖入了。你的心跳會加快，耳朵會聽見血液往上衝的轟轟聲，產生很完整的恐懼反應。演員珍妮李說她拍完《驚魂記》這部電影後，就沒辦法再淋浴了。因為她的想像力不曾停止。

其他的動物也能時空旅行嗎？等一下！我們在第八章再說。

想像力是一種刻意的處理程序。在某些情況下，想像力需要的不只是無意識的模擬，還要有意識

*額頂網絡。

的參與。想像力讓我們能計畫未來的行動，預測他人的行動，讓我們不會白費力氣。我不需要真的上了飛機才決定我不要跳了，我在家裡客廳就可以做出這個決定；我也能知道我女兒不會為了得到禮券而跳，但是她哥哥會，只不過他還想自己開飛機。想像力讓我們能模擬我們過去的情緒並從中學習，預測他人在相同情況中可能有的感受或行為。這種能力對於社會學習相當關鍵。然而我們這麼做的時候，同時還利用到了我們眾多習以為常的能力之一：辨別他人和自己的能力。

自我覺知

觀察他人的行動與情緒會啟動我們腦部同樣的神經區域，但是我們還是能分辨「我」和你。這是怎麼辦到的？如果我看見你覺得嫌惡的時候，和我自己覺得嫌惡的時候，啟動的是一樣的神經區域，我怎麼知道那是你的還是我的感覺？我想像你在進行重要的電視演說時，假髮漸漸往下滑，我能模擬並且感受到你的尷尬，但我知道發生這情況的是「你」，而我只是在想像，不是親身經歷。看來一定有特定的神經迴路能辨別自己與他人，而且不論是在生理或心理上都可以。是的，腦部的確有機制能辨別生理上的我、其他人、心理上的我，這三者的不同。

想像你自己站在別人的立場，就是所謂的觀點取替，這類研究在分辨自己與他人的類神經網路方面有豐碩的成果。人類嬰兒大約在十八個月大的時候開始出現觀點取替的能力，只是程度還不及成人。這種能力表現在小孩會遞給你的，是你用微笑表示你喜歡的食物（可能是花椰菜），而不是他們自己喜歡，但你會做出嫌惡表情反應的食物（餅乾）[87]。不過我們對觀點取替不一定很在行，而且也不會每次都照做。我自己可能覺得花椰菜這個選擇很奇怪，所以我會推翻你臉部表情的證據，而傾向我自己覺得比較合理的喜好，於是硬是拿餅乾給你。最明顯的例子是你收到的那些爛聖誕禮物。「哪個頭腦清楚的人會覺得我想要或是會喜歡這個東西？」這句話一定在聖誕節早上你強擠出的（有意識的）笑容背後出現過幾千次，不過現在至少你知道可以觀察他們眉骨外側有沒有受到擠壓，判斷誰在作假。

人傾向認為他人知道並且相信自己所知道且相信的東西[88]，而且也傾向高估他人的知識[89]；當你開始對一般人談起你對語言學遞歸理論的看法，而他們表現出一臉茫然的時候，就是這麼一回事：你已經假設他們會有興趣。我們對他人的預設模式似乎會受到偏見影響，傾向我們自己的觀點。和那些你毫無概念的領域裡的專家說話會那麼困難，就是因為他們假設你知道他們自己知道的事物：「啊，又要我管理那個避險基金嗎？」如果問你其他人在出現飢餓、疲勞或是口渴之類的身體需求時會有什麼感覺，你的預測大致上會基於你自己會有的感受；我假設其他人飢餓的時候會和我有一樣的感覺——胃部空磨、疼痛的感覺。但這顯然不是真的。我有一次和朋友討論時才發現，有些人會覺得緊張不安、有些人會頭痛，還有些人會變得暴躁，也有人的內臟根本就沒有感覺。

這種自我中心的觀感造成的社交判斷錯誤，不僅限於在派對談起遞歸理論那樣：「他現在應該要打給我了。要是我就會打給他，他一定根本不在乎我。」但正如芝加哥大學的心理學家達西堤與華盛頓大學的心理學家傑克森所指出的，這很符合模擬理論；模擬理論認為，我們是利用自己的心智資源來了解和預測他人的行為和心智狀態。我們會想像自己處於他們的情況，用我們的知識做為我們的預設基礎來了解他人[26]。然而為了達到社交成功，我們必須能夠把自己和他人分開。（他沒有打電話來是因為他忘了帶手機，而且他正在大陸出差，時差簡直讓人抓狂，而且他累壞了。）達西堤與同僚強調，人需要心智彈性才能在不同的觀點間來回跳躍：我們必須能禁止用我們自己的觀點取代他人的觀點。規範（或禁止）自己的觀點，讓我們有採取他人觀點的彈性。對他人觀點的評估錯誤，可能就是抑制自己觀點失敗的結果[90]。所以妳老公才會送妳新的烤肉爐而非珠寶當生日禮物，也因此妳會送他漂亮的藍色正式襯衫而非XVR八〇〇系列PKJ超級超低音喇叭。這種規範觀點的能力，在兒童的成長過程中逐漸發展，直到四歲的時候才明顯臻於完全。當中所牽涉到的認知控制，和在差不多年紀開始發展的心智推理能力，還有前額葉皮質的成熟也有關。所以我們從自己的觀點轉換到他人觀點時，腦子裡發生了什麼事？

要找出答案的方法之一，是看看採取自己的觀點時會啟動哪些區域，採取別人的觀點時又會啟動哪些區域，扣除兩種行為都會啟動的區域後，剩下在兩種情況下各自會啟動的區域，就是只有在採取該觀點時才會啟動的了。魯比和達西堤做了一連串神經成像研究，分別要求受試者採用自己或是他人的觀點進行運動領域的任務（想像使用鑷子或剃刀）、觀念領域任務（醫學院學生想像一般人會說的各種論調，例如「月圓時的出生率比較高」，相對於醫學生自己的說法）、情緒領域任務（想像你或你的媽媽在說別人壞話時，發現對方就在你們後面）等[91-93]。他們發現除了自己和他人都會用到的類神經網路外，當人在採取他人的觀點時，在右腦下頂葉皮質以及包括額端皮質和直迴的腹內側前額葉皮質，都有很明顯的活動。其他的研究也有類似的結果。體感覺皮質是在採用他人觀點時才會啟動的區域。

右腦下頂葉皮質和後顳皮質的連結，在辨別自己與他人的行動方面扮演了很重要的角色。這裡叫做**顳頂聯合區**。這裡的活動非常忙碌，要整合腦部不同部分的輸入，包括側邊與後丘腦、視覺區、聽覺區、軀體感覺區和邊緣區，還有前額葉皮質與顳葉的相應連結。其他研究也都提供了些許證據，顯示這一區在辨別人我差異方面的確有其功能。關於自己的第三人角度觀點，也就是靈魂出竅經驗的研究成果也相當豐碩。

一個很有意思的案例是日內瓦大學醫院一名被診斷應接受癲癇治療的女性，她的醫師想用腦部造影找出她發作的病灶位置，但都不成功。接下來就是要動手術了，可是也得先找到病灶才行。在區域麻醉後（腦本身不會感到痛），他們對她植入硬腦膜下電極，以記錄發作情況，並使用病灶電擊刺激，試圖找出發作的皮質位置。當對她的腦右角迴（位在頂葉）進行病灶電擊刺激時，她會重複發生靈魂出竅的體驗。在刺激某一個特定區域時，病人會表示：「我看見我自己躺在床上，從上往下看的。但我只看到我自己的腳和下半身。[94]」

從那時起，布蘭克與亞茲開始針對這種現象進行文獻探討[95]，收集神經學、認知神經科學、神經成像等各方面的證據。他們認為靈魂出竅經驗是顳頂聯合區無法整合人本身五官所接受到的訊息而造成的，並推測顳頂聯合區的錯誤會造成自我經驗與思考的崩解，導致重疊影像、自我定位、觀點、「我」意識等靈魂出竅經驗者所看到的幻覺。顳頂聯合區旁邊的一個特別區域則和專門推理其他人心智的內容[96]，這也是需要辨別人我差異的能力。

採取他人觀點時還會啟動腦的另外一個部分：大腦前額葉腹側皮質，也稱做額極皮質。若這一區在兒童時期受到損傷，會造成觀點取替的能力受損[97]。這個區域應該是禁止的源頭，讓人能從自己的觀點轉移到他人的觀點。達馬修的研究小組對兒童時期這一區受過傷的成人進行道德測驗，發現他們的答案和行為都極度自我中心。他們表現出缺乏禁止自我觀點的能力，並且不會採取別人的觀點。不是在小時候就受傷，而是成年後才遭到這種損傷的人（例如蓋吉），比較能彌補這種能力不足。這顯示在成長的早期受損的這些神經系統，對於學習社交知識的影響非常關鍵[98]。

另外一些研究顯示，人腦的體感覺皮質區（這一區分成多個特定區塊，各自和身體特定部位的知覺相關），會在人從自己的觀點模擬一種情境時啟動。受試者要看一些手和腳的照片，有些很正常，有些則擺出痛苦的姿勢，然後從自己或他人的角度想像這些痛苦。兩種觀點都會啟動疼痛的情緒感受區域，但是只有當受試者採取自己的觀點時會啟動他們的體感覺皮質區，此時他們對疼痛級別的判斷會比較高，反應時間也比較短，傳達疼痛的通路也比較活躍*[99]。魯比與達西堤推測，個人觀點啟動體感覺皮質的現象有助於辨別兩種觀點：「如果我感覺到了，就是我自己（我感覺故我在），不會是別人。[93]」

有意思的是，採取第三人觀點時所啟動的區域和各種心智推理任務會啟動的區域是一樣的**。如果我們有意識地採取他人的觀點，並假設其他人和我們一樣，那麼模擬我們自己在他們的立場會有的感覺，很可能讓我們對他人狀態有準確的評估。然而如果我們採取和我們很不一樣的人的觀點，那麼模擬我們自己的心智狀態就不那麼有用了。當我們認為對方和我們很像，或是和我們極為不同時，我們的腦會不會使用不同的部位呢？一項新研究顯示的確如此[100]。當我們採取與自己相似的人的觀點時，連結自我參照想法的內側前額葉皮質區的腹側會啟動；而當我們在設想與我們不同的他人觀點時，會啟動內側前額葉皮質區比較背面的次區域。

判斷自己與類似於自己的人會啟動重疊的神經，這種現象讓我們回到了社會認知的模擬理論。

根據這個理論，我們會使用關於自己的知識來推論他人的心智狀態。我們使用不同的底質來思考和自己不一樣的人，背後的含意其實很有意思，尤其是在我們怎麼看待內團體或外團體的個體這個部分。當我們認為他人是我們團體的一份子時，我們會假設他和我們很像，也會模擬自己在同樣情況下可能的做法或感受，藉以預測他們的行為。這也許能解釋山姆和珮蘿歐林納兄妹的發現：在大屠殺期間救助猶太人的人當中，百分之五十二僅僅是因為「要表現並加強和他們所屬的社會群體的聯繫」而這麼做。然而當我們認為某人屬於外團體，出現的可能就不是模擬，而是另外一種處理程序。社會學研究顯示，人不會覺得非我族類的人會有和自己相同的情緒或情緒深度[101]。人會把自己的目標與喜好投射在與自己相似的人身上，對於和自己不同的人則比較不會這樣做[102]。這也許能解釋獄卒對犯人、相鄰的國家或宗教團體之間對彼此非人道的態度。雖然團體之別可能是非人道待遇的源頭，但如果你了解腦部的運作，團體之別可能也是有幫助的。人的確都不同，不是每個人都和你一樣，而且假設他們都和你一樣可是會出問題的。大受歡迎的兩性差異心理學書籍，例如《男人來自火星，女人來自金星》，把男人和女人放在不同的團體裡。這對焦急地等待電話的女人可能的確有所幫助。也許當她了解男人和女人的行為在某些方面的確有所不同時，她就不會那麼想要從自己的觀點來預測男人的行為了。

---

*明確地說，體覺皮質、前扣帶皮質、腦島雙側都會啟動。採取他人觀點的受試者的後側扣帶皮質、右顳頂聯合區、右腦島啟動得比較多，體感覺皮質不會啟動。

**內側前額葉皮質、左顳頂－枕骨聯合區，以及左顳極。

動物會採取別的觀點嗎？

觀點取替是人類獨有的嗎？我們是唯一能跳脫自己立場從他人的眼光看世界的動物嗎？這種能力暗示了自我覺知，我們會在第八章深入討論我們與動物的這個部分。這一直都是很具爭議的問題，但是研究這個問題的新方法（新觀點）顯示，靈長類可以在某些情況下做到這一點。萊比錫市馬克斯普朗克研究所的海爾和同僚研究發現黑猩猩在競爭食物時，能採用其他黑猩猩的**視覺觀點***103。過去都是用幫助型的任務來研究靈長類的心智推理能力，但這種研究方向可能是錯的。我們前面學到，黑猩猩在**競爭**的認知任務方面表現的技巧最好，因此研究人員利用這種特色，讓黑猩猩與人類（假設他叫山姆吧）競爭，山姆會在黑猩猩想拿食物獎品時，把東西移出黑猩猩的可接觸範圍。黑猩猩可以從一個不透明的障礙物後面接近山姆，也可以從山姆在看或是沒在看的方向接近他。山姆的目光會顯示他正在看的食物，而黑猩猩會自動避開那樣食物；就算山姆大部分的身體都面向食物，並且在搆得著食物的範圍內，牠還是會選擇接近山姆沒有在看的食物。此外，黑猩猩也偏好從不透明的障礙物後方接近食物，同時控制自己不要從透明屏障後接近食物。當黑猩猩開始從食物那裡走開的時候，如果山姆可以看見牠們，牠們會先走迂迴的路線，然後再回到屏障後方；不過如果屏障會擋住山姆，讓山姆看不見牠們離開食物的行動，或是沒有能回到食物那裡的隱藏路線，黑猩猩就不會為了拉開距離而繞遠路。研究人員指出這種間接接近的行為很令人吃驚，因為這顯示了可能受試者不只知道在接近競爭的食物時，躲起來不讓競爭對手看到是很重要的，還了解在某些情況下，掩飾自己想隱藏的意圖是有用的。

黑猩猩能採取他人的視覺觀點、了解他人看得見什麼，並且會在競爭的情況下主動控制局勢。這項研究也提出一些強而有力的證據，證明黑猩猩有蓄意欺騙的能力，至少牽涉到食物競爭的情況下是這樣。蓄意欺騙就是暗中操縱他人相信為真的事物。然而如我們在前一章看到的，黑猩猩不能解決錯誤信念的任務，但是兒童在四歲的時候就可以。雖然了解他人看見什麼，不等於能夠了解或是操縱他們的**心理**狀態，但是這些發現的確無可避免地引發更多問題，讓人對黑猩猩心智推理能力的賭注又提高了。海爾認為我們還必須確定黑猩猩知不知道他人聽見了什麼。牠們會不會像野外觀察所發現的，避免製造大聲的噪音以刻意控制情況[104-106]，牠們又會不會假哭叫以蓄意欺騙他人？目前還不清楚黑猩猩能不能採取他人的心理觀點，但是有跡象顯示牠們能做到某種程度。珮爾的研究顯示黑猩猩能呼應在影片中播出的情緒，例如看見黑猩猩接受注射的影片時，照片顯示黑猩猩觀眾會有相同情緒的臉部表情；這顯示牠們可能有情緒覺知，可能是我們比較進步的心理觀點取替能力的前驅能力[107]。

在得到這些研究結果之後，另一個研究團體決定要用競爭性的任務情況來測試恆河猴，看看牠們是否了解**看見了**就可以**知道**。先前在實驗室內測試猴子的心智推理任務得到的結果都是否定的。這些研究人員也建立了一個情境，讓猴子和實驗人員競爭食物。首先他們測試猴子在試著偷食物的時候會不會考慮實驗者的目光方向，結果是會：牠們會從實驗者背對著或是頭轉開的地方偷食物。而且牠們的洞察力還不僅止於此。牠們會從人的目光移開的地方偷食物，而不管人的頭有沒有轉開；牠們也會從眼睛被遮住的人那裡偷食物，但不會從嘴巴被遮住的人那裡偷[108]。

*影片可見於 http://email.eva.mpg.de/~hare/video.htm

於是他們開始好奇猴子知不知道沒有**看見**食物在哪裡的研究人員，也不會**知道**食物在哪裡。在這個實驗裡，有兩個放著葡萄的平台。猴子兩邊的葡萄都看得見。實驗者把葡萄放在平台上，接著坐在看不到葡萄的屏障後方。平台上有機關，其中一個平台會傾斜，上面的葡萄會滾下斜坡，但是實驗者看不到這個過程。猴子會馬上抓住要滾下去的葡萄，但不會去拿實驗者知道位置的那一串。當情況改變成實驗者還是看得見兩個平台的葡萄時，猴子就不會固定拿哪裡的葡萄。這樣的結果顯示恆河猴的確知道「看見了就會知道」。猴子知道實驗者看得見什麼，還有由於他看得見，他所能知道或不能知道什麼。這是研究人員第一次相信恆河猴的確有某種心智推理的能力，而且看來在競爭情境下最容易出現[109]。

另外一種社會型動物，就是人類最好的朋友：狗。科學家還沒有花很多時間研究狗，當然達爾文例外。然而最近狗頗有急起直追演員洛尼丹吉菲爾德之勢，也愈來愈受到尊重。過去關於狗的研究，一直受到牠們是「不自然的」物種的觀點阻撓；後來科學家了解到，狗和其他適應了本身職務的「自然」物種一樣，已經適應牠們的職務（以寵物的身分過活）至少長達一萬五千年（雖然ＤＮＡ證據顯示早在十萬年前就已經是了），這讓狗的社會認知的比較研究，有了較為豐碩的成果[110]。狗有一些和人類相似的社交技巧是黑猩猩沒有的[111]，牠們也和人類一起演化了數千年，所以這些社交技巧已經是天生的而不是學習來的，牠們也和遠古的狼親戚不一樣。狗知道人類會看見什麼，會把咬回來的球放在人類面前，如果人轉身了也不會放到人類的背後。狗會向看得見頭和眼睛的人類要食物，而不會向頭被水桶罩住的人要食物，這是黑猩猩無法自動做到的。狗不會接近不讓牠吃的食物，例如牠在障礙物後方，而食物就在人能看透的窗前時，牠們了解就算牠們看不見人類，人類還是可以看見食物。狗不需要競爭就會合作，牠們能找到人類藏起來但指給牠們看的食物，就算人類離開食物旁邊也沒問題。黑猩猩自己不會指，也不像狗一樣了解這種意圖。這可能是因為黑猩猩間缺乏合作精神。

馴養帶來了什麼樣的影響呢？一九五九年，貝亞夫博士開始在西伯利亞馴養狐狸。他只有一項選擇標準：牠們是否表現出無懼人類以及非侵略性的行為。換句話說，他選擇的是**禁止**恐懼和侵略性的特徵。這種選擇過程隨之而來的副產品，包括了很多型態上的變異，而這些變異都是在寵物狗身上會看見的，例如下垂的耳朵、向上翹的尾巴，還有像是邊境牧羊犬的雜色等。另外也有行為上的改變，像是繁殖期延長；還有生理的改變，其中很有意思地包括了雌性體內的血清素較高（已知能夠減少某些侵略行為），還有性荷爾蒙程度的改變，讓牠們能生出數量比較多的幼獸。牠們腦部調節壓力與侵略性行為的多種化學物質分量也有所不同[112]。將貝亞夫的研究與狗的馴化連結起來，顯示狗的社交技能可能是發展出來的副產品，而且是在調節抑制恐懼與侵略性的系統發展後開始出現。有趣的是這引發了一種論點：類人猿的社交行為有限是受限於牠們的性情：牠們無法合作，而且彼此的競爭相當激烈。這樣的說法現在也愈來愈受到認同。

也許人類的性情對於演化出更複雜的社交認知形式是必須的，也許非人類的靈長類抑制自我觀點的能力不足，因而限制了牠們的合作。海爾和湯瑪斯洛認為人類性情的演化，可能先於我們複雜的社交認知形式的演化。如果我們不能分享合作目標，那麼擁有能夠了解他人的高度成熟能力，對我們來說也沒有什麼好處。他們甚至大膽提出了一項假設，認為現代人類社會演化重要的第一步，是為了因應眾多控制情緒反應活動的系統而選擇的一種自我馴養。根據這個想法，團體裡的個人對他人若有侵略性或暴虐行為，不是會被排斥就是會被殺[111]。這是很有趣的論點，而且如果將多層級群體選擇主張一起列入考慮，可能就會形成一個合作且願意懲罰騙子的社會團體。

這些對動物觀點取替的研究顯示，我們的確和其他靈長類與社會型動物有共同的社交認知能力。這可能並不讓人驚訝。令人驚訝的是**我們**的社交能力有多麼廣泛。我們都有情緒認知的能力，還能模仿、觀點取替、某種程度地限制自我意識。我們和牠們都有鏡像神經系統，但是我們的能力比較強大，範圍也更廣泛。我們能自主地模仿複雜的動作，其他靈長類則沒有這項能力。

結語

人類有不費吹灰之力就能自願、刻意轉換**抽象**觀點的彈性。我們光靠想像就能操縱自己模擬的情緒。不同的觀點能讓人模擬不同的情緒，而且不需要任何立即的實質生理刺激就能做到。我們能用像語言或音樂這些抽象的工具，透過書籍、歌曲、電子郵件或是對話來傳遞情緒知識。我們在聽蓋希文的《花都舞影》原聲帶時，能感受其中的激動與思鄉情愁；我們在閱讀雨果的《悲慘世界》時會感到悲傷；看見作家貝瑞邁向四十歲的文章也會捧腹大笑。這樣的能力讓我們不需要親自經歷一切，也能了解這個世界，不必自己辛苦地學習一切。我可以告訴你昨晚聽眾對笑話的反應，你就知道說這個笑話管不管用（你不需要經歷尷尬的沉默或竊笑）；你可以告訴你朋友從帕索坐公車到火地島很有趣但也讓人累得半死，並且推薦他度蜜月應該改去大溪地。你朋友便可以從你的經驗中汲取教訓，免於婚姻破裂。我們能利用語言和想像模擬情緒，利用觀點改變我們的模擬，還能想像我們在過去或是未來的情況，這些能力使得我們的社交世界更加豐富，讓我們的模擬比其他物種更強大、更複雜。

第三部

身為人類的榮耀

其他的動物能欣賞藝術嗎？黑猩猩會凝視日落或是為拉赫曼尼諾夫的音樂著迷狂喜嗎？你的狗懂不懂滾石合唱團？人類是唯一的藝術家嗎？

第六章　藝術是怎麼回事？

用手工作的人是勞工，用手和用腦工作的人是工藝家；但是用手、用腦、用心工作的人是藝術家。

——耐瑟

你如何解釋藝術？人類是唯一的藝術家嗎？我們既然是天擇的產物，藝術對我們有什麼可能的演化優勢？如果你的祖先穿著一雙裝著椰子殼響板的眼鏡蛇皮鞋，迅速表演一段經典音樂劇歌曲〈大步邁向水牛城〉，難道獅子就會停下來考慮要不要放他一馬？隔壁部落的軍隊爬行穿過灌木叢，看見你們的營地時會不會在內心驚呼：「看看他們的木材排得多美！還有那個火堆真是雄偉！我們在想什麼？怎麼可以攻打這麼有創意的人，搶奪他們在火堆上烤熟的黑斑羚腿呢！」

或者藝術就像是孔雀的尾巴。「布魯諾用骨頭做出來的雕刻工具最可愛了，其他人都只是一群尼安德塔人，但是布魯諾可是藝術家呢。我覺得我要和他交配。」

還是一切都和地位有關呢？「布魯諾的刀具收藏居眾人之冠。他甚至有一把葛梅大師的刀。我知道，我知道，葛梅大師的刀什麼都切不斷，而且形狀也很畸形，但是很稀有喔！」

或者也許布魯諾弓起身子睡午覺的時候，他從眼角一瞥看見一條蛇朝他探頭探腦。他想起他父親告訴過他的床邊故事，說一個人曾經在看見毒蛇時假裝自己睡著了，等到毒蛇……他就抓住蛇，朝地上甩去。他一邊用自己可愛的刀子剝蛇皮，腦子裡一邊想著新的舞步；他覺得：「嗯，也許這些故事不只是哄我睡著而已。」

或者他是第一個迷人的法國佬？「喔，我的小寶貝，跟我一起回去在拉斯考克轉角的洞穴吧。我要讓你看看我刻在牆上的畫。」或者藝術是獻給神的禮物？「如果我能把這個舞步跳好，我們的狩獵成果一定會很豐碩，天氣也一定會很好。我最好不要搞砸，不要在該扭屁股的時候跳起來；要是那樣就糟糕了。」

那些醉人的節奏又怎麼說呢？跳舞比較整齊的部落就一定比零零落落的部落團結嗎？他們比較會協調狩獵行動嗎？鼓聲的節奏有春藥的效果嗎？帕華洛帝和唱歌求偶的鳥有什麼不一樣嗎？歌手米克傑格只是另一種孔雀尾巴，還是不只是這樣而已？藝術是人類特有的嗎？

解釋藝術是一個難題。膚淺的看法會把藝術當成蛋糕上的糖霜裝飾，我們只有在解決了一切之後，才會想到藝術。美學是不是我們創造了功能之後的附加物？「我做了一把椅子，現在我能坐下了。嗯，這東西看起來真無聊，我應該加個墊子讓色彩更豐富。」在房租、日用品、衣服、瓦斯、車子、保險、水電、退休帳戶、稅金都解決了之後，如果還行有餘力，那也許你會想到電影、音樂會、繪畫、跳舞課或是劇場製作。但它們的地位真的僅只於此嗎？也許藝術真的比較重要，也許它們不是蛋糕上的糖霜而已，也許它們都像烘焙粉或糖那麼重要；也許它們和我們的關係太過於密切，以至於也被我們視為理所當然。也許事物的美學品質根本就是我們感受的基礎，只是我們根本沒有意識到而已；而忽視美學的風險，我們得要自己承擔！美學是不是屬於我們腦中，我們愈來愈了解、愈來愈感到驚訝的一大塊無意識的部分？藝術是什麼時候演化出來的？有沒有證據能證明其他動物或是我們的祖先也有藝術？一定要先發展出大腦才會有藝術嗎？或是藝術幫助了大腦的發展？

顯然很多的藝術形式是人類獨有的。大猩猩不會演奏薩克斯風，黑猩猩也不會寫戲劇作品。其他的動物能欣賞藝術嗎？黑猩猩會凝視日落或是為拉赫曼尼諾夫的音樂著迷狂喜嗎？你的狗懂不懂滾石合唱團？我們身為人類是否需要藝術？藝術是否幫助了我們的大腦發展？鋼琴課和歷史課一樣重要嗎？我們是否應該花多一點錢讓我們的小孩接受藝術教育？我們是否應該捨棄糖霜的想法，不把這個當成我們有閒錢才要考慮的東西，而是列入基礎預算科目？

這些問題很多才剛剛開始討論而已。我們接下來要開始看看藝術是什麼，接著了解目前對藝術起源的了解，以及這如何幫助我們更了解創造藝術的大腦。我們還要聽聽演化心理學家的意見，最後看看最近的神經造影研究揭開了哪些祕密。

總而言之，藝術到底是什麼？

我們真的可以定義藝術嗎？我們會注意到的藝術謎團之一，就是那句常常聽到的話：「情人眼裡出西施」——或是「耳朵裡」。我們兩人一起去美術館，其中一人可能開心得不得了，但另外一個人卻覺得這些作品爛透了。我們可能會聽到別人嘟囔著說：「這個也叫做藝術？我說這叫做垃圾。」我們去聽音樂會的時候，其中一人可能會覺得這種音樂很高貴，另外一個人卻瀕臨起身離席的邊緣。走進一個房間裡，有人會感覺這裡溫暖、舒適又美麗，另外一個人覺得很乏味又無聊，小聲抱怨著：

「他的品味只是說說罷了！」我們馬上就知道我們喜不喜歡一幅畫。它會「吸引」我們，或者不會。

藝術是人類共通的事物之一。所有的文化裡都有某種形式的藝術，不管是繪畫、舞蹈、故事、歌曲，還是其他形式。我們會看一幅畫、聽一首交響樂、觀賞一場獨舞演出，同時有意識地了解這個作品是花了多少的時間和精力、投注了多少練習與教育（但可能也沒有）所完成的。我們能欣賞，但不表示我們會喜歡。我們要怎麼定義我們沒有共識的東西？但另一方面，我們不也**都**會看著荒野裡的滿天星斗讚嘆這美麗的景色嗎？我們不也都覺得一個喋喋不休的女人很可愛嗎？

迪薩娜雅克是華盛頓大學音樂學院的客座教授。她指出：「現代西方的藝術觀念是一團亂。[1]」她批評我們對於藝術的觀念受限於我們身處的時空；而形成現代美學的哲學家，則根本不了解史前藝術，或是世界上隨處可見的形式豐富的藝術，也不了解我們生物演化所形成的藝術。平克對於每件事都有深刻的見解。他提醒我們，藝術不只與美學心理學有關，還和地位心理學有關。要了解藝術，就必須先把這兩件事分開，但過去針對藝術的空談裡都沒有了解到這一點。地位心理學在何謂「藝術」的判斷裡，扮演了很重要的角色。就像豪宅或藍寶堅尼一樣，牆上的一幅畢卡索真跡其實沒有任何的實用價值，唯一的作用是顯示你的錢多得花不完。平克說：「品味與流行就是菁英份子彰顯自己的消費、休閒、憤怒的工具；當下層民眾開始模仿時，他們就轉而尋求新的、無法模仿的表現方式。如果不是制度經濟學家范伯倫和貝爾對這種現象做出好聽的解釋，這就只會是藝術難以理解的奇怪面向。[2]」

流行、建築、音樂等，一旦受到普羅大眾的接受，就不再帶有菁英氣息，也不會被視為是真正的「藝術」。因此，只要關於藝術的這兩種心理層面繼續糾結在一起，要定義藝術就是不可能的，因為大家所接受的定義會一直改變。然而如果我們能區分這兩種心理，我們就能純粹討論藝術的美學層面了。平克和迪薩娜雅克都把常見的東西納入他們的藝術領域，而不是僅限於精選的事物。你廚房的碗盤也可以像一幅畫一樣，讓你在美學上感到愉快。美學和藝術的金錢價值關係不大。然而在「藝術」的世界裡，一樣作品可以很美，但只要是贗品就一文不值。

平克繼續指出，對於藝術的地位方面的心理反應，在藝文學術界與知識份子間是禁忌的話題。就算科學或數學對於做出良好的選擇比較有幫助，但是對這些知識一竅不通是可以接受的；不過如果你喜歡流行歌手韋恩紐頓勝過莫札特，或是你不知道某篇冷僻的文獻，那就像是你穿著四角褲（只穿著這件）去參加正式晚宴一樣令人覺得不可思議。你的藝術選擇、你個人的喜好與對於休閒活動的知識，都是其他人判斷你的人格的依據。如果討論的是榔頭或是染色體，那通常就不會發生這種事。地位是怎麼變得和藝術息息相關是一回事，而我們為什麼會覺得某樣東西在美學上令人感到愉快又是另一回事。

美與藝術

有些人會說美與藝術無關。這可能是因為他們沒有把那兩種心理反應分開的緣故。你不會聽見人家說：「這是我看過最醜的畫了，我們把它放在餐廳吧。」但是在藝廊裡看見一樣糟糕的畫時，你會聽見人家說：「這是某某某最新的作品，他的上一幅作品是蓋提買下的。我覺得我應該要買這張放在我們紐約的公寓裡。」西班牙巴利阿里群島大學人類分類學實驗室所長，孔戴教授引述哲學家漢夫寧的話說：「畢竟會從事去藝廊、讀詩等種種行為的人，是為了追求美。[3]」交響樂團賴以生存的不是「周日評論說這首交響樂團是他聽過最不和諧又刺耳的一首曲子，樂評形容聲音像是用指甲刮黑板一樣。聽起來滿不錯的！我們去聽聽看吧。」我們會想要知道，有沒有舉世皆然的美學或美感。平克問：「心智裡的哪一個部分讓人能從形狀、顏色、聲音、笑話、故事和神話中得到愉快？[2]」

有字典是這樣定義藝術的：「人類盡力模仿、補充、改變或是反映自然產物的結果。以能夠影響美感的方式，有意識地製造或安排聲音、顏色、形式或其他要素；特別指圖像或是用可塑的媒材製作出的美麗事物。[4]」俄亥俄大學的璦肯把藝術分解為四項元素：

一、製作作品的藝術家，
二、作品本身，
三、觀察作品的人，以及
四、觀察者對作品的價值評價[5]。

《美國傳統辭典大學版》對美學有四項定義，讓我們一項一項來看。第一項定義是：「哲學的分支。討論美的本質與表現，例如藝術。在康德的哲學裡，這是形上學的分支，討論感知的規則。」哲學家一直在討論什麼是美的，而且他們已經討論了好幾個世紀了。從柏拉圖的理論開始的哲學討論，認為美是獨立於觀察者的（雖然觀察者是必須的）。如果一樣東西是美的，那它就是美的，不需要任何人的意見支持。過了幾千年以後，康德出現了。他關心的是物體對觀看者的美學價值：情人眼裡出西施。美從此成為一種判斷。

神經科學至少能研究康德對於感知與美學判斷的理論[6]。所以我們有「刺激」（物體或藝術家或一段音樂）還有「感官對刺激的感知」。接下來就是我們感知刺激後的情緒反應，這也就是美學的第二種定義：「對美與藝術體驗的心理反應的研究。」

事實上，對美的心理反應研究一直都稀稀落落的。美學研究向來和情緒研究落得相同的命運：不只是行為學家與認知學家會忽視這一部分，令人驚訝的是，連很多近代的情緒理論學家也忽視這個領域[7]。一般認為這種忽視是由於大家無法確定美學到底是認知，還是一種情緒，或甚至兩者都不是：美學其實是心理學領域的孤兒。美學是一種特殊的感受，既不是反應也不是情緒，而是一種「了解」這個世界的特定方式，是一種伴隨著正面或負面評價的感受。聽起來很熟悉嗎？這就像是在語言出現之前，提供給腦的「接近或不要接近」的資訊。事實上，我最近聽到這種說法：「我喜歡那間廚房，但是我說不出為什麼。我想你得解構這個廚房，逐一檢驗其中的元素才能找出原因。*」在情緒反應之後，我們得到一種無意識（內建的）或是有意識地（受到文化、成長背景、教育和傾向影響）形成的判斷，讓我們知道自己是否覺得輸入的資訊是美的。

這和我們的第三種美學定義有關：「對於何者可稱為是藝術或是美麗的觀念。」西北大學的心理學教授諾曼認為美有三個層次：**表面的美**，是發自內心的立即反應，是由生物性決定的，世界上所有的人類都一樣；接著是**活動或行為的美**（寶馬跑車在高速公路上奔馳的樣子）；最後是**有深度、意義、涵義的美**，諾曼稱之為思考的美。思考的美是有意識的，受到個人的文化、教育、記憶、經驗影響，也就是所有會影響你這個人的東西[8]。因此美學判斷有兩種，一種是發自內心、無意識的，另一種是有意識的、經過思考的。

最後我們要看美學的第四種定義：「在藝術上美麗或令人愉快的外表。」韓福瑞想從感知的角度來處理美的問題，因此他試圖定義所有「美的事物」共通的特定感知特質**。他從尋找「美的本質」和「感知到的元素」兩者間形成的關係出發。我們會聽見一段旋律並且覺得它很美，但是我們不會覺得單獨的B降半音或是A本身之類的很美。是它們組合在一起後，不同音符間的關係形成了美。但是這樣對我們的幫助不大。我們當然能說這樣的關係很美，但是什麼樣的關係是重要的？又為什麼重要？為什麼無止境的B降半音和A的顫音不美，但是當它們放在對的位置，快速滑過時就會讓人覺得美？

韓福瑞引用詩人霍普金斯的作品來說明。霍普金斯定義的「美」，是差異所淬鍊出來的相似；韓福瑞基於此建立了一個假設：「美學偏好起源於動物與人，想要透過經驗來學習怎麼為世上萬物分類的傾向。自然界或藝術上美麗的『結構』能夠協助分類，因為這是物體間『分類學上』的關係的證據，而且這種呈現方式具有知識性又很容易理解。[9]」韓福瑞暗示我們做出美學判斷的能力是學習的

---

*莫琳・葛詹尼加。

**韓福瑞說：「我認為靈長類較高的智力官能，是為了適應社會生活的複雜性所演化出來的。」摘自 Humphrey, N.K., The social function of intellect. 收錄於 In Bateson, P.P.G. & Hinde, R.A. (eds), *Growing Points in Ethnology*, Cambridge, Cambridge University Press, 1976.

基礎。

十九世紀的霍普金斯沒有神經科學的幫助，柏拉圖時代也沒有。但是現在情況不一樣了，事情也變得更有趣了。挪威卑爾根大學的心理學家瑞伯、密西根大學的心理學家舒瓦茲、加州大學聖地牙哥分校的心理學家溫凱爾曼，都利用神經元處理來討論美的問題。他們認為由美學享受所定義的美，是感知者處理動態的一種功能。感知者對於物體的心智處理愈流暢，他們的美學反應也會愈正面。這個理論有四項假設：

一、有些物體處理起來比其他物體簡單，因為它們具有像是對稱性等某些腦部用內建機制就能處理的特色，所以腦可以快速處理（我們稍後會深入探討這些特色）。但是處理的難易程度也會受到感知誘發或觀念誘發所影響。

二、當我們感知到一樣我們能輕易處理的東西，我們會有正面的感受。

三、除非我們質疑這項輸入的知識價值，否則這種正面的感受能讓我們對某物是否令人愉快做出價值判斷。

四、這種流暢處理對你造成的影響，會受到你的期望或是你加諸於其上的意義而調整。如果你去高級百貨購物時很喜歡那裡演奏的鋼琴音樂，你就會有正面的心情。接著你看見一個你喜歡的紅色包包，你在這種正面心情裡買下它的可能性比較高。然而在我們走進商店之前，我可能會告訴你：「不要讓鋼琴聲影響你。他們這樣做只是為了要讓你有好心情，然後你就會買更多東西。」那麼當你看見那個包包時，你就會比較有意識的判斷你到底喜不喜歡。

然而就算處理程度的難易會形成腦中內建的偏好，不同的經驗還是會增加你對新領域的處理流暢度，新的神經連結也會建立，而這些都會影響美學判斷[10]。經驗可以加強你的處理流暢度。你第一次看見一種新的建築風格時，可能不是很喜歡，但是多看幾次以後，你就愈來愈喜歡了。這套理論最美的地方在於可以用來說明很多過去讓大家疑惑的不同發現。我稍後會回來談這個。

霍普金斯把對於「美麗的」物體的美學判斷，分解為感知與視覺或聽覺成分，然後分析他認為導致他做出這種判斷的因素，暗示這些可能是舉世皆然的規則。瑞伯、舒瓦茲和溫凱爾曼假設有某些東西是天生就很容易處理的。諾曼認為我們對表面的美的立即反應是生理決定的。科學能不能告訴我們，在大腦裡到底有沒有一套內建的美學偏好普世準則呢？

美學判斷有沒有普世成分？

我們的美學偏好當中有沒有某些成分是舉世皆然的、和動物共享的呢？如果有，這些偏好是什麼時候進入實際的藝術製作的？過去能幫助我們嗎？我們能指出藝術首次出現的時間嗎？這點我就不賣關子了，答案是不行。我們可能永遠都不會知道我們的祖先首次感知到一項刺激，然後做出這是「美的」價值判斷的時間。第一隻靈長類是什麼時候看見夕陽，並覺得這景色壯麗動人的？是在我們從我們的共同祖先分支出來之前還是之後？有沒有任何證據能證明黑猩猩也有美學感受？黑猩猩對於某些自然現象的確有情緒反應。珍古德形容在岡貝國家公園裡有一座瀑布，她曾在那裡多次觀察到黑猩猩，發現牠們到達那裡後會狂野地跳舞，也就是有節奏地輪流搖擺雙腳；然後牠們會坐下來觀看傾洩而下的水[11]。黑猩猩的腦袋裡在想什麼沒有人知道，牠們是像小孩到海邊一樣的興奮？還是牠們感受到敬畏的情緒？牠們是否在做美學判斷？（「我喜歡這個」並不一定能詮釋成「我覺得這很美」）牠們真的能做出美學判斷嗎？

有藝術天賦的黑猩猩？

有些黑猩猩，特別是年幼的黑猩猩，拿到鉛筆或顏料時會全神貫注地使用，專注到會忽略平常最喜歡的食物，構思自己的作品時還會對其他黑猩猩置之不理；習於繪畫的黑猩猩如果看見管理員手上有繪畫材料時還會向他們乞求，在繪畫過程中被打斷也會陷入盛怒。阿爾是有一隻沒有被馴服的黑猩猩，牠會拒絕使用削尖的棍子或是鈍頭的鉛筆作畫，可見有些黑猩猩真的很喜歡畫畫，對於作品還有點挑剔。黑猩猩會在紙的範圍內作畫，還有一隻黑猩猩在開始作畫前會先在角落做記號[12]。一隻叫做剛果的公猩猩的三張系列作品，最近在拍賣中以一萬兩千英鎊賣出[13]。

莫里斯主要的研究對象是剛果，但他也研究其他靈長類畫家的作品。他指出黑猩猩與人類藝術有六大共通原則：這是一種自我犒賞的活動，有創作性的控制，有各種線條與主題的變化，也是異質性與普世意象的最佳表現[12]。跨文化的兒童藝術和素人藝術彼此的意象與表現都很相似，而黑猩猩之間的繪畫也很相似。莫里斯將人類藝術中的普世意象部分歸因為身體肌肉的活動以及視覺系統的限制；受過訓練的藝術家比較能夠控制自己的肌肉組織。而且莫里斯還認為，練習會使得第三種影響力更加顯著——心理要素。

然而從作品來看，剛果並不是色彩大師。如果只給牠顏料，牠會全部混在一起弄成棕色以後再使用。研究人員曾經給牠沾好顏料的刷子，顏料用完以後再給牠沾上另外一種顏色的刷子。這樣是為了研究牠畫畫的筆跡。在用新顏色的顏料之前，原本的顏料會先乾掉，筆跡就不會混在一起。但如果讓牠自己拿刷子沾顏料，牠就不會等之前的顏料乾，而是馬上刷上新的顏料，把顏色和筆跡都弄得髒兮兮的。雖然牠會發出自己畫完了的信號，但是如果把同一張紙在其他時候交給牠，牠還是常常會重複畫在上面。畫完一張作品後，牠對它就失去了興趣，不會為了愉快而觀賞這張畫。牠畫畫的時間很短，每張畫不會超過幾分鐘，這凸顯了一個問題：牠之所以結束畫畫是出於牠的美學判斷，還是只是因為牠能專注的時間已經到達極限？尤其是牠在不同的時間，會在同一張紙上重複作畫。有意思的是牠還會嘗試各種技巧，像是在畫作上尿尿，然後把尿液灑在周圍，接著在畫作上滴水以達到相同的效果。牠也會嘗試用牠的梳毛刷還有指甲作畫。創新很重要。不過莫里斯研究的黑猩猩當中，沒有一隻能創作出可辨識的圖像。

至於創作的控制，莫里斯引用了德國演化生物學家任許教授所做的研究。任許想知道動物有沒有圖案偏好，因此測試了四種他感到好奇的物種：兩種猴子，僧帽猴（捲尾猴屬）和長尾猴（長尾猴屬），還有兩種鳥類，穴鳥和烏鴉。他向這些動物展示一系列的卡片，有些是規則的、有韻律感的圖案，有些是不規則的記號。

在幾百次的測試之後，任許發現這四種動物都比較會選擇規則的圖案。他得到的結論是：「當要選擇在白紙上不同的黑色圖案時，猴子傾向幾何圖案，也就是比較規則的圖案而非不規則的圖案。穩定的線條軌跡、放射狀或是雙邊對稱，還有同樣元素在圖形中的重複（韻律）都很有可能是決定偏好的要素……實驗中的兩種鳥類都比較偏好規則的、對稱或有韻律感的圖案。大多數情況下，偏好的百分比具有統計學意義。也許這種偏好是比較高的『複雜度』所造成，也就是同樣元素對稱的與有節奏的重複會比較容易理解（喜好重複的事物）。*」莫里斯指出，包括對稱、重複、穩定、節奏等這些重要元素，不只是在動物選擇圖案時會吸引其目光的基本要素，而且也會在製造圖案的過程中出現。我們「對秩序而非渾沌、對組織而非混亂會有正面反應。」我們從這些研究中可以看到，很多物種都偏好特定種類的視覺圖案，而人類也有同樣的偏好。看來偏好圖像裡的某些成分是有生理基礎的。

最早的人類藝術

為了尋找我們直系祖先投入藝術的起源，我們必須看看考古發現的手工藝品能告訴我們什麼。顯然我們永遠不會知道，人是在什麼時候因為開心而串起音符，哼唱出最早的旋律；很多裝飾性的藝術存在時間也很短暫，因為它們可能是用羽毛、木頭、繪畫或是陶土所製成的。因此我們只能藉由觀察殘存下來的工藝品來探討這個問題，像是存放起來的染料、工具、貝殼與骨頭珠子，還有像是在南法和澳洲荒野能見到的岩石藝術。我們等一下也會討論音樂。

石製工具到底是不是創意的成果，這個問題引發了一些爭議。目前已在直立人遺骸中發現石製的手斧，歷史有一百四十萬年之久[14]。另外還發現可追溯到十二萬八千年前之久的例子。雖然黑猩猩有時候也會用石頭當作工具來敲開堅果，甚至在樹之間移動時還會帶著某塊石頭在身上，但是野外觀察從來沒有發現牠們會刻意敲薄石頭以**製作**工具[15]。早期手斧的基本設計與製作技術，數千年來都維持穩定，並且可見於廣大的地理範圍。手斧看起來是沿著抗拒力最小的範圍被敲薄，而且形狀也受到限制，不像是心裡已經有打算的樣子之後才製作的形狀。後來的例子就開始有所調整，有比較讓人喜歡的對稱性、特別的彎曲花樣，還有不同的長寬比例。石製手斧到底是不是只代表了一種模仿能力[16]，或是其實是創意想像力的早期表現，這個問題目前依舊有很多的爭議。

英國考古學家米騰認為要將各形各狀的石頭製作成斧頭，可能暗示了人類具有創造力[15]。但我們關心的不完全是創造力，創造力可以做出只有功能性的物體；我們關心的是有美學吸引力的藝術。迪薩娜雅克指出，直立人製作的某些手斧是由布丁岩（礫岩）所製成，很多人都覺得這些比用燧石做的美，但燧石的手斧比較多也比較好用，這顯示他們可能也有點在意外表。到了二十五萬年前，由智人所製作的手斧則在雕刻的中央放了化石（是對稱性的！）。有些斧頭經過電子顯微鏡的檢驗發現根本從來沒有使用過[1]。也許它們之所以會保留下來是因為它們的美學吸引力。不過雖然有藝術感存在的證據，看來還是相當有限。

關心人類藝術起源的研究人員分成兩個陣營。一些人相信曾發生過爆炸性的事件[17]，人類的能力與創造力在大約三萬到四萬年前突然出現重大改變；另外一些人相信過程是漸進的，而且藝術的根源可以追溯至數百萬年前。就把這些爭議留給各有立場的他們吧，我們要從大家都同意的一點出發。雖然有證據顯示，在四萬年前的數千年之前，就已經出現裝飾性的手斧、珠子、赭石粉，但是目前所發現，數量驚人的工藝品大約都是集中在四萬年前製作的。**當時**的確發生了藝術與創意活動的大爆炸，包括從澳洲到歐洲所發現的洞穴繪畫與雕刻等例子，還有一萬件從歐洲到西伯利亞都有發現的象牙、骨頭、鹿角、石頭、木頭、陶土的雕刻品，以及各種成熟的工具，像是縫衣針、油燈、魚叉、擲矛、

The Biology of Art, p. 161.

鑽柄、繩索等。

很多考古學家得到的結論是，這個創意大爆炸代表了智人一系的基礎演化事件。我們的大腦發生某種改變，拓展了腦早期的創意能力，某種只有智人才有的東西。記得第一章講到的大約在三萬七千年前出現的微腦磷脂基因變異嗎？突然間，大約在四萬年前，當生活不是那麼好過的時候，在那個有傳染病、有狩獵意外、人的壽命比較短，而且沒有便利商店、名牌普拉達或亞曼尼的時代，解剖學上為現代人的智人，在前所未有的創意與美學活動爆炸中開始畫圖、穿戴首飾，還想出了一堆新的、有用的器具。為什麼他們會這麼做？這能讓我們對自己的大腦有什麼樣的了解？

藝術起源的演化理論

達爾文認為美感是一種智力官能，是天擇的結果。之後也沒有人多加思考這一點，直到迪薩娜雅克出現才有改變。她認為藝術是**生理**行為！她的論點是基於多項觀察而來。首先，歌曲、舞蹈、說故事、繪畫都存在於所有文化之中。在大多數的社會裡，藝術都是人類活動不可或缺的一部分，並且會耗費可觀的可用資源。舉例來說，在奈及利亞奧韋里部落裡，負責建造、粉刷儀式用的房屋的男人，有長達兩年的時間不需要參與大家的日常工作。藝術讓人愉悅，我們的動機系統會追求藝術，是因為它能給我們感覺愉快的回饋。小孩子很自然地就會跳舞、畫畫、唱歌。和達爾文一樣，迪薩娜雅克認為創作藝術是經由天擇演化出的行為，而在藝術背後的基礎行為傾向，是她所謂的「要與眾不同」。

讓某事物與眾不同暗示了意圖，而這意圖就是要藉由該事物所使用的節奏、質感、色彩，訴諸情緒，讓該物體或行動有別於尋常事物。迪薩娜雅克認為「要與眾不同」是增進團體和諧性的行為，進而提供生存優勢，因為和諧的團體能夠增加個體的生存機率。她認為在過去，人要從平凡中做出東西，就必須落在魔法或超自然的領域，利用儀式這種形式來呈現，而不像今天能純粹出於美學動機。

只要是人稱為「藝術」的事物，就是人認可了這東西在某方面與眾不同。將「要與眾不同」視為藝術這種行為的主要動機，就能涵蓋很多種行為，並且跳脫什麼是「好的藝術」的價值判斷。我們不再需要把藝術想成是為了藝術而創作的，這樣也比較好在演化的背景中來解釋它。雖然很多人可能會認為藝術的起源來自於單一的動機，例如身體的裝飾品、創意的衝動、排解無聊或是溝通，但是迪薩娜雅克認為藝術是由多個部分所拼湊而成的，包括操縱能力、感知、情緒、象徵主義還有認知等；同時伴隨著其他人類特色一同出現，像是製作工具、需要秩序、語言、形成種類、形成符號、自我意識、創造文化、群居、適應能力等。她指出就人類演化而言，藝術是「為了幫助或是美化具社交重要性的行為，尤其以儀式為最；儀式中會表現並傳遞通常具有神聖的或性靈本質的團體價值觀。*[1]」

你可能還記得那個研究性擇的米勒，他也認為藝術是性擇的結果。他提出有創意的個體繁殖成功的機會比較大，並認為藝術就像孔雀的尾巴一樣是一種適應性指標。愈精細、愈複雜、愈誇張的藝術作品需要愈高超的製作技術；藝術品維持生存的功能愈低，就愈能做為一種適應性指標。這樣的作品傳達的意思是：「我很會找食物跟住所，所以我才能花一半的時間來做這種看不出有生存價值的東西！選我和你交配吧，這樣你就會有跟我一樣有辦法的超強後代。」米勒說：「孔雀的尾巴、夜鶯的歌聲、亭鳥的巢、蝴蝶的翅膀、愛爾蘭紅鹿的鹿角、狒狒的臀部，還有齊柏林飛船發行的前三張唱

---

* *What Is Art For*, p. 167.

片[18]」，都是性擇的適應性指標例子。我猜他不像其他人那樣喜歡齊柏林飛船第四張專輯的「通往天國的階梯」。

平克倒是不覺得藝術有適應性功能，他覺得藝術品是大腦其他功能的副產品。他指出，迪薩娜雅克認為藝術有適應性功能的假設基礎——它們幾乎出現在所有文化裡、耗費很多資源、而且令人愉快——也同樣適用於消遣用的吸毒，但不會有人說吸毒具有適應性價值。

從演化心理學家的角度來看，在我們祖先的生活環境裡，與生理健康有關的需求是激發我們的腦的動力，包括食物、性以及成功的繁殖、安全和注意獵食者、友誼、地位。達到了這些目標後，身體會回饋給我們愉快的感受。我們狩獵並捕抓到了瞪羚，津津有味地嚼著肉的時候就得到了愉快的感受。人類的腦也有了解因果關係的能力，並且會用這種能力達到某些目標。「如果我獵到瞪羚然後殺了牠，我就會有東西吃」（而且會無意識地得到愉快的感受回饋）。平克認為大腦把一切湊在一起，然後了解到：就算沒有做出為了達到目標的那些努力，還是可以有愉快的感受。為了消遣而吸毒也是方法之一。另外一種方法，就是透過本來就會在體驗促進適應性的感受時傳送愉快信號的感官了；因此我們在吃又甜又充滿油脂的甜食時，例如果醬甜甜圈，我們就會得到愉快的信號。

在我們祖先生活的環境裡，擁有尋找甜食（成熟的水果）和油脂的動機一定有助於我們的適應性，因為這種食物當時很難找，而且對生存有益。不過我們都知道在糧食豐富的現代繼續這樣吃會有什麼後果了。雖然擁有強烈的、難以抵抗的吃甜食與油脂食物的動機，已經不再有助於我們的適應性，但是那樣愉快的感受依舊會讓我們想要這麼做。消遣性的吸毒讓人不需要努力達到目標也能引發愉快的感受。聽音樂會讓我們愉快，但似乎對於我們的適應性沒有幫助……或是有幫助？不過平克並不心胸狹窄，他也聽了加州大學聖塔芭芭拉分校演化心理學中心主任圖比和科思麥蒂絲的說法。他們有不同的想法，他看來也很感興趣。

這可怪了

圖比和科思麥蒂絲一開始也同意藝術是副產品，但現在他們不認為這套理論能回答所有問題了。他們認為「幾乎所有以人性為中心的現象，從演化的角度來看都是令人疑惑的異常現象。[19]」特別奇怪的是他們所謂的**虛構經驗的吸引力**，存在於故事、戲劇、繪畫或是任何想像力的產物中。如果這些現象不是跨文化地存在（會參與虛構、想像的世界也是人類另外一種普世現象），沒有演化心理學家會預測得到這些。

奇怪現象名單上的下一項：參與想像性的藝術是一種自我獎賞，沒有任何**明顯的**功能性收穫。為什麼人會坐著觀賞情境喜劇或是閱讀小說、聽故事？這是否只是浪費時間？他們只是一群整天賴在沙發上的懶惰蟲嗎？為什麼大腦會有一套回饋系統，使得虛構的經驗讓人感到愉快？為什麼我們寧願在雨天的下午看懸疑小說而不是閱讀比較有用的車子修理手冊？又為什麼我們在看故事或是電影的時候，會產生某些特定的心理反應，而不是其他的？為什麼我們會有情緒上而不是生理上的反應？我們可能會被電影嚇到，但是我們不會跑出戲院；如果我們覺得害怕又為什麼不跑走？為什麼我們不會出現看到蛇的那種無意識的反應？然而我們可能還會記得電影裡的景象，並且根據記憶行事：我們看完電影《驚魂記》後，可能都不敢把淋浴間的門關上。看起來人類有一種特別的系統，讓我們能進入想像的世界。

讓這齣戲在想像世界裡上演的神經元機制可能會選擇性地受損。自閉症兒童的想像力嚴重受限，但智力通常都很正常，顯示想像力是一套專門化的次系統，而不是一般智力的產物。兒童在大約十八個月大時就開始會假裝演戲，這大約與他們開始了解其他心智存在的時間相同。嬰兒怎麼能了解香蕉既可以吃，又可以拿來假裝是電話筒？沒有人會某天把他拉到一旁告訴他：「兒子，香蕉是一種食物，但是因為它長得很像電話筒，所以我們可以假裝……等一下，我要解釋的就是**假裝**。這樣說吧，我們可以用香蕉來代替電話筒。它其實不能用，但是如果我們想要玩，就是說……」小孩怎麼能了解假的東西？他要怎麼知道什麼是真的，什麼不是真的？

區分假裝與現實

羅格斯大學的心理學家萊斯里提出了一個特別的認知系統，負責區分假裝與現實：一套脫鉤機制。他寫道：「會感知與思考的有機體，應該會盡可能把事情弄清楚。但是假裝卻完全不顧這個基本原則，我們在假裝時會刻意扭曲現實。奇怪的是這種能力不是智力發展所清醒地累積而成的，反而是在兒童發展初期以戲謔與早熟的樣貌出現。[20]」圖比和科思麥蒂絲的結論是，既然我們的適應力能幫助我們避免混淆事實與虛構，而且似乎還有一套回饋系統讓我們能享受虛構，這暗示了虛構的經驗是**有益的**。這對小說家真是天大的好消息！不過是什麼樣的益處？

為了要成功了解世界，人需要精確的資訊，畢竟生存就靠它了。因此一般人應該要比較喜歡閱讀真實而非虛構的故事。但其實他們都寧願看虛構的電影而非紀錄片，喜歡歷史小說而非歷史讀物。然而當我們真的需要精確的資訊時，我們會去看百科全書而不是斯蒂爾的言情小說。

有益適應

為什麼我們會這麼喜歡想像的東西？為了回答這個問題，還有我們為什麼會演化成有美學反應，圖比和科思麥蒂絲提醒我們有益適應的適應性改變能以三種方式進行，可以是為了適應外在環境，改變行動或外表以增加性遭遇（又是米勒的性擇理論）。這些改變包括合作（迪薩娜雅克的理論）以及其他的共同行為，例如侵略性的防衛、棲息地選擇還有餵食嬰兒。適應性的改變也可以是為了增加身體健康而產生，例如吃糖和油脂所得到的愉快回饋、嘔吐以排出有毒食物，還有睡覺。最後，改變也會發生在腦部。腦部關於有益適應的改變包括遊戲和學習的能力，這也是圖比和科思麥蒂絲覺得我們應該專注探討的部分。

> 我們認為在生物的壽命中，從生理與資訊兩方面組織腦部的任務，是人類發展中最難搞的適應性問題。我們相信建立大腦並且讓每一項適應能力準備好、盡可能發揮自己的功能，是完全被小看了的適應性問題。我們認為其實人在發展過程中，演化出了一整套的發展性適應能力來解決這些適應性問題；其中有很多適應能力可能是存在的，但它們的存在卻大多都沒有受過檢驗。因此除了以世界與身體為目標的美學之外，還有一個以大腦為目標的美學的複雜領域。

美學經驗會讓我們的腦運作得更好嗎？韓福瑞是否說到了重點？他認為美學是學習的基礎，這種暗示對嗎？

我們的大腦與生俱來很多內建系統，但是和電腦不同的是，你灌了愈多軟體，就會形成愈多的內在連結，腦也會運作得愈快愈好。舉例來說，我們有準備好學習語言的語言系統，但是並沒有寫入特定的語言。硬體已經在那裡了，但是軟體還沒裝。發展語言適應力所需要的某些資訊，已經很方便地儲存在外在世界裡，但你必須要輸入。只要可靠的資訊能夠儲存在外在世界裡，基因體就不需要那麼複雜。不只是語言如此，視覺系統和其他系統也有某些部分是這樣。圖比和科思麥蒂絲相信我們的美學動機可能演化成為了指導系統，刺激我們去尋找、偵查、體驗世界的不同面向，讓我們的適應力發揮百分之百的能力。我們這麼做就會得到愉快的感受做為回饋。

以這樣的論點為基礎，兩位研究者認為神經認知適應力有兩種模式。一種是功能模式，一旦啟動運作，就會開始進行它原先設計要做的事。語言系統的功能模式就是說話。另外一種模式是組織模式，也就是建立適應能力，並且將功能模式開始運作需要的所有東西組合起來，寶寶牙牙學語發展語言系統就是一例。組織模式是發展功能模式所必需的。沒有刺激組織模式的著名例子，就是在法國阿貝倫地區發現的維多（楚浮的電影《野孩子》的故事）。這個小男孩在一七九七年的時候被人發現獨自住在法國的荒野中；過了三年後，他在大約十二歲時終於願意讓其他人類照顧他。然而此後他一直都無法學會語言，只會講幾個字而已。現在我們知道如果要學會說話，就必須要在年幼的時候暴露在語言環境中。看來人必須在一個關鍵時期接觸特定的刺激才行。鳥類也有學習的關鍵時期。年幼的蒼頭燕雀一定要在性成熟之前聽見成鳥鳴叫，不然就永遠無法學好那錯綜複雜的歌曲[21]。

還有其他的適應能力也必須在關鍵時期建構完成，雙眼視覺就是其一。據信人類兒童雙眼視覺發展的關鍵時期是一歲到三歲之間[22]。每一種適應能力的組織模式都應該包含不同的美學成分。圖比和科思麥蒂絲的解釋是，這樣一來由美學驅使的行為看起來只會像是非功利性的，因為我們是從為了適應**外在**世界而不是大腦的**內在**世界的改變來分析。我們會看到一些非功利的行為，例如跳舞，但是我們不會看到這如何影響了腦部的發展。「天擇是冷酷又迂迴的工頭，為了引誘你在空閒時間從事這些具改善性質的活動，就讓這些活動給人愉快的感受。」跳舞很好玩——也就是這樣感覺很好——所以我們去跳。當外界的代價不是太高，我們也不用擔心要競爭食物、性、遮風蔽雨的地方時，就會發生這樣的事。而我們小時候最常出現這些情況。

圖比和科思麥蒂絲的結論是這段討論中最重要的部分：「這種投資的回報**在生命周期的初期比較大**。當時的競爭機會比較低，適應能力也還沒發展得很好，個體能期望現在對於增加的神經認知組織的投資，會讓她在之後較長的壽命中得到好處。因此我們認為，雖然兒童對於樂趣與美的標準可能會跟我們不太一樣，但在這個充滿美學的世界裡，他們應該會以他們行為上不可或缺的美感為依據來生活。」值得一提的是，雄性黑猩猩一旦成熟，開始爭奪交配對象與社會地位時，牠們就比較不想要畫畫了[12]。因為外在的代價變得太高了。

對於根本就沒有意義的先天或後天的爭論，圖比和科思麥蒂絲的答案是，我們擁有已經編碼為某些適應能力的基因（先天），但是為了發揮所有的潛力，我們就必須要有某些外在條件（後天）。「先天的念頭（與動機）是不完整的念頭……我們在演化中所繼承的，和白紙相比要來得豐富許多，但是和完全發展的人相比又來得貧乏許多。」他們認為藝術不是糖霜，而是烘焙粉。

兩人接著又提出關於美的演化理論，不過他們也承認這個理論不是很有內容。「人覺得某樣東西很美麗，應該是因為它呈現出了一些線索，暗示即使沒有關鍵的理由，在人類演化的環境中持續對它投注感官注意力還是有益的，從異性到獵物到他人展現的複雜技巧都算……然而美麗的實體種類又多又包羅萬象，唯一的統一原則就是，我們演化出的心理架構讓這些經驗具有讓人得到回饋的本質，激勵我們持續關注它們。」他們不相信美有一套普遍的規則，但是有許多具有嚴格原則的分支，會依照性吸引力、地表景觀等各種應用情況而有所不同。

他們舉了一個例子，很多自然現象都被視為是美的，像是滿天星斗、自然景觀、瀟瀟雨聲、流水潺潺等。當我們在溫暖的夜裡窩在躺椅上、在營火旁舒服地望著荒漠的夜空（能看見很多星星的地方），或是在普羅旺斯艾克斯城，靠著廣場上的椅背，凝視枝葉濃密的法國梧桐，聆聽噴泉的汩汩聲響時，我們感受到的是輕鬆的注意力帶來的愉快（正面的情緒反應）。但為什麼是輕鬆的？他們覺得組織模式的適應能力，使我們天生就有一套面對這些不變的現象的程式，我們無意識地知道這些事物聽起來或看起來應該是什麼樣子。它們是系統預設的模式，而且是美學上令人愉快的，是和真正的感知做比較的測試模型。這樣的景色符合我們對於潺潺流水與茂盛的綠樹的內在原則。當出現與預設模式不同的刺激時，就會使得我們對它更加注意。當鳥和青蛙不叫了，當星星消失了，當潺潺水聲變成洪流，我們就會集中注意力了。

那麼這和我們深受虛構經驗的吸引有什麼關係呢？圖比與科思麥蒂絲認為這能增加適應力組織經驗發生的機會：以先天為基礎的後天培養。例如捉迷藏之類的假裝遊戲可以發展出一些技巧，而先在遊戲中學到這些技巧，好過等到實際需要使用時才學。在捉迷藏中學會躲藏、逃離掠食者、跟蹤或尋找食物，而不是在實際有生存需要時才學習這些技巧，有助於我們適應環境。如果你記得的話，遊戲的數量也和大腦尺寸有關。我們之前從對真實生活的演習、減輕壓力、性擇等角度討論過遊戲，但是沒有從想像力的角度來討論過遊戲。我們小時候讀過「狼來了」的虛構故事，我們記得他在故事裡的結局，因此不需要從日常生活中真正學到痛苦的教訓。我們聽過的虛構故事愈多，不需要親身經歷就能熟悉的情境也就愈多。如果我們在生活中碰到了相同的情況，那麼我們就有豐富的背景資訊可供參考：「同樣的事也曾發生在電影裡的莎莉身上，她是怎麼做的？嗯，那樣還滿成功的，我覺得我要試試看。」值得一提的是，世界文學裡的情節變化看起來是有限的，它們都與演化所在意的事物相關，例如免受掠食者侵害、親代投資、與親屬與非親屬間合宜的關係、配偶的選擇等等。所有的虛構故事都利用了這些主題[23]。

有心智彈性

讓我們能利用這些虛構資訊的核心能力，就是萊斯里所說的脫鉤機制，這個機制讓我們的腦能區分虛假和事實，而且看來是人類特有的。圖比與科思麥蒂絲認為，人類與其他物種利用**偶發的真實資訊**的數量大為不同。我們能將資訊分類為永遠為真、只有周四為真、只有相關人士說的為真、在冬天之前做才為真、在柳橙樹為真但在李子樹不為真、過去為真但現在不為真、在山中為真但在沙漠不為真、在獅子為真但在瞪羚不為真、喬許在談到莎拉時為真但說到蓋比就不為真等等的種類。**我們運用偶發的真實資訊的能力是獨一無二的**。我們的腦不只會儲存絕對事實，還會儲存只會暫時為真或在某地區或針對特定某人為真的資訊。我們能把資訊分解成好幾個部分，和其他資訊分開儲存。我們也能混搭不同時間、地點、輸入型態的資訊，還可以根據資訊來源做出推論。因此我們能夠區分事實與虛構，並且知道這間店在夏天的時候每天都會營業，但是冬天不會。這讓我們有彈性而且可以適應不同的環境。

密蘇里大學的英文教授卡羅爾對達爾文理論很有興趣，他指出：

在動物世界所有的心智當中，只有在現代人類的心智中，世界並不是由一套嚴格定義的刺激所呈現的數量有限的刻板印象行為；而是一支數量龐大且令人困惑的感知大軍與可能性兵團。人類的心智可以隨意組織這些感知要素，形成無數多樣性的組合可能。其中最有潛力的組織形式，就像很多重大突變一樣，都可能是致命的。自由是人類成功的關鍵，但自由也是災難的邀請函。這樣的洞見正是當代重要生物學家愛德華威爾森對藝術的適應性功能一針見血的解釋主軸：「讓人類的遺傳能夠處理高等智商所揭露的新的可能性兵團的時間還不夠……但藝術填補了這個空缺。[24]」

因此藝術做為一種學習的形式可能是有用的。如同韓福瑞所說，藝術能幫助我們分類，它們能增加我們的預測能力，也能幫助我們在不同的情況下做出好的反應——如同圖比與科思麥蒂絲所說，它們的確有助於生存。

那美又怎麼說？這是生物的，寶貝！

最後剩下的就是這個：人並不是武斷或隨機地判斷什麼是美的，美是人類及祖先的感官、感知與認知發展經過數百萬年的演化結果。有適應價值（也就是能增加安全、生存、繁殖）的感受和感知通常會受到美學的偏好。這有什麼證據呢？首先，記得我們所有的決定都會先經過腦中接近或閃避的模組過濾：這東西安不安全？而且這些決定的速度很快。

你記得人會利用海德特的喜好量表做出即時反應[25]。舉例來說，人只要在〇・五秒裡就能判斷自己喜不喜歡一個網站，而且他們的判斷愈強烈，發生的速度就愈快[26]。是什麼會影響我們的喜好量表的反應？在視覺或聽覺刺激裡，有哪些實體的元素會使得一個人喜歡、討厭或是害怕一樣東西？

目前我們對視覺系統的了解多於其他系統。影像當中似乎有某些要素能夠很快地被抽離出來。所有人類文化都偏好對稱性[27,28]，其他的動物也有這種偏好，這我在前面就提過。這在選擇配偶方面也扮演了要角：對人類與很多物種來說，對稱性都和交配的成功與否或性吸引力有關[29]。舉例來說，兩性的對稱性都和較好的基因、生理、心理健康有關[30]。有對稱特徵的男性臉孔吸引力比較大[31]，新陳代謝率比較低[32]，會吸引比較多的性伴侶，發生性行為的年紀也比較輕[33]，外遇性行為也比較多[34]；不對稱的女性健康風險比較高[35]，而且對稱也和高生育能力[32,36,37]以及臉部吸引力有關[38]。排卵的女性比較容易受到對稱男性的體味吸引，對稱的男性也比較陽剛、活躍[39]。在男女評價中，兩邊比較對稱的男性和女性的聲音，也比有不對稱特徵的男女聲音更具有吸引力[40]。不論男女，對稱性似乎是基因品質與潛在交配對象吸引力的重要指標。對於對稱性的偏好似乎根源於生物學與性擇。瑞伯、舒瓦茲和溫凱爾曼認為，並不是對稱本身受到偏好，而是因為對稱的訊息比較少，也比較容易處理[10]。

看來當我們在判斷人類臉孔的吸引力時，並不全是「情人眼裡出西施」那樣。在某一個文化中認為有吸引力的臉，在另外一個文化裡也會得到相同的評價[41,42]。如果生理相關的特徵會透過吸引力展現，那這樣的結果就很合理了。

才六個月大的寶寶就偏好看有吸引力的臉（和成人的喜好所判斷的相同）。這樣的結果不分種族、性別、年齡，顯示人類有內在的觀念會判斷什麼是有吸引力[43]。比較有吸引力、健康、女性化臉孔的女性雌激素比較高，因此生育能力比較好[44]。性擇為臉部吸引力提供了美學概念。

人也喜歡有曲線的物體勝過有稜有角的東西。面對情緒中立的物體，研究人員正確預測了主要有突出的特徵和尖銳的角形狀的，會比曲線形狀的不受歡迎（例如形狀稜稜角角的吉他和流線型輪廓的吉他）。這種預測的理由是，尖銳的輪廓線條會有意無意地傳達出威脅感，引發負向偏誤[45]。或是這是因為曲線比較容易處理？

人類很容易對形狀做出美學判斷。認知心理學家拉圖杜撰了**美學根基**這個詞，用來說明一種形狀或形式之所以讓人有美學上愉悅的感受，是因為人類的視覺系統處理特性使得我們處理這種形狀比較有效率，也比較簡單[46]。為了找出證據佐證，他研究了所謂斜向效應現象；他將這種現象歸功於在一八九二年首先提出的美國心理學家查斯特羅[47]。比起傾斜的線條，視力正常的觀察者更能感知、辨別並操縱水平線與垂直線。他想知道，如果人比較能夠感知這些線條，他們是不是會比較喜歡這種線條？顯然是這樣：拉圖發現比起有傾斜角度的線條，人類比較喜歡用垂直線與水平線構成的圖畫[48]。

如果物體和背景有很大的對比，人就能比較快辨識出這些物體。對比讓辨識變得更簡單。對比強烈的物體處理起來比較容易。人類也喜歡對比強烈的圖片，這是因為處理這些圖片比較簡單，還是因為我們喜歡「對比」本身？在快速呈現刺激的情況下，人會比較喜歡強烈的對比，但如果有時間思考，這樣的偏好就會減弱。瑞伯、舒瓦茲和溫凱爾曼發現，對比只有在出現時間短的時候會影響美學判斷。如果處理圖片的時間比較多，那麼處理的難易程度就不再會是影響決定的要素[10]。所以並不是物體的對比這個因素造成先前的決定，而是處理的流暢度。

我們似乎對自然風景也有天生的偏好。在比較都市景觀時，人比較喜歡有植物在內的景色[49,50]。在醫院看得到外面的樹的病人，比起窗外只看得見磚牆的病人感覺更好、康復的更快，也比較不需要止痛藥物[51]。最有意思的是，我們都比較喜歡某個**種類**的風景：人總是比較喜歡在風景中看見水。但是排除這項變因之後，人還是有別的偏好。在熱帶雨林、溫帶落葉林、針葉林、大草原、沙漠等五種自然風景照片中，最年輕的受試者（大約三到五年級）會比較喜歡大草原。年長的受試者比較偏好自己熟悉的風景，但是也會喜歡大草原[52]。人看見風景中有樹會比有無生命的物體開心，而且也比較喜歡在非洲大草原上的那種枝繁葉茂的樹，而不是圓形或圓柱形的樹。就算是成長環境中多為圓形或圓柱形樹木的人也是一樣[53]。

華盛頓大學生態學榮譽教授奧連斯提出了大平原假設。他認為人類對枝繁葉茂的樹木的美學反應，應該是基於天生（對於我們祖先棲息地）的知識，我們知道樹的形狀和人類棲息地的生產力有所關聯[54]。

自然風景有什麼是對人腦有吸引力的呢？能說是碎形嗎？大自然的圖案不是我們在幾何學課堂上學到的簡單形狀：樹不是三角形的，雲也不是長方形的。我們學到怎麼計算正方形、圓形、三角形的面積，還有立方體、圓錐形、球形的體積。那是歐幾里得的幾何學，而且完全是另一回事。我們沒有學過怎麼計算樹的枝葉面積，或是雲的體積（還好沒有）。自然的形式遠為複雜許多。

很多自然物體都有所謂的碎形幾何*，由愈來愈大的循環圖案所組成。山、雲、海岸線、河以及所有支流、枝葉茂盛的樹統統都有碎形幾何，我們的循環系統和肺部也有。如果我們看見葉脈在複葉上，而複葉組成葉子，葉子長在樹枝上，樹枝又組成一棵樹。如果我給你一張空白的紙，要你畫一棵有枝葉的樹，你會怎麼跟我形容你畫出來的樹枝葉有多麼濃密？有一種測量方法叫做**碎形維度**。一張白紙的碎形維度是一，全黑的紙則是二。你畫的枝葉多寡會落在兩者之間任一點。當你給別人看碎形圖案和非碎形的圖案時，百分之九十五的人都會比較喜歡碎形圖案[55]。人類通常比較喜歡碎形維度為一．三、比較不複雜的景象[56,57]。他們在觀察這種圖片時的壓力反應也比較低[58,59]。這也許能解釋為什麼醫院的病人在「有窗景」的房間復原得比較快，因為他們往外看就能看到碎形維度為一．三的天然碎形圖案。這種對碎形維度一．三的圖案偏好，還從自然風景延伸到藝術和攝影學[60]，不分性別與文化背景都適用[61]。

奧勒岡大學物理學家泰勒想知道眼睛是不是在美學上已經「調整」到專門注意周遭自然中的碎形[62]。是視覺系統的某些特色，讓我們比較喜歡特定維度的碎形？眼睛又怎麼在複雜的景象中將它們辨識出來？泰勒對眼睛的了解有二：一是眼睛在觀察景象時，大多時候都會注視物體的邊緣；二是邊緣的輪廓在感知到碎形時扮演重要角色。把這兩點放在一起看，他發現眼睛應該是透過輪廓剪影的方式定調。他的研究小組發現人喜歡的天際線景色，碎形值也是一．三[63]！他認為這可能不只是人喜歡自然景色而已，而是人喜歡任何碎形值正確的景色。霍普金斯的「差異所淬鍊出的相似」其實有特定的碎形維度。如果是這樣，那麼設計這種碎形值的建築與物品就會讓人類心理更愉快，或許也能讓都會風景不會那麼有壓迫感。

很多證據顯示的確有某些內建的程序會影響我們的喜好與內心反應。但我們也都知道自己有些美學偏好是隨著年紀增長，或是學習了某些藝術形式後產生改變。我們本來不喜歡歌劇，但現在喜歡了；我們以前不喜歡亞洲藝術，但現在喜歡了；過去我們不喜歡安迪沃荷，而且現在還是不喜歡；我們曾經很喜歡殖民風的家具，但現在不喜歡了。我們的喜好會隨時間演化，這些改變是什麼造成的？

瑞伯與同僚的流暢性理論認為，上述的各種偏好都是我們腦部為了快速處理資訊而演化出來的。當我們快速處理某物時，就會產生正面的反應。我們能快速處理碎形維度為一．三的景色，得到正面的反應。這是可以測量的。正面的情緒反應會增加臉部顴大肌（或稱笑肌）的活動。這種反應可以用肌動電流描記術測量。當我們看到腦部可以快速流暢處理的東西時，早在我們做出判斷之前，我們的肌肉活動就會增加；我們對於即將要做的判斷，會得到一些正面的激發作用。他們也證明正面的情緒反應接著也會影響美學判斷。「這個好，我喜歡。」所以我們美學判斷的基礎不光是流暢度，而是流暢度加上快速處理某物讓人感覺到的正面反應[10]。這代表我們喜歡的是過程而不是刺激。柏拉圖是錯的，美不是獨立於觀察者而存在的。這也能解釋為什麼如果有人在你開始處理前，先告訴你「你不會喜歡這個」，那麼這種負向偏誤，可能就會蓋過你自己本來會接收到的正面偏見。

---

*自然的（非數學的）定義：包含下列特色的幾何圖形或自然物體：（一）其各部分與整體具有相同的形式或結構，只是規模不同，而且可能有些微的變形；（二）其形式極端的不規則或是破碎，而且不論檢驗的規模大小都是這樣；（三）包括規模各有不同且涵蓋範圍大的「明確的元素」。出自 Munafo,R.P., *Mandelbrot Set Glossary and Encyclopedia*,Creative Communications, 1987-2006.

我們喜歡熟悉的東西。我們都有過這種經驗：一開始看見或聽見某物時不太喜歡它；但是一段時間後，我們卻會愈來愈喜歡它。隨著我們接觸的時間愈長，處理的流暢度就愈高。喜歡熟悉的東西以及對新東西謹慎，顯然有助於適應性。在面對我們不熟悉的事物時，我們的記憶、學習和文化都會參與其中，提供我們關於目前接觸的事物的過去資料，可能會塑造新的神經連結以容納新的資訊，或是加速處理最近的新刺激。除了感知之外還有另外一種流暢度，是概念上的流暢度：刺激的意義。有時候需要比較複雜的刺激才能傳達意義。這就是諾曼所謂的有深度、有意義、有內涵的美——讓人思考的美。

美的神經相關性

在觀察美學上令人愉快的景色時，大腦發生了什麼事？英國倫敦大學學院的川畑秀明與薩基找了一些沒有特別受過藝術教育的大學學生，要他們看三百張不同的圖畫，並用一到十的評分表示這些畫是醜、普通，還是美麗。不同的受試者會選擇不同的圖畫，有些圖畫是這個人評為美麗的，而另一人則評為醜陋的。幾天之後，這些學生一邊看著當初他們評為最美麗的、最醜陋還有普通的圖畫，一邊接受功能性磁振造影掃描。由於先前決定這些分類的是學生自己，因此川畑秀明和薩基在掃描的時候，也知道這些學生是否覺得這些畫是美學上令人愉快的。

他們推測既然美醜分別在光譜的兩端，所以腦部在做出兩種判斷時，應該不是兩個不同的區域在作用。比較可能是同樣區域的啟動強度不同。他們發現在看這些畫的時候，受試者的前額腦區底部，也就是已知與有回饋感的刺激感知有關的區域會被啟動，而且這個區域在看見美麗的畫時會比較活躍。看畫時運動皮質也會啟動，但是在看見醜陋的畫時比較活躍，就如同面對違反社會常規、可怕的聲音或臉孔這類恐懼型刺激，以及憤怒等其他令人不愉快的刺激所引發的情況一樣[6]。如果你記得我們天生對閃避危險的反應最好也最快，就知道這樣是很合理的；因為我們的情緒將這種刺激分類為不愉快的或負面的。

然而在川畑秀明和薩基的實驗裡，受試者事先已經做出美學判斷，因此他們的實驗比較像是了解在判斷過後會使用哪些腦部區域。孔戴帶領的研究小組則想知道在人腦演化最進步的前額葉皮質中，哪一部分會在實際做美學判斷時啟動。他們對大約三萬五千年前的藝術激增現象感到很好奇，也想知道這是否和前額葉皮質的改變有關。他們設計了一套不同於川畑秀明和薩基的實驗，要求受試者看各種風格的藝術作品圖片、自然與都市風景的照片，在他們看的**同時**掃描他們的腦。如果他們覺得圖片是美的，就舉起手指。這項實驗的設計讓這些受試者一樣能判斷哪些圖片是美的，而且還能同時接受掃描。

藉由觀察這段時間裡哪些腦部區域有活動，孔戴與同僚就能追蹤從視覺系統輸入的訊號，以及了解訊號會傳送到哪裡。很酷吧？他們能夠確認其他人過去對視覺系統的一些發現，也就是處理形式的確分成很多階段；而除了前額葉皮質的視覺系統之外，其他部位也的確有啟動的現象。背外側前額葉皮質對監控工作記憶中的事件相當關鍵，而且在做決策時，也會和扣帶皮質一起啟動。在這個實驗裡，扣帶皮質在決定美醜的時候會啟動，但是背外側前額葉皮質只有在決定是「美麗」時會啟動。他們也發現，只要出現判斷為美麗的東西，左腦就會比較活躍。前額葉在判斷某樣東西「美麗」時會啟動，這個現象支持了「現代智人的藝術產量大增，是因為前額葉有所改變」的假設，同時也是尼安德塔人的藝術表現有限的原因。

他們也認為既然左腦在美學判斷時比較活躍，腦的主導性可能也占了一席之地[3]。看來當某物被視為美麗時。我們不只會有情緒反應而已，大腦的其他區域，那些我們比其他物種進化的區域，也會參與其中。我們應該要很高興我們的狗沒有和我們相同的美感。如果牠們會受到美的影響，牠們可能就不會有那種無條件的愛了。我們可能要脫掉沾了油漆的牛仔褲、換個髮型或是化個妝，才能讓牠們對我們搖尾巴。我們可能還要減肥呢。

那音樂呢？

哈佛大學的豪瑟、麻省理工學院的麥德爾莫特，以及其他眾多研究者都將音樂歸類為人類獨特的努力成果[64]。只有人類會作曲、學習彈奏樂器，還會由團隊合作（通常）的合唱團、樂團、管弦樂團演出。其他的類人猿都不會創作音樂或唱歌。真是可惜，不然電影《泰山王子》就會是一齣音樂劇了。這表示我們共同的祖先並不會唱歌。

那麼鳥叫呢？聽起來很像是音樂啊。豪瑟與麥德爾莫特說，鳥叫是另外一回事。鳥只會在某些情境下唱歌：交配和捍衛領土時。唱歌主要是公鳥的活動，唯一的功能就是溝通。鯨魚好像也是這樣，牠們不單純地為了愉悅而唱歌。顯然鳥不會自己邊洗澡邊唱歌，鳥也不會改變自己唱的音階或音調。在鳥的世界裡也沒有「電話線四重唱」這種團體，啾啾唱著和諧的樂曲。你看到一隻峽谷鷦鷯，也許聽見牠逐漸降低的叫聲，但是峽谷鷦鷯並不會突然從C大調降到A升小調，最後再用一點倫巴節奏收尾。

鳴禽類的鳥就比較不一樣。牠們有些會模仿並且學習其他物種的叫聲，可能還會結合不同的叫聲的各部分；但牠們還是比較喜歡自己物種的叫聲[65]。然而每種鳥的不同叫聲還是有限，而且沒有一種鳥能隨時學會新歌。鳥類有些比較容易學會新歌的敏感時期。

不過想起來也很有意思的是，鳥類的聽覺系統有其限制，唱歌的內容與時機也有限制，可以學習與記憶歌曲的時間和方式也有限；我們也是一樣，不管是我們的聽覺系統、我們認為什麼是悅耳的音樂、能學習演奏並記憶歌曲的時間與方式也都受到限制。其中有些限制可能是我們和其他動物共有的。而針對這些限制的比較研究才剛開始而已。

不過我們的腦中有些特殊的發展——所謂的「抓住節拍」。我們會創作新樂曲、演奏並聆聽音樂。我們這麼做並不只是為了追女生、賺錢付帳單，或是讓朋友佩服；我們可以在獨自一人時拿起小提琴拉出旋律，只不過為了讓自己開心而已。發明並演奏音樂用到了我們所有的認知機制，任何學過演奏樂器的人都知道這一點。這可不是簡單的工作，必須同時整合感知、學習與記憶、注意力、運動動作、情緒、抽象思考還有心智推理，才能完成這樣的動作。音樂是另一項人類的普世特色[66-68]。現存的與過去的每一個文化裡都有某種型式的音樂。大家都喜歡跟著音樂搖擺。目前發現最古老的樂器，可能是一段用現在已經絕種的歐洲熊的股骨做成的骨頭笛子碎片，是一九九五年由考古學家特克在斯洛維尼亞的迪維巴貝一座尼安德塔人的墳塚挖掘出土的。不過這到底是不是真的是笛子還有所爭議。目前已經確定這是大約五萬年前的物品。很有可能更早之前也許還有鼓，只是製作材料無法保存這麼久[69]。讓那些以為八度音階是相對來說近代西方音樂成就的人大感驚訝的，是在中國賈湖發現的九千年前的笛子，這些笛子不僅到現在還能吹奏，吹出的音樂還有音階，其中一支就有八度音階[70]。

我們都是音樂家

關於音樂的適應性理論的解釋，類似於我們剛剛看到的對視覺藝術的解釋。平克在幾年前觸怒了一些人，全世界大概也只有他有這種本事。當時他寫了一篇文章，懷疑音樂只是聽覺的起司蛋糕，可能沒有任何適應性的目的，而只是其他功能的副產品[2]。起司蛋糕？很多人不同意他的結論，而且覺得音樂具有適應性功能。就像其他的藝術一樣，也許就像性擇提倡者米勒的意見，這是經過性擇後吸引配偶的方式（尚有爭議的適應性米克傑格效果），也能暗示配偶的品質[18]。或者也許音樂是維繫社會的系統，就像語言一樣，可以讓大家有一樣的心情，也許能讓團體預備好採取集體行動，形成聯盟和群體[69,71]。但如果這些都是真的，那麼為什麼有人會在獨處時演奏音樂？針對這個主題的研究才剛起步，而且尚無大家一致同意的觀點出現。

同樣的，達爾文又有話要說了。他覺得音樂的起源可能是有適應性的，是一種溝通的形式，一種原始母語，之後才被語言所取代。如果這是真的，現在音樂就是過去適應性的「化石」了。蘇格蘭聖安祖大學的語言學家費區追隨達爾文的理論，認為這種說法會將音樂歸類為「過去的適應性」這個微妙的種類：具有生物學基礎的認知領域，但是目前的功能既不是一開始被選擇的那種，卻也不是和原先的功能全然不同[72]。

說話和音樂有很多相同的特色，和原始的發聲也有很多相似之處，像是音高、音色、節奏、音量與頻率的改變等，這些都是我們不需要受過音樂訓練就有能力辨識的特徵。你可能會覺得自己完全不懂音樂，但如果我要你唱你最喜歡的歌，你還是能唱得很不錯。從搖滾樂製作人轉行的神經科學家列維亭，現在是麥基爾大學的教授。他曾經要求學生唱出他們最喜歡的歌，而他們都能很輕鬆地重現歌曲的音高和節奏[73,74]。如果我在鋼琴上彈奏一個音，在小提琴上也拉出同一個音，你也能分辨哪一個是哪一個。這表示你能分辨音質。事實上這些都是你在嬰兒時期就知道的了。

在多倫多大學研究嬰兒音樂發展起源的崔蓓，從嬰兒至少在六個月大時就出現絕對音感的發現提出結論：他們能辨識以不同音調演奏的同一個旋律[75]。其他哺乳類唯一具有絕對音感能力的例子，是在一項實驗中僅有的兩隻恆河猴[76]。但是牠們的能力沒有嬰兒好。雖然牠們能辨識出一段旋律升或降八度後，還是同樣的旋律，但是如果是用不同的調子或是無調性的音階演奏，牠們就分不出來了。嬰兒也能辨識用不同拍子演奏的旋律。這不是因為他們無法辨識其中的差異，而是他們都很有鑑別力；他們能分辨音階裡的半音，音質、拍子、節拍的改變，連音符和延長記號等。從兩個月大起，他們就能分辨和諧音和不和諧音的差別，而且他們比較喜歡和諧音及泛音合聲勝過不和諧音*。這些似乎都不受到文化影響，但是這也很難證明。從來沒聽過任何形式的音樂的嬰兒非常少見。就連還沒出生的胎兒對音樂都會有心跳改變的反應[77]。

音樂已經證明是一個很難研究的主題，因為其中包括很多我剛剛提到的成分：音高、音質、節拍、節奏、和諧、旋律、音量還有拍子。這些都是音樂語法的一部分，也是語言語法的一部分。

你是否試過說外語？在義大利的一個雨天裡，當我想辦法和公車司機聊聊時，我問他「*Dov'e il*

---

*研究人員認為嬰兒甚至在更早之前就有這些偏好，只是他們還找不到測試年紀更小的嬰兒的方法。

sole?」，這是一個簡單、簡短的句子，但他卻茫然地看著我。我心想，**我知道我說的字是對的，他一定是故意假裝聽不懂**。但後來我想到過去每次有人用外國腔調跟我說英文，而我真的不了解他在說什麼的情形：那些字都是對的，但是重音的音節不對，或是句子裡應該加重音的字不對，或是字的排列根本就不對。我知道我念 *sole* 的時候把重音放在第二個音節，就像我說法文的 *soleil* 一樣，但其實重音應該在第一個音節。想想看這個句子：「周日是適合出海的日子。」但你說的時候卻變成這樣：「周日是適，合出海的日子。」這也會讓你的同伴一臉茫然。韻律學就是語言裡的音樂線索：旋律、節拍、節奏、音質。韻律學畫出了字與詞之間的界線。有些語言很有旋律性，像是義大利文；有些語言則像中文一樣重視音調，同樣的發音隨著高低音的不同就會有不同的意思。有些研究者認為至少在早期，大腦是把語言當成音樂的一個特例[78]。

我們知道音樂就像某些動物的叫聲一樣能傳遞情緒，但是音樂在情緒之外還能傳達意義[79]。音樂的確能讓你準備好認字。有一種方法能用腦電波測量腦所辨識的字在語意上有多相似。一個人看到「天空是藍的」這種句子後，看到**顏色**就知道這個字與前述句子的關係比**告示牌**這個字更密切。同樣的，某一段音樂也能幫助你準備好在之後辨識出語意上和這段音樂比較有關聯的字。例如在聽過一段像是雷聲的音符後，你會覺得**雷**這個字和這段音樂的關係比**鉛筆**強烈。事實上，作曲家自己承認想傳達的訊息的文字，像是縫紉時的**針腳**，也正是聽者選擇和樂曲比較有關係的字。很多音樂聲是大家都同意能傳達某些訊息的。就像語言一樣，音樂也有詞組結構和遞歸。你可以藉由組合不同的音符和連音，創造出無窮的音樂詞組變化；就像人類能輕易組合詞組，形成無數有意義的句子一樣，我們也能建構並處理許多的音樂詞組。人類似乎是唯一有能力在語言與音樂上都做到這一點的動物[80]。

音樂和語言用到的神經區域也有一些重疊。列維亭和在史丹佛大學的認知科學教授梅翁合作，發現前額葉有兩個區域和處理語言密切相關*，在聽見沒有相伴歌聲的古典音樂時也會啟動。他們推測這個區域用來處理經過時間演化的刺激，不只能有文字，還有音符。[81]其他研究者發現如果你聽見一個「不對」的和弦，一個你的腦沒有預期會聽見的東西，你的右前額皮質有一個區域會啟動**，左前額皮質的相對應位置也會啟動***，這個區域據信就是語言網絡[82,83]。你聽見像是「狗公園在走」這種錯誤的詞組結構時，左腦的這個相對應區域也會啟動。這兩個區域顯然都對於違背預期的結構特別敏感，而左腦則有音樂與語言處理重疊的現象。

就像我們喜歡聽好故事或是看著星羅棋布的天空一樣，我們也會因為喜歡聽音樂而演奏音樂。我們喜歡聽什麼呢？像我之前說過的，我們喜歡和諧音；而且我說這個可能會嚇壞你，音樂裡其實也有碎形。尺度噪音是一種不管演奏得多快都不會影響其音色的聲音。白雜訊就是最簡單的例子。不管用什麼速度播放，它沒有抑揚頓挫；它位在尺度噪音的末端，由完全隨機的頻率組成。在另外一端則是可百分之百預測的噪音，就像滴水的水龍頭一樣。中間則是所謂帶有1/f譜頻的噪音，有部分是隨機的，部分則是可預測的。例如流水聲、雨聲、風聲等自然聲音的振幅和音高的波動，通常為1/f譜頻[84,85]。換句話說，自然界的音高或是音量不太會有重大、意外的改變，通常是緩和、漸進式的變

---

*左下額葉皮質眶部區（布羅德曼第四十七區）以及右腦相對應的區域。

**布羅德曼第四十四區，下側皮質。

***布洛卡區和後顳葉區。

動。大部分的音樂也都是1/f譜頻[84]。此外根據研究，和音高與音量變快或變慢的旋律相比，人類聽眾比較喜歡1/f譜頻的旋律。很多聽覺皮質神經元都會特別注意自然聽覺環境的動態特質[86]。這也許能解釋為什麼有自然振幅譜頻的刺激，會比其他刺激好處理得多[87]。回到之前的處理流暢度理論：我們處理起來比較簡單，所以我們最後就比較喜歡它。很有意思的是，我們的聽覺系統和視覺系統都有這種對於自然風景與聲音的內建偏好；另外很有意思的一點是，藝術在字典裡的定義之一就是人類為了模仿自然所做的努力。

所以我們會聽某一些音樂，這樣也會讓我們有好心情，至少滾石合唱團會。但是有時候音樂也會讓我們悲傷，電影《大白鯊》的音樂又怎麼說呢？那可是會讓我們緊張的。音樂的確可以激發情緒[88]。事實上，音樂能對你情緒的影響強烈到你會出現生理反應，例如背脊一陣涼或是心跳速度改變[89]。但更有趣的是，注射那洛松這種藥物就能阻止這種反應出現[90]，因為這種物質能阻擋類鴉片受體的結合。現在已經知道當我們聽見喜歡的音樂時，身體會釋放自己的類鴉片，製造自然的高昂情緒。那洛松是過量使用海洛因，並及時送到急診室的病人所用的藥物，它能阻止身體製造的天然鴉片與受體結合。第一個揭露腦內運作情況的線索，來自對音樂家所做的腦部掃描：給音樂家聆聽會讓他們有「打冷顫」反應的音樂，同時進行腦部掃描[91]。掃描結果發現，他們聽到這類音樂時所啟動的腦部結構*，和吃東西（得到油脂與糖分）、性交，以及沉溺於所謂的消遣性吸毒等讓人感到興奮的活動時，所啟動的腦部結構相同。

梅翁和列維亭對非音樂家做了更精確的掃描，發現除了丘腦下部會啟動外（這裡是控制心跳、呼吸、還有「冷顫」的地方），對於處理回饋反應相當關鍵的特定神經區域也會啟動。他們也發現多巴胺分泌以及對於愉快的音樂的反應兩者間關聯性的證據。這是很大的發現。目前已知多巴胺能調節類鴉片的傳送；分泌量愈大，理論上就會造成正面的影響[92]。人在喝水或吃東西時也會分泌多巴胺做為一種回饋，對於上癮性藥物也有增強效果。音樂會得到回饋反應，是因為它也是與生存相關的刺激嗎？或者音樂只是聽覺的起司蛋糕，不過是另外一種形式的消遣性毒品？這個問題到現在還沒有答案，但是有一件事是肯定的：音樂的確會增加正面影響，就像某些視覺刺激一樣。

增加正面影響是好事。不管是聽覺的、視覺的或是任何感官經驗都一樣。有好心情能增加認知彈性，並且有助於在不同的情況下想出有創意的問題解決方法。目前也發現好心情能增加說話的流利度。受到正面影響的人能在物體、人、社會群體間找到更多的相似處，擴大分類群組，讓社會上不一樣的「外團體」可以歸類在範圍比較大的、共同的「內團體」裡——「嗯，我知道他是湖人隊的球迷，不過他至少喜歡釣魚！」這能夠減少衝突。正面影響也讓工作內容好像更豐富更有趣，而有趣的工作內容能增加人得到回饋的感受，促使人解決問題的成果更好。好心情能刺激你在安全的消遣裡尋找多樣性，讓你在約會的時候更有新意，讓你成為一個愉快又不嚴肅、好相處的人。這本身就具有適應性潛力。

音樂會影響我們的思考能力嗎？

空間能力是在內心創造、思考、記憶，以及改變視覺形象的能力。例如你在看一個平面的地圖

---

*包括腹面紋狀體、中腦、大腦杏仁核、前額腦區底部、下中前額葉皮質。

時，你需要空間能力才能將這些資訊想像成立體的，讓你在城市裡找到方向。幾年前有一套說法是聽某些古典音樂可以加強你的空間能力[93]，後來被稱為「莫札特效應」。然而這種效應很難證實，後續的研究則顯示並不是古典音樂或莫札特本身讓你變聰明，效果是來自聽你喜歡的音樂會讓你有好心情。當你有好心情時，你會比較清醒，使得你在各種認知能力的測試中都表現得更好。能讓人清醒的刺激不只有音樂，人所偏好的其他刺激也有相同的效果，像是從手指上舔滴下來的榛果巧克力醬或是喝咖啡[94]。

除此之外，聽音樂和真的去上音樂課對腦的影響是兩回事。多倫多大學的謝能堡教授發現，在隨機指定的一群六歲學生裡，有些人可能上過鋼琴課、聲樂課、戲劇課，也有從沒上過這類課程的學生；其中兒童時期的音樂課會與少量但長遠的智商增加有關。（他意外發現戲劇課有助於社交行為，但對智商沒有影響。）增加的智商不會受到家庭收入或父母教育程度的影響，其他的課外學習也沒有這樣的效果。所以學音樂會讓你聰明一點點。而你猜得也沒錯，這樣的發現的確引起了不小的關注，因為證明某一個領域的訓練能夠類化到其他領域的證據是很少見的。

賽西和同僚詳細探討了轉移效果的文獻[95]，這是將一種情境中得到的知識轉換到另一種相似情境（近轉移）或是不同的情境（遠轉移）的能力。他們發現在過去一個世紀裡，研究遠轉移所得到的證據相當稀少。不過雖然證據不多，大家還是普遍相信遠轉移的確會發生，這種信念也是西方教育觀念的中心思想。謝能堡指出，正式教育的目標不只是要建立閱讀、寫作、計算的能力，還要發展推理與批判性思考的能力。他所得到的音樂課能增加智商的資料，是罕見的遠轉移例子，而且可能還導致了這個過程[96]。我們應該在學校課程裡重新加入樂團課和音樂課，而不要刪除它們的預算嗎？我們知不知道音樂訓練對腦部的影響？我們知道一點點，但是不知道到底為什麼這能增加智商。

我們知道音樂家能一心多用。他們能把看見的寫下來的音符，翻譯成有時間順序的特殊運動活動。用到的不只有雙手，有時候還要用到腿和腳、嘴巴還有肺。音樂家用聲調和時機來表達情緒，他們能將音樂變調，可以即興創作旋律與合聲，還能記住很長的樂曲章節。音樂家常常會同時唱歌和演奏，他們的腦有某些區域比非音樂家大。目前還不知道這是因為學習演奏樂器的關係，還是因為選擇學習樂器的兒童神經一開始就不一樣。但有很多證據顯示學習會造成這些改變。比較早接受音樂訓練的人的某些腦部區域大小也很不一樣。例如小提琴家控制左手手指的區域會比較大，但控制拇指區域受到的影響較小，因為使用到的程度沒有那麼大；在比較早開始學小提琴的樂手身上，整體的增加又更顯著[97]。一生中接受音樂訓練的密集度也和這些相對應的尺寸差異有關。專業音樂家（鍵盤樂手）的腦部運動、聽覺、視覺空間區域的灰白質比業餘樂手或非音樂家都要多[98]。這些和其他類似的研究都顯示，音樂訓練會增加某些神經結構的尺寸。另外也有說法認為除了增加智商，音樂訓練也會增加語言記憶（你比較會記住笑話）、運動能力（你比較會跳舞）、視覺和空間能力（你的雜耍能力會比較好），複製幾何圖形的能力比較強，可能數學能力也比較好。

教育專家娜威爾在奧勒岡大學的團隊，目前在研究老掉牙的雞生蛋還是蛋生雞問題：是音樂**造成**認知的進步，還是認知技巧比較好的人比較會努力學習音樂？學習音樂需要專注力、抽象和關係性思考的能力，以及所謂腦中的執行控制能力。到底是學音樂的孩子已經有這些能力，還是學音樂讓他們發展出這些能力？

娜威爾與同僚在「從起跑點領先」的計畫中，找了多組年齡在三到五歲間的小孩進行測試。他們初步發現每個音樂／藝術組的小孩的語言和認字前的技巧，都比一般起跑點領先計畫的小孩進步。接受音樂／藝術訓練的小孩在專注力、視覺和空間技巧、算術等方面也有顯著收穫。受到注意力訓練治療的兒童也有類似的現象。如果這些結果可靠的話，他們認為音樂與藝術的訓練的確有助於增加語言、注意力、視覺和空間以及算術技能[99]。

增進注意力也很重要。注意力有一個層面是執行注意力，是關於認知與情緒自我規範的機制；專心與控制衝動就是執行注意力的例子。控制情緒衝動的能力在恐慌的情況下也許能救你一命*。這種能力的好壞，有部分是由基因所控制的，但是奧勒岡大學的波士納和同僚想知道，家庭和學校環境會不會也有影響，因為這兩項因素對於其他的認知網絡都有影響。這個研究小組找了一百個四歲到六歲的兒童，他們都參加了注意力訓練活動，以增進他們控制情緒的能力[100]。這樣的進步相當於這項能力在發展過程中所獲得的改善。他們認為未發育成熟的系統可以經過訓練，發揮更成熟的作用，並且提出注意力訓練的效果還能延伸到更一般的能力上，例如智力測驗所測量的那些項目**。

波士頓目前有一個團體在進行另外一個關於大腦尺寸的雞生蛋或蛋生雞類型問題的長期研究[101]。選擇接受音樂訓練（鋼琴或是弦樂器）的小孩是不是在訓練前就已經和不想學音樂的對照組小孩有神經元上的差異？他們也在測試學音樂的學生是不是天生就有比較好的視覺空間能力、語言能力或是運動技能。他們的第三個目標是確認評量他們接受訓練前的音樂感知的測試結果，是否和任何與音樂訓練有關的認知、運動或神經元成果有關聯性。他們初期的掃描顯示，在音樂訓練開始前，這些兒童的能力並沒有任何差別；而在前十四個月的研究結束後，從五歲到七歲兒童組的初步結果中，的確可看到演奏音樂訓練對認知與腦部的影響。目前為止這些影響都還很小，並且都落在控制精細運動技巧以及區分旋律的範圍內[102]。

另外一個研究者是密西根大學的喬戴斯，他一直在測試音樂家，想知道他們的記憶力是否都比較好，而且看來的確是如此。視覺與語言測試都顯示他們的長期與短期記憶力都比較強。他們目前正在研究音樂訓練、音樂技巧與記憶力之間是否有密切關係[103]。

多年來，很多人都覺得音樂家的數學能力比較好。我敢打賭如果你在路上問人演奏音樂能讓人有什麼認知的優勢，數學能力會是普遍的答案。然而在這方面的證據並不完整。心理學家絲貝克正在測試不同年齡層的人的數學能力與音樂訓練的關係。她測試的團體分為四個年齡層：五歲到十歲、八歲到十三歲、十三歲到十八歲、成人。八歲到十三歲組的初步結果顯示，受過音樂訓練的兒童在幾何表述能力顯著較佳，其他的結果則尚未有定論。

結語

顯然圖比和科思麥蒂絲說得對：兒童應該要浸淫在優美且令人愉快的環境中。但是兒童不是唯一

---

*更有趣的內容可參考 Gonzales, L., *Deep Survival*, New York, W. W. Norton & Co., 2003.

**主動控制能力是高度可傳承的特質，和 DAT1 這種基因有關。DAT1 有長、短兩種形式。在這個研究中，研究人員也發現有兩組長型基因的兒童的主動控制能力比較強，能比較沒有困難地解決衝突，而且比較不外向。擁有長、短兩種形式基因的兒童受過訓練後，在注意力方面的進步比較大，顯示專門的訓練可能是有益的。

的受益人。不管你是坐在山坡的草原上或是在塞納河畔看見閃耀的山脈線條，看著波那爾的畫或是你自己最新製作的手工藝品，聽著貝多芬或尼爾楊的音樂，欣賞天鵝湖舞劇或是教你的小孩跳探戈，閱讀狄更斯或是自己編故事，藝術都能讓你的臉上綻放微笑。我們會微笑可能是因為驕傲的大腦對自己很滿意，因為它能順暢地處理這項刺激，不過你不必告訴藝術家這件事。光是正面影響對個人與社會的好處，就顯示美的世界會是個更快樂的世界。我想法國人應該很早就發現這件事了。

藝術創作對於動物世界是新奇的。目前已經能確定這種人類獨有的貢獻牢牢根植於我們的生物學。我們和其他動物有某些共同的感知處理能力，因此我們可能也有相同的所謂美學偏好。但是人腦裡有更多東西——這些東西讓我們能進行假裝，就像萊斯里說的，有種連結改變使得我們能夠讓事實與想像脫鉤，這樣的改變也像圖比與科思麥蒂絲所說，讓我們能利用偶爾為真的資訊。這種獨特的能力讓我們很有彈性，能適應不同的環境，打破支配其他動物的僵固行為模式。我們的想像力讓我們幾千年前的老祖宗裡的某一人，看著法國一個空蕩蕩的洞穴時，決定用壁畫讓這裡光鮮亮麗一點；另外一個人則決定講述尤里西斯的漫長漂泊；還有一個人在一大塊大理石裡看見了**大衛**；另一個人看著一整條的海岸線土地，想出了雪梨歌劇院的樣子。目前還不知道是什麼造成了這種連結改變。這是小小的基因突變造成前額葉皮質改變的結果嗎？還是一種比較漸進式的過程？沒有人知道。是我們要在第八章討論的腦部功能愈來愈偏側發展的現象造成了這種情況嗎？也許是。

第七章　我們的行為都像二元論者：轉換器的功能

腦的主要處理程序，也就是推測和意識有關的這部分，根本就沒有被了解。它們遠超出我們的理解範圍，我不認識任何能夠想像其本質的人。

——羅傑史培利，由布萊恩在《與天才對談》一書中引用

在徵友廣告的自我介紹欄位裡，大家都會形容自己的個性，或是希望徵求的對象條件。通常會有簡單的生理特徵描述，例如「高、棕眼、棕髮、瘦、運動員身材」，接著作者就會寫：「幽默、機智、聰明、開朗的男性尋找伶俐、可愛、聰明、溫柔、大方的女性」等等之類的。這些描述看起來都不奇怪，**奇怪的是**如果徵友者沒有描述雙方的個性特質，而且是繼續描述生理特徵：「我的灰白質比一般平均多了百分之五，我的左顳平面也比大部分人大。我花了好多年的時間增加我的大腦內部連結，以至於我上次的掃描結果讓X光照相師驚訝不已。我要找一個小腦和海馬迴比較大，而且大腦杏仁核連結良好的對象。如果你有任何前額葉損傷請不要回覆。」

雖然也許有些專家能猜到這樣的腦，可能會讓這個人有什麼樣的個性，但我們畢竟不會用這種角度來看人。你和朋友談到你兒子時，你不會從他的生理外形開始說。你會先講他是一個好孩子，他的興趣是什麼、他喜歡念書還是運動；當然也許你會拿出他的照片來，但是就算沒照片對話還是可以繼

續進行。你說的這些都是讓他之所以為**他**的特質。如果只是說：「這個嘛，他金髮，大約一五〇公分高，現在很容易曬傷」。這樣無法讓我們對他有什麼了解，只知道他可能要多用點防曬油，和你對話的人可能也會用狐疑的眼光看你。

人似乎有兩面，生理這一面（身體，包括大腦），還有另外一部分，讓你之所以是**你**，我之所以是**我**的那一部分——本質。有些人把這部分稱為靈魂或精神，也有人管它叫心智。這兩個層面組成經典的身心二重唱。哲學家一直對這個議題討論、爭執不休長達數千年，想知道身體和心智是一體的還是分開的。笛卡兒在這個排行榜上可以說是睥睨群雄。二元論相信人類不只是身體而已，而我們很容易就接受這樣的想法，甚至還相信其他的動物也是一樣，尤其是寵物和那些我們覺得可愛的動物。

但是你知道嗎，我們不是要討論在**現實生活中**的心智和身體**是**一體的還是分開的。我們要討論的是，為什麼大多數人**相信**兩者是分開的，甚至連不相信兩者是分開的人，為什麼也會**表現**得像兩者是分開的。為什麼我們會覺得一個人不只是個軀體而已？也許在有意識的理智方面，你可以理解你只是一堆的原子和化學反應所組成的東西，但是在日常生活裡，這並不是你與人互動的方式。如果有人在高速公路上切到你前面，你不會想：**老天，前面那一大團細胞的腎上腺分泌的兒茶酚胺還真多！**不，你會想：**他憑什麼以為他有這麼重要，可以超車到我前面嗎？真是混蛋**。如果你站在大峽谷邊緣，從上往下看突然感到一陣兒茶酚胺湧上，你不會說：**哇，我感到一陣心悸，很強烈的兒茶酚胺激增**。你不會這樣想。化學改變會製造一種感覺，讓你的腦不得不對情況做出解釋。腦將所有的輸入都列入考慮，然後詮釋所出現的感覺：**站在大峽谷的邊緣讓我覺得緊張**。

日常生活中的例子又是如何？我們不知何故，會將我們所經歷的、看見的、聽見的這些原始輸入，反身轉換到另外一個層級的組織；用物理名詞來說，就像是階段的轉換，像是從固體轉換成液體到氣體。每個階段都有處於自己的一套規則、自己的參考資訊、自己的現實。腦部的運作也是一樣。不管你要或不要，心智狀態都會伴隨著腦出現。我們的轉換器會接受輸入，傳送到新的組織。我們在這一章和下一章要幹的活兒，就是試著了解轉換器的功能，這讓我們之所以是二元論者的系統。

當然我們馬上就想知道，我們是不是唯一的二元論者。你的貓也是二元論者嗎？你的貓會覺得你不只是餵牠的人嗎？牠會分辨牠所看見、聞到、聽見、舔到、抓傷和咬到的你，和某個無形的**你**嗎？

我們接著要探討人腦怎麼形成信念，是什麼讓我們那麼簡單就相信自己具有和身體分開的心智。我們的大腦用來形成信念的系統以及我們的腦形成我們是二元組成的信念的方式，兩者都是了解我們為何如此獨一無二的重點。

和我們看過的其他系統一樣，信念的形成也有兩種。神經心理學家巴瑞特稱這兩種系統為反身系統與非反身系統[1]。非反身系統的信念是迅速、無意識的。聽起來很熟悉嗎？那些你根本不會把它們分類為「信念」的一般想法就是這一類。當你坐在廚房桌檯旁，睡眼惺忪地吃早餐時，你的刀子掉到了地板上。你相信刀子會痛嗎？刀子會輕輕鬆鬆就彈到天花板、或穿過地板掉到房子下面的土裡嗎？至於地板，它會流血嗎？你把刀子撿起來以後，洗乾淨放回抽屜裡，你覺得它會和其他刀子交配嗎？你幾天後打開抽屜會出現兩倍多的刀子嗎？不會，這些你都不會相信，你甚至想都不用想就能告訴我答案，就算你可能從來沒想過這些問題也沒有影響。

你沒戴眼鏡，一邊吃早餐一邊盯著窗外時，看見了一個大約是壘球尺寸的東西從天空掉下來，落在樹枝上，接著發出啾啾的叫聲。你相信牠會呼吸嗎？你相信牠會肚子餓嗎？你覺得牠會交配嗎？你相不相信有一天牠會死？你當然會。你的腦已經把剛剛的兩種物體分成兩類，一種是「東西」，另一種是「**活的！**」然後你的腦會無意識推論出這兩個種類的整套特徵，分別從「物體、非生命」和「物體、活的、動物」開始。這樣讓我們能活得比較輕鬆。

你可不想每次碰到沒看過的東西時，就得有意識地把所有的特徵名單想過一遍，重新學習。這樣一來你可能永遠都走不出家庭大賣場了。而且如果是這樣，我們也就不會在這裡了，因為我們的祖先會呆若木雞地盯著獅子看，接著腦海中跑過一連串選項，最後才知道從空中飛進牠喉嚨裡的是什麼東西。你的腦必須使用偵察機制才能知道你的感知落在哪一個種類。你的腦子裡有一整間的偵探事務所，裡面有物體偵察設備、動物辨識器、人造物辨識器，還有「臉孔偵察器」。每一樣設備都能回答「這是什麼？」的問題。另外還有動力偵察設備，負責回答「是誰或什麼東西做的？」的問題。你還有側寫器。一旦偵察設備辨識出罪犯身分，側寫器就會推論出對方的相關資訊，並且加以形容。巴瑞特稱這些側寫器是動物描述器、物品描述器、活物描述器及「我」意識描述器（也就是心智推理）。這些偵探和側寫器都有某些內建知識，而且隨著你學習與體驗世界，這樣的知識就會受到強化。這些機制都是轉換器功能的一部分，讓我們能夠把事物從一個階層或狀態移動到個人的心理狀態。這些機制是怎麼運作的目前還不是完全很明朗，我們稍後會在第八章詳述。目前我們就先來看看有哪些東西是內建的。

直覺生物學

人類是天生的分類學家，我們喜歡幫身邊的各種事物命名、分類，大腦也會無意識地這麼做。最簡單的判斷標準是：如果某種思維方式對我們人類來說似乎很自然很容易，那可能是因為我們天生就已具備有進行這種思維方式的認知機制。密西根大學的認知人類學家艾純提出證據解釋，不分人類社會，我們對動植物的直覺思考都是相同的，是以某些相同的特定方式進行[2]，這種想法不同於我們對岩石、星星或是椅子等其他物體的想法。換句話說，有生命的物體和無生命的物體有所不同。這種賦予物體生命的直覺，是有生命的物體的「內建知識」；平克對這種知識的描述相當美妙：「這是內在的、可再生的活力泉源。[3]」我們將動、植物分類為近似科學定義的物種群體，推論每個物種背後都有決定其外表與行為的根本天性，或稱為**本質**。

本質是讓狼之所以為「狼」的**非感知**屬性：狼披著羊皮還是狼。畢竟外表不是一切，馬身上畫了斑馬的條紋也還是馬。學齡前兒童就已經有這種信念或直覺：如果你換掉狗身體裡面那些從外表看不見的器官，小孩就會告訴你那不再是狗；但如果你改變的只是外表，那牠還是一隻狗。你一出生是什麼，就會發展出應有的天性與行為，例如一頭母牛，不管牠是被豬養大或是從來沒看過其他母牛，牠還是會展現母牛的天性[4]。這種分類系統具有階層性，每個種類底下又有小分類：綠頭鴨是一種鴨子、鴨子則是鳥類的一種。這種分類架構讓我們能推論各個物種的特質[5]。有些推論是與生俱來的，有些則是後天學習而來。你告訴我這是一隻鳥，於是我推論牠有羽毛而且會飛；你告訴我這是一隻鴨子，我就推論牠有羽毛、能飛、會呱呱叫，還會游泳，甚至可能推論出你說的是唐老鴨；你告訴我這是一隻綠頭鴨，我不只能推論出上述內容，還知道三月的時候牠會出現在我家後院。「直覺生物學」指的就是這種大腦將生物分類的方法。

哈佛研究員卡拉瑪薩與雪兒頓指出，對於有生命和無生命的物體，人各有一套神經機制，並且有針對特定領域的知識系統。事實上的確有些腦部受傷的患者在辨識動物方面有很大的困難，但他們辨識人造的物體就沒有障礙，反之亦然[6]。如果你腦部有某處受傷，你可能就分不出老虎與萬能㹴犬有什麼不同；如果你受傷的是另一個部位，電話對你來說就是謎樣的物品。另外也有些腦部受傷的人特別無法辨識水果。

這些系統是怎麼運作發展的？當有機體重複經歷相同的情況，個體若能夠演化出一套機制以了解或預測這種情況會有的結果，就有比較大的生存優勢。這種針對特定領域的知識系統並不是知識本身，但這種系統能讓你注意到情況中某些特定的面向，增加你的特定知識。每個系統裡的資訊明確度與種類都不相同，這些資訊是怎麼區分的目前也眾說紛紜。

巴瑞特與包以爾認為動物辨識系統可能比物體辨識明確一點，針對獵食性動物的辨識尤其比獵物明顯[7]。在生物的領域中，針對許多環境中都很常見的某些危險動物，例如蛇，或甚至可能還包括大型貓科動物，可能就會有滿明確的指標。大腦可能會內建一套固定的視覺線索，讓你會特別注意某些特徵，例如尖牙、前視的眼睛、體型與形狀；某些生物性的動作也能作為資訊輸入，讓人能辨識這些危險動物[8]。你不需要天生的知識讓你認出一隻老虎是「老虎」，但你可能有天生的知識讓你在看見一隻躡步行走的、有尖牙的大型前視動物時，就知道牠是一隻獵食動物。你一看見老虎，就會把牠歸至「獵食者」的種類，和先前你所加入這個種類的其他獵食者並列。

這種將獵食者歸類於特定領域的機制不限於人類。加州大學戴維斯分校的克羅斯及同僚研究發現，成長環境中從沒出現過蛇的松鼠，在第一次看到蛇時會自然地躲避蛇，但不會躲避其他新接觸的物體。他們的結論是這些松鼠有提防蛇的天性。事實上這些研究員能從文獻指出，動物必須在沒有蛇的環境中住上一萬年才能讓這種「怕蛇模板」從群體中消失[9]。我想我的「怕蛇模板」相當根深柢固。

加州大學洛杉磯分校的布倫斯坦和同僚研究一群澳洲近海坎加魯島上的塔馬爾沙袋鼠，這種袋鼠已經與所有的獵食動物自然隔絕了九千五百年。研究人員把這種袋鼠在演化過程中沒有見過的新獵食動物的填充玩具（祖先沒見過的狐狸或貓），和這些小袋鼠放在一起，另外也放了一個曾在牠們演化過程中出現，但現在已經絕種的獵食動物模型（因為沒有這種動物的填充玩具）。小袋鼠看到這兩種東西的反應都是停止覓食並提高警覺[10]，但對其他的對照物品就沒有這樣的反應。牠們對於這些填充玩具或模型的某些「可見線索」而不是「行為」有反應，因此的確可能有高度針對特定領域的辨識機制存在。如同上述的辨識例子，這些機制不需要先前的經驗或社會情境就能發揮作用，它們是天生的、內建的；這些機制有些是人與動物共有的，有些是動物有我們沒有的，也有些是人類特有的。

研究嬰兒有助於找出人類有哪些知識是內建的。在前一章裡我們學到，嬰兒有分類成特定領域的神經通路，能分辨人類的臉孔，還能記錄生物運動[11]。有幾個方面的動作是嬰兒在九個月大左右開始就特別感興趣的，這些動作也有助於辨識有生命的運動。嬰兒可以了解物體會對遠處的事件有反應的情況。舉例來說，如果有東西掉下來，任何它沒有接觸到但是會移動的其他東西都是有生命的[12]。他們也會預期有生命的物體會以理性的方式朝目標前進[13]。因此如果有一個物體要跳過障礙物才能到達目標，那麼他們會預期如果障礙物已經移除，這個物體就**不會**跳。甚至有例子顯示，幼兒對於他們在追或躲的物體即將採取的行動具有特定的期望[14]。這些研究都是證據，證明幼兒有天生的能力能分辨有生命的與無生命的物體。因此一旦這些物體被觀察到有這些感知特色，腦中的偵察設備就會推測這是**活的**，腦也會自動把這樣物體放在「活的」種類裡，接著推論出一系列的特質。你的生活經驗愈多，你加進你推論的特質名單上的東西也愈多。如果你沒有觀察到這些特質，這個物體就會被列入無生命的種類，接著推論出另外一套的特質。這就是側寫器發揮作用的時候。

推論特質？對！大腦會自動為有生命的物體賦予某些活的東西所共有的特質。接著這個物體可能會進一步被分類成動物或是更明確的種類，像是人類或是獵食者，接著就會推論出更多的特質。巴瑞特和包以爾為我們總結出這些推論系統的特色[7]，其中有些特質和我們的主題明確相關。

一、每一個不同的領域負責處理不同種類的問題，有特定的處理資訊方式：每個領域有特定的輸入格式、特定的推論資訊方式、特定的輸出形式。例如大多數心理學家都同意，人類有特定的人臉辨識系統，而臉孔辨識的輸入格式不是針對特定的部位，而是看整體的五官位置以及五官彼此的相對關係。你的腦尋找的輸入模式會自動包括兩個顯著對比的點（眼睛）以及在下方中央開合的部位（嘴巴）。當輸入格式不是這樣，例如你把照片上下顛倒，臉孔就會比較難辨識。

二、雖然特定問題有特定的領域，但這並不代表這些領域一定符合現實。我們覺得臉孔是人的重要部分，因為我們有一個專門注意這部分的系統。但是臉真的很重要嗎？不是所有的動物都有這種系統，牠們也不一定覺得人臉很重要。不管是現在或是在過去的演化環境裡，黑斑羚都不需要知道追牠的人是皮耶、查克還是維尼，牠甚至不需要知道追牠的是不是人。牠只要知道追牠的是獵食者就夠了。

事實上牠可能需要認得十四種不同的獵食者物種，但牠也許把獵食者當成同一個物種：眼睛往前看的奔跑的動物。我們也可能會演化出辨認「腳」的系統，然後我們就會充滿感情地盯著腳看，並且認為腳很重要。你想要隱姓埋名就只要套上一雙靴子就可以了。系統不一定能夠辨認整個物體，但能夠注意到物體的某些方面。以臉孔來說，除了有從臉孔辨識身分的系統外，還有另一套系統會從臉孔辨識心情。

但有一個問題是，如果物體某方面是曖昧不明的，系統可能就會推論出錯誤的資訊。在黑暗裡有兩個和周圍產生對比的黑點，下方還有一個從中央張開的東西。「唉呀！樹叢裡有個人！」不，結果那是一個有洞的汽車轂蓋。另外一個問題是，雖然系統之所以會選擇那些資訊，大多是因為那是正確的，而且也夠有用，但還是可能會推論出科學上不正確的資訊。辨識植物的系統會假設植物不會自主地移動，但是有些植物的確會動，只是很稀有，所以這對準確度並沒有太大的影響。然而我們必須要注意的是，人腦把東西分成「活的」跟「不是活的」的方式，和以可證實的資訊為分類基礎的科學家不一樣。

三、特定的系統會透過演化選擇的過程出現，所以我們必須記住這些系統設計原始的功能是什麼，因為……

四、我們使用各種領域的方式，可能不是它原先被選擇使用的方式。例如我們演化出耳朵，是因為這樣可以捕捉聲波，改善聽覺；但是現在我們也會用耳朵架住眼鏡。兩足的移動方式之所以被選擇，是因為這為覓食和尋找遮蔽所帶來了生存優勢，但是我們也用兩足運動來跳騷沙舞。一個領域的適當演化用途，可能和目前的使用方式很不一樣。

五、你（以及所有其他動物）只能在腦原本被規畫的能力範圍內學習並推論。我們無法學習聽見超出我們的聽覺範圍頻率的聲音，因為我們的系統沒有這樣的規畫。我們可以學說話，因為我們有準備好學習語言的領域。我們不能在我們的腦進行無意識程序時，有意識地感覺到我們的腦在做什麼。雖然落在我們視網膜上的是二維平面圖形，但我們看東西還是立體的，因為我們有專門的視覺系統能填補視覺空白。因此就與動物有關的部分而言，因為我們的腦本來就傾向特定物種的分類方法，我們就能利用這些接受到的資訊，包括形狀、顏色、聲音、動作、行為等，來推論相似與相異處。

六、不同的領域學習事物的方式也不同，也有不同的發展時程。因此最好的學習就是在發展的特定時期進行。我們已經知道在發展當中有學習語言的最佳時機。我們之後會談我們對物理的直覺知識，而嬰兒發展出這類知識的時間，比他發展出完整的直覺心理學還要早。直覺物理學在兒童會說話之前就已經發展出來了，所以我們一直都得找出如何在不訴諸語言的情況下了解這些。

七、有機體的一生都持續受到基因的影響，並不會在出生時就停止，而且發展還會照著基因編碼的特定管道進行。世界各地所有兒童所遵循的一般發展時程表都一樣，不過還是會有個體差異。就算你真的非常、非常、非常聰明，你還是不可能在三個月大時就學會說話。

八、為了發展這些系統，就必須要有一個正常的環境來輸入適當的刺激。人為了學說話，就必須聽見其他人說話，就像鳴鳥在自己會鳴唱前，必須先聽見其他鳥鳴唱一樣。為了發展適當的視覺，人就必須要有視覺輸入，不能在黑暗中成長。

九、這些為了生存與適應而推論資訊的系統很可能互有連結，所以在使用這些系統時，腦部不只有一個區域會被啟動。

兒童三歲起就已經能推論，歸類在有生命的種類的東西具有讓它之所以為它的本質，而且這種本質是不會改變的。當他們看見動物慢慢變形的照片時，像是豪豬變成仙人掌，兒童會在某個時候堅定地告訴你，不管你做什麼，這還是一隻豪豬。密西根大學的格爾蔓和學生想知道，這種資訊是有人跟他們解釋過的還是天生的[15]。他們分析了數個家庭中，母親與小孩在幾個月的時間裡數千次關於「動物」和「東西」的對話。萬物的內部、讓它動的原因、它的起源等話題其實都很少出現在討論中；就算有，這類的討論也通常是關於東西而不是動物。兒童天生就相信本質的存在，而不是後天受到教導的。九個月大的嬰兒也已經相信物體有本質了。如果你給他們看一個碰特定的地方就會發出聲音的小盒子，他們就會預期另一個外形一樣的小盒子也有一樣的特徵。三歲的小孩會進一步推論，就算另一個盒子不是一模一樣的，而只是**相似**的，還是會有一樣的特徵。

耶魯大學心理學家布魯姆利用這些例子，在他的精采著作《笛卡爾的Baby》中告訴我們，兒童天生就是**本質主義**的信徒[16]。這種哲學理論認為，感官能感知到的東西能具有無法觀察到的真實本質。布魯姆說本質主義會以某種形式出現在各文化中。這種本質可能是以ＤＮＡ的形式出現，或是上帝的禮物，或是你的星座，或是非洲優魯巴的農夫說的「上天的結構」。布魯姆認為本質主義是人用來思考自然界的一種適應方式。以生物學來說，動物都很像，因為牠們有共通的演化歷史。雖然動物的外表會和所屬的族群相關，但更可靠的指標是更深層的。所以這種「動物即使生理特徵改變，本質依舊不變」的推論就很有用，並且認可了兒童天生的二元主義。轉換器發揮效果了。

其他的動物也有本質的概念嗎？馮珂和波米納里不這麼覺得[17]。他們回顧了過去想了解動物如何把實體分類為相同或不同的研究成果，結論是到目前為止，這些發現都可以用其他動物只會用可感知的特徵來分辨實體來解釋：外表、行為模式、氣味、聲音、觸感。對於其他動物來說，外表就是真實的。

當你嘗試設計實驗來分辨可感知的關係與不可觀察的關係時，就會發現這很困難。然後你會開始了解，可感知的關係在大多數時間裡幾乎都滿好用的。事實上目前已經證明這兩種關係很難區別。馮珂和波米納里認為，沒有任何好的證據能證明動物會利用可感知特色以外的東西。他們對目前研究成果的詮釋是，鴿子和猴子都能感知第一層的關係：牠們具有「兩種有相同感知特色的東西是一樣的」這種概念。研究人員強調這裡的關鍵字是**感知**。就像在坎加魯島上的塔馬爾沙袋鼠感知到這些填充的狐狸和貓是牠們應該要注意的東西，因為牠們具有相同的感知特色，使得牠們都被列入「要躲避」的種類。沙袋鼠會不會被披著羊皮的狐狸給騙了呢？如果其他可感知的線索都被去除了，像是氣味、移動方式與行為、聲音，而且狐狸閉上嘴又戴著面具，那麼有可能。你可能也曾經被騙過。但是狐狸不會真的披著羊皮。

在動物世界裡，用外表判斷已經足夠了，除非牠們碰到的是人類。我們來說個軼聞趣事吧。顯然美洲獅是會被騙的！根據加州捕魚與獵物部的網站記載：「有一起事件是，一名獵人偽裝自己並模仿火雞叫聲想吸引火雞，但卻引來美洲獅從後方接近他。美洲獅面對獵人後，立刻發現他其實不是火雞，於是美洲獅就跑走了。這起事件並沒有被判斷為是對人類的攻擊。所有的跡象都顯示，如果獵人沒有偽裝起來又模仿火雞叫聲，這隻美洲獅一定會避開他。」

了解第二層關係表示了解**這**兩樣東西間的關係和**那**兩樣東西間的關係相同。記得你的語言SAT測驗嗎？記得「類推」那個大題嗎？你那一部分的成績如何？有證據顯示類人猿有能力了解某些第二層的關係，但是還沒有證據證明牠們在沒有可觀察的資訊時，還依舊能做到這一點。就算是黑猩猩的主導權或是愛、依賴的情緒關係之類的社交關係，也全部都能用可觀察到的現象來解釋。如果你覺得這樣不合理，那你解釋看看你怎麼知道某人愛你。「嗯，他每天早上出門時都會和我吻別。」這是可感知的。「他每天上班時都會打電話給我。」還是可感知的。「她會特地為我做一些很貼心的事。」這也是可感知的。「她會跟我說她愛我。」同上。馮珂和波米納里指出我們可能會把愛**定義**為感覺，是內在的表現，但是我們還是會用可見的外在表現去形容。你不可能真的感覺到他人的感覺，你會透過**感知**來推論，觀察他們的行為和臉部表情。我們會建議陷入苦戀的朋友：「坐而言不如起而行。」你的狗會對聽得見、看得見、聞得到的你表達忠誠，而不是你的本質。

直覺物理學

我們也有物理學的直覺知識，雖然你的物理成績可能無法反映這一點。記得直覺系統能讓我們特別注意有助於生存的事物。為了生存，你並不需要幫助你了解量子力學、或是地球有好幾十億年歷史這種事的直覺系統。要抓到這些概念並不簡單，我們有些人一輩子也做不到。然而當你在吃早餐的時候，不小心把刀子從桌上碰掉了，你其實無意識地考慮到了物理學的很多層面：你知道刀子會掉到地上；你知道你彎腰撿刀子的時候它還是會在那裡；你知道它會直接掉到你的下方而不是飛到客廳去；你知道它還是一把刀子，不會變形變成一隻湯匙或是一團金屬；你也知道它不會穿過固體的地板最後掉到房子下面。這些是透過經驗學到的知識還是天生的？就像你知道這些事一樣，小嬰兒也早就知道物理世界的這些層面了。

我們怎麼知道？要是刀子不是掉到地上，而是飛到天花板呢？你一定會很驚訝。事實上，你會盯著那把刀看。嬰兒也是一樣，如果看到了不符合預期的情形，他們也會盯著看。

嬰兒會預期物體符合一套規則，當物體不符合規則時，他們就會盯著那樣東西看。五個月大的嬰兒會預期物體是恆存的，物體離開視線範圍後不會隨意消失[18]。在許多實驗中，哈佛大學的絲貝克和伊利諾伊大學的貝菈哲多年來都在研究嬰兒對物理學的了解程度。她們的實驗顯示幼兒會預期物體具有一致性，會維持完整，而不會在你拉扯時自發地分崩離析。他們也會預期物體通過屏障重新出現時會保持相同的形狀。舉例來說，一顆球不應該變成一個杯子蛋糕。他們預期東西會沿著連續的道路移動，而不會在空間中跨越缺口移動。他們也會假設有部分被隱藏起來的物品形狀。他們也預期物品不會在沒有受到碰觸的情況下自行移動，而且物體都是實心的，不會穿過其他物體[19,20]。我們怎麼知道這些不是學來的知識？因為世界各地的嬰兒不分生長環境，都在相同的年紀時知道一樣的事。

然而嬰兒並不知道所有和物質物件有關的事。他們需要一點時間才能了解重力的完整意義；他們了解一個物體不會憑空浮在半空中，但是他們要到一歲時才能了解物體的重心下方必須得到支撐才不會掉落[21]。這就是為什麼人會發明嬰兒用的鴨嘴杯。當然不是所有的物理知識都是天生的，需要學習的物理知識非常多，某些成人也從來沒學會過，所以你的物理成績才是那樣。目前還不知道其他動物究竟和我們有多少相同的直覺物理學。如同豪瑟在《野性的心》書中所說，說動物不了解物體的永久性是很難想像的。如果牠們不了解在樹叢後的獵食者其實還在那裡，並沒有憑空消失，那麼所有的獵物應該都已經一隻不剩了。然而我們對物理的了解，和其他動物對物理的了解，還是有些重要的差異，我們利用資訊的方法也不同。

波米納里和馮珂回顧了過去對非人類靈長類的物理知識了解[17]。他們認為雖然牠們顯然能夠從觀察到的事件推理出成因，但牠們並沒有體會到在牠們觀察到的現象底下的成因力量。舉例來說，如果牠們了解重力的成因，牠們就不只會透過觀察知道水果會掉到地面上，牠們應該也會了解如果牠們要拿某樣東西，然後把東西拖過開放的空隙時，東西也會掉到空隙裡。但牠們想不通這一點。牠們不了解力學。牠們知道物體會互相接觸，這是可觀察到的，但是牠們不了解如果要讓一個物體移動另外一個物體，就必須要有力的轉換。一個杯子必須要放在桌巾的**上面**，拉桌巾時杯子才會跟著移動，光碰桌巾是沒有用的。但牠們就是不懂。這和二、三歲的兒童形成了對比，因為兒童了解這些事。兒童會將簡單事件的成因排序，把不可觀察的特色（力的轉換）排在可觀察的特色（例如接近的關係）之前[22]。目前有人提出人類**推理**起因力量的能力是獨一無二的[23-25]。當然有些動物也了解蘋果會從樹上掉下來，但是人類是唯一能夠推理出不可見的成因——重力——而且知道這是怎麼運作的動物。不過也不是每個人都知道。

我們對物質物件（特別是人造物）的分類學和我們的生物分類學運作方式不一樣。人造物主要依照功能或是目的功能分類[26]，而且不像動植物會有等級體系的分類。當一樣東西被分類為人造物品時，人對它的推論和對活著的東西的推論不一樣。這樣物品會得到不同的側寫。事實上，物品的辨識與側寫系統會比之前更明確。腦部的運動區會在工具為物體[27]、還有物品可操作時[28]啟動，但並不是所有的人造物都會讓這一區啟動。我們會推論出所有上述的物理屬性，但不會有那些我們推論活著的物體有的屬性，除非是特殊情況。

在偵察設備回答了「這是什麼、是誰」或是「是誰或什麼東西做的」這種問題之後，得到的資訊會傳送給描述器，推論出被辨識出的人事物所有的屬性。所以回到早餐的例子，當你看著窗外發現壘球大小的那個東西或是動物翩然飛來時，物體偵察會辨識出這個物質物件有確切的輪廓，不是無形的東西，還有……等一下，這個物體會自己開始動作，是生物型的動作，所以偵察設備發出訊號：「這是**活的！**」接著動物描述器就插嘴了：「這是一隻鳥。」一旦物體被辨識出來，動物描述器就會推論出這一個種類的所有屬性：它具有物體在空間裡的所有物理屬性，加上動物的屬性，還有鳥的屬性。這一切都是自動發生的，就算你從來沒看過這種動物也是一樣。如果偵察設備說這是**誰**而不是**什麼**的問題，然後辨識出追蹤的對象，接著「我」意識描述器或是心智推理就會插手了。這是直覺知識的另外一個領域——所謂的直覺心理學，也會影響我們的非反思信念。

直覺心理學

我們用我們的心智推理系統（我們直覺就了解其他人有看不見的狀態——信念、欲望、意圖、目標——而且知道這些會造成行為與事件）將這些相同的特色不只套用於其他人類，還套用在一般有生命的種類身上，無視於其他生命體的心智推理程度根本不同於人類。（有時候我們也會隨便把這種特色放到無生命的物體上。）所以我們很容易就覺得自己的寵物和其他動物，和我們一樣有想法、有信念，所以我們很容易接受「擬人論」，這也就是為什麼人類很難接受他們的心理是獨一無二的。我們天生就會抱持相反的看法。我們內建的想法是，有生命的物體都有心智推理能力；我們覺得其他動物，尤其是我們很熟悉的動物，會跟我們的想法一樣。我們的直覺心理學並不限制心智推理延伸到其他動物身上的程度。事實上，當人看見幾何學圖形以暗示意圖或是目標導向的行為移動（以動物移動的方式移動）的影片時，甚至會賦予這些幾何圖形欲望與意圖[29]。是的，其他動物也有欲望和目標，但是形成這些欲望和目標的身體和大腦，是用不同的解決方案來回答生存與適應的問題的。我們並不一樣。

擬人論不是唯一根植於心智推理的常見思考方式。如果你的生物老師曾經因此責罵過你，那麼也許你的目的論想法也被畫過大叉：將自然界的事實解釋為聰明的設計或目的的結果。如果你在生物課上說，長頸鹿之所以有長脖子，是因為這樣牠們才能吃到高樹上的葉子，也就是說牠們的脖子是**設計成**能碰到高處的樹葉，那你應該也被斥責過*。然而其實這可能是一種在四歲到五歲時完整發展的預設思考模式。

*因為人很容易就會進行目的論思考，所以要了解天擇是怎麼發生作用的可能會很困難。長脖子並不是特別設計的特徵，而只是剛好因為長頸鹿的祖先當中，脖子比較長的可以吃到比較多的食物，因此增進牠們的適應性、生存能力、繁殖能力。脖子比較長的長頸鹿就勝過了脖子短的長頸鹿。

雖然成人和兒童都會用目的論來解釋生物過程，像是肺是用來呼吸的，但是兒童應用目的論的想法範圍比成人來得多樣化。他們偏向認為所有物體與行為都是為了設計好的目的而存在[30-32]。他們會將這種推理延伸到自然界的物體，說雲是為了下雨而存在，山是讓你去健行而存在，老虎是為了動物園而存在。

這種目的論思考的起源尚無定論。目前認為有三種可能：天生的、來自於了解「人造物的設計都是有目的」的這種觀念[33]，或是從嬰兒所展現的對理性行為的理解所衍生，因此可能是心智推理的前驅表現[34]。

目的論思考會用有目的性的設計來解釋現象。然而我們居然會試著**解釋**某項結果是某物所**造成的**，這也很有可能是一種獨特的能力。其他的動物的確了解某些事和其他事有因果關係。你的狗可能學到咬你的古馳鞋會造成被打一頓或是被吼的結果，牠可能也學到咬牠的骨頭就不會造成這種結果。然而就像我們討論過直覺物理學的情況一樣，沒有明顯的證據顯示其他動物會對無法感知的事物形成概念。你的狗不會了解讓牠被打一頓的非感官原因——其實是那雙鞋的價值或是你對狗的服從度的觀念。馮珂和波米納里提出[17]，人類對無法觀察的實體與過程的推理能力，遠超出有因果關係的物理力學範圍，還包括了心理學的領域。這種對於無法觀察的事物推理能力，可以用來預測並解釋事件或心理狀態。因此一旦發展出成熟完整的心智推理，就能大幅加強預測行為的能力，不會受限於可觀察到的現象。人能藉由推論對方的心理狀態來預測其他動物的行為。

雖然其他的動物和人類都會用可觀察的跡象去預測，但也許只有人類會想要解釋這些事[35]。目前只有一個實驗在探討這個觀念。黑猩猩和學齡前兒童都拿到一些積木，他們要把這些積木立在一個用形狀不規則的毯子蓋住的平台上。在第一個實驗裡，這些積木裡有一個是有瑕疵的，也就是底面是斜的，所以無法立起來。在第二個實驗裡，這些積木看起來都一樣（都是L形），重量也都一樣，但是有瑕疵的那一個特別重，這樣一來它就無法以長軸邊站立。在第一個實驗裡，兒童和黑猩猩都檢查了那個看起來不一樣的積木；然而在第二個實驗裡，瑕疵積木的差異並不是肉眼可感知的，百分之六十一的兒童會檢查那個瑕疵積木，想知道為什麼它立不起來，但是沒有一隻黑猩猩會這麼做[36]。

我們用目的論的想法來解釋事物或行為起因的偏好有時候會失控。其中一個原因是「我」意識的偵察設備太熱心了一點，巴瑞特稱之為活動過度。它喜歡招攬生意，所以就算實際上沒有，它還是會去找有生命的嫌疑犯。當你在半夜聽見聲音的時候，你想到的第一個問題是：「是誰？」而不是「是什麼？」當你看見黑暗裡有一條東西在移動時，馬上想到的是「是誰？」因為偵察設備不夠現代化也不夠先進；這個偵察設備是數千年前形成的，當時還沒有會動或是會自己發出聲音的無生命物體。第一時間認為潛在危險來自有生命的物體的想法，是有適應性的，大多數的時候也都有用。這麼做的人生存下來了，並將他們的基因傳給我們*。雖然有時候會捅出婁子，但通常不會有太大的問題。我們

*這是來自疏失管理理論（EMT）：「決策適應力是透過天擇或性擇犯了可預測的錯誤而演化出來的。只要在選擇形成適應性的這段時間內，有兩種錯誤重複出現代價不對稱的情況，就應該要形成傾向犯代價比較小的那個錯誤的偏見。因為這兩種錯誤重複出現的代價，幾乎不可能一模一樣，所以EMT預測，人類心理包含的決策規則，會有傾向犯某一種錯誤而非另一種的偏見。」出自 Haselton, M., & Buss, D.M., Error management theory: a new perspective on biases in cross-sex mindreading, *Journal of Personality and Social Psychology*, vol. 78:81-91, 2000.

知道那一條東西是有人掛在樹上的毛巾，半夜裡的聲音是房子在溫度下降時發出的咯吱聲。

活動過度的偵察設備和我們想要解釋的需求，加上目的論的思考方式，三者就是「特別創造說」的基礎。為了解釋為什麼我們會存在，活動過度的偵察設備就說一定有個「誰」牽涉其中；目的論推理說一定有個具目的性的設計，起因一定是因為那個「誰」的欲望與企圖還有行為；所以我們是那個「誰」所設計出來的。

這些都讓人聯想到左腦翻譯器會做的事，而且在其他的情境中也會表現出來。在下一章裡，我們會看左腦在神經疾病的病例中活動過度的情況，它會做出看起來很奇怪的因果解釋，因為它接收到的是不好的資訊。這個翻譯器和心智推理模組似乎是近親。

波米納里提出心智推理是「移植」到已經存在的認知系統上，負責推理可感知的行為，因此讓人能用額外的能力去思考心智狀態，重新詮釋已經存在的、複雜的社會行為[37]。心智推理沒有取代已經存在的系統，而且不一定每次都要使用到。這個觀念的關鍵在於它預期人類和人類現存最近的親戚，也就是類人猿——特別是黑猩猩——會有類似的行為，因為透過觀察來預測行為的能力在心智推理之前就已經演化出來了。這些推論行為的系統已經高度成熟並且極為複雜，也和心智推理系統密切相關。然而只因為其他的動物可能和我們有某些相同的行為，就推論牠們有和我們相同的認知系統可能並不正確。此外，儘管我們有從無法觀察的事物中追尋成因的系統，並不表示我們會一直使用它。目前還不知道我們對於無法觀察的事物的概念什麼時候會被啟動，這對於人類的行為又能提供多少資訊。可能在很多情形中，它們根本沒有啟動。另外顯然的，不是每個人的心智推理能力都一樣。

我們稍後就會看到，我們常常不管有沒有用心智推理，最後都得到一樣的結論。

其他會發表意見的領域

當側寫器提供的資訊不足時，更專門的領域就會在特定的情況下介入；這種情況常常是屬於社交互動的情況。這些系統有些會像統計學家一樣預測人類行為，或在特定情況下指導人類行為。我們已經談過這些系統當中的某些是怎麼樣在社會交換或是警戒交換中啟動，也談過我們很多的道德直覺，但可能還有無數的其他系統，包括一套負責數學的系統。嬰兒如果看見一隻米老鼠走到屏幕後，接著又有一隻走進去，他們就會預期後面有兩隻米老鼠[38]。加上我們有記憶和過去的經驗可以參考，所以現在有滿多的資訊可以使用。

所以早餐的時候你望著窗外，看見一個物體朝你移動過來，接著轉彎，然後直走，接著遠離你。你的偵察設備辨識出這是一個人，甚至明確地辨識出是你的鄰居路奇。你的動物描述器告訴你所有路奇的特質，包括心智推理。你和你的狗能不能不用到心智推理就正確預測路奇的行為？如果路奇當了你幾個月的鄰居，那麼你看見他的時候，你會記得他昨天早上出來拿報紙，前天早上也一樣，你可能真的根本不需要用到心智推理就能預測他的行為。你的狗也每天早上看到路奇走出來，彎下身體撿報紙，一切看起來都跟昨天一樣，你的狗也能預測到相同的行為。現在試著用你的心智推理思考相同的情況。你和你的狗都看見報紙，看見前門打開，路奇站在門邊。現在你比你的狗有優勢了。你的側寫器推論出路奇有心智推理能力。你知道他有欲望，你可以用你的直覺心理學預測（就是假裝你是他），他的欲望之一就是看報紙。對，他動手了。但是這跟你的狗沒有用心智推理所預測的別無二致。心智推理是一種裝飾品，特別會在人類社交互動中出來亮相。我們有時候會用它來預測行為，但是它最重要的功能是讓你能了解那邊的那團細胞擁有無法觀察到的信念與欲望，就和你一樣，而那些是他的動機來源。資訊會自動被轉換，讓路奇有另外一種地位或狀態。

直覺心理學是一個獨立領域，不同於直覺生物學與物理學。這很重要，因為欲望或是信念不會和像是「有重力」或是「是固體的」之類的物體特質連結，也不會和「吃」、「做愛」，或是最重要的「死亡」這種生物特質連結。當路奇走出來拿報紙，你會相信他的欲望是紫色的嗎？你會相信他傾身拿報紙的時候，他的欲望會從頭裡掉出來嗎？你會相信他的欲望等一下要吃早餐嗎？不，這些你都不會相信。你會相信他的欲望可以穿過牆壁嗎？你會相信他的欲望會消失在空氣裡嗎？你會相信他的欲望會死去嗎？這是不是表示它會停止呼吸？現在你的回答可能就沒那麼快了。你的直覺機制開始覺得慌張不安了。

大分裂

這些領域各自獨立的情況，在自閉症患者身上表現得很明顯。他們的顯著特徵就是缺乏社交理解，但自閉症也可能和想像力及溝通能力受損有關。自閉症兒童很少會玩想像遊戲，很多根本不說話。一般認為自閉症患者受「心盲」所苦。他們沒有能力理解其他個體有欲望、信念、目標和意圖——也就是他人有心智。自閉症兒童沒有心智推理能力，他們缺乏直覺心理學，而這是讓社交互動之所以如此困難的原因。他們不能自動了解你在笑的時候表示你很快樂，或是你皺眉時暗示你不開心，他們要學習並且記憶這些表情代表什麼，還要有意識地將這個教訓應用在每次的情況。這種缺乏理解能力也解釋了自閉症兒童的其他特色，像是無法指認東西或是看向父母尋求幫助。如果他們不了解其他人有心智，那麼他們就沒有理由把東西指給其他人看或是看著別人尋求建議。你不會指灰塵給掃把看，或是向你的字典尋求建議。

給自閉症受試者看前面提到幾何圖形表現出有意圖的行動的影片時，他們只會做出物理性的描述，不會賦予圖形意圖。研究者提出了一個例子來呈現當中的差異，我在此複述一次。

首先是一個正常發展的青少年對於影片裡面圖形的描述：「情況是一個大的三角形——看起來像是**比較大的孩子**或是**校園惡霸**——把自己**孤立**於其他人之外，直到有兩個**新來的小孩**過來，**最小的那個**看起來比較**害羞**、**膽小**，次小的三角形像是**站出來捍衛自己**，**保護最小的那個**。大的三角形覺得**嫉妒**，出來**開始找次小的三角形的麻煩**。最小的那個害羞的三角形也**生氣了**，還**說**：『是怎樣，你幹嘛這樣？』」

把上述的反應和自閉症青少年的反應對照來看：「大三角形進入長方形。有一個小三角形和一個圓形。大三角形出來，形狀互相碰撞，小的圓形進到長方形裡面，大三角形和圓形都在一個盒子裡。小三角形和圓形互相繞了幾次，有點在對方周圍游移不定，可能是因為磁場的關係吧。後來它們就離開螢幕了。**大三角形變得像一顆星星**——**大衛之星**，然後把長方形打破了。[39]」

自閉症兒童不會把社交關係套用在影片裡的幾何圖形上，他們只會形容物理上的關係。多種成像研究想了解自閉症個體的腦與一般人有什麼不同。對我們討論的內容很重要的是，自閉症個體看著臉的時候，腦部稱為梭狀迴的區域活動顯著降低，而普遍認為這一區專門負責臉孔的感知[40,41]；自閉症者鄰接的梭狀迴的顳皮質反而活躍許多，但這一區通常是與物體有關的部位[41]。的確，自閉症兒童常把其他人當成物體對待。其他人對於自閉症個體來說可能非常恐怖，因為他們的動作不像物體，他們會動；而且根據自閉症者對物體應該怎麼行動的非反身直覺信念，這些人的行動都無法預測。

經驗的二元性

布魯姆認為人類是天生的二元論者。他說以沒有自閉症的個體來說，這種將對物體的理解以及對社會與心理的理解分開處理的情況，就是造成我們「經驗的二元性」的原因。我們對待物體，也就是世界上這些物質、實體的東西的態度，不同於我們對待不可見的目標、信念、意圖與欲望等心理狀態的態度。我們會做出不同的推論。有一部分的實體世界是你能觀察的、看得到的：你的身體，這個會吃會睡會走路會做愛會死亡的實質生物體。但是心理部分是看不見的，沒有明顯的實體成分，所以會受到不同的處理與推論；這不是實質生物體，不是同一套推論要處理的對象。你的非反身直覺信念認為，身體和這個意識本質是分開的。

對於這種分離現象的直覺信念讓你能考慮各種情形，並且不會像我開始解釋量子物理那樣覺得頭痛。蘇西說：「要是我可以變成辦公室牆壁上的蒼蠅一小時就好了！」你馬上就知道她只是想變成蒼蠅的體型，但還是想保留自己的心智。蒼蠅不只會有欲望和意圖，還會有**她的**欲望、目標和意圖，想聽聽大家在說什麼。你可以輕易地將實體上的她和心智上的她分開，將她的心智放入蒼蠅裡。一隻真的蒼蠅不會有這種狀態，但這是很容易理解的想法。你也不會聽見人家說「要是我可以變成牆壁一個小時就好了！」因為你的直覺心理學比較不可能賦予牆壁這種無生命的物體有欲望和目標的能力。

因為你能用心智分離人實體的身體和不可見的本質，所以你能想像兩者是分別存在的。沒有本質的身體實體就像行屍走肉、機器人；沒有身體的不可見本質就是靈魂或幽靈。我們可以想像其他沒有實質身體的本質或是不可見的「我」意識，還是會有欲望或意圖，像是鬼魂、靈魂、天使，魔鬼或惡魔、神或上帝。這樣就符合波米納里的推理，也就是如果動物不能形成不可感知的實體或程序的概念，如果牠們沒有完整的心智推理能力，那麼牠們就不會是二元論者，也不會抱持任何一種靈魂觀念。這些是人類獨有的特徵。但是大象回去看過世的親戚的故事又怎麼說？難道這不代表牠們有某些本質的觀念嗎？

我們是唯一的二元論者嗎？

想在動物世界找到二元論證據的研究圍繞著物種對待死者的方式進行。人類賦予死者屍體很高的重要性，可觀察到的和死者相關的儀式行為是二元論發揮作用的顯著表現。雖然尼安德塔人偶爾會埋葬死者，但是克羅馬儂人（解剖學上第一個出現在歐洲的現代智人，大約是四萬年前出現）的埋葬行為是規律且精緻的，還會有陪葬物。這暗示了對於來世的信仰，因為這些物品都是假設會有用的[42]。對來世的信念假設了埋在土裡的實體身體和繼續活下來的東西不一樣。所以克羅馬儂人是二元論者。

那麼其他的動物對於死去的親屬或同伴也有這種複雜的反應嗎？大多數的動物沒有。獅子看起來很實際，牠們可能會稍微聞一聞或舔一下死掉沒多久的夥伴屍體，然後囫圇吞下，迅速飽餐一頓。黑猩猩和死去的社會夥伴的互動大概久一點，但是一旦屍體發出臭味，牠們就會遺棄屍體[43]。然而大象被觀察到會有很不一樣的行為。摩絲從肯亞的安博塞利國家公園開始安博塞利象類的研究計畫，她研究非洲象的家庭結構、生命周期還有行為。在她的著作《象的記憶》中，她提到：

不像其他的動物，大象能認出自己親屬的屍體或骸骨……當牠們碰見一隻大象的屍體時，牠們會停住，安靜下來，但又有種緊繃的感覺，這和我在其他情況中觀察到的都不一樣。首先牠們會用象鼻伸到屍體上嗅聞，然後會慢慢地、謹慎地接近屍體，開始碰觸屍骨……牠們會用象鼻尖端沿著象牙和下顎移動，感覺頭骨的每一個縫隙和空洞。我猜牠們是在試著辨認死者的身分[44]。

雖然大象墓園的報導過去都被當成神話[43]，但是摩絲和其他的研究者認為牠們的確會去看親屬的骨骸[44]。

但是牠們真的會嗎？牠們會去看或是辨認死去的個體嗎？英國薩塞克斯大學的生物學家麥康和蓓克和摩絲一起用實驗研究這個問題。在一項實驗裡，他們放了一個大象頭骨、一段象牙，還有一段木頭。他們發現大象對象牙很感興趣，對大象頭骨也稍微感興趣，但對木頭則不會有反應。在另外一個實驗裡，研究者發現牠們對大象的頭骨比水牛或犀牛頭骨有興趣。在最後一個實驗裡，他們發現大象並不特別偏好自己女族長頭骨勝過其他家族的女族長頭骨[43]。這告訴了我們什麼？這告訴我們大象很喜歡象牙，而且對自己物種的骨頭比其他物種的骨頭有興趣，但不一定是自己親屬的骨頭。這種偏好在演化上與行為上有何重要性目前尚未得知，但是這並不能當作大象對於同種有超越實體的關注的證據。是否有其他物種還有類似的行為還需要詳查。

反思信念

這些從感官得到的資訊經過挑選，分門別類由不同的直覺系統和你的記憶處理過後，**有些**會浮現在你的意識心智裡。這到底是怎麼發生的，至今仍舊是個大謎團。一旦資訊遇上有意識的心智，萬事通翻譯器就會接手，把所有資訊放在一起，從當中找出道理。這些偵察、側寫還有預測都是無意識進行的，這樣很快，通常也很正確；然而並不是**總是**正確。有時候偵探也會出錯。例如當你聽見樹叢沙沙作響時，你會跳起來，因為你的「是誰或是什麼做的？」偵探搞錯了，告訴你造成這個聲音的是一隻動物而不是風。這沒什麼。畢竟反應快但有時會犯錯，總比反應慢但大多時候是對的來得好。或者你的偵探搞錯了，把你的電腦當成活的，因為它自己做了某些事（你不可能造成的事），所以你的側寫器就讓電腦具有心智推理功能。現在你相信電腦有欲望，造成它的行為。翻譯器必須讓事情合理化，所以想出了這個：你的電腦想要控制你！這些都是你的自動非反思信念系統得到了來自不同領域的資訊後，發揮作用的結果。

但只因為你能**想像**某些事，並不表示這些事就是真的。你可以想像一隻獨角獸、森林之神薩梯、一隻會說話的老鼠。只因為你**相信**某件事，也不表示這就是真的。只因為你相信或是想像心智和身體是分開的，並不表示兩者真的是分開的。如果現在我問你會挑戰你的非反思信念的問題，你會怎麼樣？如果你相信心智和身體是分開的，也就是你在腦細胞和化學物質之外，還有一個靈魂，那你要怎麼解釋個性改變、意識改變，或是任何隨著腦部損傷所造成的改變？蓋吉的例子要怎麼說？他在腦部受傷後被形容為跟原來的他完全不一樣了。他的本質因為他的腦的實體改變而不一樣了。現在你得仔細思考看看，再決定你要不要改變你的想法了。

反思信念是不一樣的，可能是大多數人說到自己相信什麼的時候所指的東西。反思信念形成了我們的意見與偏好。它們不是快速、無意識的反應，而是有意識的，需要時間形成的，可能會也可能不會和非反思信念一致。在你衡量資訊、檢視證據、考慮正反面的情況後，你做出要不要相信某事的決定。當然，我們在第四章學到大多數人在這方面到底會投注多少心力，以及要形成理性的判斷有多困難。反思信念也一樣。就像道德判斷一樣，反思信念通常用最低限度的思考就達成了。反思信念和非反思信念可以是對的也可以是錯的，可能是也可能不是可證明的或有道理的。

這兩種信念系統間有趣的差異在於怎麼分辨是哪一個在發揮效果。通常如果是自動的非反身、無意識信念系統在發生作用，你從這個人的行為就看得出來；而有意識的信念系統最好的證據就是語言陳述，不過言行可能一致也可能不一致。就算你說你不相信鬼魂，你在晚上經過墓地的時候還是會腳步加快。就算你覺得大腦和心智，身體和靈魂根本沒有差別，你的行動表現還是像我們談的是心智而不是一團細胞和化學成分。

巴瑞特告訴我們非反思信念是怎麼影響了反思信念。首先，非反思信念是預設值。如果你從來沒有碰過你必須質疑自己非反思信念的情況，這就是你會相信的。直到你碰見了捕蠅草，你才會改變「植物不是肉食的」直覺信念；你看見了含羞草之後，才會改變「植物不會自己動」的信念。你的直覺信念是就你所知最好的猜測了。這兩種植物都很稀有，所以你覺得植物不會吃肉和不會動的猜測還是很好用。有這種信念，比拿著一塊火腿放到每一種新植物前面，好決定這是不是食肉植物來得簡單多了。

接著，比較好的反思信念會和非反思信念合併；看起來愈有道理的信念愈會直覺化，也愈容易學習或接受。如果我告訴你，桌子是固體的物體，不是活的，這很容易相信。然而如果物理學家告訴你沒有物體是固體的，只是一團不斷移動的原子，這就很難令人相信了。就和我們做出道德判斷一樣，如果反思信念證實你原本對世界的看法，就比較容易被接受。非反思信念影響反思信念的另外一種方法是塑造記憶和經驗。當你形成記憶時，首先你要感知到某事。就這樣，感知經過你的偵探和側寫器的篩選，它們會提取並編輯資訊，接著翻譯器收集所有資訊，做出合理的摘要，放進記憶中存檔。因為經過了你的非反思信念系統編輯，現在你在形成反思信念時會把這當成真實資訊使用。這樣的資訊可能完全是錯的，就像用軼事證據形成道德判斷一樣，你會導出錯誤的因果關係。不只如此，一旦你基於這種資訊形成反思信念，這樣的信念如果和其他反思信念糾纏在一起，就會變得更強烈，或者會支持其他的反思信念。

如果我的朋友告訴我她怕高，問我怕不怕。為了回答她的問題，我可能會想起站在大峽谷邊緣，因為兒茶酚胺激增而讓我感到害怕的感覺。我的腦把這樣的感覺翻譯成是站在峽谷邊緣造成的，但事實上這種感覺是兒茶酚胺這種腎上腺成分激增造成的。其實造成這種激增的原因可能不是因為我站在峽谷邊緣，而是因為我俯身看峽谷時，我想起從梯子上掉下來的記憶。激增的實際理由不是你會覺知到的東西，是你的腦對激增的詮釋。這樣的翻譯可能不是正確的，但是符合當時的情形。現在你有了錯誤的信念，你以為這種恐懼的感覺是因為站在峽谷邊緣的關係。未來你有意識地想到高度時就會用到這個錯誤的信念。你會記得你站在那裡的時候很害怕，這樣的記憶可能使得你遠離高處，並且形成你怕高的反思信念。

反思信念需要比較多的時間。如果你強迫自己在幾秒鐘裡回應一個問題，你就比較可能會用你的非反思信念來回答[45]。

所以發生罕見的事件時我們會「陷入深思」，因為預設的非反思信念沒有出現，或是我們出於某個原因會質疑自動出現的信念，我們事實上就是在花時間思考，以形成我們開心地自以為是有根據的信念。但我們從記憶的與過去經驗裡取得的資訊，其實很多都受到我們非反身直覺信念的高度影響，其中有些可能是錯的。就算我們以為自己在區分直覺和可驗證的信念，但這其實相當困難。就像是做一題有很多解題步驟的數學題一樣，如果第一步的答案就錯了，但你又很確定那是對的，還用這個答案來解決後面的問題一樣。還別忘了情緒也會在過程中參一腳。簡直是一團亂啊！

還好整個過程已經為了加強我們的適應程度與生存能力而受到精鍊，而且通常已經夠正確了，只是並不是永遠都是對的。或者我應該說，對於演化環境來說這已經算對了。要區別可驗證的和不可驗證的信念是一個**有意識的**、乏味的過程，大多數人都不願意也做不到。這需要花費精力、需要堅持不懈並且接受訓練。這會是反直覺的，稱為分析性思考，但這不常見也很難做到，可能還會很昂貴，科學就是這麼回事。只有人類才會這樣做。

所以我們有這個一般來說都運作順利的系統，有時候它會犯錯，而且這些錯誤可能會造成錯誤的信念。就像俗話說的，「事實勝於雄辯」，我們的行動通常會反映出我們無意識的直覺想法或信念。我們是二元論者，因為我們的腦處理過程是經過時間的選擇，把這個世界用特定的種類組織起來，並賦予這些種類不同的特質。只是剛好我們自己落在兩種擁有不同特質的種類裡：我們是活的物體，是活的物體的物理定律適用的對象；但是我們也有無法感知的心理特質，這部分就不適用物理定律了。沒問題！我們就東抓一點、西湊一些，然後登場的是：物理性的生物身體和無法觀察的心理本質，二者合而為一。就像笛卡爾會說的：「沒問題啦！」

結語

我們已經看到自己和其他動物，都有專門針對特定領域的某些能力，例如看到蛇會驚慌，以及辨認出其他獵食動物的能力。我們的某些直覺物理學是其他動物也有的，像是物體恆存性和重力，以及我們在前面的章節裡看過的一些基本的直覺心理學（心智推理）。然而各物種有不同的領域特性。不像其他動物，我們人類會延伸我們對物理的直覺理解；我們了解有不可見的力量。目前的證據顯示我們是唯一會思考無法觀察到的力量的動物。只有我們會形成關於無法感知的事的概念，並且試著**解釋**因為某事所造成的結果。我們也會使用一樣的能力來推理、解釋生理與心理領域無法感知的事。我們了解其他活的東西有看不到的本質，和它們的外表無關；不過我們可能會因為執著於這個所謂的本質而得意忘形了。這種對於無法感知的力量的質疑與推理是非常重要的能力，這顯然激發了我們的好奇心，而好奇心結合有意識的分析性思考，正是科學的基石；但同樣的好奇心也引發了其他東西，也就是比較不嚴格的解釋不可感知的力量的方法，像是神話、垃圾科學、都會傳說等。

第八章 有人在嗎？

如同腦的改變是連續的，意識的互相融合也是連續的，就像影像逐一消失的幻燈機一樣。正確地說，他們是單一漫長的意識、一條涓涓不斷的河流。

——摘自威廉詹姆士《心理學原理》，一八九〇年

我從大學開始，就一直很疑惑有意識的覺知問題。我要說的不是那種大學生討論生命的意義那種胡扯，而是關於我大學的哥兒們是如何地讓我感到著迷。其實呢，我是傳說中電影《動物屋》裡描述的達特茅斯學院瘋狂兄弟會的一員，而我就是那長頸鹿。那可真是難忘的經歷。

其實我直到大三那年的派對社交周之前都算是乖學生。我和我父親做了約定，只要我在二十一歲之前都不狂歡喝酒，他就會給我一張五百美元的支票。但是我的兄弟會哥兒們告訴我，葡萄汁加伏特加非常不賴，我憑著當下突如其來的勇氣，喝下了第一口酒。那天很熱，喝了大約五杯以後，我宣稱喝酒這回事根本不算什麼，接著我從沙發上站起來，往前踏了一步，然後就昏過去了。

當然，真正的教訓其實是關於改變了一個二十一歲青年的正常意識狀態。為什麼我們會喜歡改變自己的意識、我們對周遭世界的喜好和感覺呢？我們喝酒、我們抽菸、我們喝拿鐵、我們想吃止痛藥、我們甚至運動成癮。我們一直在竄改我們存在的一個始終無法定義的面向：現象意識經驗。

意識的種類五花八門，任何教過大學入門課或是上過周五早上八點這種課的人，都看過這些各式各樣的意識：可能有兩個夜夜笙歌的兄弟會成員坐在最後一排，他們整晚都在慶祝周末即將來臨，所以此刻在課堂上打瞌睡。這兩個是沒有意識的。前面幾排有個花花公子在打量走道隔壁排那個辣妹，想看看能不能約到她。他有意識，但不是意識到你；最旁邊互相在傳紙條、壓抑著不敢笑出聲來的那三個女生也沒有意識到你。另外還有帶著錄音機的人，忙著完成另外一堂課的報告，他在之後才會意識到你，第一排的學生在喝咖啡，振筆疾書地抄筆記，偶爾點頭表示同意。至少他們有意識到你。雖然大多數人不會坐在那裡思考意識的問題，但他們常常談到這一點。在下課後你可能會不小心聽見學生說：「我終於**了解**（意識到）他真的是個混蛋，他根本一點都不**注意**我說的話，只**認得**運動頻道。如果你也在意橄欖球比數那就很棒，但如果你要他（意識到並且）**記得**你的生日，那你想都別想。我可以說是完全甩了他了。」

我們已經講過大腦功能的兩個層面：無意識的行動與有意識的行動，後者就是奧勒岡大學的研究人員波士納所謂的「警覺」。也已經看過相當多的處理過程，甚至可以說其中有很多都是我們毫無覺知的，是暗中進行的。要弄清楚目前已經了解的所有無意識行動的內容，並不是一件容易的事。理由很簡單，因為這並不會進入我們的意識。研究者必須要設計出很巧妙的實驗，才能揭露它們的存在。

這可能會讓你認為研究意識可能比較簡單，不過如同法國神經科學家戴亞奈和納查謝所指出，我們現在研究的目標是要往內在自省的，不是可客觀衡量的反應[1]。很奇怪的是，往內省思自己的主觀報告卻能給我們一些線索。不過我對裂腦症患者的研究顯示，自省可能是錯的[2]；我們其實會不知不覺地編故事來解釋可觀察到的現象，但是這項事實本身也是一個線索，這我們稍後會再討論。我們的二元天性也是解開意識機制之謎道路上的絆腳石[3]。有些人覺得意識的本質不會有身體上的解釋，因為它太奇妙了，所以不能用模組與神經元、突觸和神經傳導素解釋；就算沒有它們，我們還是會硬撐下去。也有其他人認為這種解釋是可能的。我覺得能夠用模組、神經元、突觸和神經傳導素解釋意識這件事反而更奇妙、更令人著迷。聽起來可能沒有很華麗或是很了不起，但是一定會讓人神魂顛倒。

未解的謎

意識的謎團之一就是，感知或是資訊是怎麼從無意識的深度進入意識層的。是不是有一個守門人只讓某些資訊通過？又有哪些資訊可以通過？又是靠什麼決定的？之後又會怎麼樣？新的想法是怎麼形成的？有哪些過程促成了意識？所有的動物的意識都相同嗎？還是意識有程度之分？我們的意識是否獨一無二？關於意識的問題就像是神經科學界的聖杯。如果你告訴我，你很想知道腦的哪些部分在你意識到某事物——一朵花、一個想法、一首歌——時會有活動，你提出的這個問題就是所謂的**意識的神經基礎**。你不是唯一一個提出這個要求的人。沒有人知道到底是怎麼回事，但是有很多種說法。我們來看看有多少問題已經得到解答，其他的問題又已有哪些理論。

很多研究者都對意識的不同層級提出了定義與標準，已經到了讓人一頭霧水的地步[4,5]。意識根據進步層級通常各稱為無意識、意識、自我覺知、後設自我覺知，最後一項指的是：你知道你有自我覺知。

達馬修拿出他的解剖刀，更進一步把意識切開到只剩下兩個選擇：核心意識和延伸意識[6]。當核心意識的開關被打開，而有機體清醒地覺知到某個時刻（現在）及地點（這裡）的時候，核心意識就出現了。它是警覺的，不關心未來或過去。這種意識不會覺知到自己，也並非只有人類才有。然而它是必要的基礎，讓人能建立更複雜層級的意識，也就是達馬修所謂的延伸意識。延伸意識就是我們通常想到「有意識」的時候所想到的那種。延伸意識比較複雜，由很多層級組成。舉例來說，有一個層級的意識是覺知到一個人所在的環境，還有桌上的巧克力蛋糕；另外一個層級是覺知到這些，並且知道它們和昨天不一樣，可能也和明天不一樣。（昨天沒有這塊蛋糕，明天很有可能也沒有了，所以現在就大吃吧！）意識的這些方面都必須和**內容**有關，這是意識經驗的構成要素。最高層級是，人知道自己知覺到周遭環境，而且，我還要加上這一點，知道這塊蛋糕對你的腰圍有什麼影響，並且在意這件事。我確定狗不會關心牠們的腰圍。這牽涉到自傳式的自我。

我們想知道的是，資訊處理是不是用系統性的方法進入意識。如果是，我們也想知道那到底是什麼方法、是怎麼運作的，這個系統又有哪些方面可能只有人類才有。為了找出答案，我們要從難搞的神經解剖學開始著手，包括我們從各種腦部損傷的病患身上學到的、還有從神經造影研究所得到的知識。然後我們還會探討一些理論。

意識經驗的身體基礎

首先我們要知道哪些腦部區域是核心意識——「開」的開關——所需要的。腦幹是腦的下部*，結構上是脊椎神經的延續，是前往皮質層的第一站。它是演化上很古老的結構，所有脊椎動物都有腦幹，但是不一定都由同樣的神經元組成。腦幹是一個很複雜的地方，就像是所有摩天大樓的地下第二層樓一樣，裡面布滿管線、通風孔、電線還有儀器，全部都和大樓的其他地方相連。它們讓一切能順暢運作，但是住在三十四樓的人根本不會想到這些東西。如果你把電線剪斷，那三十四樓的住戶就會知道有東西出錯了，可能是電燈、空調或是電話。如果你把所有的電線都剪斷，一切都會停止運作。

就像三十四樓的住戶一樣，你也不知道你的腦幹在做什麼。你不會意識到有不同的神經元群組，也就是很多細胞核，正在接力轉達來自與你全身各部位目前狀態相關的訊號給大腦，這些部位包括內臟、心臟、肺部、平衡、肌肉與骨骼架構，位在上方的大腦會各部位連結，以脈衝形式傳送與接收資訊。這些腦幹細胞核的主要工作就是身體和腦的自我平衡調節；它們是控制心血管、呼吸、消化器官的基礎，如果腦幹失去連結，身體就會死掉。所有哺乳類都一樣。

這些神經元群組的樹突什麼事都要插一腳。有些是意識**必需的**，會連結丘腦的薄片細胞核。其他則是**調整**意識所必需的，像變阻器一樣，它們組成了覺醒系統的一部分。它們連接到基底前腦[**]還有丘腦下部，直接連到腦皮質[7]。我們那些夜夜笙歌的男生並不是不可逆地失去意識，我們只要捏他們或是對他們澆冷水，他們就會醒過來。透過傳遞到基底前腦和丘腦下部的連結，他們的意識會受到覺醒系統所調整。

核心意識是延伸意識的第一步。如果核心意識的線路被切斷，不管是捏還是潑冷水都不能讓他們恢復清醒。這就是連結腦幹和丘腦層內核群的神經元大放光采的時候了。丘腦內有兩種薄片細胞核，一種在右邊，一種在左邊。丘腦本身大約和核桃一樣大，橫跨中線兩側，剛剛好就落在腦的正中央。刻意對丘腦的薄片細胞核造成雙側的細微損傷，就會讓意識永遠停止；不過只有一側損傷就不會這樣[8]。如果丘腦的薄片細胞核沒有從與腦幹的連結得到輸入，它們也會完蛋。所以我們踏上了通往意識道路的第一步：腦幹與丘腦的主動連結必需要有活動，並且至少其中一側的薄片細胞核要清醒並且運作。

從腦幹出發的通路通過薄片細胞核之後，又通往哪裡？不管通往哪裡，一定有些也和意識有關。部分是薄片細胞核的丘腦是一個關係很好的傢伙。神經元連結讓丘腦和腦皮質上的各個特定區域連在一起，這些區域會把連結直接傳送回丘腦，形成許多**連結迴路**，這是我們等等要討論的重點。薄片細胞核本身也連結到扣帶皮質的前半部。腦幹到扣帶皮質間任何地方受到損傷都會中斷核心意識。

---

*腦幹涉及自主活動、飢餓與體重調節、神經內分泌功能、繁殖行為、侵略性以及自殺行為的模組化，也和注意力與學習背後的機制、運動控制與動機背後的獎勵機制，以及鴉片的有利與獎勵效果有關。整體來說是生物學上的自我平衡控制的關鍵。

**基底前腦的位置就和名字一樣：這是一個集團結構，位於接近前腦底部的位置。這些結構對於腦產生乙醯膽素非常重要。這種化學物質在腦中分布廣泛，會影響腦細胞互相傳送資訊的能力。利用乙醯膽素做為突觸神經傳送化學物質的基底前腦神經元（膽鹼素性神經元），與注意力和記憶有關。抑制這些化學物質是讓人睡眠的機制之一。最近發現後下視丘對清醒與睡眠也扮演重要角色，而且有像是把手開關的神經元（Sutcliffe, J.G. & De Lecea, I., The hypocretins: Setting the arousal threshold, *Nature Reviews Neuroscience*, vol.3:339-349, 2002.），或是在清醒與睡眠間有「翻來翻去」的迴路（Saper, C.B., Scammell T.E. & Jun, L., Hypothalamic regulation of sleep and circadian rhythms, *Nature*, vol. 437:1257-1263, 2005.）。

扣帶皮質似乎是核心意識與延伸意識重疊的地方。扣帶皮質位在胼胝體這一大束連結左右腦的神經元上方。在達馬修的報告裡，扣帶皮質受損的病患核心與延伸意識都會中斷，但通常可以恢復核心意識。

那麼，如果扣帶皮質和延伸意識有關，那它和其他部分的關係也很好嗎？在表現意識任務的過程中，扣帶皮質和腦部支援記憶、感知、運動動作、評估與注意力等五種類神經網路的區域之間的連結會啟動。另外還有其他事件也正在進行。從事各種需要不同腦部活動的意識任務時，除了前扣帶皮質之外，腦的另外一個區域也一定會啟動，就是背外側前額葉皮質。這兩個區域的相互連結——也就是有更多的連結迴路——並不是出於巧合。此外，前扣帶皮質裡有一種特殊的長距離紡錘細胞，這種細胞只有類人猿才有[9]。而且，你可能也猜到了，背外側前額葉皮質也是前面提到的五種類神經網路的連結溫床*。早在第一章裡，我們談到了不同層的皮質，而這些長距離神經元主要就源於第二層和第三層的錐狀細胞；在背外側前額葉皮質和下頂葉皮質的第二、第三層皮質其實都比較厚。

延伸意識和模組化

我們現在進入了腦部比較專門的區域。如果這些區域受損，失去的會是某種特定的能力，而不是意識本身。這本書中談了很多腦中的模組，以及每個模組如何做出特定的貢獻。有模組化的神經元專門肩負起互惠行為或是偵測騙子等特定職責，是很令人著迷的一種觀念。不同的人在相同的特定腦部區域受損時，會產生相同的缺陷，例如失去辨識熟悉臉孔的能力；這類的例子讓腦部模組化的情況更加顯著。奇怪的是，我們感覺不到這種分離的狀況。這就是為什麼我們會覺得這些模組令人著迷（還有為什麼「模組化的腦」這個說法本身令人難以置信）。「我的腦在做**那個**？太瘋狂了！」不，你完全不知道，因為這些模組都是自動運作的，是在暗中、在意識層之下進行的。舉例來說，如果某個刺激欺騙了你的視覺系統，建立了一個幻象，就算你有意識地知道自己被騙了，也還是無法讓那個幻象消失。視覺系統的那個部分不是意識能控制的。我們必須記得，所有無意識的東西對於塑造進入意識表層的東西都貢獻了一己之力。另外要記得的是，有些東西就是不能無意識地處理。悲慘的是，你的高中三角函數考試可能很早就提醒了你這一點。

如果意識需要很多模組的輸入，那麼我們要記住的另一個問題是連結度。我們在第一章裡已經知道，每個神經元的連結數量有限，模組愈多，互相的連結就愈少。就算記住了這一點，光是神經元的數量以及它們的連結就會讓你頭昏腦脹了。人腦大約有一千億個神經元，而且每一個神經元平均連結約另外一千個神經元。很快心算一下，就會知道一共有一百兆個神經突觸連結。所以這些輸入要怎麼接合並統整成一致的組合？用擬人化的方式來說，一個模組要怎麼知道其他那些模組在做什麼？或者問，它們到底知不知道？我們要怎麼在這混亂的連結當中找出秩序？即使好像不是一直都像是這樣，不過當你的大腦在接受這些輸入轟炸、進行處理時，我們的意識其實根本不用參與，在一旁落得輕鬆。事實上，情況就像是我們的意識是去度假打高爾夫球的大公司執行長，留下所有的部屬努力工作。偶爾意識會聽聽大家說話，做出決策，然後又自己出門做日光浴了。喔，是不是因此他們才說某

*透過通往扣帶皮質後方、下頂葉皮質與上顳葉皮質（都和注意力有關）旁海馬迴皮質（記憶）、新紋狀體皮質（感官處理），以及前運動皮質的連結。

些大腦的處理程序是「執行」功能*？

模組化之外

模組大隊知道不是所有的心智活動都能用模組解釋。有時候你必須跳出這個小隔間，和其他隔間溝通。在處理過程當中，可能在某個時候模組的輸入需要統整、接合，形成套裝組合，或是需要被忽視、抑制、禁止。大謎團來了，這是怎麼發生的？有某種控制過程在進行，而且一定有機制支援這些處理模組間的彈性連結。目前出現了很多解釋這項機制的理論模式，像是中央執行[10]、監控注意力系統[11]、前注意力系統[12,13]、全域工作空間[14]、動態核心[15]等。

哪些過程必須要統合？人類的意識中有某些成分是我們只要想想我們使用的一般心智工具就能了解的。這樣一來，我們就在接觸自己的意識，能辨識我們意識到了什麼。我們先假裝你在讀這段時還有意識，我也沒有把你的覺醒開關關掉；或者你的心智也許已經飄到別處了，想著你明年夏天要去哪裡度假，或是你的廚房要粉刷成什麼顏色。你有意識的想法需要某種形式的**注意力**，不管是注意這些字或是法國蔚藍海岸的景象。你可能在使用**短期記憶**（工作記憶）來掌握你讀到的東西，或是用**長期記憶**回想上次度假的經驗、你朋友家廚房的顏色。你也正在使用你的視覺**感知**與**語言**能力來讀這段話，或是最有可能的是，當你在描繪自己沐浴在陽光下啜飲茴香酒的樣子時也用到了這些。你可能在默默地和自己說話（所謂**內在語言**），列出應該要去度假的理由。形成你的意識的不只這些，還有你的**情緒**和**欲望**。一旦這些機制開始運作，你最後就能夠**理解**我剛剛寫的那些，並且為這些資訊在你已知的知識裡找到適當的位置，或是想出來怎麼說服你的另一半租下一間別墅。還好你不是在想你的所得稅或是拿乾洗衣服的事……唉呀，現在你開始想了。這就是上到下的注意力的例子。

有兩種現象是我們必須解釋的。一是我們覺得自己是運作順暢、會一致地思考的存在，通常都能控制自己的想法。我們通常不會覺得自己像是警力調度中心，在接到來自成千上百不同來源的回報後，再決定哪些是重要的或有用的，哪些不是：我們也不會覺得自己像在急診室負責依傷病嚴重程度分類的護理人員，會依照重要性整理所有匯入的資訊。可是事實上，我們的腦差不多**就是**這樣在運作的。看看你身處的房間，閉上你的眼睛：房間裡是否布滿灰塵？有幾支鉛筆、幾支原子筆在茶几上還是書桌上？窗外有沒有鳥或是花？螢幕上有沒有灰塵？房間裡另外還有幾本書？是誰寫的？這些資訊都進入了你的眼裡，受到感知並且處理，無意識地被分類，但是（還好）並沒有全部進入你的意識層面，除非你把你的注意力轉向這些資訊。我們也必須解釋我們怎樣產生關於「自己」的感覺、產生「自傳式的自我」；還有雖然我們的意識隨時在改變，但為什麼我們對自己的意識感受卻不是這樣。不知怎麼著，資訊會被統合成為一個良好的套裝組合。

意識的守門人：注意力

只有某些資訊會成功進入意識。我們的大腦是個狗咬狗的世界。實驗顯示要讓一項刺激達到意識

＊貝德雷（Alan Baddeley）在《工作記憶》（*Working Memory*, Oxford, Oxford University Press, 1986）書中所創的詞。

層面，就需要最低限度的時間以及某種程度的清晰思考。然而光這樣還不夠，刺激必須要和觀察者的注意力狀態互動。這可以以兩種方式發生，分別是所謂上到下或是下到上的處理程序。目前還不知道這部分到底是怎麼回事，但戴亞奈、巴黎巴斯德研究院的神經科學家尚惹、以及許多共同研究者都提出，上到下的模式，也就是你有意識地指揮你的注意力的情況，可能是丘腦皮質神經元活動的結果，也就是我前面提到的那些迴路。至於下到上的模式，他們認為來自無意識活動的感官訊號的強度太大，以至於足夠將上到下的振幅再度引導到它們身上[16]。這時你的注意力可能會不受意識控制，轉而著迷於其他事物。例如你可能在工作時專注於一項計畫，突然間回神才發現自己聽見火災警報正鈴聲大作。

在這邊你要注意一個重點：注意力和意識是兩種不同的動物。首先，皮質處理器控制了注意力的方向。雖然可能有上到下的自願性控制，但是也可能有下到上的**無意識**訊號強度大到足以拉走注意力。我們常常經歷這種情況。你可能有意識地在思考正在進行的計畫，結果你的思緒就飄到別的地方了，好像已經不受你控制。第二，即使有注意力出現，可能也還不足以讓刺激進入意識[17]。你在讀一篇關於物理學上弦論的文章，你的眼睛專注於文章內容，你把文章念給自己聽，但這些都沒有真的進入你有意識的腦袋裡，而且可能永遠不會。

選擇性的意識斷裂

大腦頂葉損傷除了影響注意力也會影響意識，這種症狀會以戲劇化的方式表現在通常因中風而右頂葉受損的人身上，他們的注意力與空間覺知都會因此而斷裂。這些人的行為看起來常常像是他們左邊的世界，包括他們左半邊的身體，都是不存在的。如果你要去拜訪這樣的人，然後從左邊進入他所在的房間，那麼他就不會知道你在房間裡。如果你拿晚餐給他吃，他也只會吃盤子右半邊的東西！他只會刮右邊的鬍子（如果是女性可能就只會化右邊臉的妝），只看書或報紙的右邊那頁，畫時鐘或腳踏車時也都只有右半邊。但是最奇怪的是，他們不覺得這樣有什麼不對的！他們沒有**意識到**他們的問題。

這樣的症狀是所謂的**半邊忽略**，症狀包括對損傷部位的相對邊所發生的感官事件沒有知覺（也就是右腦損傷會影響左半邊的知覺），且平常那半邊被指派的其他動作也會喪失[18]。有些病患可能會忽略半邊的身體，即使他們左半邊身體的運動功能毫無缺陷，他們還是完全不會移動自己的左手臂或左腿，卻試圖從床上起身。這種忽略的情況在記憶與想像裡也會發生。有一名病患被要求形容記憶中從廣場一端所看到的景象，他只形容了右半邊；等到要求他形容從廣場的另外一端往回看的景象時，他能形容另外一半的景色，但完全沒有提到他剛剛從另外一個方向看到的那些景色[19]。這種現象顯示我們自傳式的自我，源自於我們有意識的思想。如果我們沒有意識到，那它就不存在。

很多半邊忽略的病患都沒有發現他們遺漏了任何資訊，這是所謂的**病覺缺失**。如果他們腦部損傷也造成了癱瘓，他們還是對此毫無覺知；他們會告訴你自己身邊那條癱軟的手臂是別人的。他們知道自己被診斷出缺陷，但是可能會拒絕相信。有一位病患表示：「我知道『忽略』這個詞算是個醫學名詞，用來解釋有毛病的部分，但是這個字讓我很困擾，因為你只會忽略確實存在的東西，對吧？如果一個東西根本不存在，你怎麼能忽略它呢？我覺得用『忽略』這個詞來形容根本就不對，我覺得用

『專注』這個詞會比忽略好。這完全就是專注。如果我走在任何地方，而前面有東西擋著我，那麼只要我很專注於『走路』這件事，我就會看見擋住我的東西並且避開；可是只要我稍微分心，就不會注意到擋路的東西。」[20]

如同這位病患所暗示的，半邊忽略奇怪的地方在於，這種症狀一方面會發生在確實喪失感官知覺或運動系統的時候，另一方面也會發生在感官知覺與肌肉骨骼系統依舊可運作的時候。忽略似乎是失去對這些刺激有意識的**覺知**。的確，如果你同時給予病患的右腦和左腦一項視覺刺激，左半邊忽略的病患會說只看到右邊的刺激，而且看來完全沒有意識到左邊的刺激。然而如果你**單獨**呈現同樣的左邊視覺刺激，這樣刺激就會映在相同的視網膜位置；那麼在完全沒有右邊的視覺刺激情況下，左邊的刺激就會正常的受到感知。這顯示如果沒有來自正常邊的競爭，被忽略的那邊就會受到注意。

我們大約在二十五年前開始對這個現象進行對照研究。沃普、勒杜和我提出了一個問題：「被忽略的領域裡的資訊是否能用在無意識的層面？」我們在病患兩側的視覺範圍呈現圖片或是文字，而患有半邊忽略的患者只要告訴我們兩邊的圖片或文字是否相同就可以。記住，因為他們有忽略現象，所以當同樣的刺激呈現在兩側的視覺範圍時，他們總是會說他們只能有意識地看到一個刺激，就是呈現在他們左腦（語言區）的那一個。但是當我們要求他們判斷這些文字或圖片是否相同時，他們都答得很好。簡單來說，他們的腦不知為何，在某個地方結合了這些資訊。即使病患無法說出呈現給右腦的到底是什麼樣不同的刺激，但病患還是可以做出正確的決定。不用說，如果他們猜測兩側的訊息「相同」，他們就會依照因果關係得出結論：兩側的刺激也是相同的。

這項實驗是小規模家庭工業型的實驗開端，探索有哪些處理程序可以在潛意識進行。例如語彙刺激研究就顯示，就算將文字呈現在被忽略的那半邊，病患也否認這個字的存在，但是這項資訊還是會無意識地被處理，並且能用來辨識文字[21]。

所以就算資訊位在無意識的層級，為了要讓資訊進入意識層、讓人覺知到它的存在，就必須要將注意力轉向它。此外，忽略在**競爭**的情況下最為顯著，因為位在或是最接近「好的」那邊的資訊會支配「壞的」那邊的資訊[18]。

另外一件奇怪的事是，當問到病患怎麼會有這隻癱軟的手臂時，他不會說他感覺不到，而是居然會說那是別人的手。這是怎麼回事？如果要求他進行需要用到兩隻手的動作，他不會說他做不到，就只是會說他不想做。而且為什麼這些病患都不會抱怨這個問題？如果你看不到房間的左側，你不會抱怨嗎？

這種現象就要靠裂腦症患者來幫忙解釋了，而且這還能讓我們更了解意識。腦中最大的神經束稱為胼胝體，負責連結左右腦，另外還有一條比較小的神經束位在腦的前方，稱為前聯體。胼胝體包括兩億個神經元，猜猜看它們源自於哪些皮質層？你猜對了，是第二層和第三層[22]，就是大多數長距離神經元發源的皮質層。胼胝體過去一直都不怎麼受到注意，但是隨著腦部模組化和偏側特化作用的重要性與日俱增，這種連結也能從演化的角度來討論，我們在第一章裡也有談到。

分裂大腦

當其他治療方式都無用時，用手術切斷胼胝體是治療極嚴重的癲癇病患的最後手段。過去接受這種手術的病患很少，現在則因為醫療與其他治療方式的進步，接受這種手術的人數又更少。事實上，只有十個動過手術的裂腦症患者經過詳盡的測試。紐約州洛契斯特市的神經外科醫生韋哲在一九四〇年首次進行這種手術，因為他觀察到他一名罹患嚴重癲癇的病患在胼胝體長出腫瘤後，病情反而緩和了下來[23]。

癲癇發作的原因是有些人的腦會異常放電，並從一側的腦散布到另外一側。一般認為如果腦兩側間的連結被切斷，造成癲癇的電脈衝就不會從一側散布到另外一側。但最令人害怕的是這項手術可能的副作用：一個人會不會因為頭裡面有兩個腦，就人格分裂了呢？事實上，這種治療方式大為成功。大多數病患的發作情況都減少了百分之六十到七十，而且他們感覺都很好：沒有人格分裂也沒有意識分裂[24,25]。大多數病患根本不覺得心智程序有任何改變。這很棒，但還是讓人疑惑。為什麼裂腦症患者不會有兩種意識？為什麼左右腦沒有互相爭奪主控權？**是不是**有一邊在主導？意識和自我感知是否真的位在腦的其中一側？

裂腦症患者會做一些小事來彌補他們腦部連結的喪失。他們可能會移動自己的頭讓腦的兩側都接收到視覺資訊，或是為了同樣的目的比較大聲說話，或是做出象徵性的手勢。只有在我們去除交互提示的實驗情境中，左右腦失去連結的情況才會變得明顯，然後我們就能夠說明左右腦的不同能力。

在觀察手術分離了什麼之前，我們必須先了解有哪些依舊是兩邊共享的。有些皮質下的通路依舊完好無缺，因為裂腦症患者的左右腦還是連結到同一個腦幹，所以兩邊都接受到相同的感官與本體感受資訊，自動編寫了身體在空間裡的位置。左右腦都能開始眼球運動，腦幹也支持相似的覺醒程度，所以兩側會同時睡著或清醒[26]。另外看來也只有一套整合的空間注意力系統，在腦部分裂後依舊維持單灶。注意力不能分配到兩個位在不同空間的位置[27]，當右腦在打量隔壁排的帥哥時，左腦就不會注意到黑板。對一側的腦的情緒刺激也還是會影響另外一個腦的判斷。

你可能在解剖課上學過，右腦控制的是左半邊的身體，左腦控制右半邊的身體。不過事情當然沒有那麼簡單。舉例來說，兩側的腦都能指導臉部和近側的肌肉，例如上臂或腿，但是分離的左右腦能夠控制末梢肌肉（距離身體中心最遠的肌肉），也就是像左腦能控制右手的例子[28]。雖然左右腦都能產生自發的臉部表情，但只有主導的左腦能產生隨意的臉部表情*[29]。因為有一半的視神經在視交叉的位置橫跨了腦的兩側，因此兩隻眼睛在右邊視野看到的部分資訊都由左腦處理，反之亦然。在失去連結的情況下，這種資訊**不會**從一邊的腦傳達到另外半邊腦。如果左邊視野看見右邊看不見的東西，那就只有右腦能夠接觸到這個視覺資訊。所以這些病患會轉頭，讓兩側的腦都有視覺資訊輸入。

從布洛卡**率先進行實驗後，現在已知語言區通常位在左腦（除了少數的左撇子之外）。但裂腦

---

*另外也發現當左腦執行像是微笑或皺眉的指令時，右半邊的臉的反應時間大約比左半邊快了一八〇毫秒。之後的這項發現也符合胼胝體和自主臉部指令的執行相關的事實。

布洛卡是一位法國的神經解剖學家，因他一八六五年出版的發現而頗負盛名。他發現語言中樞位在左半腦，之後也被命名為布洛卡區。不過稍早就已經有一位法國神經學家達克斯在一八三七年向法國科學院提出同樣發現的報告，並在他身故後於一八六三年出版。有些作家認為「左腦主導語言的理論可同時歸功於達克斯和布洛卡，因此應該稱做達克斯布洛卡理論**。」出自 Cubelli, R. and Montagna, C.G., A reappraisal of the controversy of Dax and Broca, *Journal of the History of Neuroscience*, vol. 3:215-226, 1994.

症患者的左腦和語言區都無法接觸到匯入右腦的資訊。有了這些資訊後，我們設計了一些方法來測試裂腦症患者，以更加了解分開的左右腦究竟是怎麼回事。我們已經驗證了左腦專司語言、說話、理性行為，而右腦專司辨識直立的臉、注意力的專注，以及區分感知差異等工作。

就注意力來說，左右腦控制反身注意力的過程與控制隨意注意力的過程，是很不一樣的互動方式[30-32]。整體可應用的注意力有限[33]。證據顯示，反身（下到上）注意力的分配在左右腦是各自獨立的，而隨意的注意力分配則牽涉到左右腦的競爭，不過控制權的偏側發展偏好落在左腦；然而右腦會注意整個視野範圍，而左腦只會注意右邊的視野[34-36]。這解釋了我們半邊忽略的病患的問題：當右下方頂葉受損，左邊的頂葉依舊完整無缺，可是左頂葉只會把視覺注意力放在右邊的身體，所以腦部沒有一個地方在注意左邊視野的情況。剩下來的問題是，為什麼病患並不感到困擾？我就快說到了。

分開沒有那麼難

左腦專司理性行為，別忘了帶它出門！

在人類的左右腦失去連結後，病患的語言智商依舊完整無缺[37,38]，問題解決能力也依舊完好。自由回憶的能力和其他表現基準可能有點缺陷，但是將實質上一半的腦皮質和主導的左腦分開，並沒有造成認知功能的重大改變。左腦動手術前的能力依舊沒有改變，而大範圍失去連結的、大小相同的右腦進行認知任務的能力則是極為貧乏。雖然右腦在某些感知和注意力技巧方面還是比分離的左腦優秀*，在情緒方面可能也是，但是在問題解決與其他心智活動方面的能力就很糟糕。兩個腦的神經數量大致相同，但一個能輕鬆思考（左腦），一個卻沒有進行高等級認知的能力（右腦），這就是證明皮質細胞的數量本身並不能完全解釋人類智能的有力證據[39]。

一個猜測機率的實驗展現了左右腦在問題解決能力上的差異。我們的受試者要猜出接下來會發生下列兩個事件中的哪一件：是紅燈亮還是綠燈亮？每一個事件發生的機率都不一樣（紅燈亮的機率是百分之七十五，綠燈亮的機率是百分之二十五），但是事件發生的順序完全是隨機的。人可能使用的策略有兩種：頻率配對或最大化。頻率配對就是百分之七十五的時候猜是紅的，百分之二十五的時候猜是綠的。這個策略的問題在於既然出現的順序完全是隨機，出錯的可能性就非常的高，大約只有百分之五十的時間會猜對，雖然也**有可能**百分之百正確，但這完全是靠運氣的。第二種策略就是最大化，也就是每次都猜紅的，這樣可以確保準確度達到百分之七十五，因為紅色出現的次數會占百分之七十五。像是老鼠和金魚這些動物就會用最大化的策略，在拉斯維加斯，莊家也是用最大化的策略。但是人類會用配對的。結果就是非人類的動物在這項任務裡表現得比人類好。

人類之所以會使用這種次佳的策略，要歸咎於即使我們知道事件發生順序是隨機的，我們還是想找出一套模式的這種習性。沃福德、密樂和我測試了裂腦症患者的左右腦，我們想知道兩邊使用的是相同或是不同的策略[40]。結果我們發現左腦會使用頻率配對策略，而右腦會使用最大化策略！我們的解釋是右腦的準確度比左腦高，因為右腦是用最簡單可行的方式處理任務，不會企圖對任務形成複雜的假設。

*在判斷直線與方位等各種空間能力的測試中，右腦的表現都比左腦好。有些處理只有右腦會做，例如在同時涉及時空的情況下，從相撞的物體中推論出隱藏的輪廓，或是找出發生的原因。

然而最近的測試又揭露了更有意思的結果。他們顯示右腦面對像是臉孔辨識這種右腦專司的刺激時，也會用頻率配對的策略來處理；而左腦因為不是專門處理這種任務，所以反應方式就是隨機的[41]。這顯示如果有一邊的腦是專司某項任務，那麼另一邊的腦就會把任務的控制權交給那一邊[42]。另一方面，左腦涉及人類想在混亂中找出秩序的傾向。就算面對根本沒有模式存在的證據，像是吃角子老虎機器，左腦依舊堅持想建立事件發生順序的假設。即使這樣可能不具有適應性，為什麼左腦還是會這樣呢？

左腦是萬事通

我們在幾年前觀察到左腦很有意思的一種狀況：當左右腦沒有連結時，左腦如何在沒有得到任何資訊的情況下，處理我們誘發右腦所產生的行為。我們給裂腦症病患看兩張圖片：右側視野看到的是一隻雞爪，所以左腦只看到這一張圖；左側視野看到的是一張雪景，右腦看見的也就只有這樣。接著要他從完整視野前方放置的許多圖片中選擇相關圖片。結果他的左手從多張圖片中選擇了一張鏟子的圖，右手選了一張雞的圖。被問起為什麼選擇這些圖時，他的左腦語言中樞回答：「這很簡單啊，雞爪和雞有關，而你需要鏟子才能清理雞舍。」在這個情況下，左腦因為觀察到左手的反應，但不知道為什麼會有這種選擇，所以它必須解釋這樣的選擇。左腦不會說：「我不知道。」而是會在符合自己所知的情境中翻譯這種反應。左腦只知道自己拿了雞爪，完全不知道雪景這回事，但是它必須解釋左手怎麼會選擇鏟子。它得替行為找出理由。我們把這種左腦的處理稱為「翻譯器」。

我們也用同樣類型的實驗來測試心情的轉換。我們給右腦「笑」的指令，病患就開始笑，接著我們問病患為什麼要笑，左腦的語言中樞完全不知道自己為什麼在笑，但是總是得說出個答案：「你們好好笑！」當我們利用視覺刺激在右腦引起負面心情時，病患會否認自己看到什麼東西，但是會突然說自己很生氣，而且是實驗者讓她生氣的。她**感覺**到自己對刺激的情緒反應以及所有自動產生的結果，可是不知道是什麼造成這些的。唉呀，缺乏知識根本就不重要，因為左腦會找到解決方法的！建立秩序是必須的，最先出現的合理解釋就夠了，所以是實驗者搞的鬼！左腦的翻譯器利用其他的處理程序做出合理的解釋。它利用所有輸入的資訊，編成一個合理的故事，但這個故事可能是完全錯誤的。

翻譯器和意識經驗的關係

所以我們又回到了這一章最主要的問題：我們明明是由大量的模組所組成的，為什麼又會覺得自己是一體的呢？數十年的裂腦症研究揭開了左右腦的特化功能，也讓我們更了解左右腦**內部**的特化作用。人類的大腦有無數的能力，如果我們只是許多專門模組的組合體，這種強大、幾乎是不證自明的一體感到底從何而來？答案可能就在我們左腦的翻譯器身上，以及它想要為事件發生的原因尋求解釋的動力。

一九六二年，哥倫比亞大學的薛克特和辛葛為參加一項研究實驗的受試者注射腎上腺素[43]。腎上腺素會啟動交感神經系統，造成心跳速度加快、手抖、臉紅。受試者接著和事先安排好的表現愉快或生氣的實驗成員接觸。事先知道腎上腺素效果的受試者會把心跳加速等症狀歸咎於藥物影響；然而不知情的受試者則會把自動產生的情感反應歸咎於環境因素。根據回報結果，那些和高興的成員接觸的人也感到很快樂，而和生氣的成員接觸的人則感到憤怒。這樣的發現說明人類傾向對事件做出解釋。一旦被引發某種情緒，我們會受到驅使想解釋成因。如果有個明顯的解釋，我們就接受，就像得知腎上腺素效果的受試群一樣。如果沒有明顯的解釋，我們就會自己生出一個解釋。受試者體認到他們的情緒被激發，馬上就歸咎於是某個原因造成的。我們在上一章討論站在大峽谷邊緣時就談過這一部分了。這是一個很強大的機制，一旦看過它出現，就會讓人懷疑我們有多常成為假造的情緒認知關聯受害者。（我覺得很棒！我一定很喜歡這個人！而他想的是**哈，巧克力發揮效果了！**）裂腦症研究讓我們知道這種產生解釋與假設，也就是去翻譯、詮釋的傾向，位於左腦。

雖然左腦看起來是被驅使去詮釋事件，右腦卻沒有這樣的傾向。重新考慮左右腦的記憶差異，似乎解釋了為什麼這種分裂具有適應性。面對一系列的物品時，若被問到這些東西是否曾出現在研究場景，右腦能夠正確指出哪些是看過的東西，不會選擇新出現的東西。「對，塑膠叉子曾經出現，還有鉛筆、開罐器和柳丁。」然而左腦傾向會錯誤地把和之前出現的物品相似的新物品也算進來，這可能是因為物品符合左腦所建立的場景[44,45]。「對，有叉子（但他選的是銀的不是塑膠的）、有鉛筆（但這支是自動筆，本來的不是），還有開罐器和柳丁。」這樣的發現和先前的假設一致，也就是左腦翻譯器會建構理論以吸收感知到的資訊，形成可理解的整體。不只是單純觀察事件，而是提出事件為何發生的問題，這樣一來若事件再度發生，腦就能更有效地處理這類事件。然而這種以精心闡述（編故事）過程來處理語言與視覺資料的方式，對我們感知辨識的正確度也有害處。不過右腦的正確度依舊很高，因為右腦不會參與這些詮釋過程。有這種雙重系統的好處很明顯，右腦會保留事件的正確紀錄，讓左腦可以自由發揮，對呈現的資料做出推論。在完整的大腦裡，這兩種系統會互補，讓闡釋過程不會喪失真實性。

猜測可能性的範例也展現了翻譯器只在一側而不是在兩側，會具有適應性的原因。左右腦面對問題解決的情況時有兩種不同的處理方式，右腦的判斷基礎是簡單的頻率資訊，而左腦則仰賴精心塑造的假設。有時候事件只是隨機的巧合。在隨機事件的情況下，右腦的策略顯然比較有優勢，左腦想要對隨機的結果創造出荒謬理論的傾向，對於表現有害無益。當你對單一的軼事情況建立理論時就是這樣。「我整晚都在吐，一定是因為我吃晚餐的那間新餐廳的食物壞了。」如果所有在那間餐廳吃飯的人都不舒服，而不是只有你一個人，那這就是個好的假設。但這也可能是因為流感或是你的午餐造成的。然而很多情況裡都有一套潛在的模式，在這些情況發生時，左腦就會被驅使從顯著的混亂中創造秩序，這樣會是最好的策略。巧合的確會發生，但是有時候背後的確有預謀。在完整的腦中，這兩種認知類型都存在，可依情況所需運用其中任何一種。

左右腦面對世界的方法不同可以視為具有適應性價值，也許還能提供關於人類意識本質的線索。媒體把裂腦症患者形容是有兩個腦的人，然而病患本人則宣稱他們並不覺得和手術前有什麼不一樣，他們完全沒有「兩個腦」所暗示的雙重意識的感覺。各自獨立的左右腦是怎麼形成單一意識的？左腦的翻譯器可能就是答案。翻譯器不論情況為何，都有創造出解釋與假設的動力。裂腦症患者的左腦在解釋右腦產生的行為時毫不猶豫；而在神經連結完整的個體上，翻譯器也毫不猶豫地對交感神經系統興奮的現象提供似真為假的解釋。這樣一來，左腦的翻譯器就能讓我們大家產生自己是一個完整的、統一的個體的感覺。

杜雷爾的傑作《亞歷山卓四部曲》分為《查士丁》、《巴爾薩澤》、《蒙托利維》和《克麗雅》四本。前三本講的是二次世界大戰爆發前，一群埃及亞歷山大港居民的故事，敘事的觀點分別來自不同的角色。如果你只看第一本《查士丁》，你對於故事就會有偏頗的理解。第二篇《巴爾薩澤》給了你更多資訊，第三本又更多。然而在這三本裡，讀者都還是受到敘事者的支配。你對故事的詮釋全靠他們告訴你什麼，你的詮釋全靠提供給你的資訊而定。腦的詮釋系統也是這樣，詮釋系統所得到的結論最多也只能跟所接收到的資訊一樣好。

現在我們終於可以來談談半邊忽略的患者了。我們先從簡單的病例開始。如果一個人負責將視覺資訊傳達到視覺皮質的視神經受損，受損的神經會停止傳達資訊，而病患就會抱怨他看不到視野中相關的區域了。舉例來說，這類的病患的視野中心左側可能有很大一片盲點，這也就難怪他會抱怨了。然而如果另外一位病患受損的不是視覺神經束而是視覺皮質（負責處理接收到的視覺資訊的區域），這樣依舊會在同樣的位置造成同樣大小的盲點，但病患通常完全不會抱怨。原因是，腦部損傷的位置就是對應視覺世界中那個部分的腦皮質，而這個位置也就是通常會問「視覺中心左側有什麼情況？」的腦部區域。在視神經受損的情況下，腦部這一區還在運作。所以一旦無法從神經獲得資訊時，這一區就會抱怨了：「這樣不對，我沒有得到輸入！」但如果是腦部這一區本身受損無法執行工作，病患的腦就沒有負責視野這一部分的區域；對這名病患來說，視野的這個部分就不再存在，那也就沒什麼好抱怨的了。中樞神經系統損傷的病患也不會抱怨，因為會抱怨的腦部區域已經失能，而且也沒有其他人來接替這個位置。

隨著我們進一步討論到腦的處理中心，我們也看到相同的模式，但現在問題在於詮釋、翻譯的功能。頂葉皮質會一直尋找手臂在三度空間中的位置的資訊，也會監控手臂的存在與其他東西間的關係。如果負責將手臂位置、手中拿的東西、手的痛覺或冷、熱的資訊傳到腦的感官神經受傷了，那麼腦就會傳達出「情況不對」訊息：「我沒有得到任何輸入！我的左手在哪裡？我什麼都感覺不到！」但是如果是頂葉皮質受損，這種監控的功能也會消失，因此也不會有任何抱怨，因為負責抱怨的功能已經受損。想想看前面病覺缺失並且不認自己左手的病例。當一名病患的右頂葉中代表左側身體的區域受損時，就像是他身體的這一部分在腦中失去了代理人，而且沒有留下任何痕跡。他的腦沒有一個地方知道左半邊身體的存在，也不知道這半邊有沒有作用。當神經科醫師將病患的左手抬到他面前時病患的合理反應是：「這不是我的手。」完整並且在運作的翻譯器無法從頂葉得到資訊，正確來說，它根本不知道頂葉應該要提供資訊，因為資訊的流動已經因為損傷而瓦解了。所以對於只能依賴自己接收到的資訊的翻譯器來說，左手根本就不存在；這就像是看見頭後方的景象或是搖尾巴一樣，根本不是翻譯器需要操心的事。這麼說來，在他前面的這隻手自然也不會是他的。就這樣來看，病患的說法就比較合理了。

複製錯憶是另外一種奇特的症狀。這類患者的錯覺信念可能是有一個地點被複製了、同時存在兩個以上的位置，或是被移到不同的地方。我曾經有一個女性病患，雖然她在我紐約醫院的辦公室接受檢查，但她卻說我們是在她位在緬因州的菲力波特住家內。這種症狀的標準解釋是她複製了地點（或人），並堅持兩個同時存在。

這位女性非常聰明。在面談前，她閱讀《紐約時報》打發等待的時間。我一開始先問了：「妳現在在哪裡？」的問題。「我在緬因州的菲力波特。我知道你不相信。波士納醫生今天早上來看我時說我在史隆凱特琳醫院，住院醫師來巡房的時候也這麼跟他們說。沒關係，反正我知道自己在我緬因州菲力波特中央街上的家裡！」她回答。

我問她：「如果妳在菲力波特的家裡，為什麼門外會有那些電梯？」這位驕傲的女士盯著我看，冷靜地回答：「醫生，你知道我花了多少錢裝這些電梯嗎？」

這名病患的翻譯器試著合理地解釋自己所知的、所感覺的、所做的事。她的腦部損傷使得腦部代表地點的部位過度活躍，傳送了她所在位置的錯誤訊息。翻譯器最多只能做得和所接收到的資訊一樣好。在這個例子裡，它接收到的是很詭異的資訊，但是翻譯器還是得巧妙地回答這些問題，讓其他那些對翻譯器來說不證自明的輸入資訊合理化。結果呢？就是許多想像的故事了。

卡波格拉斯症候群的患者認得親近的人，但會堅持對方是冒充者，而且被一模一樣的替身取代了。舉例來說，有一名女性說傑克（事實上是她的丈夫）看起來和她丈夫一樣，但其實不是她丈夫，而是一名替身或外星人。這種症狀看起來是患者對親近者的情緒感覺與該人物的樣子失去了連結[46]，所以患者看見熟悉的人的時候就不會感覺到情緒。翻譯器必須要解釋這種現象。它從臉部辨識模組接收到的資訊是：「他是傑克。」然而它卻沒有接收到任何的情緒資訊，因此為了解釋這種情況，翻譯器就想出了解決方法：「他一定不是真的傑克，因為如果他真的是傑克，我就會有情緒感受。所以他是冒充的！」

自我覺知——我就是一定要做自己！

翻譯器也有其他的責任。這套系統著手從轟炸腦袋的大量資訊中找出合理性，翻譯我們對於在環境中碰到的事件的認知與情緒反應、問一件事與另一件事的關聯、做出假設、在混亂中建立秩序；此外它也對我們的行動、情緒、想法、夢想創造出一套持續運作的敘述。翻譯器是讓我們的故事統一的接著劑，使我們感覺有這麼一個一致「我」、理性「我」的存在。將翻譯器插入一個平常運作無礙的腦當中，會產生很多副產品。像這樣一個會想問清楚兩件事彼此關係的機制，也可以說是一個會提出數不清的問題的機制，事實上，這樣的機制還能替它提出的問題找到有用的答案，自然不免衍生出自我概念。這個機制一定會問的一個最重要的問題是：「誰在解決這些問題？嗯，就叫做**我**吧」一切就這樣開始了*！

「我對自己的感覺是一種副產品？」

對，抱歉。雖然現在有很多哲學或是佛洛依德理論可以用來解釋「自我」或是「我」是什麼，不過我們沒有要討論那些。我們要討論的是認知心理學。

一般同意「自我認知」是以很多不同的處理程序所建構起來的，也有很多人對於什麼樣的處理程序形成了自我認知提出各種看法。凱爾斯壯和我在加州大學聖塔芭芭拉分校的同僚克萊強調「自我」是一個知識架構，不是神祕的實體[47]。他們認為自我知識分為四個種類，分門別類地以不同格式儲存

---

*那些大問題包括：為什麼我們在這裡？生命的意義是什麼？我們是怎麼來的？人類有什麼特別的？

在腦中。

一、概念的自我：利用一個解釋我們如何成為今天的樣子的**理論**，將在各種特定情境中不同的自我統整成一個大概的模樣。「我是一個大方（或小氣）、快樂（或沉默），而且很棒（或愚蠢）的人，因為我爸媽（或是教會或社會或酒神巴斯克）教我（或害我）成為這樣的人。」根據包以爾與同僚的研究[48]，這可能包括了社會系統的領域：自我概念包括社會身分或是道德地位的觀念，也包括心智推理與移情作用的能力。

二、自我是**敘述性的**，是我們建構出來、對自己排練過後，再告訴他人的過去、現在與未來。「我在農場出生，是馴馬長大的，我的人生目標就是參加牛仔競技比賽。」

三、做為一個形象，具有臉部、身體、姿態的細節的自我。「我是一個纖細、優雅，還滿引人注目的人。你一定要看看我跳探戈的樣子！」

四、一個將個性特徵、記憶、經驗分別儲存在情節與語意記憶的聯合網絡。「我很有自信並且外向，肌膚一直都是古銅色。我在大溪地出生，後來搬到夏威夷，我在那裡過得很愉快，還在巨浪滔天時贏了全州衝浪比賽冠軍。馬子都愛死我了。」

這聽起來熟悉地讓人起疑。我認為是左腦的翻譯器想出了這一套理論、這種敘述，還有這種自我形象；翻譯器利用多方輸入的資訊，包括來自「神經工作空間」的資訊、來自知識架構的資訊等，然後全部黏在一起，從各種混亂的輸入中創造出自我，也就是自傳體。

關於自己的知識架構是否和其他的知識架構不同？有些神經心理學家認為沒有太大的差異。賓州大學的吉力根和法菈認為，大部分的架構和一般與人相關的處理可能都沒有什麼差異[49]。事實上如果考慮到腦的經濟效益，這種說法也很有道理。我認為左腦的翻譯器是人類獨有的。它能從多樣的來源接收資訊，動物也有這些來源，但是它會用獨一無二的方法整合資訊，創造出我們有自我意識的自我。階段轉換曾經發生；人類的自我覺知的程度是無可比擬的。

然而，我們可能會覺得有些專門化的知識架構，會讓我們的翻譯器具有優勢。首先我們要了解一下記憶，然後我們就要回到因損傷而影響自我感覺的病患身上，看看能不能讓我們有更進一步的了解。記住，翻譯器只能使用可取得的資訊。

試想前往法國蔚藍海岸的那次旅行。你在計畫這趟旅行時使用到的資訊是，根據你對自己的了解，你知道自己會很喜歡這趟旅行。這樣的資訊是哪裡來的？那你的旅伴呢？我們是否能得到關於另外一個人的相同資訊，並且和記憶一樣儲存在相同的地方？人們在幾年前就注意到記憶很令人著迷的一個面向：如果你問某人某個字是不是符合他的自我描述，那對這個人來說，這個字會比你問他這個字的一般定義更記得住。舉例來說，如果你問某人「你是否仁慈？」會比你問他「**仁慈**是什麼意思？」更容易讓他記得**仁慈**這個字[50]。這使得研究人員相信，自我知識應該是以不同於其他資訊的方式儲存的。

記憶儲存兩種基礎類型的資訊：程序型與陳述型[51]。程序型記憶讓人能保持感知、運動與認知技巧，並且無意識地表現出來，像是開車、騎腳踏車、綁鞋帶、綁頭髮，還有彈鋼琴最後也會變成這類。陳述型記憶則是由事實與對世界的信念所組成，例如沙漠在夏天很熱，或是橙花很香。多倫多大學榮譽退休教授暨神經科學家圖威認為陳述型記憶有兩種：語意和情節[51-53]。

語意記憶是一般性的：「就是事實，女士。基於事實。」不一定會和來源或是得知的時間地點有關，例如開羅是埃及的首都，十二的平方是一百四十四，還有大部分的酒是用葡萄釀的等等。語意記憶沒有任何關於自我的主觀指涉，不過其中可能包括關於自我的事實：「我有綠色的眼珠，我在廷布圖出生。」語意記憶從觀察世界者而非參與者的角度提供知識。然而情節記憶會保留自我在特定的時間地點所經歷的事件。「我在昨天晚上的派對玩得很開心，而且食物超好吃的！」

隨著對情節記憶的了解愈來愈多，圖威也持續修改定義。因為他認為情節記憶是人類獨有的，而且對於我們稍後討論動物意識的部分也很重要，所以我在這裡要引述他最新修改的定義：

情節記憶是最近演化出的，它是較晚發展且較早退化的腦／心智（神經認知）記憶系統。它以過去為目標，比其他的記憶系統更容易受到神經失調的破壞，而且可能是人類獨有的。它讓人能用心智在現在、過去、未來這些主觀的時間裡穿梭旅行。這種心智的時間旅行讓身為情節記憶的「所有者」的人（也就是「自我」）能夠透過自我覺知*這樣的媒介，記得自己先前「想到的」經驗，以及能「去想」自己可能的未來經驗。情節記憶的運作需要語意記憶系統，但除此之外還有別的。要從情節記憶提取資訊（「記得」）需要建立並維護一套特殊的心智架構，稱為情節「提取模式」。組成情節記憶的神經元，構成了分布廣泛的皮質與皮質下的腦部區域網絡，與其他記憶系統相關的網絡重疊，並延伸到支援其他記憶系統的網絡之外。情節記憶的本質是三種概念的交會：自己、自我覺知、主觀時間[54]。

就定義來看，情節記憶一定包括作為「我」意識或某種動作接受者的自我。當某人，叫她莎拉好了，記住一件事，她就會重新經歷這件事，並且覺知到這件事發生在她的身上：「我記得去年去看滾石演唱會，超級棒的！」情節記憶和語意記憶最大的差別不在於各自記錄的資訊種類，而是**系統在編碼與提取運作時，伴隨而來的主觀經驗**。莎拉可能會說：「我去年看了滾石演唱會」做為一個事實，就算她當時已經醉得不省人事根本不記得發生了這件事也一樣。情節記憶根植於自我覺知，根植於「現在擁有這個經驗的自己和原始經歷這個經驗的自己是相同的」這樣的信念。語意記憶只需要智力覺知，也就是人在客觀地想到某件自己知道的事時所經歷到的。圖威強調「在智力上覺知到一個人的自我是可能的，包括覺知身體在空間裡的位置、特徵還有個性，甚至包括不會帶來重新經歷或是重回過去感覺的自傳式事實。」

看起來語意記憶似乎比情節記憶發展得早。雖然每個小孩好像都能夠記得一些事實，也能思考實體不在場的東西（代表他們有語意記憶），但還是很難判斷他們能不能利用發展完好的情節記憶系統有意識地回想過去。兩歲大的小孩已經能夠表現出回想自己十三個月大時看見的事情的能力[55]。然而很多證據都支持小孩至少要到十八個月大，才能真正把自己納入記憶的一部分，不過這項能力的存在傾向在三到四歲的時候才比較顯著[56,57]。事實上，四歲以下的小孩似乎沒有時間觀念[58,59]，所以跟他們說你兩個禮拜後要去迪士尼樂園可不是什麼好主意。情節記憶發展得比較晚的這種現象，解釋了為什麼我們缺乏自己很小的時候的自傳式記憶。

*直接將注意力專注於人本身主觀經驗的能力。

然而演化心理學理論對於只有情節記憶在做自傳式工作的說法可不是很滿意。因為這樣一來，當你想得到應急的答案時，需要的時間可能就太長了。如果我們的祖先面對要不要捕殺獵物的問題，他就需要快速得到關於自身能力的答案；他不能慢慢等自己回想起曾經追過的每隻瞪羚和疣豬，然後思考自己的速度與耐久力跟牠們比起來怎麼樣，接著再計算可能性。他需要預先推算並儲存好的答案：「我跑得快又強壯，我的耐力也好。追吧！」或是「我跑得又慢又懦弱，很快就累了，而且疣豬好噁心。我還是告訴克羅諾斯獵物在哪裡就好了。」

你知道嗎？語意系統這個「基於事實」的系統似乎有一個次系統，負責**個性特徵摘要**。克萊和露弗特絲做了一些測試，想知道個性特徵摘要和情節記憶是不是分開儲存的。他們要求受試者從事多項成對的兩階段任務，每項任務中的第一階段都是第二階段的預備任務。第一階段的任務可能是回答一項特徵是否符合自我描述（「你是否大方？」）、填充作業（定義「桌子」這個字），或是控制任務（看著空白螢幕或是定義形容特徵的字：「自私」是什麼意思？」）。接下來，如果受試者在第一階段裡回答了特徵字是否符合自我描述，第二階段的任務就是要他回想一段自己表現出這種特徵的情節，然後實驗者會測量受試者回想情節所需要的時間。如果受試者第一階段只看到空白螢幕，那實驗者在這個階段會讓他們看見一個新的特徵字，並且要求他們回想自己曾經表現出這項特徵的情節。研究人員推論如果受試者用到了情節記憶來思考這項特徵是否符合自我描述的答案（對，我很大方），那麼他們應該能比較快地描述自己表現出這項特徵的情節，因為他們已經想過這件事才會回答第一個問題。然而實驗結果卻不是這樣。不管是要求他們回想表現出先前看過描述特徵的字眼的情節，或是要求他們回想表現出前面沒有看過的特徵字的情節，受試者所花費的時間都一樣長。實驗人員的結論是，人能利用特徵摘要回答關於自己個性特徵的問題，不需要特別喚醒與特定情節相關的記憶[60]。

克萊和露弗特絲做的其他研究則顯示，情節記憶只會在沒有相關的特徵摘要時才會用到，例如關於某項特定特徵的經驗非常有限的時候。當你要評價他人時也一樣，只有在沒有特徵摘要的時候會用到情節記憶[61]。一名完全失憶的病患不記得他做過的任何一件事或生命中的任何經驗。經過詳盡的研究後，發現這名患者不只沒有情節記憶，連語意記憶都有部分喪失。雖然他不能正確地描述自己女兒的個性，但是能正確地描述自己的個性。他知道關於自己人生的部分事實，但是忘記了其他部分。他知道一些眾所周知的歷史事件，但對其他的一無所知。這名病患的缺陷模式強烈顯示，自我個性特徵的儲存與提取具有一個特定的記憶架構。

目前自我參照特性研究的潮流，普遍指向左腦的參與度[62]。那麼自傳式的情節記憶呢？找得到這種記憶的位置嗎？這個問題的答案並不明確；有些證據指向左側，有些證據則指向另一側。目前浮現的輪廓是各方面的自我知識是四散在皮質各處的；有些在這邊，有些在那邊。有些證據顯示，左腦前額區在設定提取與重建自傳式知識的目標方面扮演關鍵角色[63-65]。

裂腦症患者能不能幫我們找出自我處理所在的位置呢？切斷人類的胼胝體引發了一個關於自我本質的基本問題：失去連結的左右腦是否各自有自我的感覺？左右腦會不會各有完全獨立、不同於另外一側的觀點與自我參照系統[66]？

早期對裂腦症患者的觀察顯示這是可能的[67]。有些時候一側的腦可能比較好戰，另一側則比較冷靜。也有時候由右腦控制的左手會和視線以外的一個物體玩得很開心，而左腦茫然不知為何會這樣。雖然而在過去這些年裡數十個案例記載中，沒有一個能讓人明確地宣稱左右腦都有完整的自我感覺。雖然要研究「自我」本身很困難，但是對於自我相關的感知與認知處理，還是有一些很有意思的觀察。

研究已經讓我們對支援辨識熟悉人物（例如朋友、家人、電影明星）的過程與腦部結構有了很多了解。功能性成像和病患研究都顯示，臉孔辨識典型上會依賴右腦皮質的結構。舉例來說，我們發現裂腦症患者接受臉孔辨識測試時，讓右腦看見**熟悉**的臉，會比讓左腦看見臉孔的表現時好非常多[68]。同樣的，右腦特定皮質區如果受損就會削弱辨識他人的能力[69-73]。

但是右腦是不是也專門負責**自我**辨識呢？雖然這個說法獲得了一些支持[74-76]，但是目前仍沒有決定性的證據。神經成像研究顯示，高度自我相關的資料（例如自傳式記憶）會啟動左腦某個範圍的皮質網絡，這個網絡可能是支援自我辨識並負責相關認知功能的[77-79]。因此，既然辨識熟悉人物主要靠的是右腦的架構，自我辨識就可能是額外的左腦偏側化認知過程所支援的。為了研究這個可能性，特爾克和同僚評估了裂腦症患者辨認自我臉孔與辨認熟悉臉孔的差異[80]。

病患JW看了一系列從百分之〇到百分之百的自我影像。我（MG）是JW的老同事（也就是很熟悉的人），我的照片代表百分之〇的JW自我；另外一張JW的照片則代表百分之百的自我。另外九張是用電腦變形軟體處理過的照片，分別代表從MG的照片以百分之十的改變程度最後變成JW的照片。在一個情況下（自我辨認），實驗者要求JW指出目前看見的影像是不是他自己；另外一種情況（辨認熟悉的他人）則是要求他指出這張照片是不是MG。這兩種情況唯一的差異是要求他所做的判斷（「這是我嗎？」相對於「這是麥可嗎？」）。

結果顯示了JW的臉部辨識表現有雙重分裂。他的左腦表現出將變形的臉視為自己的偏見，而他的右腦則表現出相反的模式。換句話說，有偏見的辨認偏好熟悉的他人。簡單來說，左腦只要看到些微的跡象，就能很快辨識出部分的自我影像；而右腦需要豐富且完整的自我影像才能夠辨認出自己。就本質上而言，影像中呈現自我的程度與偵測到自我的可能性之間的關係在左腦是線性的。另一方面，右腦要到影像中有超過百分之八十的自我才認得出那是自己的影像。左腦需要比較少的自我影像就能辨認出自己，這樣的發現可能反映了左腦在提取自我知識方面所扮演的關鍵角色，或者可能是靠左腦的翻譯器得到所有可取得的資訊後，以這種資訊為基礎做出判斷的結果。這也符合右腦比較正確，並且會將資訊最大化而非形成假設的現象：「等一下，那不是我，那個鼻子不太對。」左腦則是頻率對了就會假設：「對，那是我！」

整體而言，資料顯示自我感覺是由左右腦的散布網絡所引發的[80,81]。左右腦很可能都經過特化而形成自我感覺，這種自我感覺由左腦翻譯器根據散布網絡的輸入而建立起來。

動物與意識：到什麼程度？

這個問題也引起很多動物研究者的興趣，但一直很難找到答案。如果牠們能說話就好了，這樣研究起來就容易多了。就像演員史提夫馬丁會說的*：「老天，這些動物！牠們都不會幫各種東西取不一樣的名字！」如我先前說過的，意識有很多層級，不同的研究者各自下了不同的定義。現在大部分人都認同哺乳類有意識，但是牠們的延伸意識究竟到什麼程度就是爭議所在了。問題是要怎麼設計出

---

*「老天，那些法國人！他們每個東西都有不同名字。」

能夠展現無法說話的動物的意識程度的實驗呢？如果你能想到這個問題的答案，你的博士論文就不愁沒題目了。

為了確定動物有多少程度的延伸意識，就必須先知道什麼是所謂的延伸意識。要有延伸意識的第一步，是要有某種程度的自我覺知。自我覺知代表自己成為自己注意觀察的客體，對此很多科學家提出五花八門的形容，從僅僅知覺到自我感知或環境刺激的產物（「我聽見噪音」、「我感覺到一根刺」）到需要抽象地決定將與自我相關的資訊概念化的能力（「我很時髦」）[82]。這使得動物研究者專注於研究兩個領域：動物的自我覺知與動物的後設認知（對思考的思考）。

動物自我覺知

豪瑟在討論動物的自我覺知這方面說得很好：以演化上而言，當你對與自己同種的某些成員和其他成員態度不同會得到好處時，就是歧視的適應性價值彰顯的時候。因此如果你能辨認出異性或是其他個體的年紀（判定他們是否達到性成熟，才不用浪費時間追求不成熟的個體），或是辨認出你的母親、親屬與非親屬，或是其他屬於你自己族群的成員，也許就會因而得到好處。他告訴我們：「所有社會的性繁殖器官似乎都有負責識別雌雄、長幼、親疏的神經機制。[83]」

有很多系統都演化成能幫助辨別親屬與非親屬。很多鳥類都有的一種系統是銘刻現象：牠們看見的第一個個體就是媽媽。這通常都很成功，不過這個系統的小差錯也是很多卡通的基本元素。隧蜂和胡蜂會靠氣味認出自己的群體，穴居黃鼠也是靠氣味來辨認[84]，墨西哥游離尾蝠還能在數千隻蝙蝠中，利用聲音和嗅覺溝通找出自己的幼獸。這些辨認系統會用某些感官感知來辨認線索，只要符合特定的神經樣板就可以。但是這些不需要用到自我覺知，不需要「了解自我」就能做到這些。

要設計一項能展現動物自我覺知的測試已經被證實是一件困難的事。過去曾用兩種角度來切入這種測試，一種是鏡像自我辨認，另一種是利用模仿。蓋洛普為了研究這個問題，發展出了一項鏡像測試。他先麻醉黑猩猩，將黑猩猩的一隻耳朵和一邊眉毛做了紅色的記號，接著等黑猩猩從麻醉中清醒後，就讓牠們面對等身高的鏡子。看見鏡子之前，黑猩猩不會碰觸紅色的記號，但一看見鏡子後，牠們就碰了。被留在鏡子前面的黑猩猩，過了一段時間後會開始看平常牠們眼睛看不到的身體部分[85]。不過不是所有的黑猩猩都會表現出鏡像自我認知（譯注：能認出鏡中的自己）[86]。後面的實驗顯示有些黑猩猩在青少年時期就發展出鏡像自我認知，但不是所有黑猩猩都有，而且比較年長的猩猩表現這種認知的程度也比較小[87]。事實上這項能力可能隨著時間遞減[88]。紅毛猩猩也有鏡像自我認知，但只有很少數的大猩猩有這種能力[89,90]。有兩種海豚[91]（不過關於測試過程的差異還有一些問題要處理[92]）以及五種亞洲象都已經接受了兩種不同的研究測試，而且海豚以及其中一種亞洲象都通過了記號測試[93,94]。就這樣了，各位。

目前還沒發現有其他的動物會表現出鏡像自我認知。所以當你想讓狗去照鏡子時，牠才會一點都不感興趣。小孩有鏡像自我認知，而且在兩歲就通過了記號測試[95]。蓋洛普認為鏡像自我認知暗示了自我概念與自我覺知的存在[96]。這聽起來是個合理的測試，直到東肯塔基大學的心理學家米契爾插手問了一個問題：辨認出鏡子裡的是自己能表現出多少程度的自我覺知？米契爾指出，鏡像自我認知只需要對身體的覺知就夠了，沒有任何的自我抽象概念[97]，根本不需要引發符合視覺感知的感官以外的東西：不需要態度、價值觀、意圖、情緒、情節記憶等，也能辨認出在鏡子裡的是自己的身體。黑猩猩往下看見自己的手臂，想要它動，它就動了，然後牠看見手臂在鏡子裡動了。這根本不需要什麼了不起的自我概念。米契爾把自我分成三個層級：

一、內隱自我，負責體驗與行動的觀點，以哺乳類和鳥類來說還包括情緒和感覺。一隻倉鼠餓了，牠能體驗到進食，也可以喜歡進食，但應該不知道自己喜歡進食。

二、建立在「動覺與視覺一致性」上的自我，會導致鏡像自我認知，是模仿、假裝、計畫、自我意識情緒、想像經驗的第一步。

三、建立在符號、語言與人造物品上的自我，能支援共有的文化信念、社會規範、內在語言、分裂、他人評價與自我評價[98]。

鏡像自我認知測試的另外一個問題是，有些面孔失認症病人（無法辨認人臉）認不出鏡子裡的是自己。他們覺得看到的是別人。可是他們還是感覺得到自己，所以這個問題才讓他們感到沮喪。也就是說，缺少鏡像自我認知並不一定表示沒有自我覺知。所以雖然鏡像自我認知測試能夠指出某個程度的自我覺知，但這個測試評估動物的自我覺知程度的價值有限。這個測試並沒有回答動物是否只會覺知到可見的自己，或是有能力覺知到無法觀察到的特徵。波米納里和康特認為在非人類的靈長類中，大型的樹棲靈長類可能為了面對在樹與樹之間的空隙跳躍的挑戰，而演化出了身體上的自我覺知感受。因為在這種情況下，牠們的龐大體重是選擇路徑的重要考量[99]。知道自己有一個身體，而且只有某些結構能夠支撐這個身體，能讓牠們有生存優勢。

如果有人能模仿他人的行動，那麼這個人就能分辨自己的行動與他人的行動。模仿能力是兒童發展研究裡自我辨認的證據。我們在第五章裡看到動物世界裡關於模仿的證據非常稀少。卡爾總結了研究結果的結論是，靈長類研究的多數證據都指向牠們有能力重新製造行動所造成的「結果」，而不是模仿「行動」本身[100]。

圖威認為情節記憶包括了定義上的自我覺知，以及將自己投射在過去與未來的能力；這種記憶僅限於人類，而且一直都是辨識自我覺知的焦點所在。如果動物能表現出情節記憶的能力，那牠就一定有自我的概念。圖威概略描述了要找出動物的情節記憶的挑戰與容易犯的錯：大多數針對動物記憶的研究關心的都是感知記憶，不需要陳述的記憶。有些測驗就算不只需要感知記憶，光是用陳述性的語意記憶也就能成功執行，不需要用到情節記憶。

過去很多研究都在動物表現某些行為時假設動物有情節記憶，然而這些研究並沒有把關於**事實**的記憶，也就是語意記憶，和關於**事件**的記憶分開。情節記憶測試需要受試者回答什麼、哪裡、什麼時候（大多數測試都少了**時間**這一點），還有最後這一點也是最難研究的一點：動物記住經驗時，是否會連同當時的情緒元素一起記住，或是牠只知道這件事曾經發生？（知道自己出生和記得你出生的經驗是不一樣的；知道你每天都進食和記得特定一餐的經驗也不一樣。）問題在於要找出能接觸到「經驗」層面的方法。如果是人類，我們只要問就可以了，雖然因為我們有那個萬事通翻譯器在提供答案，所以就算這樣也不一定會得到正確的資訊。過去的動物研究必須著重行為標準。研究者花了多年時間才了解到，就算我們自己以為是，但其實我們所做很多行為都不受意識控制。因此認為動物的行為是有意識的這種想法雖然很吸引人，但其實需要審慎評估。

波米納里與同僚對兒童做了一項很有趣的研究，顯示了語意記憶與情節記憶的發展差異[101]。首先他趁兒童在玩時偷偷地把貼紙分別貼在兩歲、三歲、四歲兒童的額頭上，三分鐘後他讓他們看這項行動的影片，或是拍下他貼貼紙的拍立得照片，想知道小孩從過去的經驗裡學習到的東西，會不會被他們吸收然後應用到目前的情況。大約百分之七十五的四歲小孩立刻就伸手把額頭上的貼紙撕掉，但兩歲的小孩完全沒有這種反應，而大約只有百分之二十五的三歲小孩會這樣做。然而當他給兩歲和三歲的小孩鏡子的時候，他們看了一眼就會立刻把貼紙撕掉。研究人員認為在不同年齡層中有的會立即反應，有的會延後反饋的差異現象，顯示「自我概念」和「包括暫時連續性的自我概念」兩者的發展是有距離的。明確地說，兒童可能不會假設自己目前經歷的狀態是由先前的狀態所導致的。兩歲到三歲的兒童還不能把自己投射在過去，也就是還不能做時間旅行。這進一步顯示擁有鏡像自我認知的能力並不能當作擁有情節記憶和完整的自我覺知的證據。而且語意記憶與情節記憶是分開發展的。

澳洲昆士蘭大學心理學家薩登朵夫與紐西蘭奧克蘭大學的郭敏豪教授提出很有意思的一點：為了擁有情節記憶和進行時間旅行的能力需要用到很多種認知能力，不是單一的模組自行其是就可以的。因此其他物種如果要擁有情節記憶，就必須要擁有所有必要的認知能力。有哪些呢？在某種程度的自我覺知之外，牠們必須要有能重建事件發生順序的想像能力，要能後設描述自己的知識（能思考自己的想法），還要能抽離目前的心智狀態（我現在不會餓，但是我未來可能會）。情節記憶也需要動物了解感知知識所伴隨而來的情況，也就是看見了就等於知道了。**我知道因為蘇珊的眼睛遮住了，所以她看不見我**；或是**我知道因為安不在房間裡，她就沒看見莎莉把球放到一個新的地方**。另外還需要將過去的心智狀態歸咎於稍早的自我的能力：**我過去認為糖果放在藍色盒子裡，但是我現在知道糖果在**

紅色的盒子裡。這些系統要到小孩四歲才會上路運作。這些認知能力裡還包括從比肖夫—克勒假說所延伸出來的概念。他的假設是：「人類以外的動物不能預測未來的需要或是欲望的狀態，因此被困在牠們目前的動機狀態所定義的現狀。[102]」這表示如果一隻動物現在不會餓，那牠就不會計畫在不遠的未來從事與進食有關的行動；牠不會和目前的動機（可能是躺下）脫鉤或抽離現狀，去計畫可能由不同的動機狀態所造成的結果。

「動物可能困在時間裡」的想法是西安大略大學的心理學家羅伯茲[103]，針對動物記憶研究進行全面回顧後提出的看法。這種說法似乎有點難以理解，因為你會想到你的狗「知道」現在是晚上七點，是出去散步的時間了；或是牠每天五點半都會在門口等你下班回家。或是那些見鬼的鳥都聰明到冬天的時候會往南飛，而你還傻傻地待在水牛城。熊也會在夏天大吃特吃，為冬天儲存能量不是嗎？牠們好像都了解時間，而且會提前計畫。但這些能力其實是由內在的提示所管理的，是生理節奏而不是時間觀念。第一次冬眠的熊不可能為了之後長時間的酷寒冬天做計畫，因為牠根本不知道會**有**長時間的酷寒冬天。

尋找動物的情節記憶

在尋找動物是否有情節記憶的研究中，劍橋大學教授克莉頓和狄根森所得到的成果特別讓人有想像空間，他們研究的是西方叢鳥[104-108]。他們的研究特殊之處在於，實驗的設計是要確認西方叢鳥是否能針對不同時間發生的事件，不循序地回想關於「什麼」、「哪裡」，還有**「什麼時候」**的問題。西方叢鳥最近甚至還回答了**「誰」**的問題。可見牠們利用的是一項事件中的多重元素，而不只是單一的資訊。

你過去可能不小心用「腦袋跟鳥一樣小的笨蛋」這種錯誤的說法，來稱呼電話那頭煩人的傢伙或是塞車時的其他駕駛。在我們大多數人每天過日子、工作、度假、擔心繳稅的同時，針對鳥類大腦的研究已經出現革命。我不是在說笑！我們對於鳥類大腦的結構與神經連結的了解已經有了重大改變，讓我們對於這些鳥類大腦的結構與功能有了新的看法[109]。腦雖然沒有哺乳類的新皮質結構，但牠們的很多腦部結構都和哺乳類的腦部結構有相同的功能，而且還有類似的丘腦皮質連結迴路[110]。這使得我們了解，有些種類的鳥在天空裡想得比我們之前以為的還要多。環狀連結的存在類似於讓人類有延伸意識的連結迴路，因此研究者假設它們在鳥類腦中的作用也一樣，會使牠們具有某種程度的延伸意識。事實上，對於那些常常在觀察渡鴉、烏鴉、叢鳥或是某些品種的鸚鵡的人來說，這應該沒什麼好驚訝的。

所以回到西方叢鳥這裡。克莉頓是我過去在加州大學戴維斯分校的同事，她發現佛州的叢鳥（*Aphelocoma coerulescens*）會在不同的時間，把不同種類的食物儲存在不同的地方，並且會選擇性地挑出品質變差的食物先吃掉，再吃保存良好的食物。她的鳥知道「什麼時候」、「什麼」、「哪裡」這些問題，而且具有彈性。現在還沒有答案的是，西方叢鳥有沒有語意知識或只是憑經驗。心理學家舒瓦茲堅稱所有的叢鳥其實都表現出牠們能夠更新知識，就像你記得把鑰匙擺到哪兒去了一樣。因為這個緣故，克莉頓把這種記憶稱之為「類情節記憶」[111]。

另外一個吸引人的發現是，叢鳥會調整牠們的儲藏策略，讓存糧被其他鳥類偷走的可能性降到最低。如果有一隻叢鳥（叫做巴茲好了）過去曾經偷過其他鳥的存糧，那麼如果當巴茲在儲存糧食時有其他叢鳥在觀察牠，巴茲就會等到另外一隻鳥離開後，私下重新再儲存一次牠的糧食。不只是這樣，巴茲還會記住是誰在看牠儲存糧食：如果是鳥王，牠就比較可能會偷偷把糧食再藏起來，如果是牠的配偶或次級的鳥就不一定。如果有一隻新的叢鳥出現，先前沒有看過牠藏食物，那牠也比較不會重藏[112]。然而如果巴茲過去沒有從其他叢鳥那裡偷過食物，那牠就算在藏食物時被看見了，牠也不會重新再藏一次。這些結果顯示重新儲存食物是先前當過小偷的經驗所造成[113]。更瘋狂的是，克莉頓和共同研究者認為這些叢鳥可能表現出知道其他叢鳥知道什麼的證據，也就是心智推理。

你可能想到第二章裡面，莫卡席和卡爾展現出紅毛猩猩和巴諾布猿的計畫行為的研究[114]。這些是目前顯示不是只有人類能用想像進行時間旅行的最好的證據。這些研究顯示受試者會計畫未來，因為牠們會為了最多十四個小時後將有用到工具的需求，而把工具從一個房間帶到另外一個房間。這些研究者的結論是：

> 因為傳統的學習機制或是某些生物傾向看來不足以解釋我們目前的研究結果，所以我們提出它們代表了計畫未來的真實範例。受試者會執行一種訓練當中沒有強調的反應（搬運工具）。在缺少設備或報酬的情況下，這種反應不會形成任何後果，或是減少現有的需求，但對於符合未來的需求則相當重要。巴諾布猿和紅毛猩猩會計畫未來的情況，顯示類人猿可能在的一千四百萬年前就已經演化出這種能力的前驅。我們的研究結果結合最近叢鳥研究的證據顯示，「計畫未來」不是人類獨有的能力。

薩登朵夫同意這些研究發現的確會讓人有所聯想，但他也指出這些研究者並沒有測量或是控制受試者的動機狀態。他認為：「雖然資料顯示牠們能預測未來會需要工具，但卻不一定表示牠們預測了未來的心智狀態。[115]」尋找非人類的情節記憶似乎還在醞釀當中。而設計出能夠展示情節記憶的測試則是目前最大的障礙，不過這些測試也在慢慢地繼續改進。

動物會思考自己知道的事嗎？

就在大多動物研究都專注於心智推理，以及動物對其他動物的知識有什麼了解的同時，卻很少人研究動物對自己的知識知道多少。研究反身意識比較新的方法是尋找後設認知，也就是思考自己的思考，覺知到自己的心智運作。動物會思考自己知道的事嗎？這又是另外一個困難的研究題目了。

有一種方法是利用不確定性測試。人類知道自己不知道什麼或是不確定某事。在水牛城的紐約州立大學心理學家史麥斯認為，藉由設計出一項包括不確定性的實驗，也許就能表現出動物的後設認知。他設計了一項視覺密度測試，讓恆河猴和人類用一根控制桿將游標移動到螢幕上三個物體的其中之一[116]。他們必須要判斷一個盒子是密集發亮（剛好二九五〇像素）或是像素比較低的稀疏發亮。他們可以選擇「密集」反應、「稀疏」反應，或是在螢幕上以星號表示的「不確定」的反應。如果他們選了星號，他們會自動進入一個新的保證贏實驗。區別物體差異的難度逐漸增加，直到大多數人會猶豫的二六〇〇像素等級。有趣的是，猴子和人類的反應很像。在測試過後，人類口頭上的回答是，他們會依照視覺刺激來猜螢幕上的圖樣是稀疏或密集；然而他們選擇不確定的時候，其實是因為他們個人有不確定與懷疑的感覺：「我不確定」、「我不知道」或「我分不出來」。史麥斯的結論是人類

「不確定」的反應可能顯示認知監督不只包括後設認知監督，還有自我的反身覺知。

另外也有一個類似的聽覺區別測試，研究對象是一隻公的瓶鼻海豚。這隻海豚聽見高頻的聲音（二一〇〇赫茲）時必須要壓一個高處的槳，聽見另外一種音調就要壓在低處的槳，如果不確定的話就壓第三個槳。當音調接近或超過二〇八五赫茲時，海豚會選這個槳。當海豚很確定的時候，牠會很快地游到槳旁邊；然而當牠不確定的時候，就會游得比較慢，而且在兩個槳之間游移不定[117]。這顯示動物也有不確定的反應，而且出現的情況也類似於人類表現出不確定時，因而被詮釋為代表猴子和海豚都有後設認知。

這種說法引發了各種反應，有些人同意，有些人抱持懷疑態度[118]。問題在於最原始的假設是，人類在做出不確定的反應時會思考自己的思考，但我認為後設認知是在他們**被問起**自己的反應時才會出現，因為那是左腦的翻譯器躍躍欲試地要解釋自己反應的時候。他們的選擇是對刺激的情緒反應所造成的，是原始的「接近或閃避」反應。在人類可能沒有用到較高認知的情況下，卻假設他們用到了這種認知正是問題所在。紐西蘭基督城坎特伯里大學的哲學家布朗納在討論海豚研究的結果時也有類似的看法。他認為人類受試者直到實驗者應用了實驗後探問（也就是問題）時，才會將心理學概念應用到自己先前的表現上[119]。

喬治亞大學的芙特和克里斯托最近也對老鼠進行測試。首先他們的老鼠會聽見短音或長音，接著老鼠要選擇上一個聽見的是短音還是長音才能得到獎賞。除非讓牠們聽的是無法判斷長短的聲音，不然這就是一項簡單的任務。如果老鼠選對了，就會得到豐富的食物作為獎賞；而如果選錯了，牠什麼都拿不到。然而在選擇之前，老鼠可以退出測試，得到一點點的食物獎賞。不過有時候牠不能退出，被迫要做出選擇。很有意思的兩個現象發生了。首先，聲音的長度愈難分辨，在可以退出的情況下，老鼠退出測試的次數也愈多。第二，就像你猜的，測試準確度隨著區別時間的任務難度增加而減少。但是當老鼠被迫選擇的時候，準確度降低的程度又更大。這些發現顯示老鼠會以一次又一次的測試為基礎，評估自己能不能通過測試[120]。牠們知道自己對於聲音的長度知道多少。

卡爾則從不同的角度來研究後設認知。他給受試者不完整的資訊要他們解決問題，想藉此了解他們會不會尋找額外的資訊：他們知不知道他們知道得不夠，不足以解決問題？他的測試對象有紅毛猩猩、大猩猩、黑猩猩、巴諾布猿，還有兩歲和一歲半的兒童[121,122]。他有兩根不透明的管子，在受試者看得見他或是他躲在螢幕後面的時候在其中一根裡放了獎品。接著他讓受試者立刻或稍後選擇自己想要的管子。問題是當他們沒有足夠的資訊知道哪根管子裡有獎品的時候，他們會不會在選管子之前尋找更多的資訊。他們會！事實上在很多實驗裡，人猿看過了一根管子，知道那是空的之後，牠們連檢查都不檢查就會選另外一根。牠們推論另外一個管子裡會有獎品。牠們比兒童還要厲害。避免人猿立刻選擇增加了牠們窺看管子的行為，顯然也增加了牠們成功的機會。然而這不會改變兒童的行為。卡爾認為「人猿在延後的情況中比較會成功，可能是因為牠們不需要抑制可能會得到獎賞的期望所引發的強烈反應。[122]」如同我們先前學到的，「抑制」在黑猩猩的行為特徵中不是重要項目。

卡爾對於這項研究揭示了多少類人猿的認知以及當中是否涉及後設認知頗有保留，不妄下結論。爭議在於牠們是否運用了固定的內建規則，例如「找到食物才能停」或者可能是從特定經驗裡學到的固定規則，例如「遇到柵欄就彎下身體」，或者牠們使用的是彈性的規則，是以與目前情況完全不同的多重經驗所累積而創造出來的知識為基礎，像是「當我的視覺被阻擋了，就要做點什麼適當的行為來得到視覺資訊。」以目前針對這個問題的研究，卡爾傾向最後一個解釋。

解剖學對我們有任何幫助嗎？可能有。如果我們知道到底是哪些神經和人類意識有關聯，但我們現在不知道，那我們就能看看其他物種有沒有同等的連結存在。長距離的連結迴路似乎是必要的。如我先前所說，在鳥的腦中已經找到這些連結迴路，其他靈長類也有。雖然還需要更多的比較解剖學的研究，但在比較解剖學方面也有問題。因為這和比較「功能」不一樣，剝貓皮的方法可能不只一種；換句話說，動物可能會有不同於人類大腦的神經解決方法或通往意識的途徑，因此也可能造成不同種類的意識。

所以目前我們只有達馬修的結論。有些動物有某種程度的延伸意識，但是哪些動物擁有哪些程度的延伸意識還是未知數。看來只有極少數的物種具有某種程度的身體自我覺知，但就算設計出了新的方法來測試這些能力，評估這些測試的聰明腦袋還是能從這些測試裡找出有效性與詮釋方式的漏洞。目前的證據顯示動物沒有情節記憶，也不能做時間旅行，但是我們得好好注意克莉頓的叢鳥實驗。利用老鼠以了解動物後設認知的最新研究讓人有很大的想像空間，但在得到決定性的結論之前還需要多加推敲。

結語

《時代雜誌》的一名記者最近問我：「如果我們能做出一個可以複製人類意識背後程序的機器人或是人造人，它能不能真的擁有意識呢？」這是一個刺激人思考的問題，而且也是一直都存在的問題，特別是人一直想了解動物不同意識領域間的不同，以及分離的左右腦的意識之間存在的差異。我在這裡寫到關於分為兩邊的腦的內容，很多之前都出現過。但是我發現我們對於複雜議題的細微了解一直在改變，因為沒有人口袋裡有完全正確的答案。我發現自己在回答這個記者的問題時也感覺到新的轉變。

在這個問題底下的假設是意識會反映某種過程，將我們不計其數的想法匯集成所謂「個性」與「現象意識」這種特殊能量與現實。可是事實上不是這樣。意識具有突現特質，不是過程當中產生的，也不是過程本身。例如人嘗到鹽巴時，這種味道的意識是感官系統的突現特質，而不是所有組成餐桌上鹽巴元素的綜合體。我們的認知能力、記憶、夢想等，都反映了分布在腦中的種種過程，每一個實體都產生自己意識的突現狀態。

總而言之，記住一個事實：左右腦彼此失去連結的裂腦症患者不會發現其中一邊少了另一邊。左腦完全失去關於右腦所掌管的心智過程意識，反之亦然。就像年紀漸長或患有局部神經疾病一樣，我們不會懷念我們再也無法取得的事物。突現意識狀態會從每一種能力當中出現，也可能是透過各個能力所在區塊的神經迴路出現。如果它們失去連結或受損，出現突現特質的底層迴路圖就不會存在。

我們每個人擁有的數千或數百萬的意識片刻，都反映了我們的網絡之一確實有「盡責」。這些網絡散布各處，不是在一個特定的位置。每當一個結束，下一個又會冒出來，就像是整天彈奏著自己的樂章的管風琴一樣的設備。讓突現的人類意識如此生氣蓬勃的，是因為我們的管風琴有很多樂章可以彈奏，而老鼠就只有幾首而已。我們知道的愈多，這場演奏會就愈豐富。

第四部

人機演化

你想增強記憶力？當然沒問題，只要植入一個五兆位元的晶片就好了。

「我希望他們快點研發出這些晶片，我現在就需要多一點的記憶體了。」

第九章 誰需要肉體？

目前所發現在腦部的運作原則，未來也許能為我們帶來比現在所能預見的更強大的機器。

——尤恩，出自《科學的疑惑與肯定：生物學家對腦的思考》，一九六〇

人應該要知道，從我們的腦，而且也只有腦，誕生了我們的愉悅、快樂、歡笑、快活；我們的憂傷、痛苦、悲痛和眼淚亦如是。

——希波克拉底，約西元前四百年

我是功能性生化人，你也是。「功能性生化人」就是因科技延伸物而讓功能增強的生物有機體[1]。以鞋子為例。穿鞋子對於大多數人來說都不是問題，事實上還解決了很多問題：鞋子讓人可以走在滿布碎石的路上而腳不會被刺傷，可以在六月日正當中的時候走過鳳凰城的柏油停車場，或是走在一月酷寒的明尼蘇達州杜魯司街頭；上個月鞋子還讓一百多萬根腳趾頭免於遭到碰傷。整體而言，沒有人會對鞋子的存在與使用感到不滿。人類的匠心獨具創造了讓生活更輕鬆更愉快的工具。發明家和工程師想出了概念、做出基礎設計、產品發展，然後美學部門就接手了：讓這工具稍微彎曲一點，高跟鞋就出現了。也許沒那麼實用，但是卻有不一樣的，而且是更明確的功能：以性感的姿態走過停車場。

穿衣服也受到廣泛的接受。它們讓人免受酷寒與烈日所苦，不會遭荊棘或樹叢所傷，還能遮蔽數年來難看的吸收錯誤。手錶也是一樣隨手可得的工具，很多人都在用而且都沒有什麼抱怨，現在常常是靠手腕上的小電腦在運作。眼鏡和隱形眼鏡也很常見，從發明至今也都沒什麼革命性的改變。手機根本就像透過手術黏在青少年手上一樣，而且從這方面來說，幾乎每個人都是這樣。人類一直在製作讓生活更輕鬆的工具。我們人類數千萬年來都是「功能性生化人」，這是人工智慧理論家、研究者，同時也是許多私人公司與麻省理工學院的軟體設計者契斯達科創造的辭彙。第一個把一片動物皮放到腳底，而且自此非穿著它才肯出門的穴居人類，就某種程度上而言就是功能性生化人。契斯達科發明了一套測試自己功能性機器化程度的方法：

你依賴科技的程度會讓你沒有科技就活不下去嗎？

就算你可以忍受，你還是會拒絕過沒有任何科技的生活嗎？

如果有人把你的人造遮蔽物（衣服）脫掉並且讓你自然的生物性身體展示在大庭廣眾之下，你會覺得困窘、認為受到「非人的」待遇嗎？

你是否覺得你的銀行存款是比你的脂肪存量更重要的個人的資源儲存系統？

你對自己的認同以及對他人的評價是否建立於個人財產、使用工具的能力以及在科技與社會系統中的位置，而非他們原始的生物特徵？

你思考並且討論你的外在「所有物」與「裝飾品」的時間，是否多過關心你內在的「部分」[1]？

我不知道你的答案，不過我比較寧願聽我朋友說他新買的瑪莎拉蒂跑車勝過他的肝。你隨時都可以稱我為功能性生化人。

另一方面，「生化人」則是在**身體上**結合了生物與科技的結構，現在我們之中已經出現了一些這種人。人類已經不只是製造工具而已，而是進入了身體部位的後續維修零組件市場。你想要讓髖關節或是膝蓋升級嗎？跳上手術台吧。你的手臂斷了？我們來看看怎麼幫你。但隨著我們進入移植的世界，情況也就有點更不確定了。替代的髖關節和膝關節沒什麼問題，但是當我們討論到胸部植入物的時候，就可能會演變成矽膠隆乳的熱烈或激烈的討論。強化人體激怒了某些人，為什麼會這樣？讓身體升級有什麼不對？

談到神經移植，爭議就更大了。有些人擔心利用神經補體術修補大腦可能會威脅到個人的身分。神經補體術是什麼？是植入儀器以重建失去了或改變了的神經功能，可以用在輸入端（進入腦部的感官輸入）或輸出端（將神經訊號翻譯成行動）。目前最成功的神經移植，是用來重建聽覺感官感知的人工耳植入物。

之前人類所創造的「人造物」或是工具，一直都在外部世界使用；到了近期，治療性移植物——例如人工關節、心律調節器、藥物與身體強化等，已經被用在頸部以下或是臉部整容（包括植髮）的範圍；而到了今天，我們已經把治療性移植用到頸部以上了：我們會把它們用在腦部。另外我們也使用會影響大腦的治療性藥物來治療心理疾病、焦慮、情緒失調。事情已經在改變了，而且改變得很快。像是基因學、機器人學，還有電腦科技等許多科技與科學領域的進步，預計都將會引發人類前所未有的革命性改變。這樣的改變可能會大大影響「身為人」所代表的意義；我們希望這些改變能改善我們的生活、社會與世界。

研究人工智慧的科茲威爾指出：在這些領域的知識都是以指數成長，而不是線性成長[2]。這是你會希望你的股票價格的成長方式。指數成長的經典例子是我們在數學課學到的那個聰明的農夫。他和一位數學不好的國王達成協議，要求國王在西洋棋盤的第一格放一粒稻穀，第二格放兩倍，以此類推。等到國王放到棋盤的最後一格時，他已經輸到連整個王國都還不夠賠。在棋盤的第一、第二列進展還不是很快，但接著就來到了雙倍會造成重大改變的關鍵點。

世界上最大的半導體製造公司的創始人之一戈登摩爾，在一九六五年提出他的觀察。他認為在原件成本最小化的情況下，積體電路上的電晶體數量每二十四個月就會加倍；意思是每過二十四個月，他們就能讓積體電路上的電晶體數量成為原來的兩倍，並且不需要增加成本。這就是指數成長。加州理工學院的教授米德，則將這個觀察命名為摩爾定律，這個定律現在已經被視為是科技產業成長的預測與目標，並且持續在實現中。在過去六年裡，以每秒浮點運算（FLOPS）測量的計算速度已經從一增加到二五〇兆！如IBM公司的「藍腦計畫」（我們稍後會提）主持人馬克拉姆所說，這是「到目前為止一萬多年的人類文明裡最快的進步速度[3]」。指數成長圖的改變不像線性圖那樣持續逐漸改變，而是會逐漸增加到某一個關鍵點後向上急升，線條變得接近垂直。圖上的「膝蓋」，也就是發生轉折的地方，正是科茲威爾認為隨著這些領域的知識增加而會產生的改變速度中，我們目前所在的位置。他認為我們沒有覺知到這件事，或還沒有準備好面對這一點，因為我們一直在圖表前面進展比較慢的早期階段，安逸地覺得改變的速度是以線性成長的。

我們還沒準備好面對的重大改變是什麼？這些又和身為人類獨一無二的特質有什麼關係？如果我

們不慢慢地朝這個方面前進，你一定不會相信這些。所以這就是我們現在要做的。

以矽晶片為基礎的協助：人工耳植入物的故事

人工耳植入物已經幫助了成千上萬有嚴重聽覺障礙的人（原因是失去內耳負責傳送聲音並且增加或減少聽覺刺激的毛細胞），一般的助聽器通常對他們無用。事實上天生失聰的小孩植入人工耳的時間如果夠早（十八個月到二十四個月大是最佳時機），就能夠正常學會說話；雖然他的聽覺可能無法達到完美，但是已經夠用了。聽起來雖然很美好，但在一九九〇年代，很多失聰社群的人擔心植入人工耳會對失聰文化有負面影響。他們認為這不是治療性的干預，而是醫界用來對失聰社群進行文化大屠殺的武器。有些人認為聽力是**加強功能**，是在失聰社群內其他成員都有的能力之外，利用人造的方法增加的額外能力。雖然植入人工耳的人還是會使用手語，但顯然他們不一定會受到歡迎[4]。這樣的反應是不是藍翰理論的表現呢？我們在第二章裡學到，他認為人類是成群結黨的物種，會有內團體與外團體的偏見。這種態度雖然已經慢慢在改變，但也還是有很多人堅持這種想法。

為了了解人工耳和所有的神經輔具（又稱「人工神經元」），就必須先了解我們的身體是靠電力運作的。伯登尼斯在《電學發展史》一書中生動地描寫：「我們的身體是由電力運作的。活生生、盤根錯節的電纜線深入我們的腦，強烈的電力與磁力場延伸到細胞裡，將食物或神經傳導素拋過微小的組織隔離膜。就連我們的DNA都受到強大的電力控制。[5]」

離題談談電子城

腦和中樞神經系統的生理學一直都很難了解。我們到目前為止都沒有談太多的生理學，但這是身體和腦一切現象最根本的結構。所有關於腦部機制的理論都必須要以對生理學的了解作為基礎。身體與腦導電的天性可能是最容易逐步吸收的知識；而且還好有一個故事能讓我們更容易吸收這些知識，這個故事始於世界上最美味的城市，義大利的波隆那，並且還在持續發展。一七九一年，有一位醫師兼物理學家伽伐尼，用銅線把一隻青蛙腿掛在他的鐵製陽台柵欄上，接著這個鬼東西就開始抽動。這兩種金屬之間一定發生了什麼事。於是他對另外一隻蛙腿電擊，而這隻蛙腿也抽動了。進一步研究後，他認為神經和肌肉可能會產生自己的電流，這也就是造成抽動的原因。伽伐尼認為電來自於肌肉，但是與他互相砥礪知識的對手，也就是來自米蘭科摩湖南岸的物理學家伏特的想法更為精確：他認為身體內外的電就和金屬之間發生的電化學反應相同。

將近一百年過去後，另外一位德國的醫師兼物理學家赫姆霍茲又多了一些發現。他的興趣廣泛，不管是視覺和聽覺感知、化學熱力學、科學或哲學都有所涉獵。他發現電流不是細胞活動的副產品，而是實際上帶著訊息沿著神經細胞的軸突移動的東西。他也發現儘管這些電流訊息（訊號）的速度比用銅線傳導還慢得多，但神經訊號的強度不會改變，而銅線裡的電流強度卻會無法維持。這是怎麼一回事？嗯，電線裡的訊號是被動地傳導，所以一定不像神經細胞裡的情況。赫姆霍茲發現訊號是以類似波動的方式傳導，每秒速度約二十七公尺。嗯，赫姆霍茲已經做出了他的貢獻，接著就交給後人接棒了。

這些訊號是怎麼傳導的？赫姆霍茲的前助手伯恩斯坦詳細研究了這個問題，提出薄膜理論。這個理論在一九〇二年出版，其中一半已經證實為真，另外一半則不太正確。

當神經軸突在休息的時候，周圍的薄膜裡外有七十毫伏特的差異：裡面的負電荷比較大。這種薄膜裡外伏特數的差異就是所謂的「靜止膜電位」。

當你進行血液檢測時，一部分的測試就在檢查你的電解質高低。電解質是充了電的鈉、鉀、氯原子（離子），你的細胞就浸泡在這些東西裡。但是離子也存在於細胞內，而細胞內外的離子濃度不同正是造成伏特數差異的原因。

細胞外面有帶正電的鈉離子（少一個電子的原子），與另外一個帶負電的氯離子（多帶一個電子的氯原子）達成平衡。細胞裡面則有很多帶負電的蛋白質，由帶正電的鉀離子達成平衡。然而由於細胞內整體而言是帶負電的，所以不是所有的蛋白質都和鉀達到平衡。為什麼會這樣？伯恩斯坦把小心謹慎完全丟到了九霄雲外，提出選擇性滲透孔的說法（現在稱為離子通道），也就是只有鉀能進出細胞而已。離開細胞的鉀還是很接近細胞膜，因此讓細胞外的正電荷增加，而細胞內過多的負電荷蛋白質離子則讓細胞膜內表層在負電荷狀態。這造就了靜止伏特差異。

但是如果神經元釋放出一個訊號（也就是動作電位）呢？伯恩斯坦認為細胞膜在轉瞬間會失去選擇性滲透的能力，因此所有離子都能通過。離子接著會進出細胞，中和電荷，讓靜止電位變成零。不需要什麼了不起的生物化學反應，只是離子濃度梯度而已。不過理論的這個部分等一下會需要一點修正。在那之前，我們先來介紹另外一位醫師兼科學家——盧卡斯。

一九〇五年，盧卡斯展示了神經脈衝是以「全有或全無」的基礎在運作。要讓神經有反應，就要有達到某個門檻的刺激；而一旦達到了門檻，神經細胞就會完全付出。神經細胞要不就是火力全開，要不就是什麼都沒有；不是一就是〇。增加刺激並不會增加神經脈衝的強度。他和學生之一阿德里安曾經討論要記錄神經的動作電位，但是一次世界大戰隨後爆發，而盧卡斯也在一場空難意外中喪生。

　　而阿德里安在一次世界大戰時治療了很多神經受損或因長時間作戰而罹患砲彈休克這種精神疾病的士兵。在戰爭結束後，他回到母校劍橋接手盧卡斯的實驗室，繼續研究神經脈衝。阿德里安開始記錄那些傳導訊號，也就是動作電位。在過程中他發現了豐富的資訊，並且拿到了諾貝爾獎。

　　阿德里安發現所有由神經細胞產生的動作電位都一樣。只要達到產生訊號的門檻，細胞就會不論刺激的地點、強弱或長度，以一樣的強度釋放電脈衝。因此動作電位就是動作電位，你看過一次就等於看過全部了。這可讓人有點糊塗了。如果動作電位一直都一樣，那怎麼能傳送不同的訊息呢？人怎麼區分刺激？你怎麼能知道虛弱和強而有力的握手間的差異，或是晴天和月夜的差別，狗叫和狗咬的不同？

　　阿德里安發現動作電位的**頻率**是由刺激的強度而決定。如果是輕微的刺激，例如羽毛畫過你的皮膚，你就只會得到些微的動作電位；但如果是用力一擰，就是數以百計的動作電位。刺激的時間長短會決定產生的電位長度。然而如果刺激持續，那麼雖然動作電位會維持強度，但頻率會逐漸降低，感官感受也會削弱。不論刺激是屬於感知（視覺或嗅覺等）或是運動，刺激的主題都是由受到刺激的神經纖維類型、神經通道以及在腦部的最終目的地決定。阿德里安也發現一件關於體覺皮質區很酷的事。這裡是所有感知神經元的最終目的地，而不同的哺乳類會有負責不同感知的、不同數量的體覺皮質。不同的物種的感官能力各不相同，會依照牠們負責特定能力的體覺皮質區大小而定。

同樣的情況也適用於運動皮質。以豬為例，牠們的體覺皮質區大多負責嘴部。小馬和綿羊的鼻孔區占的範圍也很大，和負責牠們身體所有其他部位的範圍一樣大。老鼠的鬍鬚區域很大，而浣熊則有百分之六十的新皮質是負責手指與手掌的。我們靈長類負責感官與運動動作的手部和臉部的範圍很大。同樣是碰觸東西，你用食指碰東西得到的反應，會比你用身體其他部位碰東西的反應大。這就是為什麼當你在黑暗中用手指碰東西會比用背碰東西更容易判斷東西是什麼，這也是為什麼你的手會這麼靈巧，臉的表達能力會這麼好。然而我們永遠不會知道豬的感知是怎麼樣的。雖然哺乳類基本的生理學都一樣，但是我們的運動區和體覺區的線路連接是不一樣的。我們部分的獨特能力與經驗，以及每種動物的獨特性，都在於各自運動與體覺皮質的組成差異。

接下來的何傑金是阿德里安的學生之一，他發現動作電位所產生的電流強過於激起下一節軸突的動作電位所需。因為每一次動作電位的力量都強過實際激起下一次動作電位所需，所以它們才能長久存在。這就是為什麼動作電位一旦產生，它們就不會喪失強度。後來何傑金和**他的**學生赫修黎（你發現這個譜系了嗎？）修改了伯恩斯坦的薄膜理論，他們的研究成果也得到了一座諾貝爾獎。藉由研究神經元中最大的大烏賊神經元（想像一束義大利麵的樣子），他們得以記錄細胞內外的動作電位，因而證實了伯恩斯坦提出的那七十毫伏特的差異。但他們也發現動作電位其實有一一〇毫伏特的改變，細胞裡面最後還會有四十毫伏特的正電荷，而不是伯恩斯坦所提出的不帶電狀態。

不知為何，多餘的正離子會進入細胞並且留在裡面。何傑金和赫修黎認為選擇性滲透的細胞膜還有第二種進行選擇性滲透的方式。結果是原來有另外一組的孔道，他們稱之為電位控制通道，只要膜的刺激足夠，就會選擇性地讓鈉離子進入，但能進入細胞的時間只有一千分之一秒，然後隨即關閉；

接著另外一組孔道會打開，讓鉀離子出去後又關上，一切都由細胞膜內外的離子電壓梯度改變來調節。接下來因為細胞內有過多的鈉，蛋白質就會和鈉結合，然後把它帶出細胞。這樣動作電位的傳導就會從軸突的一端傳到下一個軸突。隨著分子生物學的來臨，我們的了解也愈來愈多。這些離子通道其實就是圍繞著細胞膜的蛋白質，它們充滿液體的孔道能讓離子通過。

所以沿著神經軸突的長度引導脈衝的，就是電流。然而雖然多年來人們都這麼想，但其實並沒有電真的從一個神經元通往另一個神經元；其實是化學物質讓訊號從一個神經元傳到下一個神經元，當中跨越的微小距離就是突觸，而這些化學物質就是所謂的神經傳導素。神經傳導素的化學物質會結合突觸膜上的蛋白質，讓蛋白質打開離子通道，動作電位沿著下一條神經軸突啟動。現在我們可以回到神經植入的部分了。

憤怒的公牛

腦部的電刺激研究由德爾加多在一九六三年率先展開。這位說到做到的神經科學家對一九四〇年代末到五〇年代初期，愈來愈多人進行腦葉（白質）切斷術與「精神外科」的情況表示反對，因此他決心找出比較和緩的方式來治療心智疾病，並決定要研究電刺激。很幸運的是他天賦異稟，自行開發了第一個腦部電子植入物。他把這東西放在各種動物的不同腦部區域。隨著植入物的位置不同，按壓控制電子植入刺激物的按鈕就會產生不同的反應。他對自己的技術與他從中得到的資訊非常有自信。在一九六三年的某一天，他在西班牙哥多華的農莊的牛圈裡，面對一頭橫衝直撞的公牛，陪伴他的只有控制電子刺激物的按鈕和蠢蠢欲動的手指。這頭橫衝直撞的公牛腦中所謂的尾狀核區域被植入了電子刺激物，他只消往按鈕輕輕一壓，就讓公牛在他前面三十公分的地方緊急煞車[6]。這個按鈕和他的理論真的有用！他把公牛的侵略性關掉了，讓牠平和地站在他面前。德爾加多這次的實驗讓神經植入法就此出了名。

回到人工耳植入物

人工耳是神經植入法目前最成功的例子。將一個大約是小鈕釦大小的麥克風裝在體外，通常是耳朵後面。麥克風利用磁力吸附住經由手術移植在頭皮下方的體內處理器。從頭骨到耳蝸要鑿出一條通道，然後從處理器拉出一條電線，經由這條通道連接到彎彎曲曲長得像貝殼的耳蝸。麥克風以金屬製作，背後有一片塑膠扮演鼓膜的角色。當金屬因為進來的聲波產生震動，就會在塑膠片中形成電荷，於是聲音被轉換成電，通過電線傳到戴在皮帶上的小型攜帶式電腦。這個電腦會把電荷轉換成數位的呈現方式，重現聽覺上的電荷，在一套持續微調並修正的軟體上運作；這套軟體還能依照個人偏好調整音頻範圍與音量。

這麼說吧，這套軟體非常複雜，是多年來研究聲波與頻率、如何將之編碼，還有耳蝸生理學的成果。經過處理的訊號接著回到電線，再傳送到麥克風所在的外部小鈕釦，但是小鈕釦裡不是只有麥克風而已，還有一個小型的無線電發射器，負責用無線電波的方式穿透皮膚，將訊號送到內部處理器，那裡的二極管會讓訊號再度轉換回電。處理器裡面有多達二十二個電極，各符合不同的成音頻率。電子訊號會激發電極根據軟體所編碼的訊息形成不同組合，最後結果會變成沿著電線送到耳蝸的訊號，在那裡用電刺激聽覺神經。整個過程大約只需要四毫秒的時間*！這樣無法提供完美的聽覺，聲音聽起來會很機械化，所以腦必須要學習某些聲音可能和過去聽到的不一樣。此外，就算腦已經學會了一種聲音，軟體升級可能會改變這個聲音，讓它變得更真實，但裝了人工耳的人也就必須重新適應這個聲音與其重要性。

為什麼我要告訴你這些？因為這是我們第一個成功的人類神經輔具：矽和碳結合，形成了很多人所認為的第一個真正的「神經機器有機體」。

克萊恩斯和克賴創造了**生化人**這個詞來形容「神經機器有機體」體內的人造零件與生物零件互動的結果。他們的目的是形容一個為了進行太空旅行而建造的有機體。他們認為太空是一個人類無法適應的環境，所以提議：「讓人類的身體適應任何他可能選擇的環境這項任務，會隨著我們對生物恆定功能愈來愈了解而變得簡單，而這方面的神經機器學現在才剛開始為人所了解與研究。在過去，演化引起了身體功能的改變，以便符合不同的環境。現在開始，我們也許能在某種程度上達到這個目標，而且**不需要改變我們的遺傳**：只要在人類目前可接受的情況下，適當地進行生化、生理或電子改造

*人工耳植入物是科學知識逐漸累積的成果，一切起於十八世紀那些玩起電的男孩。人工耳結合了物理學、電腦工程、神經生理學、化學、醫學等非常多領域的知識；另外也多虧許多勇敢的自願者即使明知這對他們的幫助不大，甚至毫無益處，還是願意讓未經測試的儀器放進他們的耳朵裡，使得人工耳得以改善。如果想從有趣的角度了解神經補體術的歷史，可參閱 Chase, V.D., *Shattered Nerves*, Baltimore, John Hopkins University Press, 2006.

就好。[7]」

那是一九六〇年的說法，而現在正是這樣，並且持續進行中。就某種程度而言，我們可以在不改變人類遺傳的情況下，改變人類目前的狀態。我們已經可以用藥物治療人在我們適應了的環境裡發生的生理與心智狀態；現在也有很多發展成熟的身體器官設備可以使用。如果你天生失聰，這是可以改變的。有些研究人員預測可能在不遠的未來（不到四十年後），如果你的心智或生理天生沒有那麼敏捷，將是可以改變的。甚至就算你天生患有精神疾病都可能可以改變。我們究竟能在這方面做多少修補，一個人目前的生理與心智狀態又能有多少改變，都是現在受到密切關注揣測的問題。

植入耳蝸使得人腦的功能之一被機械裝置所取代。矽被用來代替碳。這不像刺激心臟肌肉收縮的心律調節器，而是直接連接大腦，並且由軟體決定聽見的是什麼。那些抱持陰謀論的人可能會對此有點焦慮擔憂，因為決定人能聽見什麼是軟體開發者。植入人工耳究竟道不道德？大多數人對這一點沒有疑問。雖然配戴人工耳的人可能是靠著電腦才讓他腦的某部分運作，但天生全聾的克羅斯特寫過，雖然他現在是個生化人，他植入的人工耳卻讓他更像人類[8]，讓他能夠更融入社會、參與社區。聽覺正常的人不覺得人工耳是加強能力的東西，他們覺得這是一種介入性治療。然而由此而生的道德問題是，如果未來這種植入法或是其他的裝置讓你能有超人的聽覺，讓聽覺變得更強呢？如果這種植入法讓人能聽見人耳聽不見的頻率呢？這樣也沒關係嗎？如果聽到更多頻率的聲音帶來了生存優勢呢？如果你周圍的其他人都裝了但你沒裝，讓你因此變得比較不像人，或是比較不成功怎麼辦？你會不會為了要生存而必須升級到矽？這些問題是我們將來必須面對的，而且範圍不僅限於感官的強化而已。

人造視網膜

視網膜植入的進展一直都比較慢。目前還有兩個無解的問題：需要多少電極才能讓植入的視網膜提供有用的影像？它要產生多好的視力才算有用？是要能開飛機那麼好才夠，還是能看書那麼好就夠了？目前對視網膜植入進行的人體實驗只用了十六個電極，受試者得到的視力只有能看見光點的程度。第二種植入物使用了六十四個電極，目前還沒有進行人體試驗。沒人知道到底需要多少電極才能提供足夠的視力，也許可能需要成千上百的電極才足以提供視力，而後續發展就要靠奈米科技與電極列陣最小化的持續進步了。機器人世界裡的領導者布魯克斯認為視網膜植入可能會用來改變人的夜間視力、紅外線視力或是紫外線視力[9]。也許有一天你可以用一隻好的眼睛交換這些植入物之一，讓你的視覺比自然的人類還要好。

閉鎖症候群

人在存活的情況下，最可怕的腦部創傷是腦幹的腦橋腹側受損。這樣的人還是清醒的、有意識也有智力，但是不能移動任何骨骼肌，這表示他們也不能說話與飲食，是所謂的閉鎖症候群。比較幸運的那些人——如果能這麼說的話——他們至少能自發地眨眼睛或移動眼睛，而這就是他們賴以溝通的方式。盧伽雷氏症（即「肌萎縮性脊髓側索硬化症」，簡稱ＡＬＳ）也會導致這種症候群。埃默里大學的神經學家甘乃狄想出了一項他覺得能夠幫助這些人的技術；在老鼠和猴子身上實驗成功後，他得到人體實驗的許可。

一九九八年，甘乃狄第一次植入極小的中空玻璃圓錐體與兩條金線做成的電極。這個電極表面塗上了神經營養因子，促進腦部細胞生長到管子裡，好讓電極穩定地嵌在腦中。這個電極被植入腦的左手運動區，使用腦產生的電脈衝。這名病人想像移動左手的樣子，電極抓到這個想法引發的電脈衝，脈衝通過兩條連結擴大器與頭骨外、頭皮下的擴大器與調頻發射器的電線，然後發射器向頭皮外的接收器發射訊號，這些訊號會被導引到病患的電腦做處理，經過軟體詮釋與轉換，最後以在電腦螢幕上移動游標告終。甘乃狄的第一批病患在多方訓練之後，能夠靠**想像**移動自己的左手，從而移動螢幕上的游標[10,11]！這在過去與現在都是驚人的成果。他捕捉了從動作的想法所產生的電脈衝，並且將之翻譯成電腦游標的實際動作。這需要巨大的處理能力[12]。無數的神經訊號要透過分類移除「雜音」，留下來的電荷活動必須要數位化，解碼演算法也必須把神經活動處理成指令訊號，而且一切都在短短幾毫秒內發生。結果則是電腦能夠反應的指令。

這些成就的基礎，是一個能夠在人體內鹹得像海一樣的環境中生存且不受侵蝕、能夠傳送電訊號但不會產生有毒副產品，而且不會加溫到把周圍神經元煮熟的植入物。這不是一個簡單的任務。這是很了不起的第一步；當然事實上這不是第一步，而是踏在成千上萬的前人足跡上所達成的。雖然一個電極不能提供很多資訊，病患需要學習好幾個月才能使用，而且游標也只能水平移動，不過至少這概念是有用的。還有很多團體從不同的角度來使用這個製圖版[13]。

這種裝置是所謂的腦機介面。和提供感官輸入資訊**給**大腦的人工耳不一樣，腦機介面處理的是**來自**大腦的輸出。它們會擷取大腦中的腦電位，也就是神經活動產生的副產品，將神經訊號翻譯成能控制電腦游標的電脈衝，而且未來也許還能控制其他東西。

基礎科學的突破

一九九一年，德國馬克斯普朗克科學促進協會的霍洛麥爾茲成功發展出將神經元與矽接合的技術：他接合了一個絕緣的電晶體和水蛭的一種膠質細胞（Retzius cell）[14]，這就是真正的腦機介面的開始。需要克服的問題是，雖然電腦和大腦都用電運作，但它們的電荷載子並不相同，有點像是想要把你的瓦斯爐接電線那樣。電子會在固體的矽晶片上帶著電荷，**離子**（得到或失去一個電子的原子或分子）則在液態水中作用，讓大腦維持生理機能。半導體晶片也必須不受身體裡的鹹水環境侵蝕，曾經在海水中工作或生活的人會很清楚這點。霍洛麥爾茲面對的「智力與技術上的挑戰」就是要直接結合這些不同系統的電子與離子訊號[15]。

這項技術讓比較近代的一座實驗室得以植入另外一種叫做「腦門」的系統。這是由布朗大學的唐納修所發展的，他利用的是猶他大學的諾爾曼發明的一種神經植入物，也就是所謂的「猶他電極陣列」；這種陣列原本是要用在視覺皮質，但唐納修覺得它應該也能用在運動皮質。二〇〇四年，一個有九十六個電極的植入物經由手術放到了納格爾的體內。他是一位四肢麻痺的患者，在二〇〇一年的美國國慶日當天為了幫忙一個朋友而被人用刀刺到頸部。因為病患已經癱瘓多年，所以沒有人知道他控制運動系統的腦部區域是還能有反應，還是已經因為沒有使用而萎縮。然而他馬上就有了反應。

這個植入物比甘乃狄的更容易使用。納格爾不需要受好幾個月的訓練才能操縱它。他只要動腦想，就可以打開模擬的電子郵件，或是用繪圖軟體在電腦螢幕上畫出接近圓形的圖。他可以打開電視，調整音量與頻道，還能玩彈珠台之類的電動玩具。在幾次實驗後，他光用看的就能開關機器義肢手，而且他用簡單的多重關節機器手臂就能抓住物體，把東西從一個地方放到另一個地方[16]。雖然不是很簡單就能做到，動作也不是很流暢，但的確是辦得到的。這顯然是一大進展，因為對於這些人來說，任何能讓他們對周圍環境有某種程度的控制的東西都很重要。不過這套系統還有很多錯誤需要修正。當病患想要使用這套系統時，連結龐大的外部處理設備的電纜必須要接著患者頭骨上的連接器。每次啟動都必須要由技師重新校正系統。腦中的電極陣列當然也不容忽視；感染的危機一直都在，組織如果有傷口也可能會造成植入物失去作用，植入或取出的過程也可能會造成更大的傷害，植入物也可能會故障。

一個只有九十六個電極的晶片是怎麼編碼控制手臂的運動？這要歸功於現任職於明尼蘇達大學的神經生理學家吉歐普羅斯教授，他提出了記錄少數幾個神經元釋放脈衝的情況，就能完成運動活動的想法。他觀察到個體的神經細胞能表現超過一種的功能。單一神經細胞會釋放超過一個方向的運動脈衝，但還是有偏好的運動的方向[17]。原來神經細胞釋放的頻率會決定肌肉運動的方向：較頻繁的頻率是往一個方向，較少的頻率就往另一個，有點像是大腦的摩斯電碼。吉歐普羅斯發現只要對神經細胞釋放的頻率與偏好的方向進行向量分析（不是每個人都忘記了自己在高中上的扎實課程），他就能夠準確預測肌肉運動的方向[18]。他也認為只要記錄大約一百到一百五十多個神經元，就能夠算是準確地預測三維空間裡的動作[19]。這樣一來，只要利用小小的電極盤就可以記錄神經意圖了。

對於閉鎖症候群或癱瘓的患者而言，較高的自主性包括了自己進食和不需要人幫忙就能自己拿水喝，所以如果能控制機器手臂做到這些就太棒了。然而這些系統還有很多限制，在這裡就不把所有問題一一列出了，不過最明顯的問題就是這些都是開路系統：資訊會流出，但沒有資訊回來。為了讓人能夠控制義肢手臂拿咖啡喝，或是依照自己的速度進食，就必須將感官資訊傳回大腦，才不會發生杯子都到了嘴邊，但還是沒喝到水的這種功敗垂成的情況。任何玩過雙簧把戲的人都能了解這一點*。

輸入的問題非常複雜，因為沒有人確切知道本體感覺的所有資訊進出究竟是如何運作。此外也需要感官資訊，像是杯子抓得有多穩，杯子的重量、溫度，以及杯子是不是以一個順暢的軌道往嘴部移動。如果這些資訊能夠以程式寫入義肢手臂，也許真正的手臂也就能夠用程式控制、決定方向。手臂的神經會和接收來自腦部植入物訊號的晶片連接，指導手臂運動，而輸入的感官訊號也會被晶片解碼，傳到大腦做為反饋。這樣一來，植入物就能繞過斷裂的神經，搭起溝通的橋梁。

然而人類的手臂，這個我們理所當然用來拿起一杯爪哇咖啡，或是把義大利麵捲上叉子吃的部位，從肩膀到手肘、手腕、手掌，到每根手指頭，還有和骨頭、神經、肌腱、肌肉、韌帶組成的網絡都是極其複雜的。肌肉能夠透過刺激與抑制收縮延展，以各種速度不斷扭轉與調整動作，都靠反饋給

*這需要兩個人。要組合扮演的人物叫做「小先生」，一個人站在胸口高的桌子後面，手臂放在身體兩旁。他的脖子周圍有布幔遮住他的手臂。他面前的桌上放一小條牛仔褲，裡面塞東西假裝是腿，褲腳還要放雙鞋子。另外一個人就穿一件大外套，直接站在第一個人的後面，把穿著的外套的手臂往前伸，繞住前一個人，外套的衣領也要蓋住前面的人的胸口。「小先生」的手臂是第二個人的，他的身體則躲在第一個人的後方。接著由第三個人對「小先生」下命令，像是喝飲料、吃蛋糕或是抓鼻子。操縱「小先生」的手的人有自己手的感官輸入，但是沒有「小先生」的臉的感官或視覺輸入。結果就是飲料會翻倒在他前面，蛋糕只能塞到他的鼻孔或臉上。

大腦的感官、本體感覺、認知與痛覺讓大腦知道肌肉的位置、力量、伸縮性與速度。事實上，感官系統傳回給大腦的訊息數量是運動系統送出的訊息的十倍。目前的植入物顯然還很初階，但是每年都有所改進，尺寸愈來愈小，能力也愈來愈強，就像個人電腦愈來愈小、速度愈來愈快，記憶體也愈來愈大一樣。但是這個想法是有用的。你腦中的神經元會長到電腦晶片上，將神經訊號傳送到晶片。所以用矽製品替代腦的部位是可能的。

加州理工學院的神經科學教授安德森則有不同的想法。他認為與其用運動皮質做為捕捉神經釋放的地點，回到處理視覺反饋、並計畫要做什麼動作的較高皮質區，應該是更好又更簡單的方法。他指的是頂葉皮質[20]。後頂葉皮質坐落在感官和運動區域中間，是從感覺到動作的橋梁。他的實驗室發現這個區域裡的各個部位都有受到規畫所負責的行動，像是一張行動地圖：有一個部分負責計畫眼睛的運動，另一個部分則負責計畫手臂的運動等等[21,22]。手臂運動區域的行動計畫是以認知形式存在，明確指出意圖進行的動作目標，而非以某些特定的訊號指揮所有生化動作。頂葉會說：「把那塊巧克力放進我的嘴巴」，但是不會詳細描述所有需要的動作：「首先伸展肩膀關節，因此要收縮什麼什麼……」。這些細節動作都已經編碼在運動皮質裡了。安德森和同僚正在研究能記錄後頂葉皮質的神經細胞電活動的神經補體，提供給癱瘓病人使用。這種植入物能翻譯並且傳送病患的意圖：「去拿咖啡放到我嘴邊」。他們認為這樣對於軟體設計者會簡單許多。這些神經訊號會利用電腦運算法解碼，然後轉換成電子控制訊號讓機器手臂、自動車、電腦之類的外部設備運作。機器手臂或車子只要把接收的輸入當作目標，例如把巧克力放到嘴裡，至於決定怎麼達到這個目標，就交給智慧型機器人控制器之類的其他系統來做。智慧型機器人？我們很快就會講到那個。這種方法能避開對閉路系統的需求，所需要傳送訊號的神經元數量也相對較少[23]。

腦部手術、植入物、感染，難道他們想不出來不需要進入頭部的方法嗎？難道他們就不能用腦電波嗎？

任職於紐約州立大學，並擔任紐約州衛生部神經系統失調實驗室主任的沃爾帕就是這麼想的。他過去二十年來一直致力於研究這個問題。他一開始必須搞清楚，利用從外部捕捉到的腦波這個想法是不是可行。他製作了一個放在頭上的裝置，裡面有許多位在運動皮質外部的電極。運動皮質上的神經元釋放會讓人開始動作，而這些神經元會發散出微弱的電訊號，讓電極捕捉。但是要從「頭皮記錄的極少量以吵鬧又低階的方式，反映數百萬神經元與突觸的綜合活動的腦電波律動振幅[24]」當中，取得有用的訊號非常困難。幾年後，他得以展現人能學會控制自己的腦波來移動電腦游標。這個系統使用的軟體已經發展很多年了。頭部裝置裡的電極能取得訊號，而且又因為每個人、皮質每個部位的訊號強度都不一樣，這套軟體會一直調查不同電極，尋找最強的訊號，讓這些訊號對決定游標移動方式的過程發揮最大的影響力。

參加沃爾帕系統實驗的受試者之一海莫表示，這套系統在他完全放鬆的時候使用起來最簡單。如果他太認真、心裡想著別的事，或是覺得沮喪、緊張，結果都不會很好[4]，因為有太多的神經元在競爭想要得到注意。沃爾帕和研究團隊以及其他接受這個挑戰的人都發現，「以不同方式記錄與用不同演算法分析的各種不同腦部訊號，能夠某種程度地支援即時溝通與控制。[25]」

然而還是有一個很大的問題，不只是關於外部控制的腦機介面，在植入物方面也一樣：就算在變因受控制的情況下，每次得到的結果也會不一樣。使用者在某些日子的表現會比其他日子好；不管是單次測試過程中的多次表現結果，或是多次測試得到的各種表現結果，都有可能會天差地遠。游標移動很緩慢也不平穩，有些人形容像是失調[24]。沃爾帕認為這個問題會一直存在，除非研究人員把一項事實列入考慮：**腦機介面要求大腦做的是全新的事**。

如果你看看大腦要產生動作正常的過程與方法你就會很清楚了。中樞神經系統會把感官輸入轉換成適當的運動輸出。創造運動輸出的工作是從腦皮質到脊椎神經這整個中樞神經系統一致努力的結果，不是一個區域完全負責一項動作。不管是你要走路、說話、跳高還是玩騎馬機，都需要不同區域間的合作，從感官神經元到脊髓到腦幹最後到皮質，然後再從基礎神經節、丘腦細胞核、小腦、腦幹細胞核、脊髓回到中間神經元和運動神經元。就算運動動作很順暢而且每次都一致，不同腦部區域的活動也可能不是這麼回事。可是使用腦機介面的時候就完全不一樣了。運動動作通常是由脊椎運動神經元所產生的，現在變成由過去只**負責**控制運動神經元的神經元產生。現在它們得要負責整場演出了。它們除了必須做好自己的工作，**還要**擔負起正常來說是由脊椎運動神經元所扮演的角色。它們的活動變成最終產物，也就是整個中樞神經系統的輸出。它們全部一手包辦。

大腦雖然有某些可塑性，但還是有極限。沃爾帕說得對，腦機介面為腦提供了新的輸出通道，但是腦必須要學習這套方法，必須改變它正常運作的方式。他認為要改善腦機介面的表現，研究人員就必須讓腦能更簡單地執行這些新的輸出通道。輸出通道可以控制一個處理過程或是選擇一個目標。他也認為輸出一個目標是比較簡單的。只要告訴軟體目標，接下來就讓軟體去做事。沃爾帕走進了安德森的陣營。

商業界也沒有忽略這項技術。有些公司開發了自己的版本供玩電腦遊戲使用。「電感動」公司有一個綁在頭上的裝置，裡面有十六個感應器，能判讀情緒、思想與臉部表情。根據這間公司的說法，這是第一套能偵測人類有意識的想法與無意識的情緒的腦機介面。這套介面現在應用在遊戲中，讓遊戲中的立體人物能反映玩家的表情：你眨眼它就跟著眨眼，你笑它也跟著笑。這讓玩家可以用思想操縱虛擬物體。

另外一間公司「神經翱翔」則發展出單一電極的設備，該公司宣稱這能判讀情緒，因為他們的軟體可以把情緒翻譯成控制遊戲的指令。還有其他公司正在發展將神經翱翔的技術應用在手機耳機與MP3隨身聽。感應器能感應你的情緒狀態，選擇符合你情緒的音樂。在你開心的時候不會出現掃興的音樂，那些愛賴床的人也不會在早上十一點之前聽見重金屬。不過這些公司當然都沒有公布他們到底是記錄了什麼，又用了些什麼訊號。

用矽幫助有缺陷的記憶

另外一個亟需解決的問題與日益增加的銀髮人口有關：記憶喪失。就算沒有阿茲海默症那種痛苦的問題，光是正常的緩慢流失記憶就已經夠讓人困擾了。雖然我們前面談到的是和感官或運動功能有關的神經植入物，但其他研究人員也很關心重建在更高層級的思考過程的認知喪失。南加州大學的伯格多年來特別關注記憶與海馬區，最近他還開始致力於創造出能夠執行阿茲海默症所傷害的功能的補體術：將資訊從即時記憶傳送到長期記憶。海馬區在從經驗事件形成新記憶這方面扮演了重要角色，證據是海馬區受傷通常會導致形成新記憶的巨大困難，也會影響提取受傷前已形成的記憶。看起來學習演奏樂器之類的程序記憶應該不是海馬區的工作，因為這種能力不會隨著海馬區受傷而受到影響。

海馬區位在腦部深處，是演化得很早的部位；換句話說，演化程度比較少的動物也有這個部位。不過海馬區的連結和腦的其他部位相比卻反而沒有那麼複雜。這使得伯格的目標簡單了一點點（不過也只有一點點而已）。受損細胞對海馬區的影響至今尚未有定論，但是這並沒有讓伯格和他遠大計畫的腳步慢下來；他的目標是開發出一種晶片幫助這種記憶喪失的病患。他不覺得自己需要知道細胞的確切作用，他認為只要把受損細胞的訊息輸入端和另一邊的輸出端連結起來就夠了。

這可不是在公園散步那麼簡單。他必須要從電輸入的模式中，找到輸出應該使用的模式。舉例來說，你就像是一個電報操作員，負責把摩斯密碼從一個語言翻譯成另外一個語言，但問題是你根本不認識或不了解這個語言和這種密碼。你接收到以羅馬尼亞語敲打出的密碼，然後你要把這段話翻譯出來，再用瑞典語打出去。你沒有字典也沒有密碼手冊可以參考，只能想辦法自己搞懂。這就是他在做的事，只是還更難。在來自各種不同學科領域的研究人員協助下，伯格已經研究了好幾年。他的系統用模仿神經元生物功能的矽神經元取代受損的中樞神經細胞。這些矽神經元會接受來自受損區先前所連結的腦部區域的電活動輸入，也會把電活動輸出到這些區域。這種補體術能取代受損腦部的計算功能，重建將計算結果傳送到神經系統其他區域的聯繫[26]。目前為止，他在老鼠和猴子身上的測試「非常成功」，但是還要過幾年才能進行人體試驗[4]。

警告和憂慮

科茲威爾這類的未來主義者想像這種技術在未來的能力會更強大，他預見會出現加強能力的晶片，像是提高智力晶片、增強記憶力晶片、可下載資訊的晶片等。想學法文、日文或是波斯文嗎？沒問題，只要下載就可以了。要做高等微積分的題目？下載就能搞定。你想增強記憶力？當然沒問題，再植入一個五兆位元的晶片就好了。我朋友普莉托偶爾會「像老人一樣」忘東忘西，她說：「我希望他們快點研發出這些晶片，我現在就需要多一點的記憶體了。」科茲威爾也覺得未來的世界會有很多這種聰明人，屆時我們現在面對的大問題都能夠簡單解決。「溫室氣體？我知道怎麼解決啊。饑荒？誰餓了？過去五十年來都沒有饑荒的報告了。戰爭？那也太古老了吧。」不過呢，我的學生盧登卻也指出：「通常都是最聰明的那些人造成了這些問題。」其他人則擔心像這樣的情況：「親愛的，我知道我們要存錢去度假，可是我們也許應該先讓雙胞胎裝神經晶片。他們現在在學校很辛苦，因為其他小孩都裝了，而且比較聰明。我知道你想要他們自然一點，但是他們就是跟不上，而且他們的同學還覺得他們很奇怪。」這是人造物帶動的演化！

但是從某方面來說，人類的演化一直都是人造物所帶動的，從最早的石斧被打造出的那一刻，甚至是更早之前就開始了。凱斯西儲大學的認知神經科學家唐納認為，雖然人類非常關注外部世界的實體生態改變，但是我們應該要更注意腦袋裡發生了什麼事。資訊儲存與轉移從單一個體內部儲存的記憶和經驗，變成許多扮演說書人角色的個體的內部儲存和轉移，再變成儲存在莎草紙上的外部記憶，接著變成書籍和圖書館，然後變成電腦與網路。他認為隨著這些巨大的外部知識儲存銀行的出現，認知生態學也有同樣巨大的改變，而且我們還沒有走到盡頭。他預測這種如脫韁野馬的資訊擴散，可能會決定我們整個物種的未來方向[27]。也許資訊儲存演化的下一步，會在植入矽晶片的協助下，再度回歸內部儲存——只是用了不同的工具。

或者不會。我們這樣亂搞體內器官的想法讓很多人很不滿。我們會怎麼處理這些增加的智能呢？

我們會用來解決問題，還是這只會讓我們寄聖誕節卡片的清單更長、社交團體的規模更大？如果我們百分之九十的時間都在談論別人的事，我們真的會解決世界問題嗎？還是只有閒聊的話題會增加？科茲威爾的說法還有另外一個問題：沒有人知道腦到底做了什麼才讓人變聰明。有更多資訊可取得，並不一定會讓一個人更聰明；聰明也不一定會讓一個人有智慧。就像耶魯的電腦科學家葛倫特的疑問：「人在資訊時代究竟得到了哪一種豐富資訊？關於電玩的資訊嗎？」他並不覺得這樣很厲害，事實上，他似乎認為人類得到的資訊比過去**更少**[28]。那智能又怎麼說？那些所謂的智慧型機器人又是怎麼回事？

智慧型機器人？

我對於個人機器人的需求其實很實際，我只希望它能做所有我**不**想做的事。我想要它去收信，把任何個人手寫的信件與邀請函交給我，然後處理掉其他的。我想要它檢查我的電子郵件，把垃圾信都刪除，還要幫我付帳單。我想要它留意我的財務情況，投資我的退休基金，幫我報稅，然後在年底把淨賺的錢交給我。我想要它清理家裡（包括窗戶），最好也能幫我保養車子。同上的還有除草、設陷阱抓地鼠，還有嘛……最好也包辦煮飯，不過我想自己動手的時候就不必了。我希望我的機器人長得像電影《義大利式離婚》裡的美女影星蘇菲亞羅蘭，而不要像星際大戰裡矮矮圓圓的機器人 R2D2。這一點可能會有點麻煩，因為我老婆想要帥哥演員強尼戴普幫她做家務。那麼也許 R2D2 也不賴。如我所說，我的需求非常實際，這些事我都做得到，但我寧願把時間拿去做別的事。對於做不到這些事的身障者來說，個人化的機器人就能讓他們有比現在更多的自主性。

而且這些可能都不是遙不可及，至少某些事是可能的，真是太好了。不過要是我們不小心一點，也許智慧型機器人可能不是會在清理地板嘟嘟囔囔地抱怨貓毛，而是可能會討論量子物理學；或者更糟糕的是，會討論它的「感覺」。如果它具有智能，它還會做我們的雜務嗎？就像你和你的小孩一樣，它難道不會找到方法不做這些家事？這可能表示它們會有欲望。一旦它有了感覺，我們會不會因為把所有爛差事丟給它而感到愧疚？然後在機器人進來前就開始打掃，還會為這一團亂向它表達歉意？一旦它有了意識，我們會不會必須上法庭正式讓它除役後才能買最新的機型？機器人會不會有權利？就像克萊恩斯和克賴對太空中的生化人的原始敘述中所指出的：「生化人的目的是提供一個有組織的系統，讓（像）這些類機器人的問題都能自然地、無意識地解決，讓人類能自由探索、創造、思考與感覺。[7]」我不用真的讓我的身體和矽結合，不用真正成為一個生化人；一個獨立的矽晶片助手就能輕鬆讓我有更多時間去探索、創造、思考、感覺（我想還得加上一點：變胖）。所以我會小心選擇我要購買的機型。我不想要一個有情緒的機器人，我不想要在我的機器人吸地板的時候，因為我自己在後陽台曬太陽，吃著我被規定要吃的低卡路里午餐時進行深度思考而感到愧疚，想著也許我該起來去除草。

我們目前有多接近我心目中的個人機器人？如果你沒有在追蹤機器人學界的最新發展，接下來可能會很吃驚。目前已經有機器人能做到很多重複的，或且需要精準度的工作，從自動組裝到手術都包括在內。目前機器人負責的領域是所謂的「三不」工作：不有趣、不安全、不乾淨，最後這項包括了有毒廢棄物清理。手術並不在這三項的範圍內，目前只有顯微手術這個層級會用到機器人。重量十八公斤的「背包機器人」目前是急難與軍隊用機器人，它們能順利通過崎嶇的地形，不會受到岩石、木頭、瓦礫、碎瓦殘骸的阻礙。就算從兩公尺的高度將它們丟到混凝土地面上，它們也都毫髮無傷，直挺挺地落地，還能在水深達兩公尺的地方運作。它們能進行搜索與救援行動，也能拆解炸彈，可以用來偵測路邊炸彈與勘查洞穴。然而這些機器人的外表一點都不像你笨得去攀岩然後不小心摔落山谷時，自己幻想會來救你的那種帥氣搜救人員（像我妹夫那樣）。它們看起來像是你的小孩用工程建構玩具組做出來的東西。

另外也有無人操作的自動飛行器。已經有機器人幾乎橫越了整個美國，但在都市環境中穿梭還是最困難的測試，而且還需要加以改良。「都市挑戰賽」是由美國國防部高等研究計畫局贊助的約九十六公里自動車競賽，在二〇〇七年十一月舉辦。參賽車輛必須能夠穿梭在城市的街道、路口、停車場之間、找到指定地點、合法停車，然後無損擋泥板地離開停車位，同時注意閃避購物車和其他隨機出現的物體。這不是用遙控的，這些車子都是由軟體所控制的自動駕駛車輛。可能沒有多久，電腦程式就能夠駕駛**所有**的車子了。我們在去上班的路上可以輕鬆往後倚，一邊看報一邊大啖甜甜圈（我喜歡果醬口味的），再喝兩口拿鐵咖啡。

不過目前為止在居家打掃這個部分，我們只有地板清潔器、長得像CD播放器的吸塵器，跟除草機可以用。但是這些機器人擁有的，而我的夢想中所沒有的，就是輪子。目前還沒有機器人可以像蘇菲亞羅蘭或強尼戴普那樣在房間裡移動。人類的腦所使用的神經元有一半都在小腦，它們的工作有一部分就是激發你的能力。不是「加油，你可以的」這種刺激，而是像電影《大家樂》裡的查克貝瑞和梅比琳的能力受到激發而爬上山丘那樣，也就是在適當的時機協調肌肉與技巧。

要發展能做出動作像動物的機器人非常困難，目前也還沒有成功。不過由創始人葛林希爾領導的英國影子機器人公司工程師認為他們已經很接近了。他們從一九八七年起就致力於製造兩足行走的機器人。葛林希爾說：「居家機器人需要擬人化的典型例子就是樓梯的問題。改裝房屋或是移除樓梯都是不可行的。最有可能的就是設計出具有上下樓梯設備的機器人，但這也通常是設計上的弱點。讓機器人和人類有相同的運動結構，能確保它得以在任何人類可運作的環境中運作。[29]」他們已經很接近這個目標了。在過程中他們也有很多的創新，其中一項是「影子手」，這是最先進的機器手，可以做出人類的手能做的二十五種動作裡的二十四種。它有四十條「空氣肌肉」，這又是另外一項發明。影子手的指尖有觸覺感應器，可以撿硬幣。其他很多實驗室則在研究擬人化機器人的其他方面。德州大學的韓森已經製作出一項物質，他稱為「法寶」，和人類的皮膚非常相似，而且能做出栩栩如生的臉部表情*。所以要有一個強尼戴普機器人坐在你家客廳是可能的。但他可還不會跳探戈。

日本領先

日本是機器人研究的重鎮，因為他們有一個希望機器人幫他們解決的問題。日本的生育率是世界最低的，而且超過六十五歲的國民占了總人口的百分之二十一；這是全世界最高的銀髮族比例。日本人口其實從二〇〇五年出生率低於死亡率時開始下降；日本政府不鼓勵移民，所以當地百分之九十九的人口都是純日本人。所有經濟學家都會告訴你這是個問題。當地能做事的年輕人不夠多，因此某些

*參見他的網站：http://www.hansonrobotics.com。

領域已經感受到人力缺乏的問題，看護業正是其中之一。如果日本人不想增加移民人口，那他們就必須找到方法來照顧他們的年長人口。因此他們向機器人求助。

早稻田大學的研究人員致力於發展機器人各種情緒相關的臉部表情與上半身動作，包括恐懼、憤怒、驚訝、歡喜、噁心、悲傷，以及因為是在日本所以會有的禪定狀態。他們創造的機器人具有感應器，可以聽、聞、看、觸摸。他們正在研究感官要怎麼翻譯成情緒，並且想發展出一套相符的數學模型[30]。他們的機器人會對外界刺激產生類似人類情緒的反應，它的程式設計裡也包括直覺的欲望與需要。它的需要包括類似食欲的能源消耗、對安全感的需求（當它感覺到情況危險時，它會撤退）、探索新環境的需求等。（這些都是我不會想購買的特徵。）早稻田的工程師也製作出會說話的機器人，它有肺、聲帶、發音器官、舌頭、嘴唇、下巴、鼻腔和軟顎，還能靠控制音高的機械發出和人相似的聲音。他們甚至已經製造出一個會吹笛子的機器人了。

明治大學的設計師則把眼光放在製作出有意識的機器人上。也許在這個機器人技術、電腦技術與想做出更像人的機器人的渴望形成的交叉路口，我們對人類腦部處理程序的了解就能更上一層樓。製造動作與思想都和人相似的機器人的確代表著要利用軟體測試腦部處理的理論是否正確，還要觀察成果是否符合人腦實際上的情況。如同麻省理工學院研究團隊領導人布蕾琪爾所說：「就在很多研究者都提出和社會相關的特定零件模型時，這些模型和理論彼此卻鮮少整合成一個一致的、禁得起考驗的完整行為範例。執行計算結果讓研究人員能把不同的模型整合成可發揮功能的整體。[31]」鈴木達、稻葉啟太、武野純一很遺憾到現在還沒有人能呈現一個整合良好的模型來解釋意識。說這麼多，你要怎麼真的把這些都弄在一起？所以他們不是光說不練，而是真的動手想做出自己的模型，然後利用這種設計製作出一個機器人。

事實上他們做出了兩個機器人，等一下你就知道為什麼了。他們相信意識會從認知與行為的一致性中出現[32]，你想到什麼了嗎？鏡像神經元？在你思考行為和執行時都會釋放脈衝的那些神經元，沒有比那個更一致的東西了。接下來他們利用了唐納的理論：模仿運動動作的能力是溝通、語言、人類程度的意識還有整體人類文化的基礎。這就是所謂的模仿理論。唐納一直在思考語言的起源，他認為如果沒有良好的運動技巧，特別是自己規畫運動技巧的能力，就不會有語言；畢竟語言和手勢都需要精巧的肌肉運動。而在其他動物物種受到基因限制，因而只有某些僵化的行為類型的同時，人類的語言並不死板而是有彈性的，因此語言所需要的運動技巧也必定要有彈性，要能隨意、有彈性地控制肌肉才能發展出語言。他認為這種彈性來自於運動技巧的基礎之一：程序性學習。為了要改變或提升一個運動動作，人就必須要反覆排練這個動作，觀察動作的結果並且記住，然後替換需要替換的部分。唐納將之稱為排練循環，這是我們很熟悉的東西。他指出其他動物是不會這樣的，牠們不會為了精進技巧而完全自發地開始並排練一項動作[33]。你去上班的時候，你的狗不會自己整天都在練習握手。唐納認為排練循環的能力是人類特有的，而且形成包括語言在內的所有人類文化的基礎。

因此鈴木和他的夥伴替一個具有一致的行為和認知的機器人擬出了一項計畫。他們做出了兩個機器人，這樣才能測試它們是否會表現模仿行為。其中一個機器人的程式設計讓它會做出某些特定動作，而第二個機器人真的會跟著做這些動作！模仿行為暗示了這個機器人能區分自己和另外一個機器人，這就是自我覺知。他們相信這是通往意識的第一步。他們的機器人和其他的設計不一樣，反而比較像其他那些人類意識模型，對於內部與外部的資訊都會有反饋循環。外部資訊（身體感覺）反饋是機器人模仿與學習所必須的，外部動作的結果必須要傳回內部才能夠做必要的修正。換句話說，動作必須要和認知連結。無論如何，我確定這些機器人跟你想像的一定不一樣：它們看起來就像是技師從賓士車引擎蓋下拿出來的東西，上面再裝一隻手跟一隻腳。

同時回到麻省理工學院

機器人的問題在於它們大部分表現得像機器。麻省理工學院的布蕾琪爾總結：「今天的機器人和我們的互動就算不是和環境裡的其他物體沒兩樣，最好的態度與個性也不過就像有社交障礙的人那樣。一般來說，它們不了解人是『人』，也不能跟人有像人的互動。它們對我們的目標和意圖沒有覺知。[34]」她想讓她的機器人具有心智推理功能！她想讓她的機器人了解她的思想、需求和欲望。她還說，如果有人要製造幫助年長者的機器人：「這種機器人應該表現出對人類的敏感度才有說服力，例如可以提醒他們什麼時候該吃藥，但又不會讓人覺得厭煩或生氣。它必須要了解人改變的需求是什麼，還有滿足這些需求的急迫性，才能建立正確的優先順序。它必須了解人什麼時候是沮喪或遇到麻煩了，才能尋求外援。」

克斯摩是機器人寇格的第二代，它是布魯克斯的實驗室建造的具社交能力機器人。布魯克斯是麻省理工學院電腦科學及人工智慧實驗室主任，布蕾琪爾在身為布魯克斯的研究生時期曾主持這個實驗室。克斯摩之所以是會社交的機器人，部分原因在於它有一雙大眼睛能觀察它所注意的東西。它的程式設計讓它會注意三種東西：動的東西、顏色飽滿的東西、膚色的東西。程式設計讓它在孤單的時刻會看著皮膚顏色，在無聊的時候看著明亮的顏色。如果它注意到某樣移動的物體，它的眼睛就會跟著物體移動。它有一套程式編寫的內部本能需求，會逐漸增加直到釋放某種行為為止。因此如果它的孤單需求很高，它就會四處張望直到找到人為止。然後因為這個需要獲得了滿足，另外一種需求就會出現，可能是無聊，然後這種需求也會一直增加，因此它會開始尋找明亮的顏色，讓它看起來好像在找某種特定的東西。它可能會找到一個玩具，觀察者就會以為它是特別要找玩具。它還有能偵測到話語中韻律的聽覺系統，這項機制裡面包括一個將特定韻律與特定情緒配對的程式。因此它就能像你的狗一樣偵測到某些情緒，例如贊成、禁止、得到關注還有鎮定。這些輸入的感知會影響它的「心情」或是情緒狀態，這是綜合了三項可變因素的產物：原子價（正或負）、覺醒（它有多累或受到多少刺激）與新奇經驗。克斯摩會在不同情緒狀態間轉換，回應各種動作與話語韻律的線索，並且用眼睛、眉毛、嘴唇、耳朵還有說話的韻律表現出這些情緒。克斯摩由十五台使用不同作業系統的電腦之間的互動控制，這些作業系統形成了沒有中樞控制的分散式系統。它不了解你對它說的話，它的回答也只是胡言亂語，不過是具有符合當下情況的話語應有的韻律的胡言亂語。因為這個機器人會模仿人類情緒和反應，很多人對它就產生了某種情緒上的連結，對它說話的態度就像它是活的一樣。在這邊我們又回到了擬人化的問題。

　　布魯克斯想知道機器人這種模仿而來的、由程式寫死的情緒，和真正的情緒是否相同。他的論點是，大多數的人和人工智慧研究者都很想說：只要用對軟體、問對問題，電腦就能推論出事實、做出決定，也會有目標。不過儘管他們可能會說，電腦也許能用**動作、行為和表面上看起來的樣子，或是模仿的方式**，來表現出它好像很害怕，但實際上幾乎沒有人會認為電腦是發自內心地感到害怕。布魯克斯認為，身體是生物分子根據特定的、具體定義的物理法則匯集而成的物體，最終的結果就是根據一套特定規則行動的機器。他認為雖然我們的生理學和組成物質可能有很大的差異，但我們跟機器人其實很像。我們既不特別也不獨一無二。他認為我們把人類過度擬人化了：「人畢竟也不過是機器而已。[9]」我不確定以定義而言，「過度擬人化人類」究竟成不成立。也許比較好的說法是我們低估了機器擬人化，或是人類機器化的程度。

布蕾琪爾的團隊下一步想發展機器人的心智推理功能，成果就是李奧納多。李奧看起來像是介於約克夏犬和松鼠之間的小淘氣，只不過身高大約有七十六公分*。克斯摩能做的他都做得到，而且還能做更多。他們要李奧辨認他人的情緒狀態，還要知道那個人為什麼會有這種情緒。他們也要他（他們叫李奧「他」，所以我就照做了）了解物體對人代表的情緒內涵。他們不要李奧踩爛你的古馳鞋或是把你小孩最新畫的那張大家都覺得是垃圾，只有爸媽覺得是寶貝的畫丟出去。他們也想要大家覺得李奧很好教，讓你買到第一個機器人的時候，不需要先把操作手冊都念完，再學一堆新的溝通方式才能用，他們希望李奧可以從我們的行為中學習。你只要說：「李奧，周四的時候要幫番茄澆水。」然後示範怎麼澆水就夠了。他們的野心可真不小！

他們指望的就是人類具有社交能力的神經科學理論，我們透過應用我們的社交技巧而學習。所以首先為了要有符合社交禮儀的反應，李奧納多必須要能了解與他互動的對方的情緒狀態。他們利用神經科學的證據來設計李奧，也就是「藉由觀察他人而學習的能力（特別是模仿的能力），可能是發展適當社交行為的關鍵前驅能力，最終還能發展出推理他人思想、意圖、信念、欲望的能力。」這是走向心智推理的第一步。這項設計的靈感來自梅哲夫和摩爾研究的新生兒臉部模仿與模擬能力，這兩位我們都在第五章裡提過了。他們需要李奧納多做到五件我們先前說過的，嬰兒出生幾小時後就能做到的事：

一、確定示範者臉部特徵的位置，並且能辨識這些特徵。
二、找出觀察到的特徵與自己特徵間的相關性。
三、從這種相關性當中辨識出想表現的表情。
四、將自己的特徵移動成想要的型態。
五、利用察覺到的型態判斷自己是否成功[35]。

所以他們製作了一個模擬機械放到李奧納多的身體裡。他和克斯摩一樣有視覺輸入，但是他們還做了別的。李奧可以辨識臉部表情，他有計算機系統可以模仿他看到的表情，而且還有和臉部表情相符的內建情緒系統。系統一旦模仿人的表情後，也會帶入相關的情緒。

這套視覺系統也會辨認指示的手勢，並且利用空間推理的能力，將手勢與其指向的物體聯想在一起。李奧納多也會追蹤他人頭部的姿勢。這兩項能力讓他能夠了解對方注意的物體並且一起注意到那個物體。他會有眼神接觸，還會維持這樣的接觸。

像克斯摩一樣，李奧也有聽覺系統，而且他能辨認出話語中的韻律和音高，還有分配給正面或負面情緒價值的發聲能量。他也會對他聽見的東西做出情緒反應。但和克斯摩不一樣的地方是，李奧能

*可於下列網站看見關於他的資訊：http://robotic.media.mit.edu/projects/Leonardo/Leo-intro.html。

辨認某些字。他的語言追蹤系統會把字詞和情緒評價配對。例如**朋友**這個詞就有正面的評價，**壞**這個字就是負面的，他就會做出和這些字相符的情緒表情。

布蕾琪爾的團隊也結合了神經科學的研究成果：身體姿勢與影響都能增強記憶[36]。李奧會把資訊儲存在長期記憶裡，因此記憶可以和影響連結。他分享他人注意力的能力讓他可以將他人的情緒訊息和世界上的東西聯想在一起；你看見你的小孩畫的畫於是微笑，李奧看見了也笑。然後他會把這個儲存在記憶中屬於好的東西的部分，於是他不會把這東西揉成一團丟出去。分享他人的注意力也是學習的基礎。

所以我們已經相當接近外形和動作都在實體上與人類相似的機器人，它可以模仿情緒並且與人社交。不過你最好不要和你的機器人跳倫巴，因為它如果不小心踩到你，你的腳很有可能會骨折（這些小傢伙可不輕）。另外你也應該考慮它的能源需求（電費帳單來了）。那它們的智能呢？社交智能可不是我的機器人唯一需要的東西。它除了要擊敗全球網際網路資料查詢系統（譯注：gophers，音同英文「地鼠」），還得要聰明到擊敗我院子裡的地鼠才行；我確定這些傢伙的基因密碼就跟喜劇電影《瘋狂高爾夫》裡的搗蛋田鼠一樣。

科茲威爾對於身體的載具倒是不那麼擔心。他在意的是智能。他認為一旦電腦夠聰明，也就是比我們還聰明的意思，它們就有能力設計出自己的載具。其他人則認為和人類相似的智能，以及所有對智能有所貢獻的東西，如果沒有人類的身體就無法存在。我思，故我腦**和**我身體在。安德瑟是《新科學家》雜誌的總編輯，當人家問起他最危險的想法是什麼時，他是這麼回答的：「腦如果沒有身體就無法形成心智。[37]」放在盒子裡的腦不可能會有像人類的智能。我們看過情緒和模仿如何影響我們的思考，而沒有了這些輸入，我們就會變成完全不同的一種動物吧。霍金斯是掌上型電腦的發明者，他認為既然我們根本不知道智能與製造智能的腦部程序是什麼，我們要製造出具有智能的機器還有很長的路要走[38]。

人工智慧

人工智慧這個詞起於一九五六年。當時達特茅斯學院的麥卡錫、哈佛大學的明斯基、ＩＢＭ公司的羅徹斯特以及貝爾電話實驗室的夏儂提出：「在一九五六年的夏天，十個人在新罕布夏州漢諾威的達特茅斯學院進行兩個月的人工智慧研究。這個研究進行的推測基礎是：學習的每個層面或是其他智能特徵，原則上都能非常準確地描述，以至於可以做出模擬智能的機器。該研究將試圖找出讓機器使用語言的方法，形成抽象思考與概念，解決目前為止只有人類才有的各種問題，並且讓自己變得更好。我們認為其中一個或更多的問題可以有顯著的進展，前提是參與這個夏季計畫的科學家都是精挑細選的。[39]」

現在回頭來看，大約半個世紀以前的這項宣言似乎有點太過樂觀了。現在美國人工智慧學會對人工智慧的定義是「從科學角度了解思想與智能行為的根本機制，並用機器具體呈現。[40]」然而雖然計算的能力已經這麼強大，人類也投入這麼多的努力想讓電腦有智慧，但它們還是做不到三歲小孩能做的事。電腦不能分辨貓和狗，做不到一個在婚姻裡能生存下來的丈夫做得到的事：它們無法辨別語言中的細微之處。舉例來說，他們不知道「垃圾桶抬出去了嗎？」這個問題其實表示：「把垃圾桶抬出去。」而且言外之意是：「如果你敢不拿垃圾出去，你就慘了。」不管你用任何搜尋引擎，看到跳出來的東西時你會想：「這是哪來的？我不是要找這個。」語言翻譯程式的產出也都很奇怪，顯然程式完全不了解它所翻譯的字的真正意思。人類一直都在努力，但是即使我們有這些處理能力、記憶體、微型化技術，要製造一個具有人類智能的機器依舊是個夢想。為什麼？

人工智慧的強度分為兩種：弱和強。弱人工智慧就是我們習慣想到的電腦那樣，能使用軟體解決問題或是進行推理任務。弱人工智慧沒有人類所有的認知能力，但是可能有人類沒有的能力。弱人工智慧已經慢慢地滲透到我們的生活裡。人工智慧程式主導我們的手機收發、電子郵件還有網頁搜尋。銀行用它來偵測詐欺轉帳交易，醫生用它來幫忙診斷與治療病患，救生員會用它來掃視海灘，找到需要幫助的泳客。我們打電話到大公司，甚至小公司的時候，人工智慧也是讓我們根本就不用跟真人對話的原因；人工智慧也負責聲音辨識系統，讓我們用聲音回答就可以，而不用按數字鍵。弱人工智慧打敗了世界西洋棋冠軍，選擇股票的能力還比大部分的分析師強。但是霍金斯也指出，一九九七年打敗世界西洋棋冠軍卡斯帕洛夫的ＩＢＭ電腦「深藍」之所以會贏並不是因為它比人類聰明，它會贏是因為它的速度比人類快了數百萬倍。它一秒能判斷兩億種的棋陣局面：「深藍對於西洋棋的歷史一無所悉，而且也不了解自己的對手。它下西洋棋但並不了解西洋棋，就像計算機能做數學運算但並不了解數學一樣。[38]」

真正能讓很多人振奮的是強人工智慧。**強人工智慧**是加州大學柏克萊分校的哲學家瑟爾自創的詞。雖然他本人沒有這樣說，但他的定義假定了機器有可能具有理解力與自我覺知。「就強人工智慧來說，電腦不只是研究心智的工具；具備適當程式的電腦本身其實就是心智；也就是說，電腦只要用了適當的程式，就能確實地說它了解並且擁有其他的認知狀態。[41]」瑟爾主張所有的意識狀態都是由較低層級的腦部處理程序所導致[42]，因此意識是一種突現現象，是生理特質，是整個身體的輸入總合。意識不只在腦中來來回回的說笑之中產生，意識也不是計算的結果。你必須要有身體、身體的生理學，還有輸入，才能創造一個能思考並有人類心智智能的心智。

有意識的機器是可能的嗎？

相信機器可以有意識背後的邏輯就和創造人工智慧背後的邏輯是一樣的。因為人類覺得處理程序是電活動的結果，所以如果你能用機器模擬同樣的電活動，那結果就會是有著和人類相像的智能與意識的機器。就像對人工智慧的看法一樣，有些人認為這不表示機器的思考過程一定要和人類產生意識的過程一模一樣。也有人同意霍金斯的想法，也就是一定要有同樣的過程，因此就必須要以同樣的方式連接。另外也有些人的立場搖擺不定。

追求人工智慧的道路一開始並不是以大腦的逆向工程為基礎，因為人工智慧在一九五六年只是靈光一閃的念頭，而當時對於腦部運作的方式所知甚少。早期的工程師在開始設計人工智慧的時候根本只能東拼西湊；他們一開始自己想出了一些辦法來創造人工智慧所需的各種零件，其中有些其實還提供了一些關於腦部某些區域運作方式的線索。例如有些方法是基於數學規則，像是以過去相似事件為基礎，判斷未來事件可能性的貝葉斯邏輯；評估特定的事件順序在未來發生的機率的馬可夫模型，則被用在某些聲音辨識軟體上。工程師建立了「類神經網路」，這是粗略地模擬神經元與連結的平行運作結構；事實上他們學到了不是事先用程式寫入的反應。這些系統也被用在聲音辨認系統上，另外還用來偵測信用卡費用詐欺以及臉部和筆跡辨認。有些方法則是基於推論而來，也就是老派的「若這樣則那樣」的邏輯。還有一些程式則會搜尋大量的可能性，就像是深藍的西洋棋程式那樣。有些是計畫性的程式，首先利用世界上的普遍事實、因果關係的規則、與特定情況有密切關係的事實還有意圖目標：就像是你車上的導航系統會幫你規畫路徑，告訴你最近的中國菜外賣店在哪裡一樣。

但是人腦和電腦有很多的不同。在《奇點迫近》一書中，科茲威爾列舉出來這些差異：

＊人腦的迴路比較慢，但是有比較大規模的平行處理。人腦有大約一百兆的神經元間連結，這比目前任何的電腦都要多。

＊人腦一直都在自行重新配線，而且還會自我組織。

＊人腦使用突現特質，也就是說智能行為比較是屬於從混亂與複雜中得到的**不可預測**的結果。

＊就演化而言，人腦只要夠好就足夠了。比別人聰明十倍沒有什麼必要，你只要比較聰明**一點**就夠了。

＊人腦是民主的。我們會自相矛盾；我們有內心的衝突，並**可能**因而得到比較好的解決方法。

＊人腦會利用演化。六個月到八個月大的嬰兒發展中的腦會形成很多隨機的突觸，最適合這個世界的連結模式就會生存下來。某些腦部連結模式非常關鍵，而某些則是隨機形成。因此成人的突觸比幼童少得多。

＊人腦是一種分散式網絡，沒有一個獨裁者或是中央處理器負責發號施令；而且連結非常深入，

資訊能以各種方式在網絡中找到方向流通。

＊人腦有建築區，負責表現特定功能，且具有特定的連結模式。

＊人腦的整體設計比單一神經的設計簡單[2]。

不過很有趣的是，科茲威爾略過了一件滿重要的事。他忽略了腦是和一個生物學的身體連在一起的。目前為止的人工智慧程式都只能做到設計好的特定事項。它們不能歸納，也沒有彈性[2]。深藍即使有那些連結、龐大的記憶與能力，但還是不會知道它最好自己把垃圾拿出去……否則就有得瞧了。

雖然目前還沒有達成與人相同等級的智能，但電腦已經超越了我們的某些能力：它們的符號代數和微積分比較好，也比較會安排複雜的工作或事件順序，對於安排電路裝配和其他與數學相關的程序也比較拿手[9]。但它們對比較難理解的性質和常識就不太在行。它們不會批評戲劇，還有像我先前說過的，它們不太會進行語言間的翻譯，也無法察覺語言中的細微之處。很奇怪的是，這些是很多四歲大的小孩都做得到的事情之一，不過物理學家跟數學家就不一定了，這才讓人尷尬。

目前還沒有電腦能通過圖靈測驗。這是電腦科學之父圖靈為了回答「電腦能不能思考？」這個問題，而在一九五〇年提出的[43]。在圖靈測驗中，一個人類裁判參加另外兩方進行的自然語言對話；參與對話者的一方是人類，另一方是機器，兩者都想要表現出人類的樣子。如果裁判無法確實地判斷何者為何，那麼機器就算通過測試。對話的呈現通常限於書面，因此聲音不會造成偏見。很多研究人員對於圖靈測驗都頗有意見，因為他們不認為這能顯示出機器是否有智能。行為不能用來測試智能。電腦也許能表現出自己有智能的樣子，也並不表示它真的具有智能。

掌上型電腦出手相救

霍金斯自認他知道為什麼至今尚未出現真正有智力的機器。他不像某些研究人員認為電腦需要變得更強大、有更多記憶體，他覺得人工智慧領域的研究者根本就搞錯了方向。他們的前提一直以來都錯了[38]，應該要更注意人腦運作的方式才對。雖然麥卡錫和其他多數的人工智慧研究者都認為「人工智慧不需要受限於在生物學上可觀察到的運作方式」[44]，但霍金斯認為正是這種觀念才使得人工智慧研究走上歧途。同時他對神經科學家也不是很滿意。為了找到人腦運作的答案，他在神經科學文獻中埋頭苦尋，發現過去雖然做過堆積如山的實驗，也累積了成噸的資料，但還是沒有人把這些資料整理在一起，得出能夠解釋人類如何思考的理論。他受夠了嘗試製造人工智慧卻一再失敗，他得到的結論是：如果我們不知道人類是怎麼思考的，我們就不可能製造出像人類一樣思考的機器。他另外也得到一個結論，也就是如果沒有人能想出一套理論，那他就得自己來。所以他成立了紅木理論神經科學中心，開始著手研究。霍金斯不是什麼專家，又或者他是。他躺在椅子裡，把腿放上書桌，深思熟慮一番後，想出了記憶預測理論[38]，為人腦的處理程序提供了一個大規模的架構。他希望其他電腦科學家能試著應用、修改調整這個理論，看看它是不是管用。

霍金斯讀到一九七八年的一篇論文，並且深受其吸引。論文由著名的神經科學家蒙特凱索發表，他觀察到整片新皮質的相似性相當顯著，可見這塊皮質的所有區域一定是負責同一個功能；可是為什麼到了最後，不同的區域卻會負責不同的工作呢？也就是說視覺是視覺皮質處理後的結果，聽覺則是在聽覺皮質等等。原因不是因為它們的處理方法不同，而是因為輸入的訊號不同，還有區域間互相連結方式的關係。

支持這個結論的證據之一，是麻省理工學院的蘇爾進行的新皮質可塑性（改變接線的能力）實驗。為了了解對皮質區的輸入對於這裡的結構與功能有何影響，他把新生雪貂的視覺輸入重新接線，把視覺輸入送到聽覺皮質而非視覺皮質[45,46]。雪貂能不能利用體覺皮質的其他部分，例如聽覺皮質組織，來看東西呢？結果顯示輸入的影響非常大。雪貂還是有某種程度的視覺，代表牠們用到了腦部通常用來聽聲音的區域來看，而新的「視覺皮質組織」的接線，並不完全和在正常的視覺皮質區應有的接線一樣。這使得蘇爾和同僚得到一個結論：輸入的活動可以重新塑造皮質網絡，但並不是決定皮質構造的唯一因素。可能已經有內在的提示（由基因所決定）為網絡連結搭起了鷹架[47]。這表示皮質的特定區域已經演化成負責處理某些資訊，並且已經以特定的方式接線，才能更方便地處理這些資訊。不過如果有需要，既然所有神經元實際的處理模式都一樣，那麼皮質上的任何區域都可以處理這些資訊。

霍金斯認為人腦使用同樣的機制處理所有的資訊這種想法很合理。這個說法整合了腦的所有能力，成為一套井然有序的組合包。人腦不必在每次擴大能力時都另起爐灶，它可以用一個答案解決數千個問題。如果人腦使用單一的處理方式，那麼電腦也可以這樣做。只要他找出來那個方式是什麼就好。

霍金斯自稱是新皮質沙文主義者。他認為新皮質是我們智能的所在處，是最晚發展的區塊，也比其他哺乳類的都要大，連結也更好。然而他也沒有忘記所有的輸入在進入這個區域之前，都已經先在較低層級的腦部區域處理過；這些區域都演化得比較早，是我們和其他動物共有的。因此霍金斯利用了他的大片新皮質想出了他的記憶預測理論。我們接著就來看看這個理論。

所有進入新皮質的輸入都來自我們的感官，所有的動物都一樣。令人驚訝的是，不管我們談的是哪一種感官，輸入到腦中的格式都是一樣的：由電與化學所組成的神經訊號。你的感覺是由這些訊號的模式來決定，訊號從哪裡來並不重要。這可以用感官替代的現象來解釋。

威斯康辛大學的醫師兼神經科學家巴赫伊瑞塔，在照顧中風的父親康復的過程中開始對大腦的可塑性產生興趣。他了解人腦是可塑的，而且能看見的是腦不是眼睛。他想知道能不能透過不同的輸入通道傳送正確的電訊號，重建失明者的視力。換句話說，不再透過眼睛這個已經無法作用、不能提供輸入的管道來看。他創造了一套能在舌頭呈現視覺模式的設備，這樣一來失明者就能戴著這套設備，利用舌頭上的感官「看見」東西[48]。額頭上的小型電視攝影機可以產生視覺影像，然後傳送到裝在舌頭的刺激物陣列圓盤。（他試過身體的很多部位，包括腹部、背部、大腿、額頭、指尖，最後發現舌頭的效果最好。）來自攝影機的影像被翻譯成某種神經編碼，透過刺激物對舌頭產生特定的壓力模式實踐；接著這些由壓力模式所產生的神經脈衝，會經由舌頭完好的感官通道送到大腦，而大腦很快就學會要把這些脈衝解釋成視覺。很詭異吧？這套系統讓先天失明的人能夠在微型兩極真空管的電子裝配線上，進行組裝與檢查的工作；全盲者也能抓到桌面另一頭滾過來的球，還能辨識人臉。

霍金斯表示，這些感官資訊很重要的一個方面是，不管受到處理的是哪一種感官輸入，最後都會以時空模式的形式抵達。當我們聽見聲音時，重要的不只是不同聲音出現的時間點（也就是聲音的時間模式），耳蝸內的受器細胞實際上所在的空間位置也很重要。以視覺來說，空間模式當然是顯而易見的，但我們不了解的是，在我們感知到每個影像時，眼睛其實每秒鐘會跳動三次，分別注視不同的點，這種運動是所謂的跳視。雖然我們感知到的是一張靜止的圖片，但它其實不是。視覺系統會自動處理這些持續改變的影像，讓你對它們的感知是靜止的。觸覺也是空間性的，但是霍金斯指出光是單一的感官並不足以辨識物體，人必須要觸摸超過一個位置才行，這就使觸覺多了時間的特性。

了解到輸入的這種特性後，我們來看看這塊折疊六層的大毛巾，也就是新皮質。根據蒙特凱索的理論，霍金斯假設在這毛巾任一層裡的每個細胞都進行同樣的處理。因此，所有在第一層的神經元的處理都一樣，接著把結果傳送到第二層，第二層的細胞也克盡其職，以此類推。不過資訊並不是只會送到這些層而已，還會橫向送到其他區域和後方。每一個錐狀神經元都可能有多達一萬個突觸，這才是真正的資訊高速公路啊！

新皮質也分為不同區域，分別處理不同的資訊。這就是階級，腦處理資訊也是有分階級的。並不是在身體上分為不同階級，比較高階級的皮質區位在其他區域之上那樣，而是資訊處理的階級，是連結度的階級之分。階級最低的區域最大、接收的感官資訊也最多，裡面每一個神經元都專精於某一件小事的一部分。舉例來說，階級最低的視覺處理區就是V1區。V1區的每個神經元都專門處理一個影像上極微小的一塊，就像是相機的一像素一樣。但不只是這樣，每個神經元在這一像素裡還有特別的工作要做。只有特定的輸入模式會讓它釋放電脈衝，例如一條往左下方斜四十五度角的線。不管你看的是一條狗還是一輛龐帝克跑車，只要有一條往左下方斜四十五度角的線，這個神經元就會釋放電脈衝。V2區則位在第二個階級，彙整來自V1的資訊，然後把拼湊出來的東西送到V4區。V4區也會做好自己的工作，接著把資訊送到一個叫做IT的區域。IT負責完整的物體。所以如果所有進來的資訊符合一個臉部模式，那麼IT區域中專門負責臉部模式的那些神經元，只要接收到來自下方的資訊就會開始釋放電脈衝。「我收到了臉部編碼，還在，還在……好了，走了，沒我的事了。」

但是不要以為這是單向的系統。有多少資訊往上傳就有多少資訊往下送。為什麼？

電腦科學家一直都想製造出智能模型，好像智能就是計算的結果一樣，也就是把它當成單向的處理過程。他們把人腦想成好像也是一台能進行成千上萬的計算的電腦。他們把人類的智能歸功於我們龐大的平行連結的結果，會同時運作然後吐出答案。所以他們推論只要電腦能夠和人腦有相同數量的平行連結，就能夠有和人類相等的智能。但是霍金斯指出這種推論的謬誤之處，他稱之為「百步算則」。他舉了一個例子：當要求人類在圖片上看見貓就按下按鈕時，人類的反應時間大約是半秒鐘或更快。但這個任務對電腦來說，不是太難就是根本不可能。我們已經知道神經元比電腦的速度慢得多，而且在那半秒鐘裡，進入腦中的資訊只能來回一系列約一百個神經元。你只要一百步就能想到答案。數位電腦則需要走好幾十億步才能得到答案。我們是怎麼辦到的？

這就是霍金斯的假設關鍵所在：「人腦不『計算』問題的答案，而是從記憶中回想答案。就本質上而言，答案很早以前就儲存在記憶裡了。只要幾個步驟就能從記憶中回想某個東西。神經元的速度再慢，要做到這件事已經夠快了，但是它們本身也會形成記憶。整個皮質就是一套記憶系統，根本不是一台電腦。[38]」這個記憶系統和電腦的記憶體有四種不同之處：

一、新皮質會儲存模式的順序。

二、新皮質會自動聯想相關的模式，也就是說就算只接收到部分模式，它還是會回想完整的模式。你看見牆頭有顆頭，就知道下面會接著身體。

三、它儲存模式的形式不變。它能自動處理模式中的變化：當你從不同角度、不同距離看你的朋友，雖然視覺輸入完全不同，但你還是認得她。電腦就沒辦法了。輸入的改變並不會讓你得重新去計算你看見的人。

四、新皮質儲存記憶有階級之分。

霍金斯提出人腦使用儲存的記憶不斷做出預測。你進入房子裡的時候，你的腦會從過去的經驗中開始預測：門在哪裡，門把在哪裡，門有多重，電燈開關在哪裡，家具是怎麼擺放的等等。如果某樣東西引起了你的注意，那就是因為預測失敗了。你的妻子沒告訴你她的意圖，就擅自把後門漆成粉紅色，所以你就注意到了。（「搞什麼鬼……？」）這不符合預測模式。（事實上它什麼都不符合。）像霍金斯這種追求刺激的人，更提出「這種**預測**就是新皮質的主要功能，也是智能的基礎。[38]」換句話說，不管你做什麼事，預測都無所不在，因為所有的新皮質細胞都是以同樣的方式在處理訊息。霍金斯表示：「人腦比其他動物都聰明是因為它會預測比較抽象的模式，還有比較長時間的模式順序。[38]」

英國喜劇女星拉德娜在她的結婚紀念日上的餘興節目中說，你在婚後的頭兩周要小心選擇在家從事的活動類型，因為這些行為在接下來的日子裡，都會變成你不得不做的事。你可不想建立你日後會後悔的可預測模式！霍金斯認為智能就是測量你有多會記憶並預測模式的結果，不管是文字、數字、社交情況或是實體上物體的模式都包括在內。以下就是皮質區將資訊沿著皮質階級往下送的情況：

多年來，大部分科學家都忽視了這些反饋連結。如果你對腦的了解僅關注在皮質如何接收輸入，處理輸入後再採取行動，那麼你就不需要反饋。你只需要從感官到皮質運動區域這個方向的輸入連結就夠了。但是當你了解到皮質的核心功能是預測時，你就必須把反饋放進這個模型裡：腦必須把資訊送回最先接收到輸入的區域。比較實際情況與你預期發生的情況對預測來說是必須的。真正發生的會往上傳，你預期會發生的則往下送[38]。

因此回到一開始的臉部視覺處理：IT釋放辨識臉部模式的電脈衝，把這個資訊往前傳送到前額葉，同時也沿著階級架構往回傳：「我得到臉部編碼。還在，還在……好了，沒有了，我收工了。」但是V4區已經把大部分的資訊都彙整好了，在資訊往上送到IT的同時，它也往回對V2區大喊：「我保證那是張臉，我已經幾乎把所有都拼湊起來了，過去一百次裡有九十五次都像這樣，是一張臉，所以我保證這次也是！」然後V2也喊：「我就知道！感覺就很熟悉，我也猜是一樣的東西。我一收到V1送給我的東西我就這樣跟它說了。我真是**太**厲害了！」這是簡化的表現方式，不過你應該了解了吧。

哺乳類的新皮質是附加在功能較低的爬蟲類腦袋上，但是有受到一些調整了。不過本來那個腦也不簡單喔，它過去到現在能做到的事還是不少。鱷魚可以看見、聽見、觸摸、跑、游泳、維持所有的自我平衡機制，捕捉獵物、交配，還讓製鞋公司命名為牠們的名字。這些事絕大部分我們不需要新皮質也做得到，不過籃球之神麥可喬丹就會需要他的新皮質，才讓鞋子以他的名字命名。擁有額外的這一塊東西讓哺乳類比較聰明，而霍金斯說這是因為新皮質增加了記憶。記憶讓動物能夠回想過去的感官與行為資訊，藉此預測未來。神經元接收輸入，並且從過去的情況裡辨認出一樣的輸入：「老天，我們昨天才接收到類似的訊息，結果是一種很好吃的東西。所有的輸入都跟昨天一樣，我們來預測這也是跟昨天一樣的東西吧，是一道珍饈美點，快吃吧。」

記憶與預測讓哺乳類能從事演化上較古老的腦部結構所發展出的固定行為，並且用更聰明的方式利用這些行為。你的狗會預測如果牠坐下，把腳掌放到你的大腿上、搖搖牠的頭，你就會像過去那樣摸摸牠。牠不用發明新的動作。就算沒有新皮質，牠還是會坐下、舉起腳掌、搖搖頭；但是牠現在能記得過去並預測未來。不過動物要靠環境才能取得他們的記憶。你的狗看見你，這就給了牠一個提示。沒有證據能證明牠會在草地上思索要怎麼樣才能得到拍拍。唐納主張人類有「自動提示」的獨特能力。我們可以自發地回想特定的記憶項目，不需受到環境所限[49]。霍金斯認為人類智能是獨一無二的，因為人類的新皮質比較大，使得我們能學習關於世界更複雜的模型，做更複雜的預測。「我們能比其他哺乳類看到更深層的類比，更多結構上的結構。」我們還有語言，他認為這完全符合記憶預測的架構。畢竟語言是純粹的類比，只是位在語義和語法的階級結構中的模式，而這正是他的架構所辨認的主要部分。而且就像唐納所說的，語言也需要運動協調。

人類也把自己的運動行為發揮到極致。霍金斯提出我們執行複雜動作的能力，是新皮質接管我們大部分運動功能的結果。讓老鼠的運動皮質昏迷你可能還不會注意到有什麼改變，但如果人類的運動皮質陷入昏迷，結果就是癱瘓。和其他物種相比，我們的運動皮質與肌肉相連結的程度是最大的。所以麥可喬丹需要新皮質才能成為籃球之神。霍金斯認為我們的動作也是預測的結果，預測讓運動指令有所行動：「人類新皮質不只以舊腦袋的行為做為基礎預測，還會引導行為去滿足它的預測。[38]」

霍金斯並不認為我在未來真的能買到個人專屬的機器人。他認為機器人的行為舉止、應對進退要像個人類，就需要有所有相同的感官與情緒輸入，而且也要有人類過去的經驗才行。要有像人一樣的行為，就必須要以人類生物實體的型態體驗生活。這非常難用程式設計，而且他看不出來這有什麼意義。他預測這樣的機器人會很昂貴，會比真人還需要小心伺候，而且不能和人類有感同身受程度的關係。他覺得我們可以透過賦予機器感官讓它具有智能，不一定要和我們的感官一樣，例如它可以有紅外線視覺，總之它能從觀察中學習、了解世界，而不是什麼都用程式寫好，然後它就能累積非常、非常多的記憶。不過它就不會長得像蘇菲亞羅蘭或強尼戴普了。

霍金斯並不擔心有智能的機器會心懷惡意、想統治世界，或是對自己被人類主人所奴役而不滿，因為這些恐懼都是基於一個錯誤的類比：將「智能」與「和人類一樣思考」混為一談。如我們在前面所看到的，人類的思考常常會受到我們在演化上較古老的大腦部位所產生的情緒需求影響，但擁有智能的機器不會有人類的這些需求與欲望。以階級化的記憶擁有的預測能力所測量出來的新皮質智能，和加入了來自腦其他部位的輸入所造成的結果是不一樣的。他懷疑我們真的能像科茲威爾預測的那樣，把我們的心智下載到晶片，然後裝到機器人上；他的預測是，數以兆計的獨特神經系統連結不可能被複製，然後隨意丟進一個和你一樣的機器人身體裡。那些年來自特定身體的特定面向的感官輸入，是讓每個腦袋的預測能力日益精進的原因。一旦放進不同的身體裡，這些預測都會失效。麥可喬丹的精準度如果放到矮小的影星丹尼狄維多的身體裡就會完全消失，反之亦然。

藍腦計畫

瑞士洛桑聯邦大學的腦智研究所主任馬克拉姆大力宣揚一個觀念：要了解人腦的運作，最重要的就是了解腦的生物學。他同意霍金斯認為建造人工智慧所面對的問題在於，那些不夠了解神經科學的理論家卻建立了許多腦的模型。』目前的模型『可能抓到了生物唯實論的一些元素，但是整體來說還是和生物學相去甚遠。』他說這個領域所需要的是『願意和神經科學家並肩研究，忠實追隨並學習生物學的計算神經科學家。』[50]」馬克拉姆是個重視細節的人，不是空談的理論派。他對離子通道、神經傳導素、樹突、突觸層級都瞭若指掌，而且腳踏實地走到現在的地位。

馬克拉姆與所屬機構和IBM還有他們的「藍基因」超級電腦合作，接下了哺乳動物大腦逆向工程的任務。這個計畫被命名為「藍腦計畫」，複雜程度和人類基因體計畫不相上下。首先他們創造出老鼠腦的立體複製品，目的是最後要能創造出一個人類的腦。「這個野心勃勃的計畫目標是模擬哺乳類的腦，並且達到高度生物學上的準確度，並且最後要能研究生物智能之所以浮現的每一個相關步驟。[3]」這個計畫的企圖並不是要創造大腦或是人工智慧，而是要**重現**這個生物學系統。從中也許就能得到對智能，甚至是意識的深刻理解。

馬克拉姆提出了關鍵性的一點，也就是「有機體的各階層的智能在『質』方面，有量子躍進的情況。」因此原子的智能比DNA分子低，DNA分子的智能又比其所編碼蛋白質智能低，單一蛋白質的智能和製造不同細胞種類的蛋白質化合物相比又根本不算什麼；而這些細胞種類組合起來，又產生了不同的腦部區域，容納並處理不同種類的輸入。這樣你懂了吧。在物理結構、分隔的腦部區域，以及神經元之外，人腦整體在智能品質上創造了又一次的量子躍進。問題是，神經元之間的互動，也就是「連結良好」這回事，到底是不是造成最後一次品質躍進背後的原因。所以這個立體模型可不是過去那種胡搞的複製品。事實上，過去也**做不到**這樣的東西。它需要藍基因電腦的強大計算能力，這是世界上最大、最厲害、最快的電腦。

他們正在製作的複製品是一個一個神經元複製，因為每一個神經元的解剖結構和電都是獨一無二的，樹突的連接也是。這個計畫的基礎是兩門學科過去百年來累積的龐大研究成果：從揭開新皮質管柱微結構的面紗開始的神經解剖學，以及從離子流模型以及神經元的樹突分支會影響處理的想法開始的生理學。這項計畫的首要目標已經達成，也就是建構兩周大老鼠的單一新皮質管柱。為了籌備這個計畫，瑞士洛桑聯邦大學的研究人員過去十年來，都在配對記錄兩周大老鼠的體覺皮質上數千個神經元個別的型態學、生理學，以及突觸連結。這個複製的新皮質管柱又稱做「藍管柱」＊，由一萬個新皮質神經元在直徑半毫米、高度一．五毫米的新皮質管柱範圍內所組成[3]。

二〇〇六年底，第一條管柱完成，這個模型裡包括了三千萬個在立體空間中位置分毫不差的突觸！下一步就是比較這個模型的模擬結果和老鼠腦的實驗數據。接著就能指出需要更多資訊的區域，然後進行更多研究以填補這些空白之處。這不是一蹴可幾的事。當一個區域得到新的資料而有所更動時，就必須要一再地重建迴路，真正生物學迴路的複製品也會愈來愈準確。

製作這種模型有什麼用？

馬克拉姆有一個非常冗長的清單，列出了這些模型可以一點一滴所透露的資訊。就像布蕾琪爾覺得她的機器人可以用來證實神經科學理論一樣，馬克拉姆對藍管柱也有同樣看法：「詳細並在生物學上準確模擬大腦的產物，讓我們有機會能解答以目前的實驗或理論方法無法處理的大腦基本問題。」[3] 首先，他認為這是彙整過去對皮質管柱雜亂、片段的理解資訊的方法，還可以把資訊全放在同一個地方。目前的實驗方法只能稍微瞥見整體結構的一些小部分而已，但這樣一來就可以完成這個拼圖，愛玩拼圖的人一定知道這讓人有多滿足。

馬克拉姆希望隨著模型的細節持續改變，我們能更了解離子通道、接收器、神經元還有突觸通道的精巧控制。他希望能回答每一個元素確切的計算功能以及它們對突現行為的貢獻。他預見我們對迴路的突現特質如何出現的謎團，能夠有更深刻的了解，像是記憶的儲存、提取和智力等。詳細的模型也有助於疾病診斷與治療。除了辨識出可能造成失能的迴路弱點並針對弱點治療之外，模擬神經或精神疾病也能夠檢驗關於這些疾病起源的假設是否正確，還能設計出可以診斷這些疾病的測試，找出治療方法。模型所提供的迴路設計也能用在矽晶片上。還滿大方的吧！

改變你的基因

加州大學洛杉磯分校「醫學、科技與社會計畫」的主持人史塔克不認為這些科技和機器人學會改

---

*藍管柱的組成是「第一層有不同種類的神經元，第二到第六層有錐狀神經元的複合附屬子型，第四層還有棘星形神經元，另外從第二到第六層，每層的中間神經元都有超過三十種的解剖學—電學類型差異。」出自 Markram, H., The Blue Brain Project, *Nature Reviews Neuroscience*, vol. 7:153-160, 2006.

變身為人類所代表的意義。他覺得功能性生化人就已經是極限了。機器依然會是機器，身體也依然會是碳所組成的。當他覺得自己一切都沒問題時，要求他跳到手術台上接受神經手術，對他來說一點都沒有吸引力，而且他覺得大多數人都是如此——尤其是你所得到的一切，可能要靠穿戴一個外部的設備才能達成的時候。我知道神經手術不會列在**我的**待辦事項清單上。如果你只要戴上一個像手錶一樣的儀器，或是裝個東西在皮帶上就可以了，那何必冒險呢？如果戴上一副夜視鏡就可以了，又何必放棄你那隻健康的眼睛？史塔克認為基因學和基因工程等領域會讓我們的世界震盪；藉由修補ＤＮＡ，人類會主導自己演化的方向。這些改變可不是什麼瘋狂科學家想要把人類改造成符合他的規格的陰謀，而是會一點一滴地，隨著治療基因疾病與防止傳給下一代的研究成果而實現。隨著我們了解到自己的性情來自於基因，就像先前提到的馴化後的西伯利亞狐狸一樣，而且基因將會是可以修改的，那麼改變也可能會隨之而來。「我們已經利用科技改造了我們周遭的世界。在各大城市中用玻璃、混凝土、不銹鋼所建造的峽谷，並不是我們更新世的祖先所立足的土地。我們現在的科技非常強大、精準，以至於我們把科技反用到自己身上。在我們罷手之前，我們對自己生理的改造可能會和我們已經改變世界的程度一樣大。[51]」

以生物學為基礎的輔助：改變你的ＤＮＡ的方法

你可以用吃藥改變你的生理，或者你也能改變編寫了怎麼構成你的身體的說明書。這個說明書就是ＤＮＡ。修補ＤＮＡ有兩種方法：體細胞基因治療和生殖細胞基因治療。體細胞基因療法是修改一個人非生殖細胞中現有的ＤＮＡ，只會影響現存的個體。生殖細胞基因治療則是修改精子、卵子或胚胎的ＤＮＡ，使得未來成年的有機體身上包括生殖細胞在內的每一個細胞都有新的ＤＮＡ。這表示這種改變會遺傳給後代。

史丹佛大學的科恩和當時在加州大學舊金山分校的波義爾工作的地點僅相隔約五十公里，但兩人卻在夏威夷相遇。他們在一九七二年都參加了一場細菌質體會議。質體是一個ＤＮＡ分子，通常是環狀的。和染色體的ＤＮＡ不一樣，但也可以複製。質體通常會漂浮在細菌細胞中。它之所以重要的原因之一是，這種ＤＮＡ的雙股帶有讓細菌能抵擋抗生素的資訊。科恩一直在研究如何分離質體上的特定基因，並且將它們個別放進大腸桿菌中複製，讓它們能無性繁殖。波義爾發現一種能切斷ＤＮＡ雙股上特定ＤＮＡ序列的酵素，留下「有黏著力的兩端」，讓序列可以和其他ＤＮＡ接在一起。兩人在午餐時間閒聊後，開始想知道波義爾的酵素能不能將科恩的質體ＤＮＡ切成特定而非隨機的部分，然後把這些部分和新的質體接在一起。因此他們決定合作。幾個月的時間裡，就成功將一段外來ＤＮＡ與質體接合[52]。這個質體就像是帶著這段新ＤＮＡ的載體，將新的基因資訊插入細菌中，細菌在繁殖時就會複製這段外來ＤＮＡ給下一代。這樣一來就創造出了一個像是天然工廠的細菌，能快速製造出新的ＤＮＡ雙股。波義爾和科恩現在已經被視為是生物科技之父，他們當時就了解到自己已經發明了一個快速又簡單的生物化學物質製造方法。接著波義爾參與成立了第一間生物科技公司「基因科技」。現在世界各地的人都享受到波義爾和科恩的「細胞工廠」所帶來的好處。基因工程改造後的細菌能產生人類的生長荷爾蒙，合成胰島素、血友病所需的凝血因子Ⅷ、肢端肥大症需要的體抑素，還有稱做組織型纖維蛋白溶解酶原活化劑的血栓溶解物質。這一種研究認為訂做的ＤＮＡ可以放到人類細胞中，但問題是要怎麼放。

體細胞基因治療的目標是在個體細胞中插入好的基因，取代造成疾病或失能的缺陷基因。體細胞基因治療會讓接受者的基因體改變，但不是身體的每一個細胞都改變，而且改變不會傳給下一代。目前這還不算是一項簡單任務。雖然在這個領域已經有很多研究，也投入了很多經費，但成功的例子還是很少見。

首要的問題在於到底要怎麼樣把基因插入細胞中。研究人員終於發現他們應該要利用的是侵入細胞與複製的專家，也就是病毒。不同於細菌，病毒不能自行複製。事實上，單一病毒只是DNA或是RNA的載體。由DNA或RNA構成，周圍有一層蛋白質的保護衣，就這樣而已。它們是典型的來自地獄的借宿者。

病毒其實會偷偷摸摸地潛入寄宿的細胞，接著利用細胞的複製裝備，複製自己的DNA。不過如果你能把這個DNA變成缺陷基因的良好複製品，並且引導至具有缺陷複製品的細胞，這樣你就知道病毒扮演體細胞基因治療媒介的可能性了：取出病毒的DNA，置入你想要的DNA，然後放掉它。

一開始的研究專注於血液細胞或肺細胞這種可取得的細胞中，單一缺陷基因所造成的疾病，而不是針對由一群通力合作的缺陷所引發的疾病。不過事情當然沒有一開始想得那麼簡單。病毒外的蛋白質外衣對身體來說是外來物，有時候會引發宿主反應，造成排斥；不過最近義大利的研究人員似乎已經解決了這個問題[53]。排斥的問題讓研究人員探索了各種不同的DNA載體。在染色體上插入DNA雙股也不簡單，因為這關係到要把DNA放在哪裡。如果接在調節下一段序列表現的DNA後面，可能會造成非預期的結果，例如腫瘤[54]。而且大部分的基因疾病，例如糖尿病、阿茲海默症、心臟疾病與各種癌症都是由一群基因而非單一基因所引起的。此外這種療法的效果可能也不長久。經過修改的細胞可能無法存活太久，因此必須重複進行這種療法。

基因療法已經有了幾起成功的案例，包括治療嚴重免疫缺陷症候群（又稱氣泡男孩症）[55-57]，以及另一種免疫缺陷疾病：Ｘ性聯慢性肉芽腫病[58]。當我寫到這裡，英國國家廣播公司報導了倫敦大學附屬眼科醫院的一個研究團隊，首度嘗試了以基因療法治療因 RPE65 基因缺陷而失明的盲人[59]，至少要幾個月才會知道是否成功。麻煩的是，體細胞基因治療只是權宜之計。接受治療的人依舊帶著突變基因，並且會遺傳給他們的下一代。這個問題就是推動生殖細胞基因治療研究的力量。

生殖細胞基因治療改變了胚胎以及當中的生殖細胞的ＤＮＡ。到了繁殖的時候，卵子或精子細胞就會帶著新的ＤＮＡ，將這些改變遺傳到下一代身上。基因體中造成疾病的單一或多個基因會為了特定個體的健康而移除。這個想法直到一九七八年，第一個試管嬰兒誕生時才真的被列入考慮。試管內授精要從女性的卵巢中取出卵子細胞，接著在培養皿中和精子混合。這種合成的胚胎就能讓人動手腳了。這在當時非常引人爭議，但現在試管內授精已經是大家閒聊的話題了。不過不代表這個過程很有趣；試管內授精是身體上與情緒上的艱苦折磨。儘管有這麼多困難，很多不孕的夫婦還是因這項科技而受惠，數量多到美國有百分之一的新生兒都是試管內寶寶。

並非只有不孕症的夫妻會使用試管內授精，有些已生下患有囊狀纖維化等遺傳疾病小孩的夫妻也會使用這種方法。另外如果已知夫妻其中一人或兩人皆有缺陷的基因，但又很想生小孩時，也會用到這種技術。胚胎在試管中受孕，等到發展成八個細胞的階段，就會接受現有的基因測試篩選。直到二〇〇六年為止，已經有少數幾種疾病可以檢測出來。不過由倫敦的蓋氏醫院所研發的新程序「植入前遺傳單套型定型分析」（ＰＧＨ）[60]已經帶來改變。現在已經可以從早期胚胎取出單一細胞，抽出ＤＮＡ後加以複製，然後用DNA指紋術辨識。這樣不只讓著床前胚胎中可偵測到的基因缺陷數量增加到數千個，同時也增加了可用胚胎的數量與存活率。在這項測試出現之前，如果擔心會有X染色體性聯疾病，由於沒有可以測試男性胚胎的方法，這些胚胎全部都會被消滅；但現在這些胚胎也可以接受篩選了。人類是唯一能修補自己（還有其他物種）染色體的動物，還能主導自己的基因繁殖。

PGH對未來的可能影響非常龐大。在「更好的人類」網站上（BetterHumans.com），關於PGH的意見列表的第一頁大概就涵蓋了各種看法：

「考慮到這對個人的終生幸福有多少影響，以及對於世界有多大的貢獻，就知道這很重要。」

「這項技術很棒，目前也還不違法。漸進主義真是美妙，不是嗎？」

「不過一如往常，我們必須要定義『疾病』是什麼。我認為平均壽命就是一種疾病。」

「也許未來可以推斷較長壽命的基因傾向，這樣我們就可以改變基因結構，能讓一般民眾的壽命增加。」

「當我們可以明確知道某個DNA模式造成特定疾病的傾向高到無法接受，那麼繁殖這個DNA就是不道德的。」

「你說的對，這不只是從社會所期望的特徵中除去疾病的簡單過程而已……維持多樣性將會很重要。」

「不過，對公共政策而言，應該有一個國際道德委員會負責決定哪些基因選項會導致醫療失序。」

那些反應比較不熱中的人可能會同意昆塔瓦萊的說法，他是贊成生命的激進團體「英國生殖倫理評論組織」的成員。他說：「我一想到那些人坐在那裡評斷哪些胚胎可以活下來、哪些該死，就覺得恐怖極了。[61]」

就算在這種測試出現之前，過去只能檢驗出少數疾病的版本就已經造成各國採取不同的立法來規範使用範圍。這助長了生育旅遊的興起，而你從這種旅行回來後，看起來可不會像是好好休息過後的樣子。顯然現在這種更詳盡的測試會帶來更多道德問題[62]。

目前如果有夫妻進行這種測試，他們可能只在意會造成終生痛苦或早夭的遺傳性疾病。但事實上，沒有一個胚胎會是完美的。胚胎可能沒有在兒童時期就發作的疾病基因編碼，像是囊狀纖維化或肌肉萎縮，但是如果顯示此人未來極有可能在中年罹患糖尿病或心臟疾病，或是阿茲海默症的話，該怎麼辦？你是不是就丟了它，從頭再來，希望下一個更好？那憂鬱症呢？因此生殖細胞基因治療的未來，以及隨之而來的各種讓人頭痛的道德問題就出現了：別丟了它們，改變它們！

改變胚胎的DNA會改變未來所有細胞的DNA，從腦到眼珠到生殖器官都會改變，也會改變未來的卵子和精子的DNA。這表示改變後的DNA會遺傳給未來的後代，因此可能會造成「基因改造的有機體」。就某方面來說，每一個有機體的基因都因為基因重組而受到改造。人類主導自己演化的程度，已多過於自己的理解；從種植作物到現代醫療都是這方面的例子。雖然現代醫療找到很多方法來治療傳染病、糖尿病、氣喘等，讓人可以活得更久，但也使得某些正常來說不會活到有生育能力的年紀的人得以繁衍後代，讓這些基因流傳下來。我們無意間影響了演化，導致這些疾病的基因散布得更廣。然而所謂**基因改造的有機體**，可能代表人類會為了選擇某些喜愛或討厭的特徵而修改DNA。這已經在植物與實驗室動物身上實現，但人類則還沒有。

在二〇〇七年的此刻，只要你生的小孩不是試管嬰兒，你就不需要對他們的DNA負責，因為你無從選擇；不過如果你知道你自己有會造成疾病的基因缺陷，而你還選擇生下他，那就不是這麼回事了。因為這算是一個道德上的問題。可是既然人類的基因已經定序，而且你很快就能花小錢就拿到自己的序列，那麼對於你下一代未來的DNA採取放任的態度，可能就不再是可接受的行為了。

我可以想像在法庭上的景象：

「史密斯先生，我看到你在二〇一〇年二月進行了你的基因定序，對嗎？」

「對啊，我覺得做這個很酷。」

「我也看到你收到一份列印出的結果，以及解釋內容意義的資料。」

「這個嘛，對，他們給了我那份文件。」

「對，但是你簽了這份文件，上面寫你了解你的基因可能會造成你的後代……」

「應該是這樣吧。」

「結果你還是在沒有先做PGH的情況下，生了一個小孩？你沒有採取任何避免你的小孩罹患疾病的預防措施？」

「嗯，你知道的，我們只是抓住機會，結果就這樣了。」

「你是否告訴過你的伴侶你知道自己有這些基因缺陷？」

「我好像忘記說了。」

「你好像忘記說了？我們有避免這種事發生的科技，你居然還會忘記？」

但是事情都有兩面。你未來的小孩到青少年時期，可能會把所有她不喜歡自己的部分都推到你身上。「拜託，老爸，你怎麼那麼沒創意？你看大家都是金色捲髮和藍眼睛啊。而且你應該讓我的運動能力更好才對。你看我現在沒有訓練的話，連馬拉松都不能跑。」

現在還沒有人進行生殖細胞的基因改造。各種基因的特質還有很多是我們不了解的，我們也不知道它們互相會如何影響與控制。最後可能會發現這太複雜，複雜到我們不該插手亂搞。控制某些特徵表現的基因可能和其他基因的表現和控制關係過於密切，以至於不能將之分離。某些特徵可能是基因群集的結果，因此不可能改變一個而不影響到其他的特徵。父母會抗拒干預他們孩子的基因，他們也的確應該如此。歐洲人和加州馬林郡的居民也不想改變蔬菜的基因。因此人們轉而尋求另一種方法：人造染色體。

人造染色體

第一個版本的人造人類染色體是在一九九七年由凱斯西儲大學的團隊所製造的[63]。當時是用來幫助人了解人類染色體的結構與功能，可能也可以避免病毒性與非病毒性基因治療的某些問題。你應該記得我們有二十三對染色體。這種方法是加一個染色體到身體裡，這個染色體是可以改造的、「空的」，同時我們也希望是惰性的。這個人造染色體會被放進胚胎中，然後任何你想要指定的特徵就會附加在這個染色體上。有些附加上去的東西可能有開關，所以在個體長大後就能控制這種特徵。例如附加上的可能是對抗癌細胞的基因，但除非出現特定的化學物質，否則這個基因就不會表現出來。而特定的化學物質可以經由注射進入人體。一旦發現自己得到癌症，人就可以接受注射，打開製造對抗癌細胞的基因，然後你瞧瞧，身體很簡單的就自己把壞東西清理乾淨了。另外一種注射可以把這個基因關閉。如果發現了更好的序列，那等到你的下一代要生育的時候，他們就能把人造染色體上的那個不管是什麼的東西，換成更新、更好的。如果原始染色體上有基因控制你想改造的那種特徵，那也許必須要有某些基因能夠抑制這些基因的表現。

當然這些都是以試管內授精為前提的情況。人類會控制自己的繁殖到這種程度嗎？我們目前的基因編碼讓我們的性衝動會有各種亂七八糟的繁殖行為。在美國，墮胎消除了一半這些不在計畫內的懷孕。但是如果這項衝動經由選擇了一群什麼都要規畫的人而抑制住了，我們這個物種還能生存嗎？這要付出多少代價？是不是只有富裕的國家或是每個國家裡富裕的人才能負擔得起？這重要嗎？

你可能會發現這種情況令人困惑不安，覺得我們也許應該要懸崖勒馬，但是你也不要忘記是什麼在驅使我們的行為。我們的基因規畫就是要繁殖。除了鼓勵繁殖行為外，它們也讓我們會保護自己的小孩，確保他們能夠生存並繼續繁殖。史塔克預測這種防衛將會包括例行性的ＰＧＨ，能夠負擔的人就不會再用舊的那種隨興的方式繁殖，而會轉向試管內授精與胚胎選擇。

當然，在疾病預防之後接著就是胚胎改造或強化了。隨著我們愈來愈了解大腦的活動是由我們的基因密碼所控制、特定的ＤＮＡ序列如何造成心智疾病、基因編碼對於性情的各種影響後，修補基因的誘惑似乎已經無法抵擋。一開始的動機是為了預防疾病，但既然都做了，那要不要……？史塔克引述共同發現ＤＮＡ雙股螺旋結構的華特生，在一九九八年參加人類生殖基因工程會議時所說的話：「沒有人有膽這麼說，但如果我們知道怎麼增加基因就能製造出更好的人類，那我們為什麼不要這麼做？[64]」改造和強化將會是個模糊地帶，就看你的角度是什麼。「如果你真的很笨，我會說那是種疾病，」這是華特生在一部英國紀錄片中說的話，「就算是在小學裡，落在最後百分之十那些真正有困難的人，到底是什麼原因造成他們這樣？很多人會說『是貧窮那類的吧』，但可能不是。所以我想要擺脫這一切，幫助後面的那百分之十。[65]」華特生和史塔克都體認到我們將來必須要了解，人與人之間很多心理上的差異與相似都有生物學上的根據。

一開始探索這些科技的目的是治療與預防疾病、發展以基因量身訂作的藥物與基因諮詢，但接著一定也會被應用在改造與強化人類的基因體。「我這邊有幾個胚胎，你想要加什麼進去？喔，對了，這是你的訂購單。你選了高、對稱、藍眼睛、開朗、男性。嗯，你確定嗎？大家都要訂購高大的男性。啊，賽馬開始了。喔，你還要運動員組合，抗癌、抗老、抗糖尿病、抗心臟病組合。這是標準配備，現在染色體裡就有了。」

所以人類可能很快就能親手主導自己的演化。不過時間的痕跡卻不會是這種改變的面向之一。被選擇的特徵不會受到數十萬年的生理、情緒、社會與環境的互動磨練，我們過去維持微妙平衡互動的紀錄已經失去了光芒。想想澳洲的兔子吧：牠們在一八五九年被引入澳洲供莊園打獵使用。十年裡，一開始的這二十四隻兔子數量大增，多到每年被槍殺或捕捉的數字就有兩百萬隻，而且這樣對兔子的整體數量還沒有什麼顯著的影響。兔子造成澳洲所有哺乳類物種中的八分之一，以及數不清種類的植物死亡；牠們嚙食植物使得植被流失，形成極大範圍的土壤侵蝕問題。這些都是幾隻在莊園裡的兔子所引起的。你根本不會想知道處理這些兔子到底花了多少錢。

顯然兔子的教訓還不夠。另外一個本來從好主意變成餿主意的例子是一九三五年引進澳洲的一百隻甘蔗蟾蜍，因為牠們在美國中南部的甘蔗田裡能夠有效控制甲蟲蟲害。然而現在新南威爾斯和北領地共有一億隻這種蟾蜍。牠們可不太受歡迎。聲音吵、長得醜、胃口大，身上還布滿有毒液的導管。牠們吃掉的可不只是甲蟲而已，對澳洲的原生動物群造成了巨大災難。或者看看印地安貓鼬的例子，牠們被帶到夏威夷以控制偷渡而來的鼠患。但牠們不只控制了老鼠的數量，還把所有的陸上禽類一網打盡。最近的例子是一九八〇年代來自歐洲的船艦在把船舶壓艙水排放到大湖區時，也帶來了原生在黑海、裡海和亞速海的斑馬紋貽貝。現在這些淡菜是影響美國最嚴重的外來入侵物種，遠到路易斯安納州與華盛頓州都可以發現牠們的蹤跡。斑馬紋貽貝改變了大湖區的生態系統，因為牠們減少了浮游生物的數量，而這是當地食物鏈的基礎。牠們對經濟也造成負面影響，會損壞船身、碼頭等各種建築，還阻塞了引水管路與灌溉溝渠。還要我舉出更多例子嗎？這些過去維持微妙平衡的系統都還只是看得到的而已。

這些基因研究最後的結果會是什麼？各式各樣的技術方案讓我們變得聰明到可以解決整個世界的問題，連根拔除疾病，還能活上好幾百年。然而我們所認為是問題的那些真的是問題嗎？還是它們其實是我們還沒考慮到的、更大的問題的解決之道？如果鹿有能力列舉出牠所面對的某些問題，我們可能會聽見牠說：「我一直都很焦慮，我一直都覺得有隻美洲獅在盯著我看。我沒辦法好好睡一個晚上。要是我能把那些討厭的美洲獅變成素食的，那我的問題就解決一半了。」我們已經知道美洲獅數量減少的後果了：森林裡鹿的數量過剩，造成植物的嚴重浩劫、引發土壤侵蝕等等。個人的問題可能能解決更大格局的問題。支持動物權的人會想要修改肉食性動物的基因體，讓牠們變成草食性動物嗎？如果他們覺得人類不應該殺鹿食用，那美洲豹呢？

基因強化一定會牽涉到改良個性特徵，但那些一般人不想要的特徵如果都沒有人有，可能也會不經意地造成大災難。藍翰認為驕傲造成了這個社會很多的問題。但也許驕傲也是我們把工作做好的動機。也許當我們能夠從基因中除去驕傲這項能力時，會造成人不在意自己的工作品質，我們也會更常聽見「隨便」這種話。焦慮也常常是人不喜歡的個性。也許這個世界沒有焦慮的人會比較好，但也許不會。說不定焦慮的人正是這個世界派來的報訊者。所以到底是誰能決定什麼是大家想要的，什麼不是？是覺得完美設計出來的小孩就能過著完美生活的父母嗎？還是結果會像是我們現在玩的俄羅斯輪盤遊戲那樣？

結語

身為人類絕對是一件很有趣的事，而且看起來是愈來愈有趣。我們瘋狂地突發奇想，利用人類獨一無二的那些能力，像是讓我們能進行精細動作的弓型對生大拇指，還有我們質疑、推理、解釋無法察覺的因果關係、使用語言、抽象思考、想像、自動提示、計畫、互惠、排列組合等能力，繼而讓科學開始塑造出模型，解釋我們的腦袋還有其他物種的腦袋裡到底是怎麼回事。我們在觀察研究人員試圖創造智慧型機器人的過程中，又更發現了一些人類獨特的能力。其中一項就是唐納的排練循環，另一項是他認為人類是唯一會自我提示的動物。我們也學到每一種物種都有獨特的體覺和運動特長，讓牠們能以獨特的方式感知世界，在世界上生活。

這類研究的某些動機只是純粹出於好奇心，這不是人類獨有的東西；有些則是出於想要幫忙減少受傷或生病者的痛苦的渴望，是受到移情作用與同情心的驅使，這些照理說可以被視為是人類獨有的特徵；還有一些研究是為了增進人類整體的現況，而這絕對是人類才會有的目標。有些研究是出自我們和其他動物共有的需求：要繁殖健康、能適應環境的下一代。我們的欲望會不會促使我們操縱我們的染色體，甚至讓我們變成不再是**智人**？我們會不會把自己換成矽晶片？這些目前都還是未知數。也許未來的人會稱呼我們**管太多人**吧。

後記

這是我簡單的宗教，不需要廟宇殿堂，不需要複雜的哲學。我們自己的腦和自己的心就是我們的廟宇，慈悲就是哲學。

——丹增嘉措，第十四世達賴喇嘛

只要我們的腦是個謎，整個宇宙以及對於腦的結構思考，也會依舊是個謎。

——拉蒙卡哈，西班牙醫師暨諾貝爾獎得主

早在我開始寫這本書之前，當我還在班上孜孜勤學時，我就問過我的家人和朋友這個問題：「你覺得人類有哪些地方是獨特的？」幾年前，我提出了更正式版本的方法：我寫信給很多美國的著名思想家，問他們這個問題；畢竟他們每天都做出很多和世界大事相關的決定，他們對於人類本質又抱持什麼樣的理論呢？那是我為了準備《社交大腦》這本書而做的。對我來說，寫那些信是很棒的練習，而且成果也相當豐碩。所以我何不再試一次？這次就找家人和朋友，不拘性別和年齡好了。

很自然地，我覺得我應該真的可以利用這些建議開始寫一本書，證實他們的說法或找出當中的漏洞。大多數人都告訴我，他們會想想再跟我說。我將當時所收到的一些些回應整理歸檔，直到現在才重看這些內容，想知道他們的意見跟我寫到的這些說法和事實有多少是符合的。

儘管我收到的回應很少，不過看來還是呈現了很好的剖面圖。雖然他們不是用同樣的專業術語，但都以各自的方式寫出了不少我們的獨特能力。罪惡感或羞恥心這種道德情緒就交給治療師去辨識吧。有一個老師認為人類是唯一會主動教育年幼者的動物；一個會計師提到數學能力；還有一個五歲的小孩告訴我：「動物不會自己辦生日派對，你得幫牠們辦。」一個剛剛從高中畢業的青少年則說動物不會為了減肥把自己餓壞了，也不會戴裝飾品，還沒有小腹。其他被提到的獨特能力還有人類能自主性地回想大量先前儲存的資訊、能演奏和寫音樂、有語言和宗教、相信來世、從事團體運動、會對排泄物作嘔。

還有些人可不覺得人類有什麼特別的。有人說人類根本就不特別。有一個婦產科診所的人說「我覺得基本上人跟其他動物並沒有不同。我們都有像野獸一樣的衝動，要擴大狩獵範圍、控制資源，還有散布我們的DNA。問問題的需求使我們和動物不同，但其實我們的行為和這些動物夥伴也沒什麼差別。」或者像一整天諸事不順的鳥類學家所說：「人類是自我中心的自大鬼，會占其他人、其他動物，還有他們居住的土地的便宜，利用所有他們覺得適合自己的東西，毫不考慮他們的行為對其他活著的動植物的影響。」當然這種形容也能用在所有她喜歡的動物身上。隼俯衝抓起自己的午餐的時候不會在意老鼠的家人。海狸也不會在意牠在溪流上蓋的水壩會造成的影響。

我也收到一些聽起來很有希望的看法，但後來證實了也有點問題。有位人類學家認為人類只是有亂倫禁忌的動物。不過就如我們所見，黑猩猩也有一點類似的情況。我對此也感到很驚訝。一位海洋生物學家認為人類是唯一能改變天擇的動物。我在書裡沒有討論到所謂的利基建構理論，這個理論認為動物其實會造成自己利基的改變，而利基則會影響天擇。不過人類是唯一會有意識地利用科技修改自己ＤＮＡ的動物。除了這些，另外有人還觀察到人類可以透過科技把性和繁殖分開。

顯然大家都從自己的角度、從事的工作，或是個人興趣來看這個問題。看來我當初應該要問個廚師，因為沒人提到烹飪這件事。很有趣的是，沒有人想到一個最基本的問題，也就是動物是否了解其他個體也有思想、信念、欲望，或是會思考自己的想法。沒有人想知道其他動物的意識是不是和我們的不一樣，可見我們人類擬人化的傾向有多強烈，就這樣恣意將心智推理揮霍在其他動物上。此外也沒有人提到只有人類會抽象思考、有想像力，會思考、推論、解釋無法感知的力量、原因與結果；也沒有人提到我們是唯一能把假裝和現實分開的動物，會利用偶發的真實資訊，還能用想像力進行時間旅行，或表現情節記憶；更沒有人了解我們是唯一能抑制衝動，延遲滿足時間的動物。不驚訝的是沒有人提到我們是唯一會頻率配對的動物。不過最讓人激動的是，我家裡居然沒有一個人提到左腦翻譯者的角色。這是怎麼回事？

在演化樹上，人類孤零零地坐在自己分支的尖端。不像黑猩猩，不只有自己的分支、有巴諾布猿的枝椏，連牠們的祖先和我們也系出同源。我們和所有活生生的有機體都有同樣的根，所以那些不覺得人和動物有什麼大差別的人立足點也很穩。所有的相似處都一目了然，我們的細胞處理靠的是同樣的生物學，我們的物理學和化學特質也都一樣，我們也都是以碳為基礎的生物。但是每一個物種都是獨一無二的，我們也是。每一個物種都用不同的答案回答了生存的問題，建立了不同的利基。

我還收到一個答案說人類沒有尖牙利爪之類的天生防禦機制。我們的拳頭是還挺有力的，但是我們也有像推理小說裡的白羅探長說的「小小的灰色細胞」。我們智人擁有認知利基，我們不用尖牙利爪就能做得非常好。如果不是改變了我們的身體結構，我們也無法發展出現在有的這些能力。我們必須空出雙手、擁有完全可相對的拇指和喉頭等種種身體的其他改變，才能夠得到我們許多獨特的能力。但不只是身體上的改變而已。

如我們所見，我們在身體上的確有大的腦，但這不能解釋全部。尼安德塔人的腦還比我們大，但是他們並沒有發展出和暴發戶般的智人同樣先進的手工藝品。我們有沒有可能知道當時到底發生了什麼事、改變又是怎麼發生的嗎？這個問題困擾了很多古生物學家，泰特薩就是其中之一。他就是想知道：這是不求回報的好奇心。很多人嘗試用量與質的相對來定義我們的獨特性。我們就像達爾文所認為的是一個連續體，還是中間發生了大躍進？藉由研究我們和血緣關係最近的現存親戚，也就是黑猩猩，我們了解到我們的腦在量與質上都與眾不同。我們的腦比較大，有些部分也不一樣。但是我想最重要的關鍵性差異在於，我們並不是同款同樣式的；每一樣東西都有了小小的改良，並且互相連結在一起。反饋循環的形成讓我們能沉思與抑制，可能也是我們自我覺知與意識的基礎。胼胝體讓腦中每一立方公分能儲存的資訊更多，還能消除冗餘，讓左右腦都有個別的專精能力，增加效率。專門化的現象似乎俯拾皆是，創造了許多模組通道。鏡像神經元系統似乎什麼都喜歡，讓我們有了模仿能力，而這可能也是我們社交能力、學習能力、移情作用，也許還是語言的基礎。而這些連結的故事還持續在展開新的頁面。

人類事實上才剛剛開始了解自己的能力而已。我們的腦容量是否能夠吸收所有收集而來的資訊都還是個問題。也許那些覺得人類和其他動物只有些許不同的人是對的。就像其他動物一樣，我們受限於我們的生理。我們可能也沒辦法比牠們最糟糕的評價好到哪裡去；但是我們許願或想像我們能變好的能力則是不容忽視，沒有其他的物種會想要比目前更好。也許我們可以。當然我們也許只會有一點點不一樣，不過有些冰塊也不過比液態的水冷了一度而已。冰和水都受限於它們的化學組成，但是兩者因為階段的轉換而有很大的不同。我弟弟在他列出的差異清單上最後是這麼寫的：「人類會坐在電腦前試圖找到生命的意義，而動物會活出牠們的生命。問題是：誰比較好？是人類還是動物？」

夠了！我要去外面照顧我的葡萄園了。我的皮諾葡萄很快就能夠釀出好酒。我真慶幸自己不是黑猩猩！

參考書目

第一章　人類的大腦特別嗎？

1. Preuss, T.M. (2001). The discovery of cerebral diversity: an unwelcome scientific revolution. In Falk, D. & Gibson, K. (eds.). *Evolutionary Anatomy of the Primate Cerebral Cortex* (pp. 138-164). Cambridge: Cambridge University Press.
2. Darwin, C. (1871). *The Descent of Man, and Selection in Relation to Sex.* London: John Murray (Facsimile edition, Princeton, NJ: Princeton University Press, 1981). In Preuss (1).
3. Huxley, T.H. (1863). *Evidence as to Man's Place in Nature.* London: Williams and Morgate (Reissued 1959, Ann Arbor: University of Michigan Press). In Preuss (1).
4. Holloway Jr., R.L. (1966). Cranial capacity and neuron number: a critique and proposal. *American Journal of Anthropology* 25: 305-314.
5. Preuss, T.M. (2006). Who's afraid of *Homo sapiens? Journal of Biomedical Discovery and Collaboration* 1, http://www.j-biomed-discovery.com/content/1/1/17.
6. Striedter, G.F. (2005). *Principles of Brain Evolution.* Sunderland, MA: Sinauer Associates, Inc.
7. Jerrison, H.J. (1991). *Brain Size and the Evolution of Mind.* New York: Academic Press.
8. Roth, G. (2002). Is the human brain unique? In Stamenov, M.I., and Gallese, V. (eds.), *Mirror Neurons and the Evolution of Brain and Language* (pp. 64-76). Philadelphia: John Benjamin Publishing Co.
9. Klein, R.G. (1999). *The Human Career.* Chicago: University of Chicago Press.

10. Simek, J. (1992). Neanderthal cognition and the middle to upper Paleolithic transition. In Brauer, G., and Smith, G.H. (eds.), *Continuity or replacement? Controversies in Homo sapiens evolution.* (pp. 231-235) Rotterdam: Balkema.

11. Smirnov, Y. (1989). Intentional human burial: Middle paleolithic (last glaciation) beginnings. *Journal of World Prehistory* 3: 199-233.

12. Deacon, T.W. (1997). *The Symbolic Species*. London: Penguin.

13. Gilead, I. (1991). The upper paleolithic period in the levant. *Journal of World Prehistory* 5: 105-154.

14. Hublin, J.J., and Bailey, S.E. (2006). Revisiting the last Neanderthals. In Conard, N.J. (ed.). *When Neanderthals and Modern Humans Met.* (pp. 105-128). Tübingen: Kerns Verlag.

15. Dorus, S., Vallender, E.J., Evans, P.D., Anderson, J.R., Gilbert, S.L., Mahowald, M., Wyckoff, G.J., Malcom, C.M., & Lahn, B. T. (2004). Accelerated evolution of nervous system genes in the origin of Homo sapiens. *Cell* 119: 1027-1040.

16. Jackson, A.P., Eastwood, H., Bell, S.M., Adu, J., Toomes, C., Carr, I.M., Roberts, E., Hampshire, D.J., Crow, Y.J., Mighell, A.J., Karbani, G., Jafri, H., Tashid, Y., Mueller, R. F., Markham, A.F., and Woods, C.G. (2002). Identification of microcephalin, a protein implicated in determining the size of the human brain. *American Journal of Human Gene tics* 71: 136-142.

17. Bond, J., Roberts, E, Mochida, G.H., Hampshire, D.J., Scott, S, Askham, J.M., Springell, K,. Mahadevan, M, Crow, Y.J., Markham, G.F., Walsh, C.A., and Woods, C.G. (2002). ASPM is a major determinant of cerebral cortical size. *Nature Genetics* 32: 316-320.

18. Ponting, C., and Jackson, A. (2005). Evolution of primary microcephaly genes and the enlargement of primate brains. *Current Opinion in Genetics & Development* 15: 241-248.

19. Evans, P.D., Anderson, J.R., Vallender, E.J., Choi, S.S., and Lahn, B.T. (2004). Reconstructing the evolutionary history of microcephalin, a gene controlling human brain size. *Human Molecular Genetics* 13: 1139-1145.

20. Evans, P.D., Anderson, J.R., Vallender, E.J., Gilbert, S.L., Malcom, C.M., Dorus, S., and Lahn, B.T. (2004). Adaptive evolution of ASPM, a major determinant of cerebral cortical size in humans. *Human Molecular Genetics* 13: 489-494.

21. Evans, P.D., Gilbert, S.L., Mekel-Bobrov, N., Ballender, E.J., Anderson, J.R., Baez-Azizi, L.M., Tishkoff, S.A., Hudson, R.R., and Lahn, B.T. (2005). Microcephalin, a gene regulating brain size, continues to evolve adaptively in humans. *Science* 309:1717-1720.

22. Mekel-Bobrov, N., Gilbert, S.L., Evans, P.D., Ballender, E.J., Anderson, J.R., Hudson, R.R., Tishkoff, S.A., and Lahn, B.T. (2005). Ongoing adaptive evolution of ASPM, a brain size determinant in *Homo sapiens*. *Science* 309: 1720-1722.

23. Lahn, B.T., www.hhmi.org/news/lahn4.html.

24. Deacon, T.W. (1990). Rethinking mammalian brain evolution. *American Zoology* 30: 629-705.

25. Semendeferi, K., Lu, A., Schenker, N., and Damasio, H. (2002). Humans and great apes share a large frontal cortex. *Nature Neuroscience* 5: 272-276.

26. Semendeferi, K., Damasio, H., Frank, R., and Van Hoesen, G.W. (1997). The evolution of the frontal lobes: A volumetric analysis based on three-dimensional reconstructions of magnetic resonance scans of human and ape brains. *Journal of Human Evolution* 32: 375-388.

27. Semendeferi, K., Armstrong, E., Schleicher, A., Zilles, K., and Van Hoesen, G.W. (2001). Prefrontal cortex in humans and apes: A comparative study of area 10. *American Journal of Physical Anthropology,* 114: 224-241.

28. Schoenemann, P.T., Sheehan, M.J., and Glotzer, L.D. (2005). Prefrontal white matter volume is disproportionately

larger in humans than in other primates. *Nature Neuroscience* 8: 242-252.

29. Damasio, A. (1994). *Descartes' Error*. New York: Putnam.

30. Johnson-Frey. S.H. (2003). What's so special about human tool use? *Neuron* 39: 201-204.

31. Johnson-Frey, S.H. (2003). Cortical mechanisms of tool use. In Johnson-Frey, S.H. (ed.). *Taking Action: Cognitive Neuroscience Perspectives on the Problem of Intentional Movements* (pp.185-217). Cambridge, MA: MIT Press.

32. Johnson-Frey, S.H., Newman-Morland, R., and Grafton, S.T. (2005) A distributed left hemi sphere network active during planning of everyday tool use skills. *Cerebral Cortex* 15: 681-695.

33. Buxhoeveden, D.P., Switala, A.E., Roy, E., Litaker, M., and Casanova, M.F. (2001). Morphological differences between minicolumns in human and nonhuman primate cortex. *American Journal of Physical Anthropology* 115: 361-371.

34. Casanova, M.F, Buxhoeveden, D., and Soha, G.S. (2000) Brain development and evolution. In Ernst, M., and Rumse, J.M. (eds.). *Functional Neuroimaging in Child Psychiatry*. (pp. 113-136). Cambridge (UK): Cambridge University Press.

35. Goodhill, G.J., and Carreira-Perpinan, M.A. (2002). Cortical columns. In *Encyclopedia of Cognitive Science*. Macmillan Publishers Ltd.

36. Marcus, J.A. (2003). *Radial Neuron Number and Mammalian Brain Evolution: Reassessing the Neocortical Uniformity Hypothesis*. Boston, MA: Doctoral dissertation, Department of Anthropology, Harvard University.

37. Mountcastle, V.B. (1957). Modality and topographic properties of single neurons of cat's somatic sensory cortex. *Journal of Neurophysiology* 20: 408-434.

38. Buxhoeveden, D.P., and Casanova, M.F. (2002). The minicolumn hypothesis in neuroscience. *Brain* 125: 935-951.

39. Jones, E.G. (2000). Microcolumns in the cerebral cortex. *Proceedings of the National Academy of Sciences* 97: 5019-5021.

40. Mountcastle, V.B. (1997). The columnar Organization of the neocortex. *Brain* 120: 701-722.

41. Barone, P., and Kennedy, H. (2000). Non-uniformity of neocortex: Areal heterogeneity of NADPH-diaphorase reactive neurons in adult macaque monkeys. *Cerebral Cortex* 10: 160-174.

42. Beaulieu, C. (1993). Numerical data on neocortical neurons in adult rat, with special reference to the GABA population. *Brain Research* 609: 284-292.

43. Elston, G.N. (2003). Cortex, cognition and the cell: New insights into the pyramidal neuron and prefrontal function. *Cerebral Cortex* 13: 1124-1138.

44. Preuss, T. (2000a). Preface: From basic uniformity to diversity in cortical organization. *Brain Behavior and Evolution* 55: 283-286.

45. Preuss, T. (2000b). Taking the mea sure of diversity: Comparative alternatives to the model-animal paradigm in cortical neuroscience. *Brain Behavior and Evolution* 55: 287-299.

46. Marin-Padilla, M. (1992). Ontogenesis of the pyramidal cell of the mammalian neocortex and developmental cytoarchitectonics: A unifying theory. *Journal of Comparative Neurology* 321: 223-240.

47. Caviness, V.S.J., Takahashi, T., and Nowakowski, R.S. (1995). Numbers, time and neocortical neurogenesis: A general developmental and evolutionary model. *Trends in Neuroscience* 18: 379-383.

48. Fuster, J.M. (2003). Neurobiology of cortical networks. In *Cortex and Mind*, pp. 17-53. New York: Oxford University Press.

49. Jones, E.G. (1981). Anatomy of cerebral cortex: Columnar input-output organization. In Schmitt, F.O., Worden, F.G.,

Adelman, G., and Dennis, S.G. (eds.). *The Organization of the Cerebral Cortex*. (pp 199-235). Cambridge MA: MIT Press.

50. Hutsler, J.J., and Galuske, R.A.W. (2003). Hemispheric asymmetries in cerebral cortical networks. *Trends in Neuroscience* 26: 429-435.

51. Ramón y Cajal, S. (1990). The cerebral cortex. In *New Ideas on the Structure of the Nervous System in Man and Vertebrates* (pp. 35-72). Cambridge, MA: MIT Press.

52. Elston, G.N., and Rosa, M., G.P. (2000). Pyramidal cells, patches and cortical columns: A comparative study of infragranular neurons in TEO, TE, and the superior temporal polysensory area of the macaque monkey. *Journal of Neuroscience* 20: RC117.

53. Hutsler, J.J., Lee, D.-G., Porter, K.K. (2005). Comparative analysis of cortical layering and supragranular layer enlargement in rodent, carnivore, and primate species. *Brain Research* 1052: 71-81.

54. Caviness, V.S.J., Takahashi, T., and Nowakowski, R.S. (1995). Numbers, time and neocortical neurogenesis: A general developmental and evolutionary model. *Trends in Neuroscience* 18: 379-383.

55. Hutsler, J.J., Lee, D.-G., and Porter, K.K. (2005) Comparative analysis of cortical layering and supragranular layer enlargement in rodent, carnivore, and primate species. *Brain Research* 1052: 71-81.

56. Darlington, R.B., Dunlop, S.A., and Finlay, B.L. (1999). Neural development in metatherian and eutherian mammals: Variation and constraint. *Journal of Comparative Neurology* 411: 359-368.

57. Finlay, B.L., and Darlington, R.B. (1995). Linked regularities in the development and evolution of mammalian brains. *Science* 268: 1578-1584.

58. Rakic, P. (1981). Developmental events leading to laminar and areal organization of the neocortex. In Schmitt, F.O.,

Worden, F.G., Adelman, G., and Dennis, S.G. (eds.). *The Organization of the Cerebral Cortex* (pp. 7-28). Cambridge, MA: MIT Press.

59. Rakic, P. (1988). Specification of cerebral cortical areas. *Science* 241: 170-176.

60. Ringo, J.L., et al. (1994). Time is of the essence: A conjecture that hemispheric specialization arises from interhemispheric conduction delay. *Cerebral Cortex* 4: 331-334.

61. Hamilton, C.R., and Vermeire, B.A. (1988). Complementary hemi sphere specialization in monkeys. *Science* 242: 1691-1694.

62. Cherniak, C. (1994). Component placement optimization in the brain. *Journal of Neuroscience* 14: 2418-2427.

63. Allman, J.M. (1999). Evolving brains. *Scientific American Library Series*, No. 68. New York: Scientific American Library.

64. Hauser, M., and Carey, S. (1998). Building a cognitive creature from a set of primitives: Evolutionary and developmental insights. In Cummins, Dellarosa, D., and Allen, C. (eds.). *The evolution of the mind* (pp. 51-106). New York: Oxford University Press.

65. Funnell, M.G., and Gazzaniga, M.S. (2000). Right hemi sphere deficits in reasoning processes. *Cognitive Neuroscience Society Abstracts Supplements* 12: 110.

66. Rilling, J.K., and Insel, T.R. (1999). Differential expansion of neural projection systems in primate brain evolution. *Neuroreport* 10: 1453-1459.

67. Rizzolatti, G., Fadiga, L., Gallese, V., and Fogassi, L. (1996). Premotor cortex and the recognition of motor actions. *Brain Research Cognitive Brain Research* 3: 131-141.

68. Rizzolatti, G. (1998). Mirror neurons. In Gazzaniga, M.S., and Altman, J.S. (eds.). *Brain and Mind: Evolutionary*

Perspectives (pp. 102-110). HFSP workshop reports 5. Strasbourg: Human Frontier Science Program.

69. Baron-Cohen, S. (1995). *Mindblindness. An Essay on Autism and Theory of Mind.* Cambridge, MA: MIT Press.

70. Watanabe, H., et al. (2004). DNA sequence and comparative analysis of chimpanzee chromosome 22. *Nature* 429: 382-388.

71. Vargha-Khadem, F., et al. (1995). Praxic and nonverbal cognitive deficits in a large family with a genetically transmitted speech and language disorder. *Proceedings of the National Academy of Sciences* 92: 930-933.

72. Fisher, S.E., et al. (1998). Localization of a gene implicated in a severe speech and language disorder. *Nature Genetics* 18: 168-170.

73. Lai, C.S., et al. (2001). A novel forkhead-domain gene is mutated in a severe speech and language disorder. *Nature* 413: 519-523.

74. Shu, W., et al. (2001). Characterization of a new subfamily of winged-helix / forkhead (Fox) genes that are expressed in the lung and act as transcriptional repressors. *Journal of Biological Chemistry* 276: 27488-27497.

75. Enard, W., et al. (2002). Molecular evolution of FOXP2, a gene involved in speech and language. *Nature* 418: 869-872.

76. Fisher, S.E. (2005). Dissection of molecular mechanisms underlying speech and language disorders. *Applied Psycholinguistics* 26: 111-128.

77. Caceres, M., et al. (2003). Elevated gene expression levels distinguish human from non-human primate brains. *Proceedings of the National Academy of Sciences* 100: 13030-13035.

78. Bystron, I., Rakic, P., Molnár, Z., and Blakemore, C. (2006). The first neurons of the human cerebral cortex. *Nature Neuroscience* 9: 880-886.

第二章　黑猩猩是完美約會對象嗎？

1. Evans, E.P. (1906). *The Criminal Prosecution and Capital Punishment of Animals*. New York: E.P. Dutton.
2. International Human Genome Sequencing Consortium. (2001). Initial sequencing and analysis of the human genome. *Nature* 409: 860-921; Errata 412: 565, 411: 720.
3. Venter, J.C., et al. (2001). The sequence of the human genome. *Science* 291: 1304-1351. (2001). Erratum 292: 1838.
4. Watanabe, H., et al. (2004). DNA sequence and comparative analysis of chimpanzee chromosome 22. *Nature* 429: 382-438.
5. Provine, R. (2004). Laughing, tickling, and the evolution of speech and self. *Current Directions in Psychological Science.* 13: 215-218.
6. Benes, F.M. (1998). Brain development, VII: Human brain growth spans decades. *American Journal of Psychiatry* 155:1489.
7. Wikipedia.
8. Markl, H. (1985). Manipulation, modulation, information, cognition: Some of the riddles of communication (pp. 163-194). In Holldobler, B., and Lindauer, M. (eds). *Experimental Behavioral Ecology and Sociobiology*. Sunderland, MA: Sinauer Associates.
9. Povinelli, D.J. (2004). Behind the ape's appearance: Escaping anthropocentrism in the study of other minds. *Daedalus: the Journal of the American Academy of Arts and Sciences*, Winter 2004.
10. Povinelli, D.J., and Bering, J.M. (2002). The mentality of apes revisited. *Current Directions in Psychological Science* 11: 115-119.
11. Holmes, J. (1978). *The Farmer's Dog*. London: Popular Dogs.

12. Leslie, A.M. (1987). Pretense and representation: The origins of "theory of mind." *Psychological Review* 94: 412-426.
13. Bloom. P., and German, T. (2000). Two reasons to abandon the false belief task as a test of theory of mind. *Cognition* 77: B25-B31.
14. Baron-Cohen, S. (1995). *Mindblindness: An Essay on Autism and Theory of Mind.* Cambridge, MA: MIT Press.
15. Baron-Cohen, S., Leslie, A.M., and Frith, U. (1985). Does the autistic child have a theory of mind? *Cognition* 21: 37-46.
16. Heyes, C.M. (1998). Theory of mind in nonhuman primates. *Behavioral and Brain Sciences* 21: 101-134.
17. Povinelli, D.J., and Vonk, J. (2004). We don't need a microscope to explore the chimpanzee's mind. *Mind & Language* 19: 1-28.
18. Tomasello, M., Call, J., and Hare, B. (2003). Chimpanzees versus humans: It's not that simple. *Trends in Cognitive Science* 7: 239-240.
19. White, A., and Byrne, R. (1988). Tactical deception in primates. *Behavioral and Brain Sciences* 11: 233-244.
20. Hare, B., Call, J., Agnetta, B., and Tomasello, M. (2000). Chimpanzees know what conspecifics do and do not see. *Animal Behaviour* 59: 771-785.
21. Call, J., and Tomasello, M. (1998). Distinguishing intentional from accidental actions in orangutans (*Pongo pygmaeus*), chimpanzees (*Pan troglodytes*), and human children (*Homo sapiens*). *Journal of Comparative Psychology* 112: 192-206.
22. Hare, B., and Tomasello, M. (2004). Chimpanzees are more skilful in competitive than in cooperative cognitive tasks. *Animal Behaviour* 68: 571-581.
23. Melis, A., Hare, B., and Tomasello, M (2006). Chimpanzees recruit the best collaborators. *Science* 313: 1297-1300.

24. Bloom, P., and German, T. (2000). Two reasons to abandon the false belief task as a test of theory of mind. *Cognition* 77: B25-B31.

25. Call, J., and Tomasello, M. (1999). A nonverbal false belief task: The performance of children and great apes. *Child Development* 70: 381-395.

26. Onishi, K.H., and Baillargeon, R. (2005). Do 15-month-old infants understand false beliefs? *Science* 308: 255-258.

27. Wellman, H.M., Cross, D., and Watson, J. (2001). Meta-analysis of theory of mind development: The truth about false-belief. *Child Development* 72: 655-684.

28. Gopnik, A. (1993). How we know our minds: The illusion of first-person knowledge of intentionality. *Behavioral and Brain Sciences* 16: 1-14.

29. Leslie, A.M., Friedman, O., and German, T.P. (2004). Core mechanisms in "theory of mind." *Trends in Cognitive Sciences* 8: 528-533.

30. Leslie, A.M., German, T.P., and Polizzi, P. (2005). Belief-desire reasoning as a process of selection. *Cognitive Psychology* 50: 45-85.

31. German, T. P., and Leslie, A. M. (2001). Children's inferences from "knowing" to "pretending" and "believing." *British Journal of Developmental Psychology* 19: 59-83.

32. German, T. P., and Leslie, A.M. (2004). No (social) construction without (meta) representation: Modular mechanisms as the basis for the acquisition of an understanding of mind. *Behavioral and Brain Sciences* 27:106-107.

33. Tomasello, M., Call, J., and Hare, B. (2003). Chimpanzees understand psychological states-the question is which ones and to what extent. *Trends in Cognitive Science* 7: 154-156.

34. Povinelli, D.J., Bering, J.M., and Giambrone, S. (2000). Toward a science of other minds: Escaping the argument by

analogy. *Cognitive Science* 24: 509-541.

35. Mulcahy, N., and Call, J. (2006). Apes save tools for future use. *Science* 312: 1038-1040.

36. Anderson, S.R. (2004). A Telling Difference. *Natural History* November, 38-43.

37. Chomsky, N. (1980). Human language and other semiotic systems. In Sebeokand, T.A., and Umiker-Sebeok, J. (eds). *Speaking of Apes: A critical anthology of two-way communication with man* (pp. 429-440). New York: Plenum Press.

38. Savage-Rumbaugh, S., and Lewin, R. (1994). *Kanzi: The Ape at the Brink of the Human Mind.* New York: Wiley.

39. Savage-Rumbaugh, S., Romski, M.A., Hopkins, W.D., and Sevcik, R.A. (1988). Symbol acquisition and use by *Pan troglodytes, Pan paniscus,* and *Homo sapiens.* In Heltne, P.G., and Marquandt, L.A. (eds.). *Understanding Chimpanzees.* (pp. 266-295). Cambridge, MA: Harvard University Press.

40. Seyfarth, R.M., Cheney, D.L., and Marler, P. (1980). Vervet monkey alarm calls: Semantic communication in a free-ranging primate. *Animal Behaviour* 28: 1070-1094.

41. Premack, D. (1972). Concordant preferences as a precondition for affective but not for symbolic communication (or how to do experimental anthropology). *Cognition* 1: 251-264.

42. Seyfarth, R.M., and Cheney, D. L. (2003). Meaning and emotion in animal vocalizations. *Annals of the New York Academy of Sciences*. 1000: 32-55.

43. Seyfarth, R.M., and Cheney, D.L. (2003). Signalers and receivers in animal communication. *Annual Review of Psychology* 54: 145-173.

44. Fitch, W.T., Neubauer, J., Herzel, H. (2002) Calls out of chaos: The adaptive significance of nonlinear phenomena in mammalian vocal production. *Animal Behaviour* 63: 407-418.

45. Mitani, J., and Nishida, T. (1993). Contexts and social correlates of long-distance calling by male chimpanzees. *Animal*

Behaviour 45: 735-746.

46. Corballis, M.C. (1999). The gestural origins of language. *American Scientist* 87: 138-145.

47. Rizzolatti, G., and Arbib, M.A. (1998). Language within our grasp. *Trends in Neurosciences* 21: 188-194.

48. Hopkins, W.D., and Cantero, M. (2003) From hand to mouth in the evolution of language: The influence of vocal behavior on lateralized hand use in manual gestures by chimpanzees (*Pan troglodytes*). *Developmental Science* 6: 55-61.

49. Meguerditchian, A., and Vauclair, J. (2006). Baboons communicate with their right hand. *Behavioral Brain Research* 171: 170-174.

50. Iverson, J. M., and Goldin-Meadow, S. (1998). Why people gesture when they speak. *Nature* 396: 228.

51. Senghas, A. (1995). The development of Nicaraguan sign language via the language acquisition process. In MacLaughlin, D., and McEwen, S. (eds.). *Proceedings of the 19th Annual Boston University Conference on Language Development* (pp. 543-552). Boston: Cascadilla Press.

52. Neville, H. J., Bavalier, D., Corina, D., Rauschecker, J., Karni, A., Lalwani, A., Braun, A., Clark, V., Jezzard, P., and Turner., R. (1998). Cerebral Organization for deaf and hearing subjects: Biological constraints and effects of experience. *Proceedings of the National Academy of Sciences* 95: 922-929.

53. Rizzolatti, G., Fogassi, L., and Gallese, V. (2004). Cortical mechanisms subserving object grasping, action understanding, and imitation. In Gazzaniga, M.S. (ed.). *The Cognitive Neurosciences, vol. 3* (pp. 427-440). Cambridge, MA: MIT Press.

54. Kurata, K., and Tanji, J. (1986). Premotor cortex neurons in macaques: Activity before distal and proximal forelimb movements. *Journal of Neuroscience* 6: 403-411.

55. Rizzolatti, G., et al. (1988). Functional Organization of inferior area 6 in the macaque monkey, II: Area F5 and the control of distal movements. *Experimental Brain Research* 71: 491-507.

56. Gentillucci, M., et al. (1988). Functional Organization of inferior area 6 in the macaque monkey, I: Somatotopy and the control of proximal movements. *Experimenta Brain Research* 71: 475-490.

57. Hast, M.H., et al. (1974). Cortical motor representation of the laryngeal muscles in *Macaca mulatta. Brain Research* 73: 229-240.

58. For a review, see: Rizzolatti, G., Fogassi, L., and Gallese, V. (2001). Neurophysiological mechanisms underlying the understanding and imitation of action. *Nature Reviews Neuroscience* 2: 661-670.

59. Goodall, J. (1986). *The Chimpanzees of Gombe: Patterns of Behavior*. Cambridge, MA: Belknap Press of Harvard University.

60. Crockford, C., and Boesch, C. (2003). Context-specific calls in wild chimpanzees, *Pan troglodytes verus:* Analysis of barks. *Animal Behaviour* 66: 115-125.

61. Barzini, L. (1964). *The Italians*. New York: Atheneum.

62. LeDoux, J.E. (2000). Emotion circuits in the brain. *Annual Review of Neuroscience* 23: 155-184.

63. LeDoux, J.E. (2003). The self: Clues from the brain. *Annals of the New York Academy of Sciences*: 1001: 295-304.

64. Wrangham, R., and Peterson, D. (1996). *Demonic Males.* New York: Houghton Mifflin.

65. McPhee, J. (1984). *La Place de la Concorde Suisse.* New York: Farrar, Straus & Giroux.

66. Damasio, A.R. (1994). *Descartes' Error.* New York: Putnam.

67. Ridley, M. (1993). *The Red Queen* (p. 244). New York: Macmillan.

第三章　大腦與擴大社交關係

1. Roes, F. (1998). A conversation with George C. Williams. *Natural History* 107 (May): 10-13.
2. Hamilton, W.D. (1964). The genetical evolution of social behaviour, I and II. *Journal of Theoretical Biology* 7: 1-16 and 17-52.
3. Wilson, D. S., and Wilson, E.O. (2008). Rethinking the theoretical foundation of sociobiology. *Quarterly Review of Biology,* in press.
4. Trivers, R., (1971). The evolution of reciprocal altruism. *Quarterly Review of Biology.* 46: 35-37.
5. Tooby, J., Cosmides, L., and Barrett, H. C. (2005). Resolving the debate on innate ideas: Learnability constraints and the evolved interpenetration of motivational and conceptual functions. In Carruthers, P., Laurence, S., and Stich, S. (eds.), *The Innate Mind: Structure and Content.* New York: Oxford University Press.
6. Trivers, R.L., and Willard, D. (1973). Natural selection of parental ability to vary the sex ratio. *Science* 7: 90-92.
7. Clutton-Brock, T.H., and Vincent, A.C.J. (1991). Sexual selection and the potential reproductive rates of males and females. *Nature* 351: 58-60.
8. Clutton-Brock, T.H. Mammalian mating systems. *Proceedings of the Royal Society of London, Series B: Biological Sciences* 236: 339-372.
9. Clutton-Brock, T.H. (1991). *The Evolution of Parental Care.* Princeton, NJ: Princeton University Press.
10. Trivers, R.L. (1972). Parental investment and sexual selection. In Campbell, B. (ed.). *Sexual Selection and the Descent of Man 1871-1971.* (pp. 136-179). Chicago: Aldine.
11. Geary, D.C. (2004). *The Origin of Mind.* Washington, DC: American Psychological Association.
12. Jerrison, H.J. (1973). *Evolution of the Brain and Intelligence.* New York: Academic Press.

13. Wynn, T. (1988). Tools and the evolution of human intelligence. In Byrne, W.B., and White, A. (eds.). *Machiavellian Intelligence.* Oxford: Clarendon Press.

14. Pinker, S. (1997). *How the Mind Works* (p. 195). New York: W.W. Norton.

15. Wrangham, R.W., and Conklin-Brittain, N. (2003). Cooking as a biological trait. *Comparative Biochemistry and Physiology*: *Part A* 136: 35-46

16. Boback, S.M., Cox, C.L., Ott, B.D., Carmody, R., Wrangham, R.W., and Secor, S.M. (2007). Cooking and grinding reduces the cost of meat digestion. *Comparative Biochemistry and Physiology*: *Part A* 148:651-56.

17. Lucas, P. (2004). *Dental Functional Morphology: How Teeth Work.* Cambridge: Cambridge University Press.

18. Oka, K., Sakuarae, A., Fujise, T., Yoshimatsu, H., Sakata, T., and Nakata, M. (2003). Food texture differences affect energy metabolism in rats. *Journal of Dental Research* 82:491-94.

19. Broadhurst, C.L., Wang, Y., Crawford, M.A., Cunnane, S.C., Parkington, J.E., and Schmidt, W.F. (2002). Brain-specific lipids from marine, lacustrine, or terrestrial food resources: Potential impact on early African *Homo sapiens.* Comparative Biochemistry and Physiology 131B: 653-673.

20. Crawford, M.A., Bloom, M., Broadhurst, C.L., Schmidt, W.F., Cunnane, S.C., Galli, C., Gehbremeskel, K., Linseisen, F., Lloyd-Smith, J., and Parkington, J (1999). Evidence for the unique function of docosahexaenoic acid during the evolution of the modern hominid brain. *Lipids 34* Suppl: S39-47.

21. Broadhurst, C.L., Cunnane, S.C., and Crawford, M.A. (1998). Rift valley lake fish and shellfish provided brain-specific nutrition for early *Homo. British Journal of Nutrition* 79: 3-21.

22. Carlson, B.A., and Kingston, J.D. (2007). Docosahexaenoic acid, the aquatic diet, and hominid encephalization: difficulties in establishing evolutionary links. *American Journal of Human Biology* 19: 132-141.

23. Byrne, R.W., and Corp, N. (2004). Neocortex size predicts deception rate in *Proceedings of the Royal Society of London, Series B: Biological Sciences* 271: 1693-1699.

24. Jolly, A. (1966). Lemur social behaviour and primate intelligence. *Science* 153: 501-506.

25. Humphrey, N.K. (1976). The social function of intellect. In Bateson, P.P.G., and Hinde, R.A. (eds.). *Growing Points in Ethology*. Cambridge: Cambridge University Press.

26. Byrne, R.B., and Whiten, A. (1988). *Machiavellian Intelligence.* Oxford: Clarendon Press.

27. Alexander, R.D., (1990). *How Did Humans Evolve? Reflections on the Uniquely Unique Species.* Ann Arbor: Museum of Zoology, University of Michigan Special Publication No. 1.

28. Dunbar, R.I.M. (1998). The social brain hypothesis. *Evolutionary Anthropology 6:* 178-190.

29. Sawaguchi, T., and Kudo, H. (1990). Neocortical development and social structure in primates. *Primate* 31: 283-290.

30. Dunbar, R.I.M. (1992). Neocortex size as a constraint on group size in primates. *Journal of Human Evolution* 22: 469-493.

31. Kudo, H., and Dunbar, R.I.M. (2001). Neocortex size and social network size in primates. *Animal Behaviour* 62: 711-722.

32. Pawlowski, B.P., Lowen, C.B., and Dunbar, R.I.M. (1998). Neocortex size, social skills and mating success in primates. *Behaviour* 135: 357-368.

33. Lewis, K. (2001). A comparative study of primate play behaviour: Implications for the study of cognition. *Folia Primatica* 71: 417-421.

34. Dunbar, R.I.M. (2003). The social brain: Mind, language, and society in evolutionary perspective. *Annual Review of Anthropology* 32: 163-181.

35. Hill, R.A., and Dunbar, R.I.M. (2003). Social network size in humans. *Human Nature* 14: 53-72.

36. Dunbar, R.I.M. (1996). *Grooming, Gossip and the Evolution of Language.* Cambridge MA: Harvard University Press.

37. Ben-Ze'ev, A. (1994). The vindication of gossip. In Goodman, R.F., and Ben-Ze'ev, A. (eds.). *Good Gossip* (pp. 11-24). Lawrence: University of Kansas Press.

38. Iwamoto, T., and Dunbar, R.I.M. (1983). Thermoregulation, habitat quality and the behavioural Ecology of gelada baboons. *Journal of Animal Ecology* 52: 357-366.

39. Dunbar, R. I. M. (1993). Coevolution of neocortical size, group size and language in humans. *Behavioral and Brain Sciences* 16 : 681-735.

40. Enquist, M., and Leimar, O. (1993). The evolution of cooperation in mobile organisms. *Animal Behaviour* 45: 747-757.

41. Kniffin, K., and Wilson, D. (2005). Utilities of gossip across organizational levels. *Human Nature* Autumn.

42. Emler, N. (1994). Gossip, reputation and adaptation. In Goodman, R.F., and Ben-Ze'ev, A. (eds.). *Good Gossip* (pp.117-138). Lawrence: University of Kansas Press.

43. Taylor, G. (1994). Gossip as moral talk. In Goodman, R.F., and Ben-Ze'ev, A. (eds.). *Good Gossip* (pp. 34-46.). Lawrence: University of Kansas Press.

44. Ayim, M. (1994). Knowledge through the grapevine: Gossip as inquiry. In Goodman, R.F., and Ben-Ze'ev., A. (eds.), *Good Gossip* (pp. 85-99). Lawrence: University of Kansas Press.

45. Schoeman, F. (1994). Gossip and privacy. In Goodman, R.F., and Ben-Ze'ev, A. (eds.), *Good Gossip* (pp. 72-84.). Lawrence: University of Kansas Press.

46. Jaeger, M.E., Skleder, A., Rind, B., and Rosnow, R.L. (1994). Gossip, gossipers and gossipees. In Goodman, R.F., and

Ben-Ze'ev, A. (eds.), *Good Gossip* (pp. 154-168). Lawrence: University of Kansas Press.

47. Haidt, J. (2006). *The Happiness Hypothesis.* New York: Basic Books.

48. Dunbar, R. (1996). *Grooming, Gossip and the Evolution of Language.* Cambridge, MA: Harvard University Press.

49. Brown, D.E. (1991). *Human Universals.* New York: McGraw-Hill.

50. Cosmides, L. (2001). *El Mercurio* October 28.

51. Cosmides, L., and Tooby, J. (2004). Social exchange: The evolutionary design of a neurocognitive system. In Gazzaniga, M.S. (ed.), *Cognitive Neurosciences, vol. 3* (pp. 1295-1308). Cambridge, MA: MIT Press.

52. Stone, V.L, Cosmides, L., Tooby, J., Kroll, N., and Knight, R.T. (2002). Selective impairment of reasoning about social exchange in a patient with bilateral limbic system damage. *Proceedings of the National Academy of Sciences,* August 13.

53. Brosnan, S.F., and de Waal, F.B.M. (2003). Monkeys reject unequal pay. *Nature* 425: 297-299.

54. Hauser, M.D. (2000). *Wild Minds: What Animals Really Think.* New York: Henry Holt.

55. Chiappe, D. (2004). Cheaters are looked at longer and remembered better than cooperators in social exchange situations. *Evolutionary Psychology* 2: 108-120.

56. Barclay, P. (2006). Reputational benefits for altruistic behavior. *Evolution and Human Behavior* 27: 325-344.

57. Ristau, C. (1991). Aspects of the cognitive ethology of an injury-feigning bird, the piping plover. In Ristau, C.A. (ed.), *Cognitive Ethology: The Minds of Other Animals.* Hillsdale, NJ: Lawrence Erlbaum.

58. Hare, B., Call, J., and Tomasello, M. (2006). Chimpanzees deceive a human by hiding. *Cognition* 101: 495-514.

59. Dangerfield, R., in *Caddyshack,* Orion Pictures, 1980.

60. Tyler, J.M., and Feldman, R.S. (2004). Truth, lies, and self-presentation: How gender and anticipated future interaction

relate to deceptive behavior. *Journal of Applied Social Psychology* 34: 2602-2615.

61. Gilovich, T. (1991). *How We Know What Isn't So.* New York: Macmillan.

62. Morton, J., and Johnson, M. (1991). CONSPEC and CONLEARN: A two process theory of infant face recognition. *Psychology Reviews* 98: 164-181.

63. Nelson, C.A. (1987). The recognition of facial expressions in the first two years of life: Mechanisms and development. *Child Development* 58: 899-909.

64. Parr, L.A., Winslow, J.T., Hopkins, W.D., and de Waal, F.B.M. (2000). Recognizing facial cues: Individual recognition in chimpanzees (*Pan troglodytes*) and rhesus monkeys (*Macaca mulatta*). *Journal of Comparative Psychology* 114: 47-60.

65. Burrows, A.M., Waller, B.M., Parr, L.A., and Bonar, C.J. (2006). Muscles of facial expression in the chimpanzee (*Pan troglodytes*): Descriptive, ecological and phylogenetic contexts. *Journal of Anatomy* 208: 153-167.

66. Parr, L.A. (2001). Cognitive and physiological markers of emotional awareness in chimpanzees, *Pan troglodytes. Animal Cognition* 4: 223-229.

67. For a review, see: Ekman, P. (1999) Facial expressions. In Dalgleish, T., and Power, T. (eds.), *The Handbook of Cognition and Emotion* (pp. 301-320). Sussex, UK: Wiley.

68. Ekman, P. (2002). *Telling Lies: Clues to Deceit in the Marketplace, Marriage, and Politics,* 3rd ed. New York: W.W. Norton.

69. Ekman, P., Friesen, W.V., and O'Sullivan, M. (1988). Smiles when lying. Journal of *Personality and Social Psychology* 54: 414-420.

70. Ekman, P., Friesen, W.V., and Scherer, K. (1976). Body movement and voice pitch in deceptive interaction. *Semiotica*

16: 23-27.

71. Ekman, P. (2004). *Conversations with History.* Institute of International Studies, University of California, Berkeley, Jan. 14.

72. De Becker, G. (1997). *The Gift of Fear.* New York: Dell.

73. Batson, C.D., Thompson, E.R., Seuferling, G., Whitney, H., and Strongman, J.A. (1999). Moral hypocrisy: appearing moral to oneself without being so. *Journal of Personality and Social Psychology* 77: 525-537.

74. Batson, C.D., Thompson, E.R., and Chen, H. (2002). Moral hypocrisy: Addressing some alternatives. *Journal of Personality and Social Psychology* 83: 330-339.

75. Miller, G. (2000). *The Mating Mind :How Sexual Choice Shaped the Evolution of Human Nature.* New York: Doubleday.

76. Burling, R. (1986). The selective advantage of complex language. *Ethology and Sociobiology* 7: 1-16.

77. Smith, P.K. (1982). Does play matter? Functional and evolutionary aspects of animal and human play. *Behavioral Brain Science* 5: 139-184.

78. Byers, J.A., and Walker, C. (1995). Refining the motor training hypothesis for the evolution of play. *American Naturalist* 146: 25-40.

79. Dolhinow, P. (1999). Play: A critical process in the developmental system. In Dolhinow, P., and Fuentes, A. (eds), *The Non-Human Primates* (pp. 231-236). Mountain View, CA: Mayfield Publishing Co.

80. Pellis, S.M., & Iwaniuk, A.N. (1999). The problem of adult play-fighting: A comparative analysis of play and courtship in primates. *Ethology* 105: 783-806.

81. Pellis, S.M., and Iwaniuk, A.N. (2000). Adult-adult play in primates: Comparative analyses of its origin, distribution

and evolution. *Ethology* 106: 1083-1104.

82. Špinka, M., Newberry, R.C., and Bekoff, M. (2001). Mammalian play: Training for the unexpected. *Quarterly Review of Biology* 76: 141-167.

83. Palagi, E., Cordoni, G., and Borgognini Tarli, S.M. (2004). Immediate and delayed benefits of play behaviour: New evidence from chimpanzees (*Pan troglodytes*). *Ethology* 110: 949-962.

84. Keverne, E.B., Martensz, N.D., and Tuite, B. (1989). Beta-endorphin concentrations in cerebrospinal fluid of monkeys are influenced by grooming relationships. *Psychoneuroendocrinology* 14: 155-161.

85. Henzi, S. P. & Barrett, L. (1999). The value of grooming to female primates. *Primates* 40: 47-59.

第四章　內在的道德羅盤

1. Haidt, J. (2001). The emotional dog and its rational tail: A social intuitionist approach to moral judgment. *Psychological Review* 108: 814-834.

2. Westermarck, E.A. (1891). *The History of Human Marriage.* New York: Macmillan.

3. Shepher, J. (1983). *Incest: A Biosocial View.* Orlando, FL: Academic Press.

4. Wolf, A.P. (1966). Childhood association and sexual attraction: A further test of the Westermarck hypothesis. *American Anthropologist* 70: 864-874.

5. Lieberman, D., Tooby, J., and Cosmides, L. (2002). Does morality have a biological basis? An empirical test of the factors governing moral sentiments relating to incest. *Proceedings of the Royal Society of London, Series B: Biological Sciences* 270: 819-826.

6. Nunez, M., and Harris, P. (1998). Psychological and deontic concepts: Separate domains or intimate connection? *Mind*

and Language 13: 153-170.

7. Call, J., and Tomasello, M. (1998). Distinguishing intentional from accidental actions in orangutans (*Pongo pygmaeus*), chimpanzees (*Pan troglodytes*), and human children (*Homo sapiens*). *Journal of Comparative Psychology* 112: 192-206.

8. Fiddick, L. (2004). Domains of deontic reasoning: Resolving the discrepancy between the cognitive and moral reasoning literature. *Quarterly Journal of Experimental Psychology* 5A: 447-474.

9. *Free Soil Union.* Ludlow, VT, Sept. 14, 1848.

10. Macmillan, M., http://www.deakin.edu.au/hmnbs/psychology/gagepage/Pgstory.php

11. Damasio, A.J. (1994). *Descartes' Error: Emotion, Reason, and the Human Brain.* New York: Avon Books.

12. Bargh. J.A., Chaiken, S., Raymond, P., and Hymes, C. (1996). The automatic evaluation effect: Unconditionally automatic activation with a pronunciation task. *Journal of Experimental Social Psychology* 32: 185-210.

13. Bargh, J.A., and Chartrand, T.L. (1999). The unbearable automaticity of being. *American Psychologist* 54: 462-479.

14. Haselton, M.G., & Buss, D.M. (2000). Error management theory: A new perspective on biases in cross-sex mind reading. *Journal of Personality and Social Psychology* 78: 81-91.

15. Hansen, C.H., and Hansen, R.D. (1988). Finding the face in the crowd: An anger superiority effect. *Journal of Personality and Social Psychology* 54: 917-924.

16. Rozin, P., and Royzman, E.B. (2001). Negativity bias, negativity dominance, and contagion. *Personality and Social Psychology Review* 5: 296-320.

17. Cacioppo, J.T., Gardner, W.L., and Berntson, G.G. (1999). The affect system has parallel and integrative processing components: form follows function. *Journal of Personality and Social Psychology* 76: 839-855.

18. Chartrand, T.L, and Bargh, J.A. (1999). The chameleon effect: The perception-behavior link and social interaction. *Journal of Personality and Social Psychology* 76: 893-910.

19. Ambady, M., and Rosenthal, R. (1992). Thin slices of expressive behavior as predictors of interpersonal consequences: A meta-analysis. *Psychological Bulletin* 111: 256-274.

20. Albright, L., Kenny, D.A., and Malloy, T.E. (1988). Consensus in personality judgments at zero acquaintance. *Journal of Personality and Social Psychology* 55: 387-395.

21. Chailen, S. (1980). Heuristic versus systematic information processing and the use of source versus message cures in persuasion. *Journal of Personality and Social Psychology* 39: 752-766.

22. Cacioppo, J.T., Priester, J.R., and Berntson, G.G. (1993). Rudimentary determinants of attitudes, II: Arm flexion and extension have differential effects on attitudes. *Journal of Personality and Social Psychology* 65: 5-17.

23. Chen, M., and Bargh, J.A. (1999). Nonconscious approach and avoidance: Behavioral consequences of the automatic evaluation effect. *Personality and Social Psychology Bulletin* 25: 215-224.

24. Thomson, J.J. (1986). *Rights, Restitution, and Risk: Essays in Moral Theory*. Cambridge, MA: Harvard University Press.

25. Greene, J., et al. (2001). An f MRI investigation of emotional engagement in moral judgment. *Science* 293: 2105-2108.

26. Hauser, M. (2006). *Moral Minds*. New York: HarperCollins.

27. Borg, J.S., Hynes, C., Horn J.V., Grafton, S., and Sinnott-Armstrong, W. (2006). Consequences, action and intention as factors in moral judgments: An fMRI investigation. *Journal of Cognitive Neuroscience* 18: 803-817.

28. Amati, D., and Shallice, T. (2007). On the emergence of modern humans. *Cognition* 103: 358-385.

29. Haidt, J., and Joseph, C. (2004). Intuitive ethics: How innately prepared intuitions generate culturally variable virtues.

Daedalus: Autumn 55-66.

30. Haidt, J., and Bjorklund, F. (in press). Social intuitionists answer six questions about moral psychology. In Sinnott-Armstrong, W. (ed.), *Moral Psychology*. Cambridge, MA: MIT Press.

31. Shweder, R.A, Much, N.C., Mahapatra, M., and Park, L. (1997). The "big three" of morality (autonomy, community, and divinity), and the "big three" explanations of suffering. In Brandt, A., and Rozin, P. (eds), *Morality and Health* (pp. 119-169). New York: Routledge.

32. Haidt, J. (2003). The moral emotions. In Davidson, R.J., Scherer, K.R., and Goldsmith, H.H. (eds.), *Handbook of Affective Sciences* (pp. 852-870). Oxford: Oxford University Press.

33. Frank, R.H. (1987). If Homo economicus could choose his own utility function, would he want one with a conscience? *American Economic Review* 77: 593-604.

34. Kunz, P.R., and Woolcott, M. (1976). Season's greetings: From my status to yours. *Social Science Research* 5: 269-278.

35. Hoffman, E., McCabe, K., Shachat, J., and Smith, V. (1994). Preferences, property rights and anonymity in bargaining games. *Games and Economic Behavior* 7: 346-380.

36. Hoffman, E., McCabe, K., and Smith, V. (1996). Social distance and otherregarding behavior in dictator games. *American Economic Review* 86: 653-660.

37. McCabe, K., Rassenti, S., and Smith, V. (1996). Game theory and reciprocity in some extensive form bargaining games. *Proceedings of the National Academy of Sciences* 93: 13421-13428.

38. Henrich, J., et al. (2005). "Economic man" in cross-cultural perspective: Behavioral experiments in 15 small-scale societies. *Behavioral and Brain Sciences* 28: 795-815.

39. Kurzban, R., Tooby, J., and Cosmides, L. (2001). Can race be erased? Coalitional computation and social categorization. *Proceedings of the National Academy of Sciences* 98:15387-15392.

40. Ridley, M. (1993). *The Red Queen.* New York: Macmillan.

41. Haidt, J., Rozin, P., McCauley, C., and Imada, S. (1997). Body, psyche, and culture: The relationship of disgust to morality. *Psychology and Developing Societies* 9: 107-131.

42. Reported in: Haidt, J., and Bjorklund, F. (2008). Social intuitionists answer six questions about moral psychology. In Sinnott-Armstrong, W. (ed.), *Moral Psychology*, vol. 3. (in press).

43. Balzac, H. de (1898). *Modeste Mignon*. Trans. Bell, C. Philadelphia: Gebbie Publishing Co.

44. Perkins, D.N., Farady, M., and Bushey, B. (1991). Everyday reasoning and the roots of intelligence. In Voss, J.F., Perkins, D.N., and Segal, J.W. (eds), *Informal Reasoning and Education.* Hillsdale, NJ: Lawrence Erlbaum.

45. Kuhn, D. (1991). *The Skills of Argument.* New York: Cambridge University Press.

46. Kuhn, D. (2001). How do people know? *Psychological Science* 12: 1-8.

47. Kuhn, D., and Felton, M. (2000). Developing appreciation of the relevance of evidence to argument. Paper presented at the Winter Conference on Discourse, Text, and Cognition, Jackson Hole, WY.

48. Wright, R. (1994). *The Moral Animal*. New York: Random House / Pantheon.

49. Asch, S. (1956). Studies of independence and conformity: A minority of one against a unanimous majority. *Psychological Monographs* 70: 1-70.

50. Milgram, S. (1963). Behavioral study of obedience. *Journal of Abnormal and Social Psychology* 67: 371-378.

51. Milgram, S. (1974). *Obedience to Authority: An Experimental View.* New York: Harper & Row.

52. Baumeister, R.F., and Newman, L.S. (1994). Self-regulation of cognitive inference and decision processes. *Personality*

and Social Psychology Bulletin 20: 3-19.

53. Hirschi, T., and Hindelang, M.F. (1977). Intelligence and delinquency: A revisionist view. *American Sociological Review* 42: 571-587.

54. Blasi, A. (1980). Bridging moral cognition and moral action: A critical review of the literature. *Psychological Bulletin* 88: 1-45.

55. Shoda, Y., Mischel, W., and Peake, P.K. (1990). Predicting adolescent cognitive and self-regulatory behavior competencies from preschool delay of gratification: Identifying diagnostic conditions. *Developmental Psychology* 26: 978-986.

56. Metcalfe, J., and Mischel, W. (1999). A hot/cool-system analysis of delay of gratification: Dynamics of willpower. *Psychological Review* 106: 3-19.

57. Harpur, T.J., and Hare, R.D. (1994). The assessment of psychopathy as a function of age. *Journal of Abnormal Psychology* 103: 604-609.

58. Raine, A. (1998). Antisocial behavior and psychophysiology: A biosocial perspective and a prefrontal dysfunction hypothesis. In Stroff, D., Brieling, J., and Maser, J. (eds.), *Handbook of Antisocial Behavior* (pp. 289-304). New York: Wiley.

59. Blair, R.J. (1995). A cognitive developmental approach to mortality: Investigating the psychopath. *Cognition* 57: 1-29.

60. Hare, R.D., and Quinn, M.J. (1971). Psychopathy and autonomic conditioning. *Journal of Abnormal Psychology* 77: 223-235.

61. Blair, R.J., Jones, L., Clark, F., and Smith, M. (1997). The psychopathic individual: A lack of responsiveness to distress cues? *Psychophysiology* 342: 192-198.

62. Hart, D., and Fegley, S. (1995). Prosocial behavior and caring in adolescence: Relations to self-understanding and social judgment. *Child Development* 66: 1346-1359.

63. Colby, A., and Damon, W. (1992). *Some Do Care: Contemporary Lives of Moral Commitment.* New York: Free Press.

64. Matsuba, K.M., and Walker, L.J. (2004). Extraordinary moral commitment: Young adults involved in social organizations. *Journal of Personality* 72: 413-436.

65. Oliner, S., and Oliner, P.M. (1988). *The Altruistic Personality: Rescuers of Jews in Nazi Eu rope.* New York: Free Press.

66. Boyer, P. (2003). Religious thought and behavior as by-products of brain function. *Trends in Cognitive Sciences* 7: 119-124.

67. Barrett, J.L., and Keil, F.C. (1996). Conceptualizing a nonnatural entity: Anthropomorphism in God concepts. *Cognitive Psychology* 31: 219-247.

68. Boyer, P. (2003). Why is religion natural? *Skeptical Inquirer*: March.

69. Wilson, D.S. (2007). Why Richard Dawkins is wrong about religion. *eSkeptic* July 4, http://www.eskeptic.com/eskeptic/07-07-04.html

70. Ridley, M. (1996). *The Origins of Virtue*. New York: Penguin.

71. Ostrom, E., Walker, J., and Gardner, T. (1992). Covenants without a sword: Self-governance is possible. *American Political Science Review* 886: 404-417.

第五章　我能感覺你的痛苦

1. Pegna, A.J., Khateb, A., Lazeyras, F., and Seghier, M.L. (2004). Discriminating emotional faces without primary

visual cortices involves the right amygdala. *Nature Neuroscience* 8: 24-25.

2. Goldman, A.I., and Sripada, C.S. (2005). Simulationist models of face-based emotion recognition. *Cognition* 94: 193-213.

3. Gallese, V. (2003). The manifold nature of interpersonal relations: The quest for a common mechanism. *Philosophical Transactions of the Royal Society of London, Series B: Biological Sciences* 358: 517-528.

4. Meltzoff, A.N., and Moore, M.K. (1977). Imitation of facial and manual gestures by human neonates. *Science* 198: 75-78.

5. For a review, see: Meltzoff, A.N., and Moore, M.K. (1997). Explaining facial imitation: A theoretical model. *Early Development and Parenting* 6: 179-192.

6. Meltzoff, A.N., and Moore, M.K. (1983). Newborn infants imitate adult facial gestures. *Child Development* 54: 702-709.

7. Meltzoff, A.N., and Moore, M.K. (1989). Imitation in newborn infants: Exploring the range of gestures imitated and the underlying mechanisms. *Developmental Psychology* 25: 954-962.

8. Meltzoff, A.N., and Decety, J. (2003). What imitation tells us about social cognition: A rapprochement between developmental psychology and cognitive neuroscience. *Philosophical Transactions of the Royal Society of London, Series B: Biological Sciences* 358: 491-500.

9. Legerstee, M. (1991). The role of person and object in elicitng early imitation. *Journal of Experimental Child Psychology* 5: 423-433.

10. For a review, see: Puce, A., and Perrett, D. (2005). Electrophysiology and brain imaging of biological motion. In Cacioppo, J.T., and Berntson, G.G. (eds.), *Social Neuroscience* (pp. 115-129). New York: Psychology Press.

11. Meltzoff, A.N., and Moore, M.K. (1994). Imitation, memory, and the representation of persons. *Infant Behavior and Development* 17: 83-99.

12. Meltzoff, A.N., and Moore, M.K. (1998). Object representation, identity, and the paradox of early permanence: Steps toward a new framework. *Infant Behavior and Development* 21: 210-235.

13. Nadel, J. (2002). Imitation and imitation recognition: Functional use in preverbal infants and nonverbal children with autism. In Meltzoff, A., and Prinz, W. (eds), *The Imitative Mind.* Cambridge, UK: Cambridge University Press.

14. de Waal, F. (2002). *The Ape and the Sushi Master: Cultural Reflections of a Primatologist.* New York: Basic Books.

15. Visalberghi, E., and Fragaszy, D.M. (1990). Do monkeys ape? In Parker, S.T., and Gibson, K.R. (eds.), *Language and Intelligence in Monkeys and Apes* (pp. 247-273). New York: Cambridge University Press.

16. Whiten, A., and Ham, R. (1992). On the nature and evolution of imitation in the animal kingdom: Reappraisal of a century of research. In Slater, P.J.B., Rosenblatt, J.S., Beer, C., and Milinski, M. (eds.), *Advances in the Study of Behavior* (pp. 239-283). New York: Academic Press.

17. Kumashiro, M., Ishibashi, H., Uchiyama, Y., Itakura, S., Murata, A., and Iriki, A. (2003). Natural imitation induced by joint attention in Japanese monkeys. *International Journal of Psychophysiology* 50: 81-99.

18. Zentall, T. (2006). Imitation: Definitions, evidence, and mechanisms. *Animal Cognition* 9: 335-353.

19. See review in: Bauer, B.B. G., and Harley, H. (2001). The mimetic dolphin. Behavior and Brain Science 24: 326-327. Commentary in: Rendall, L., and Whirehead, H. (2001). Culture in whales and dolphins. *Behavior and Brain Science* 24: 309-382.

20. Giles, H., and Powesland, P.F. (1975). *Speech Style and Social Evaluation*. London: Academic Press.

21. For a review, see: Chartrand, T., Maddux, W., and Lakin, J. (2005). Beyond the perception-behavior link: The

ubiquitous utility and motivational moderators of nonconscious mimicry. In Hassin, T., Uleman J.J., and Bargh, J.A. (eds), *Unintended Thoughts,* vol. 2: *The New Unconscious*. New York: Oxford University Press.

22. Dimberg, U., Thunberg, M., and Elmehed, K. (2000). Unconscious facial reactions to emotional facial expressions. *Psychological Science* 11: 86-89.

23. Bavelas, J.B., Black, A., Chovil, N., Lemery, C., and Mullett, J. (1988). Form and function in motor mimicry: Topographic evidence that the primary function is communication. *Human Communication Research* 14: 275-300.

24. Cappella, J.M., and Panalp, S. (1981). Talk and silence sequences in informal conversations, III: Interspeaker influence. *Human Communication Research* 7: 117-132.

25. Van Baaren, R.B., Holland, R.W., Kawakami, K., and van Knippenberg, A. (2004). Mimicry and prosocial behavior. *Psychological Science* 15: 71-74.

26. Decety, J., and Jackson, P.L. (2004). The functional architecture of human empathy. *Behavioral and Cognitive Neuroscience Reviews* 3: 71-100.

27. Hatfield, E., Cacioppo, J.T., and Rapson, R.L. (1993). Emotional contagion. *Current Directions in Psychological Sciences* 2: 96-99.

28. Gazzaniga, M.S., and Smylie, C.S. (1990). Hemispheric mechanisms controlling voluntary and spontaneous facial expressions. *Journal of Cognitive Neuroscience* 2: 239-245.

29. Damasio, A. (2003). *Looking for Spinosa*. New York: Harcourt.

30. Dondi, M., Simion, F, and Caltran, G. (1999). Can newborns discriminate between their own cry and the cry of another newborn infant? *Developmental Psychology* 35: 418-426.

31. Martin, G.B., and Clark, R.D. (1982). Distress crying in neonates: Species and peer specificity. *Developmental*

Psychology 18: 3-9.

32. Neumann, R., and Strack, F. (2000). "Mood contagion": The automatic transfer of mood between persons. *Journal of Personality and Social Psychology* 79: 211-223.

33. Field, T. (1984). Early interactions between infants and their postpartum depressed mothers. Infant *Behavior and Development* 7: 517-522.

34. Field, T. (1985). Attachment as psychobiological attunement: Being on the same wavelength. In Reite, M., and Field, T. (eds.), *Psychobiology of Attachment and Separation* (pp. 415-454). New York: Academic Press.

35. Field, T., Healy, B., Goldstein, S., Perry, S., Bendell, D., Schanberg, S., Zimmerman, E.A., and Kuhn, C. (1988). Infants of depressed mothers show "depressed" behavior even with nondepressed adults. *Child Development* 59: 1569-1579.

36. Cohn, J.F., Matias, R., Tronick, E.Z., Connell, D., and Lyons-Ruth, K. (1986). Face-to-face interactions of depressed mothers and their infants. In Tronick, E.Z., and Field, T. (eds.), *Maternal Depression and Infant Disturbance* (pp. 31-45). San Francisco: Jossey-Bass.

37. Penfield, W., and Faulk, M.E. (1955). The insula: further observations on its function. *Brain* 78: 445-470.

38. Krolak-Salmon, P., Henaff, M.A., Isnard, J., Tallon-Baudry, C., Guenot, M., Vighetto, A., Bertrand, O., and Mauguiere, F. (2003). An attention modulated response to disgust in human ventral anterior insula. *Annals of Neurology* 53: 446-453.

39. Wicker, B., Keysers, C., Plailly, J., Royet, J.P., Gallese, V., and Rizzolatti , G. (2003). Both of us disgusted in *my* insula: The common neural basis of seeing and feeling disgust. *Neuron* 400: 655-664.

40. Singer, T., Seymour, B., O'Doherty, J., Kaube, H., Dolan, R.J., and Frithe, C.D. (2004). Empathy for pain involves the

affective but no sensory components of pain. *Science* 303: 1157-1162.

41. Jackson, P.L., Meltzoff, A.N., and Decety, J. (2005). How do we perceive the pain of others? A window into the neural processes involved in empathy. *Neuroimage* 24: 771-779.

42. Hutchison, W.D., Davis, K.D., Lozano, A.M., Tasker, R.R., and Dostrovsky, J.O. (1999). Pain-related neurons in the human cingulate cortex. *Nature Neuroscience* 2: 403-405.

43. Ekman, P., Levenson, R.W., and Freisen, W.V. (1983). Autonomic Nervous system activity distinguishes among emotions. *Science* 221: 1208-1210.

44. Ekman, P., and Davidson, R.J. (1993). Voluntary smiling changes regional brain activity. *Psychological Science* 4: 342-345.

45. Levenson, R.W., and Ruef, A.M. (1992). Empathy: A physiological substrate. *Journal of Personality and Social Psychology* 663: 234-246.

46. Critchley, H.D., Wiens, S., Rotshtein, P., Öhman, A., and Dolan, R.J. (2004) Neural systems supporting interoceptive awareness. *Nature Neuroscience* 7: 189-195.

47. Craig, A.D. (2004). Human feelings: Why are some more aware than others? *Trends in Cognitive Sciences* 8: 239-241.

48. Calder, A.J., Keane, J., Manes, F., Antoun, N., and Young, A. (2000). Impaired recognition and experience of disgust following brain injury. *Nature Neuroscience* 3: 1077-1078.

49. Adolphs, R., Tranel, D., and Damasio, A.R. (2003). Dissociable neural systems for recognizing emotions. *Brain and Cognition* 52: 61-69.

50. Adolphs, R., Tranel, D., Damasio, H., and Damasio, A. (1994). Impaired recognition of emotion in facial expressions following bilateral damage to the human amygdala. *Nature* 372: 669-672.

51. Broks, P., et al. (1998). Face processing impairments after encephalitis: Amygdala damage and recognition of fear. *Neuropsychologia* 36: 59-70.

52. Adolphs, R., Damasio, H., Tranel, D., and Damasio, A.R. (1996). Cortical systems for the recognition of emotion in facial expressions. *Journal of Neuroscience* 16: 7678-7687.

53. Adolphs, R., et al. (1999). Recognition of facial emotion in nine individuals with bilateral amygdala damage. *Neuropsychologia* 37: 1111-1117.

54. Sprengelmeyer, R., et al. (1999). Knowing no fear. *Proceedings of the Royal Society of London, Series B: Biological Sciences* 266: 2451-2456.

55. Lawrence, A.D., Calder, A.J., McGowan, S.W., and Grasby, P.M. (2002). Selective disruption of the recognition of facial expressions of anger. *NeuroReport* 13: 881-884.

56. Meunier, M., Bachevalier J., Murray, E.A., Málková, L., Mishkin, M. (1999). Effects of aspiration versus neurotoxic lesions of the amygdala on emotional responses in monkeys. *European Journal of Neuroscience* 11: 4403-4418.

57. Church, R.M. (1959). Emotional reactions of rats to the pain of others. *Journal of Comparative and Physiologcal Psychology* 52: 132-134.

58. Anderson, J.R., Myowa-Yamakoshi, M., and Matsuzawa, T. (2004). Contagious yawning in chimpanzees. *Proceedings of the Royal Society of London, Series B: Biological Sciences* 27: 468-470.

59. Platek, S.M., Critton, S.R., Myers, T.E., and Gallup Jr., G.G. (2003). Contagious yawning: The role of self-awareness and mental state attribution. *Cognitive Brain Research* 17:223-227.

60. Platek, S., Mohamed, F., and Gallup Jr., G.G. (2005). Contagious yawning and the brain. *Cognitive Brain Research* 23: 448-453.

61. Kohler, E., Keysers, C., Umilta, M.A., Fogassi, L, Gallese, B., and Rizzolatti, G. (2002). Hearing sounds, understanding actions: Action representation in mirror neurons. *Science* 297: 846-848.

62. Iacoboni, M., Woods, R.P., Brass, M., Bekkering, H., Mazziotta, J.C., and Rizzolatti, G. (1999). Cortical mechanisms of human imitation. *Science* 286: 2526-2528.

63. Buccino, G., Binkofski, F., Fink, G.R., Fadiga, L., Fogassi, L., Gallese, V., Seitz, R.J., Zilles, K., Rizzolatti, G., and Freund, H.J. (2005). Action observation activates premotor and parietal areas in a somatotopic manner: An fMRI study. In Cacioppo, J.T., and Berntson, G.G. (eds.), *Social Neuroscience*. New York: Psychology Press.

64. Fadiga, L., Fogassi, L., Pavesi, G., and Rizzolatti, G. (1995). Motor facilitation during action observation: A magnetic stimulation study. *Journal of Neurophysiology* 73: 2608-2611.

65. Rizzolatti, G., and Craighero, L. (2004). The mirror neuron system. *Annual Review of Neuroscience* 27: 169-192.

66. Buccino, G., Vogt, S., Ritzl, A., Fink, G.R., Zilles, K., Freund, H.J., and Rizzolatti, G. (2004). Neural circuits underlying imitation of hand action: An event related f MRI study. *Neuron* 42: 323-334.

67. Iacoboni, M., Molnar-Szakacs, I., Gallese, V., Buccino, G., Mazziotta, J.C., and Rizzolatti, G. (2005). Grasping the intentions of others with one's own mirror neuron system, *Public Library of Science: Biology* 3: 1-7.

68. Gallese, V., Keysers, C., and Rizzolatti, G. (2004). A unifying view of the basis of social cognition. *Trends in Cognitive Sciences* 8: 396-403.

69. Oberman, L.M., Hubbard, E.M., McCleery, J.P., Altschuler, E.L., Ramachandran, V.S., and Pineda, J.A. (2005). EEG evidence for mirror neuron dysfunction in autism spectrum disorders. *Cognitive Brain Research* 24: 190-198.

70. Dapretto, M., Davies, M.S., Pfeifer, J.H., Scott, A.A., Sigman, M., Bookheimer, S.Y., & Iacoboni, M. (2006). Understanding emotions in others: Mirror neuron dysfunction in children with autism spectrum disorder. *Nature*

Neuroscience 9: 28-30.

71. Eastwood, C. (1973), from the movie *Magnum Force*, Malpaso Co.
72. Calder, A.J., Keane, J., Cole, J., Campbell, R., and Young, A.W. (2000). Facial expression recognition by people with Mobius syndrome. *Cognitive Neuropsychology* 17: 73-87.
73. Danziger, N., Prkachin, K.M., and Willer, J.C. (2006). Is pain the price of empathy? The perception of others' pain in patients with congenital insensitivity to pain. *Brain* 129: 2494-2507.
74. Hess, U., and Blairy, S. (2001). Facial mimicry and emotional contagion to dynamic facial expressions and their influence on decoding accuracy. *International Journal of Psychophysiology* 40: 129-141.
75. Lanzetta, J.T., and Englis, B.G. (1989). Expectations of cooperation and competition and their effects on observers' vicarious emotional responses. *Journal of Personality and Social Psychology* 33: 354-370.
76. Bourgeois, P., and Hess, U. (1999). Emotional reactions to Political leaders' facial displays: A replication. *Psychophysiology* 36: S36.
77. Balzac, H. de (1898). *Modeste Mignon*. Philadelphia: Gebbie Publishing Co.
78. Ochsner, K.N., Bunge, S.A., Gross. J.J., and Gabrieli, J.D.E. (2002). Rethinking feelings: An fMRI study of the cognitive regulation of emotion. *Journal of Cognitive Neuroscience* 14: 1215-1229.
79. Canli, T., Desmond, J. E., Zhao, Z., Glover, G., and Gavrielli, J.D.E. (1998). Hemispheric asymmetry for emotional stimuli detected with fMRI. *NeuroReport* 9: 3233-3239.
80. Gross, J.J. (2002). Emotion regulation: Affective, cognitive, and social consequences. *Psychophysiology* 39: 281-291.
81. Uchno, B.N., Cacioppo, J.T., and Kiecolt-Glaser, J.K. (1996). The relationship between social support and physiological processes: A review with emphasis on underlying mechanisms and implications for health. *Psychological*

Bulletin 119: 488-531.

82. Butler, E.A., Egloff, B., Wilhelm, F.H., Smith, N.C., Erickson, E.A., and Gross, J.J. (2003). The social consequences of expressive suppression. *Emotion* 3: 48-67.

83. For a review, see: Niedenthal, P., Barsalou, L., Ric, F., and Krauth-Graub, S. (2005). Embodiment in the acquisition and use of emotion knowledge. In Barret, L., Niedenthal, P., and Winkielman, P. (eds), *Emotion and Consciousness.* New York: Guilford Press.

84. Osaka, N., Osaka, M., Morishita, M., Kondo, H., and Fukuyama, H. (2004). A word expressing affective pain activates the anterior cingulate cortex in the human brain: An fMRI study. *Behavioural Brain Research* 153: 123-127.

85. Meister, I.G., Krings, T., Foltys, H., Müller, M., Töpper, R., and Thron, A. (2004). Playing piano in the mind-an fMRI study on music imagery and performance in pianists. *Cognitive Brain Research* 19: 219-228.

86. Phelps, E., O'Conner, K., Gatenby, J., Grillon, C., Gore, J., and Davis, M. (2001). Activation of the left amygdala to a cognitive representation of fear. *Nature Neuroscience* 4: 437-441.

87. Repacholi, B.M., and Gopnik, A. (1997). Early reasoning about desires: Evidence from 14-18-months-olds. *Developmental Psychology* 33: 12-21.

88. Keysar, B., Lin, S., and Barr, D.J. (2003). Limits on theory of mind in adults. *Cognition* 89: 25-41.

89. Nickerson, R.S. (1999). How we know and sometimes misjudge what others know: Imputing one's own knowledge to others. *Psychological Bulletin* 126: 737-759.

90. Vorauer, J.D., and Ross, M. (1999). Self-awareness and feeling transparent: Failing to suppress one's self. *Journal of Experimental Social Psychology* 35: 414-440.

91. Ruby, P., & Decety, J. (2001). Effect of subjective perspective taking during simulation of action: A PET investigation

of agency. *Nature Neuroscience* 4: 546-550.

92. Ruby, P., and Decety, J. (2003). What you believe versus what you think they believe: A neuroimaging study of conceptual perspective taking. *European Journal of Neuroscience* 17: 2475-2480.

93. Ruby, P., and Decety, J. (2004). How would you feel versus how do you think she would feel? A neuroimaging study of perspective taking with social emotions. *Journal of Cognitive Neuroscience* 16: 988-999.

94. Blanke, O., Ortigue, S., Landis, T., and Seeck, M. (2002). Neuropsychology: Stimulating illusory own-body perceptions. *Nature* 419: 269-270.

95. Blanke, O., and Arzy, S. (2005). The out-of-body experience: Disturbed self processing at the temporo-parietal junction. *Neuroscientist* 11: 16-24.

96. Saxe, R., and Kanwisher, N. (2005). People thinking about thinking people: The role of the temporo-parietal junction in "theory of mind." In Cacioppo, J.T., and Berntson, G. G. (eds), *Social Neuroscience*. New York: Psychology Press.

97. Price, B.H., Daffner, K.R., Stowe, R.M., and Mesulam, M.M. (1990). The compartmental learning disabilities of early frontal lobe damage. *Brain* 113: 1383-1393.

98. Anderson, S.W., Bechara, A., Damasio, H., Tranel, D., and Damasio, A.R. (1999). Impairment of social and moral behavior related to early damage in human prefrontal cortex. *Nature Neuroscience* 2: 1032-1037.

99. Jackson, P.L., Brunet, E., Meltzoff, A.N., and Decety, J. (2006). Empathy examined through the neural mechanisms involved in imagining how I feel versus how you feel pain. *Neuropsychologia* 44: 752-761.

100. Mitchell, J.P., Macrae, C.N., and Banaji, M.R. (2006). Dissociable medial prefrontal contributions to judgments of similar and dissimilar others. *Neuron* 50: 655-663.

101. Demoulin, S., Torres, R.R., Perez, A.R., Vaes, J., Paladino, M.P., Gaunt, R., Pozo, B.C., and Leyens, J.P. (2004).

Emotional prejudice can lead to infrahumanisation. In Stroebe, W., and Hewstone, M. (eds.), *European Review of Social Psychology* (pp. 259-296). Hove, En gland: Psychology Press.

102. Ames, D.R (2004). Inside the mind reader's tool kit: Projection and stereotyping in mental state inference. *Journal of Personality and Social Psychology* 87: 340-353.

103. Hare, B., Call, J., and Tomasello, M. (2006) Chimpanzees deceive a human competitor by hiding. *Cognition* 101: 495-514.

104. Hauser, M.D. (1990). Do chimpanzee copulatory calls incite male-male competition? *Animal Behaviour* 39: 596-597.

105. Watts, D., and Mitani, J. (2001). Boundary patrols and intergroup encounters in wild chimpanzees. *Behaviour* 138: 299-327.

106. Wilson, M., Hauser, M.D., and Wrangham, R. (2001). Does participation in intergroup conflict depend on numerical assessment, range location, or rank for wild chimpanzees? *Animal Behaviour* 61: 1203-1216.

107. Parr, L.A. (2001). Cognitive and physiological markers of emotional awareness in chimpanzees, *Pan troglodytes. Animal Cognition* 4: 223-229.

108. Flombaum, J.I., and Santos, L.R. (2005). Rhesus monkeys attribute perceptions to others. *Current Biology* 15: 447-452.

109. Santos, L.R., Flombaum, J.I., and Phillips, W. (2007). The evolution of human mindreading: How nonhuman primates can inform social cognitive neuroscience. In Platek, S., M., Keenan, J.P., and Shackelford, T.K. (eds.), *Cognitive Neuroscience*. Cambridge MA: MIT Press.

110. Miklósi, A., Topál, J., and Csányi, V. (2004). Comparative social cognition: What can dogs teach us? *Animal Behaviour* 67: 995-1004.

111. For a review, see: Hare, B., and Tomasello, M. (2005). Human-like social skills in dogs? *Trends in Cognitive Sciences* 9:

439-444.

112. Belyaev, D. (1979). Destabilizing selection as a factor in domestication. *Journal of Heredity* 70: 301-308.

第六章　藝術是怎麼回事？

1. Dissanayake, E. (1988). *What Is Art For?* Seattle: University of Washington Press.

2. Pinker, S. (1997). *How the Mind Works*. New York: W.W. Norton.

3. Cela-Conde, C.C.J., Marty, G., Maestu, F., Ortiz, T., Munar, E., Fernandez, A., Roca, M., Rossello, J., and Quesney, F. (2004): Activation of the prefrontal cortex in the human visual aesthetic perception. *Proceedings of the Nation Academy of Sciences* 101: 6321-6325.

4. *American Heritage College dictionary*, 3rd ed. Boston: Houghton Mifflin.

5. Aiken, N.E. (1998). *The Biological Origins of Art*. Westport, CT: Praeger.

6. Kawabata, H., and Zeki, S. (2003). Neural correlates of beauty. *Journal of Neurophysiology* 91: 1699-1705.

7. Lindgaard, G., and Whitfield, T.W. (2004). Integrating aesthetics within an evolutionary and psychological framework. *Theoretical Issues in Ergonomics Science* 5: 73-90.

8. Norman, D.A. (2004). Introduction to this special section on beauty, goodness, and usability. *Human-Computer Interaction* 19: 311-318.

9. Humphrey, N.K. (1973). The illusion of beauty. *Perception* 2: 429-439.

10. Reber, R., Schwarz, N., and Winkielman, P. (2004). Processing fluency and aesthetic plea sure: Is beauty in the perceiver's processing experience? *Personality and Social Psychology Review* 8: 364-382.

11. Her description can be heard at http://cdbaby.com/cd/lyonsgoodall.

12. Morris, D. (1962). *The Biology of Art: A study of the Picture-Making Behaviour of the Great Apes and Its Relationship to Human Art.* New York: Alfred A. Knopf.

13. BBC News, June 20, 2005.

14. Shick, K.D., and Toth, N. (1993). *Making Silent Stones Speak: Human Evolution and the Dawn of Technology.* New York: Simon & Schuster.

15. Mithen, S. (2004). The evolution of imagination: An archeological perspective. *Substance* 94/95: 28-54.

16. Wynn. T. (1995). Handaxe enigmas. *World Archaeology* 27: 10-24.

17. Mithen, S. (2001). The evolution of imagination: An archaeological perspective. *Substance* 30: 28-54.

18. Miller, G. (2000). *The Mating Mind.* New York: Doubleday.

19. Tooby, J., & Cosmides, L. (2001). Does beauty build adapted minds? Toward an evolutionary theory of aesthetics, fiction and the arts. *Substance* 94/95: 6-27.

20. Leslie, A. (1987). Pretense and representation: The origins of 'theory of mind." *Psychological Review* 94: 412-426.

21. Thorpe, W. (1958). The learning of song patterns by birds, with special reference to the song of the chaffinch, *Fringilla coelebs. Ibis* 100: 535-570.

22. Almli, C.R., and Stanley, F. (1987). Neural insult and critical period concepts. In Bornstein, M.H. (ed.), *Sensitive Periods in Development: Interdisciplinary Perspectives* (pp. 123-143). Hillsdale, NJ: Lawrence Erlbaum.

23. Boyer, P. (in press 2007). Specialised inference engines as precursors of creative imagination? Forthcoming in Roth, I. (ed.), *Imaginative Minds*. London: British Academy.

24. Carroll, J. (2007) The adaptive function of literature. In Petrov, V., Martindale, C., Locher, P., and Petrov, V.M. (eds.). *Evolutionary and Neurocognitive Approaches to Aesthetics, Creativity and the Arts,* Foundations and Frontiers of

Aesthetics. Amityville, NY: Baywood Publishing.

25. Haidt, J. (2006). *The Happiness Hypothesis : Finding Modern Truth in Ancient Wisdom*. New York: Basic Books.

26. Tractinsky, N., Cokhavi, A., Kirschenbaum, M. (2004). Using ratings and response latencies to evaluate the consistency of immediate aesthetic perceptions of web pages. *Proceedings of the Third Annual Workshop on HC I Research in MIS*. Washington, DC Dec. 10-11.

27. Uduehi, J. (1995). A cross cultural assement of the Maitland-Graves design judgment test using U.S. and Nigerian subjects. *Visual Arts Research* 13: 11-18.

28. Humphrey, D. (1997). Preferences in symmetries and symmetries in drawings: asymmetries between ages and sexes. *Empirical Studies of the Arts* 15: 41-60.

29. Møller, A.P., and Thornhill, R. (1998). Bilateral symmetry and sexual selection: A meta-analysis. *American Naturalist* 15: 174-192.

30. Thornhill, R., and Møller, A.P. (1997). Developmental stability, disease and medicine. *Biological Reviews* 72: 497-548.

31. Perrett, D.I., Burt, D.M., Penton-Voak, I.S., Lee, K.J., Rowland, D.A., and Edwards, R. (1999). Symmetry and human facial attractiveness. *Evolution and Human Behavior* 20: 295-307.

32. Manning, J.T., Koukourakis, K., and Brodie, D.A. (1997). Fluctuating asymmetry, metabolic rate and sexual selection in human males. *Evolution and Human Behavior* 18: 15-21.

33. Thornhill, R., and Gangestad, S.W. (1994). Human fluctuating asymmetry and sexual behavior. *Psychological Science* 5: 297-302.

34. Gangestad, S.W., and Thornhill, R. (1997). The evolutionary psychology of extrapair sex: The role of fluctuating

asymmetry. *Evolution and Human Behavior* 18: 69-88.

35. Scutt, D., Manning, J.T., White house, G.H., Leinster, S.J., and Massey, C.P. (1997). The relationship between breast asymmetry, breast size and occurrence of breast cancer. *British Journal of Radiology* 70: 1017-1021.

36. Manning, J.T., Scutt, D., White house, G.H., and Leinster, S.J. (1997). Breast asymmetry and phenotypic quality in women. *Evolution and Human Behavior* 18: 223-236.

37. Møller, A.P., Soler, M., and Thornhill, R. (1995). Breast asymmetry, sexual selection, and human reproductive success. *Evolution and Human Behavior* 16: 207-219.

38. Perrett, D.I., Burt, D.M., Penton-Voak, I.S., Lee, K.J., Rowland, D.A., and Edwards, R. (1999). Symmetry and human facial attractiveness. *Evolution and Human Behavior* 20: 295-307.

39. Thornhill, R., and Gangestad, S.W. (1999). The scent of symmetry: A human sex pheromone that signals fitness. *Evolution and Human Behavior* 20: 175-201.

40. Hughes, S.M., Harrison, M.A., and Gallup Jr., G.G. (2002). The sound of symmetry: Voice as a marker of developmental instability. *Evolution and human Behavior* 23: 173-178.

41. Cunningham, M.R. (1986). Measuring the physical in physical attractiveness: Quasi-experiments on the sociobiology of female facial beauty. *Journal of Personality and Social Psychology* 50: 923-935.

42. Perrett, D.I., May, K.A., and Yoshikawa, S. (1994). Facial shape and judgements of female attractiveness. *Nature* 368: 239-242.

43. Langlois, J.H., Ritter, J.M., Roggman, L.A., and Vaughn, L.S. (1991). Facial diversity and infant preferences for attractive faces. *Developmental Psychology* 27: 79-84.

44. Lawsmith, M.J., Perrett, D.I., Jones, B.C., Cornwell, R.E., Moore, F.R., Feinberg, D.R., Boothroyd, L.G., Durrani,

S.J., Stirrat, M.R., Whiten, S., Pitman, R.M., and Hillier, S.G. (2006). Facial appearance is a cue to oestrogen levels in women. *Proceedings of the Royal Society of London, Series B: Biological Sciences* 273: 1435-1440.

45. Moshe, B., and Neta, M. (2006). Humans prefer curved visual objects. *Psychological Science* 17: 645-648.

46. Latto, R. (1995). The brain of the beholder. In Gregory, R., Harris, J., Heard, P., and Rose, D. (eds.), *The Artful Eye* (pp. 66-94). Oxford, UK: Oxford University Press.

47. Jastrow, J. (1892). On the judgment of angles and positions of lines. *American Journal of Psychology* 5: 214-248.

48. Latto, R. (2004) Do we like what we see? In Malcolm, G. (ed.), *Multidisciplinary Approaches to Visual Representations and Interpretations* (pp. 343-356). Amsterdam: Elsevier.

49. Ulrich, R.S. (1986). Human responses to vegetation and landscapes. *Landscape and Urban Planning* 13: 29-44.

50. Ulrich, R.S. (1993). Biophilia, biophobia and natural landscapes. In Kellert, S., and Wilson E.O. (eds.), *The Biophilia Hypothesis* (pp. 73-137). Washington DC: Island Press.

51. Ulrich. R.S. (1984). View through window may influence recovery from surgery. *Science* 224: 420-421.

52. Balling, J.D., and Falk, J.H. (1982). Development of visual preference for natural environments. *Environment and Behavior* 14: 5-28.

53. Lohr, V.I., and Pearson-Mims, C.H. (2006). Responses to scenes with spreading, rounded, and conical tree forms. *Environment and Behavior* 38: 667-688.

54. Orians, G.H. (1980). Habitat selection: General theory and applications to human behavior. In Lockard, J.S. (ed.), *The Evolution of Human Social Behavior.* Amsterdam: Elsevier.

55. Taylor R.P. (1998). Splashdown. *New Scientist* 2144:30-31.

56. Sprott, J. (2004). Can a monkey with a computer create art? *Nonlinear Dynamics, Psychology, and Life Sciences* 8:

103-114.

57. Aks, D.J., and Sprott, J.C. (1996). Quantifying aesthetic preference for chaotic patterns. *Empirical Studies of the Arts* 14: 1-19.

58. Wise, J.A., and Rosenberg, E. (1986). The effects of interior treatments on performance stress in three types of mental tasks. *Technical Report Space*. Sunnyvale, CA: Human Factors Office, NASA-ARC.

59. Wise, J.A., and Taylor, R.P. (2002). Fractal design strategies for enhancement of knowledge work environments. *Proceedings of the Human Factors and Ergonomics Society Meeting*. Baltimore, MD.

60. Spehar, B., Clifford, C., Newell, B., and Taylor, R. P. (2004). Universal aesthetic of fractals. *Chaos and Graphics* 37: 813-820.

61. Mandelbrot, B.B. (2001). Fractals and art for the sake of science. In Emmer, M. (ed), *The Visual Mind*. Cambridge, MA: MIT Press.

62. Taylor, R.P. (2006). Reduction of physiological stress using fractal art and architecture. *Leonardo* 39: 245-251.

63. Hagerhall, C., Purcell, T., and Taylor, R.P. (2004). Fractal dimension of landscape silhouette as a predictor for landscape preference. *Journal of Environmental Psychology* 24: 247-255.

64. Hauser, M.D., and McDermott, J. (2006). Thoughts on an empirical approach to the evolutionary origins of music. *Music Perception* 24: 111-116.

65. Marler, P. (1990). Song learning: The interface between behaviour and neuroethology. *Philosophical Transactions of the Royal Society of London, Series B: Biological Sciences* 329: 109-114.

66. Brown, D. (1991). *Human Universals*. New York: McGraw-Hill.

67. Blacking, J. (1995). *Music, Culture and Experience*. Chicago: University of Chicago Press.

68. Merriam, A.P. (1964). *The Anthropology of Music*. Chicago: Northwestern University Press.

69. Huron, D. (2001). Is music an evolutionary adaptation? *Annals of the New York Academy of Sciences* 930: 43-61.

70. Zhang, J., Haarottle, G., Wang, C., and Kong, Z. (1999). Oldest playable music instruments found at Jiahua early Neolithic site in China. *Nature* 401: 366-368.

71. Hagen, E.H., and Bryant, G.A. (2003) Music and dance as a coalition signaling system. *Human Nature* 14: 21-51.

72. Fitch, T. (2006). On the biology and evolution of music. *Music Perception* 24: 85-88.

73. Levitin, D.J. (1994). Absolute memory for musical pitch: Evidence from the production of learned melodies. *Perception & Psychophysics* 56: 414-423.

74. Levitin, D.J., and Cook, P.R. (1996). Memory for musical tempo: Additional evidence that auditory memory is absolute. *Perception & Psychophysics* 58: 927-935.

75. Trehub, S.E. (2003). Toward a developmental psychology of music. *Annals of the New York Academy of Sciences* 999: 402-413.

76. Wright, A.A., Rivera, J.J., Hulse, S.H., et al. (2000). Music perception and octave generalization in rhesus monkeys. *Journal of Experimental Psychology: General* 129: 291-307.

77. Gagnon, T., Hunse, C., Carmichael, L., Fellows, F., and Patrick, J. (1987). Human fetal responses to vibratory acoustic stimulation from twenty-six weeks to term. *American Journal of Obstetrics and Gynecology* 157: 1375-1384.

78. Koelsch, S., and Siebel, W.A. (2005). Towards a neural basis of music perception. *Trends in Cognitive Science* 9:578-584

79. Koelsch, S., Kasper, E., Sammler, D., Schulze, K., Gunter, T., and Friederici, A.D. (2004). Music, language and meaning: Brain signatures of semantic processing. *Nature Neuroscience* 7: 302-307.

80. Fitch, W.T., and Hauser, M.D. (2004). Computational constraints on syntactic processing in a nonhuman primate. *Science* 303: 377-380

81. Levitin, D.J., and Menon, V. (2003). Musical structure is processed in "language" areas of the brain: A possible role for Brodmann area 47 in temporal coherence. *NeuroImage* 20: 2142-2152.

82. Tillmann, B., Janata, P., Bharucha, J.J. (2003). Activation of the inferior frontal cortex in musical priming. *Cognitive Brain Research* 16: 145-161.

83. Koelsch, S., Gunter, T.C., von Cramon, D.Y., Zysset, S., Lohmann, G., and Friederici, A.D. (2002). Bach speaks: A cortical "language-network" serves the processing of music. *NeuroImage* 17: 956-966.

84. Voss, R.F., and Clarke, J. (1978). 1/f noise in music and speech. *Nature* 258: 317-318.

85. De Coensel, B., Botterdooren, D., and De Muer, T. (2003). 1/f noise in rural and urban soundscapes. *Acta Acoustica* 89 : 287-295.

86. Garcia-Lazaro, J.A., Ahmed, B., and Schnupp, J.W.H. (2006). Tuning to natural stimulus dynamics in primary auditory cortex. *Current Biology* 7: 264-271.

87. Rieke, F., Bodnar, D.A., and Bialek, W. (1995). Naturalistic stimuli increase the rate and efficiency of information transmission by primary auditory afferents. *Proceedings of the Royal Society of London, Series B: Biological Sciences* 262: 259-265.

88. Krumhansl, C.L. (1997). An exploratory study of musical emotions and psychophysiology. *Canadian Journal of Experimental Psychology* 51: 336-353.

89. Pancept, J. (1995). The emotional sources of "chills" induced by music. *Music Perception* 13: 171-207.

90. Goldstein, A. (1980). Thrills in response to music and other stimuli. *Physiological Psychology* 8: 126-129.

91. Blood, A.J., and Zatorre, R.J. (2001). Intensely pleas ur able responses to music correlate with activity in brain regions implicated in reward and emotion. *Proceedings of the National Academy of Sciences* 98: 11818-11823.

92. Ashby, F.G., Isen, A.M., and Turken, A.U. (1999). A neuropsychological theory of positive affect and its influence on cognition. *Psychology Review* 106: 529-550.

93. Rauscher, F.H., Shaw, G.L., and Ky, K.N. (1993). Music and spatial task performance. *Nature* 365: 611.

94. For a review, see: Schellenberg, E.G. (2005). Music and cognitive abilities. *Current Directions in Psychological Science* 14: 317-320.

95. Barnett, S.M., and Ceci, S.J. (2002). When and where do we apply what we learn? A taxonomy for transfer. *Psychological Bulletin* 128: 612-637.

96. Schellenberg, E.G. (2004). Music lessons enhance IQ. *Psychological Science* 15: 511-514.

97. Elbert, T, Pantev, C., Wienbruch, C., Rockstroh, B., and Taub, E. (1995). Increased cortical representation of the fingers of the left hand in string players. *Science* 270: 305-307.

98. Gaser, C., and Schlaug, G. (2003). Brain structures differ between musicians and nonmusicians. *Journal of Neuroscience* 23: 9240-9245.

99. Neville, H.J., unpublished data, personal communication.

100. Rueda, M.R., Rothbart, M.K., McCandliss, B.D., Saccomanno, L., and Posner, M.I. (2005). Training, maturation, and genetic influences on the development of executive attention. *Proceedings of the National Academy of Sciences* 102: 14931-14936.

101. Norton, A., Winner, E., Cronin, K., *et al.* (2005). Are there pre-existing neural, cognitive, or motoric markers for musical ability? *Brain and Cognition* 59:124-134.

102. Schlaug, G., Norton, A., Overy, K., and Winner E. (2005). Effects of music training on the child's brain and cognitive development. *Annals of the New York Academy of Sciences* 1060: 219-230.

103. Personal communication.

第七章　我們的行為都像二元論者：轉換器的功能

1. Barrett, J.L. (2004). *Why would anyone believe in God?* Walnut Creek, CA: Altamira Press.

2. Atran, S. (1990). *Cognitive foundations of natural history: Towards an anthropology of science*. Cambridge: Cambridge University Press.

3. Pinker, S. (1997). *How the Mind Works*. New York: W.W. Norton.

4. Gelman, S.A., and Wellman, H.M. (1991). Insides and essences: Early understandings of the non-obvious. *Cognition* 38: 213-244.

5. Atran, S. (1998). Folk biology and the anthropology of science: Cognitive universals and cultural particulars. *Behavioral and Brain Sciences* 21: 547-609.

6. Caramazza, A., and Shelton, J.R. (1998). Domain-specific knowledge systems in the brain: The animate-inanimate distinction. *Journal of Cognitive Neuroscience* 10: 1-34.

7. Boyer, P., and Barrett, C. (2005). Evolved intuitive ontology: Integrating neural, behavioral and developmental aspects of domain-specificity. In Buss, D.M. (ed.), *The Handbook of Evolutionary Psychology* (pp. 200-223). New York: Wiley.

8. Barrett, H.C. (2005). Adaptations to predators and prey. In Buss (ed.), *The handbook of Evolutionary Psychology* (pp. 200-223). New York: Wiley.

9. Coss, R.G., Guse, K.L., Poran, N.S., and Smith, D.G. (1993). Development of antisnake defenses in California ground squirrels (*Spermophilus beecheyi*), II: Microevolutionary effects of relaxed selection from rattlesnakes. *Behaviour* 124: 137-164.

10. Blumstein, D.T., Daniel, J.C., Griffin, A.S., and Evans, C.S. (2000). Insular tammar wallabies (*Macropus eugenii*) respond to visual but not acoustic cues from predators. *Behavioral Ecology* 11: 528-535.

11. Fox, R., and McDaniel, M. (1982). The perception of biological motion by human infants. *Science* 218: 486-487.

12. Schlottmann, A., and Surian, L. (1999). Do 9-month-olds perceive causation-at-a-distance? *Perception*. 28: 1105-1113.

13. Csibra, G., Gergely, G., Biro, S., Koos, O., and Brockbank, M. (1999). Goal attribution without agency cues: The perception of "pure reason" in infancy. *Cognition* 72: 237-267.

14. Csibra, G., Bíró, S., Koós, O., and Gergely, G. (2003). One-year-old infants use teleological representations of actions productively. *Cognitive Psychology* 27: 111-133.

15. Gelman, S.A., Coley, J.D., Rosengren, K.S., Hartman, E., Pappas, A., and Keil, F.C. (1998). Beyond labeling: The role of maternal input in the acquisition of richly structured categories. *Monographs of the Society for Research in Child Development* 63: 1-157.

16. Bloom, P. (2004). *Descartes' Baby*. New York: Basic Books.

17. Vonk, J., and Povinelli, D.J. (2006). Similarity and difference in the conceptual systems of primates: The unobservability hypothesis. In Wasserman, E., and Zentall, T. (eds.), *Comparative Cognition: Experimental Explorations of Animal Intelligence* (pp. 363-387). Oxford: Oxford University Press.

18. Baillargeon, R.E., Spelke, E., and Wasserman, S. (1985). Object permanence in five month old infants. *Cognition* 20: 191-208.

19. Spelke, E.S. (1991). Physical knowledge in infancy: Reflections on Piaget's theory. In Carey, S., and Gelman, R. (eds.), *The Epigenesis of Mind: Essays on Biology and Cognition* (pp. 133-169). Hillsdale, NJ: Lawrence Erlbaum.
20. Spelke, E.S. (1994). Initial knowledge: Six suggestions. *Cognition* 50: 443-447.
21. Baillargeon. R. (2002). The acquisition of physical knowledge in infancy: A summary in eight lessons." In Goswami, U. (ed.), *Blackwell Handbook of Childhood Cognitive Development*. Cambridge, MA: Blackwell.
22. Shultz, T.R., Altmann, E., and Asselin, J. (1986). Judging causal priority. *British Journal of Developmental Psychology* 4: 67-74.
23. Kohler, W. (1925). *The Mentality of Apes*. New York: Liveright.
24. Tomasello, M. (1998). Uniquely primate, uniquely human. *Developmental Science* 1: 1-16.
25. Povinelli, D.J. (2000). *Folk Physics for Apes: The Chimpanzee's Theory of How the World Works,* rev. ed. 2003. Oxford: Oxford University Press.
26. Bloom, P. (1996). Intention, history and artifact concepts. *Cognition* 60: 1-29.
27. Moore, C.J., and Price. C.J. (1999). A functional neuroimaging study of the variables that generate category-specific object processing differences. *Brain* 122: 943-962.
28. Mecklinger, A., Gruenewald, C., Besson, M., Magnié, M.-N., & Von Cramon, D.Y. (2002). Separable neuronal circuitries for manipulable and non-manipulable objects in working memory. *Cerebral Cortex* 12: 1115-1123.
29. Heider, F., and Simmel, M. (1944). An experimental study of apparent behavior. *American Journal of Psychology* 57: 243-59.
30. Kelemen, D. (1999). The scope of teleological thinking in preschool children. *Cognition* 70: 241-272.
31. Kelemen, D. (1999). Why are rocks pointy? Children's preference for teleological explanations of the natural world.

Developmental Psychology 35: 1440-1453.

32. Kelemen, D. (2003). British and American children's preference for teleofunctional explanations of the natural world. *Cognition*. 88: 201-221.

33. Kelemen, D. (1999). Function, goals, and intention: Children's teleological reasoning about objects. *Trends in Cognitive Sciences* 3: 461-468.

34. Gergely, G., and Csibra, G. (2003). Teleological reasoning in infancy: The naïve theory of rational action. *Trends in Cognitive Sciences* 7: 287-292.

35. Povinelli, D.J. (2004). Behind the ape's appearance: Escaping anthropocentrism in the study of other minds. *Daedalus* Winter: 29-41.

36. Povinelli, D.J., and Dunphy-Lelii, S. (2001). Do chimpanzees seek explanations? Preliminary comparative investigations. *Canadian Journal of Experimental Psychology* 52: 93-101.

37. Povinelli, D.J., Bering, J., and Giambrone, S. (2001). Toward a science of other minds: Escaping the argument by analogy. *Cognitive Science* 24: 509-541.

38. Wynn, K. (1992). Addition and subtraction by human infants. *Nature* 358: 749-750.

39. Klin, A. (2000). Attributing social meaning to ambiguous visual stimuli in higher-functioning autism and Asperger syndrome: The social attribution task. *Journal of Child Psychology and Psychiatry* 41: 831-846.

40. Pierce, K., Muller, R.A., Ambrose, J., Allen, G., and Courchesne, E. (2001). Face processing occurs outside the fusiform "face area" in autism: Evidence from functional MRI. *Brain* 124: 2059-2073.

41. Schultz, R.T., Gauthier, I., Klin, A., Fulbright, R.K., Anderson, A.W., Volkmar, F., et al. (2000). Abnormal ventral temporal cortical activity during face discrimination among individuals with autism and Asperger syndrome. *Archives*

of General Psychiatry 57: 331-1340.

42. Tattersall, I. (1998). *Becoming Human*. New York: Harcourt Brace.

43. McComb, K., Baker, L., and Moss, C. (2006). African elephants show high levels of interest in the skulls and ivory of their own species. *Biology Letters* 2: 26-28.

44. Moss, C. (1988). *Elephant Memories: Thirteen Years of Life in an Elephant Family*. New York: William Morrow.

45. Evans, J., and Curtis-Holmes, J. (2005). Rapid responding increases belief bias: Evidence for the dual-process theory of reasoning. *Thinking and Reasoning* 11: 382-389.

第八章　有人在嗎？

1. Dehaene, S., and Naccache, L. (2001). Towards a cognitive neuroscience of consciousness: Basic evidence and a workspace framework. *Cognition* 79: 1-37.

2. Gazzaniga, M.S., Le Doux, J.E., and Wilson, D.H. (1977). Language, praxis, and the right hemi sphere: Clues to some mechanisms of consciousness. *Neurology* 27: 1144-1147.

3. Searle, J.R. (1998). How to study consciousness Scientifically. *Philosophical Transactions of the Royal Society of London, Series B*, 353: 1935-1942.

4. Zeman, A. (2001). Consciousness. *Brain* 124: 1263-1289.

5. Moran, A. (2006). Levels of consciousness and self-awareness: A comparison and integration of various neurocognitive views. *Consciousness and Cognition* 15: 358-371.

6. Damasio, A. (1999). *The Feeling of What Happens*. New York: Harcourt Brace.

7. Parvizi, J., and Damasio, A. (2001). Consciousness and the brainstem. *Cognition* 79: 135-160.

8. Bogen, J. (1995) On the neurophysiology of consciousness, I: An overview. *Consciousness and Cognition* 4: 52-62.
9. Allman, J.M., Hakeem, A., Erwin, E.N., and Hof, P. (2001). The anterior cingulate cortex: The evolution of an interface between emotion and cognition. *Annals of the New York Academy of Science* 935: 107-117.
10. Baddeley, A.D. (1986). *Working Memory*. Oxford: Clarendon Press.
11. Shallice, T. (1988). *From Neuropsychology to Mental Structure*. Cambridge, UK: Cambridge University Press.
12. Posner, M.I. (1994). Attention: The mechanisms of consciousness. *Proceedings of the National Academy of Sciences* 91: 7398-7403.
13. Posner, M.I., and Dehaene, S. (1994). Attentional networks. *Trends in Neuroscience* 17: 75-79.
14. Baars, B.J. (1989). *A Cognitive Theory of Consciousness*. Cambridge, UK: Cambridge University Press.
15. Tonini, G., and Edelman, G.M. (1998). Consciousness and complexity. *Science* 282: 1846-1851.
16. Dehaene, S., and Changeux, J.-P. (2005). Ongoing spontaneous activity controls access to consciousness: A neuronal model for inattentional blindness. *Public Library of Science: Biology* 3: e141, doi:10.1371/journal.pbio.0030141.
17. Dehaene, S., and Changeux, J.-P. (2004). Neural mechanisms for access to consciousness. In Gazzaniga, M.S. (ed.), *The Cognitive Neurosciences,* vol. 3 Cambridge, MA: MIT Press.
18. Driver, J., and Vuilleumier, P. (2001) Perceptual awareness and its loss in unilateral neglect and extinction. *Cognition* 79: 39-88.
19. Bisiach, E., and Luzzatti, B., (1978). Unilateral neglect of representational space. *Cortex* 14: 129-133.
20. Halligan, P.W., and Marshall, J.C. (1998). Neglect of awareness. *Consciousness and Cognition* 7: 356-380.
21. McGlinchey-Berroth, R., Milberg, W.P., Verfaellie, M., Alexander, M., and Kilduff, P. (1993). Semantic priming in the neglected field: Evidence from a lexical decision task. *Cognitive Neuropsychology* 10: 79-108.

22. Aboitiz, F., Scheibel, A.B., Fisher, R.S., and Zaidel, E. (1992). Fiber composition of the human corpus callosum. *Brain Research* 598: 143-153.

23. Van Wagenen, W.P., and Herren, R.Y. (1940). Surgical division of commissural pathways in the corpus callosum: Relation to spread of an epileptic seizure. *Archives of Neurology and Psychiatry* 44: 740-759.

24. Akelatis, A.J. (1941). Studies on the corpus callosum: Higher visual functions in each homonymous field following complete section of the corpus callosum. *Archives of Neurology and Psychiatry* 45: 788.

25. Gazzaniga, M.S., Bogen, J.E., and Sperry, R. (1962). Some functional effects of sectioning the cerebral commissures in man. *Proceedings of the National Academy of Sciences* 48: 1756-1769.

26. Sperry, R. (1984). Consciousness, personal identity and the divided brain. *Neuropsychologia* 22: 661-673.

27. Kutas, M., Hillyard, S.A., Volpe, B.T., and Gazzaniga M.S. (1990). Late positive event-related potentials after commissural section in humans. *Journal of Cognitive Neuroscience* 2: 258-271.

28. Gazzaniga, M.S., Bogen, J.E., and Sperry, R. (1967). Dyspraxia following division of the cerebral commissures. *Archives of Neurology* 16: 606-612.

29. Gazzaniga, M.S., Smylie, C.S. (1990). Hemispheric mechanisms controlling voluntary and spontaneous facial expressions. *Journal of Cognitive Neuroscience* 2: 239-245.

30. Enns, J.T., Kingstone, A. (1997). Hemispheric cooperation in visual search: Evidence from normal and split-brain observers. In Christman, S., (ed.), *Cerebral Asymmetries in Sensory and Perceptual Processes* (pp. 197-231). Amsterdam: North-Holland.

31. Kingstone, A., Grabowecky, M., Mangun, G.R., Valsangkar, M.A., and Gazzaniga, M.S. (1997). Paying attention to the brain: The study of selective visual attention in cognitive neuroscience. In Burak, J., Enns, J.T. (eds.). *Attention,*

Development, and Psychopathology (pp. 263-287). New York: Guilford Press.

32. Kingstone, A., Friesen, C.K., and Gazzaniga, M.S. (2000). Reflexive joint attention depends on lateralized cortical connections. *Psychological Science* 11: 159-166.

33. Holtzman, J.D., and Gazzaniga, M.S. (1982). Dual task interactions due exclusively to limits in processing resources. *Science* 218: 1325-1327.

34. Mangun, G.R., Luck, S.J., Plager, R., Loftus, W., Hillyard, S.A., Clark, V.P, et al. (1994). Monitoring the visual world: Hemispheric asymmetries and subcortical processes in attention. *Journal of Cognitive Neuroscience* 6: 267-275.

35. Berlucchi, G., Mangun, G.R., and Gazzaniga, M.S. (1997). Visuospatial attention and the split brain. *News in Physiological Sciences* 12: 226-231.

36. Corballis, M.C. (1995). Visual integration in the split brain [review]. *Neuropsychologia* 33: 937-959.

37. Nass, R.D., and Gazzaniga, M.S. (1987). Cerebral lateralization and specialization of human central Nervous system. In Mountcastle, V.B., Plum, F., and Geiger, S.R. (eds.), *Handbook of Physiology*, section 1, vol. 5, part 2 (pp. 701-761). Bethesda, MD: American Physiological Society.

38. Zaidel, E. (1991). Language functions in the two hemi spheres following complete cerebral commissurotomy and hemispherectomy. In Boller, F., and Grafman, J. (eds.), *Handbook of Neuropsychology*, vol. 4 (pp. 115-150). Amsterdam: Elsevier.

39. Gazzaniga, M.S. (1995). On neural circuits and cognition [review]. *Neural Computation* 7: 1-12.

40. Wolford, G., Miller, M.B., and Gazzaniga, M.S. (2000). The left hemi sphere's role in hypothesis formation. *Journal of Neuroscience* 20: RC64.

41. Miller, M.B., and Valsangkar-Smyth, M. (2007). Probability matching in the right hemi sphere. *Brain and Cognition* (in

press).

42. Wolford, G., Miller, M.B., and Gazzaniga, M.S. (2004). Split decisions. In Gazzaniga, M.S. (ed.), *The Cognitive Neurosciences*, vol. 3 (pp. 1189-1199). Cambridge, MA: MIT Press.

43. Schachter, S., Singer, J.E. (1962). Cognitive, social, and physiological determinants of emotional state. *Psychology Review* 69: 379-399.

44. Phelps, E.A., and Gazzaniga, M.S. (1992). Hemispheric differences in mnemonic processing: The effects of left hemi sphere interpretation. *Neuropsychologia* 30: 293-297.

45. Metcalfe, J., Funnell, M., and Gazzaniga, M.S. (1995). Right-hemi sphere memory superiority: Studies of a split-brain patient. *Psychological Science* 6: 157-164.

46. Doran, J.M. (1990). The Capgras syndrome: Neurological/neuropsychological perspectives. *Neuropsychology* 4: 29-42.

47. Kihlstrom, J.F., and Klein, S.B. (1997). Self-knowledge and self-awareness. In Snodgrass, J.D., and Thompson, R.L. (eds.), The self across psychology: Self-recognition, self-awareness, and the self concept. *Annals of the New York Academy of Sciences* 818: 5-17.

48. Boyer, P., Robbins, P., and Jack, A.I. (2005). Varieties of self-systems worth having: Introduction to a special issue on "the brain and its self." *Consciousness and Cognition* 14: 647-660.

49. Gillihan, S.J., and Farah, M.J. (2005). Is self special? A critical review of evidence from experimental psychology and cognitive neuroscience. *Psychological Bulletin* 131: 76-97.

50. Rogers, T.B., Kuiper, N.A., and Kirker, W.S. (1977). Self-reference and the encoding of personal information. *Journal of Personality and Social Psychology* 35: 677-688.

51. Tulving, E. (1983). *Elements of Episodic Memory*. New York: Oxford University Press.

52. Tulving, E. (1985). Memory and consciousness. *Canadian Psychology* 26: 1-12.

53. Tulving, E. (1993). What is episodic memory? *Current Directions in Psychological Science* 2: 67-70.

54. Tulving, E. (2005). Episodic memory and autonoesis: Uniquely human? In Terrace, H.S., and Metcalfe, J. (eds.), *The Missing Link in Cognition* (pp. 3-56). New York: Oxford University Press.

55. Bauer, P.J., and Wewerka, S.S. (1995). One-to two-year-olds' recall of events: The more expressed, the more impressed. *Journal of Experimental Child Psychology* 59: 475-496.

56. Perner, J., and Ruffman, T. (1995). Episodic memory and autonoetic consciousness: Developmental evidence and a theory of childhood amnesia. *Journal of Experimental Child Psychology* 59: 516-548.

57. Wheeler, M.A., Stussl, D.T., and Tulving, E. (1997). Toward a theory of episodic memory: The frontal lobes and autonoetic consciousness. *Psychological Bulletin* 121: 331-354.

58. Friedman, W.J. (1991). The development of children's memory for the time of past events. *Child Development* 62: 139-155.

59. Friedman, W.J., Gardner, A.G., and Zubin, N.R. (1995). Children's comparisons of the recency of two events from the past year. *Child Development* 66: 970-983.

60. For a summary, see: Klein, S. (2004). Knowing one's self. In Gazzaniga, M.S. (ed.), *The Cognitive Neurosciences*, vol. 3 (pp. 1077-1089). Cambridge, MA: MIT Press.

61. Babey, S.H., Queller, S., and Klein, S.B. (1998). The role of expectancy violating behaviors in the representation of trait-knowledge: A summary-plus-exception model of social memory. *Social Cognition* 16: 287-339.

62. Morin, A. (2002). Right hemispheric self-awareness: A critical assessment. *Consciousness and Cognition* 11: 396-401.

63. Conway, M.A., Pleydell-Pearce, C.W., and Whitecross, S.E. (2001). The neuroanatomy of autobiographical memory: A slow cortical potential study of autobiographical memory retrieval. *Journal of Memory and Language* 45: 493-524.

64. Conway, M.A., Pleydell-Pearce, C.W., Whitecross, S., and Sharpe, H. (2002). Brain imaging autobiographical memory. *Psychology of Learning and Motivation* 41: 229-264.

65. Conway, M.A., Pleydell-Pearce, C.W., Whitecross, S.E., and Sharpe, H. (2003). Neurophysiological correlates of memory for experienced and imagined events. *Neuropsychologia* 41: 334-340.

66. Turk, D.J., Heatherton, T.F., Macrae, C.N., Kelley, W.M., and Gazzaniga, M.S. (2003). Out of contact, out of mind: The distributed nature of self. *Annals of the New York Academy of Sciences* 1001: 65-78.

67. Gazzaniga, M.S. (1972). One brain-two minds? *American Scientist* 60: 311-317.

68. Gazzaniga, M.S., and Smylie, C.S. (1983). Facial recognition and brain asymmetries: Clues to underlying mechanisms. *Annals of Neurology* 13: 536-540.

69. DeRenzi, E. (1986). Prosopagnosia in two patients with CT scan evidence of damage confined to the right-hemi sphere. *Neuropsychologia* 24: 385-389.

70. Landis, T., Cummings, J.L., Christen, L., Bogen, J.E., and Imhof, H.G. (1986). Are unilateral right posterior cerebral lesions sufficient to cause prosopagnosia? Clinical and radiological findings in six additional patients. *Cortex* 22: 243-252.

71. Michel, F., Poncet, M., and Signoret, J.L. (1989). Les lesions responsables de la prosopagnosie sont-elles toujours bilateral. *Revue Neurologique* (Paris) 145: 764-770.

72. Wada, Y., and Yamamoto, T. (2001). Selective impairment of facial recognition due to a haematoma restricted to the right fusiform and lateral occipital region. *Journal of Neurology, Neurosurgery and Psychiatry* 71: 254-257.

73. Whiteley, A.M., and Warrington, E.K. (1977). Prosopagnosia: A clinical, psychological, and anatomical study of three patients. *Journal of Neurology, Neurosurgery and Psychiatry* 40: 395-403.

74. Keenan, J.P., Nelson, A., O'Connor, M., and Pascual-Leone, A. (2001) Neurology: Self recognition and the right hemi sphere. *Nature* 409: 305.

75. Keenan, J.P., et al. (1999). Left hand advantage in a self-face recognition task. *Neuropsychologia* 37: 1421-1425.

76. Keenan, J.P., Ganis, G., Freund, S., and Pascual-Leone, A. (2000). Self-face identification is increased with left hand responses. *Laterality* 5: 259-268.

77. Maguire, E.A., and Mummery, C.J. (1999). Differential modulation of a common memory retrieval network revealed by positron emission tomography. *Hippocampus* 9: 54-61.

78. Conway, M.A., et al. (1999). A positron emission tomography (PET) study of autobiographical memory retrieval. *Memory* 7: 679-702.

79. Conway, M.A., and Pleydell-Pearce, C.W. (2000). The construction of autobiographical memories in the self-memory system. *Psychology Review* 107: 261-288.

80. Turk, D.J. (2002). Mike or me? Self-recognition in a split-brain patient. *Nature Neuroscience* 5: 841-842.

81. Cooney, J.W., and Gazzaniga, M.S. (2003). Neurologic disorders and the structure of human consciousness. *Trends in Cognitive Science* 7: 161-164.

82. For a review of different theories of components of consciousness, see: Morin, A. (2006). Levels of consciousness and self-awareness: A comparison and integration of various neurocognitive views. *Consciousness and Cognition* 15: 358-371.

83. Hauser, M. (2000). *Wild Minds*. New York: Henry Holt.

84. Mateo, J.M. (2006). The nature and representation of individual recognition cues in Belding's ground squirrels. *Animal Behaviour* 71: 141-154.

85. Gallup, G.G. Jr. (1970). Chimpanzees: Self-recognition. *Science* 2: 86-87.

86. Swartz, K.B., and Evans, S. (1991). Not all chimpanzees (*Pan troglodytes*) show self-recognition. *Primates* 32: 583-596.

87. Povinelli, D.J., Rulf, A.R., Landau, K., and Bierschwale, D.T. (1993). Self-recognition in chimpanzees (*Pan troglodytes*): Distribution, ontogeny, and patterns of emergence. *Journal of Comparative Psychology* 107: 347-372.

88. de Veer, M.W., Gallup, G.G. Jr., Theall, L.A., van den Bos, R., and Povinelli, D.J. (2003). An 8-year longitudinal study of mirror self-recognition in chimpanzees (*Pan troglodytes*). *Neuropsychologia* 41: 229-234.

89. Suarez, S.D., and Gallup, G.G. Jr. (1981). Self-recognition in chimpanzees and orangutans, but not gorillas. *Journal of Human Evolution* 10: 175-188.

90. Swartz, K.B. (1997). What is mirror self-recognition in nonhuman primates, and what is it not? *Annals of the New York Academy of Sciences* 818: 64-71.

91. Reiss, D., and Marino, L. (2001) Mirror self-recognition in the bottlenose dolphin: A case of cognitive convergence. *Proceedings of the National Academy of Sciences* 98: 5937-5942.

92. Barth, J., Povinelli, D.J., and Cant, J.G.H. (2004). Bodily origins of self. In Beike, D., Lampinen, J., and Behrend, D. (eds.), *Self and Memory*. New York: Psychology Press.

93. Povinelli, D.J. (1989). Failure to find self-recognition in Asian elephants (*Elephas maximus*) in contrast to their use of mirror cues to discover hidden food. *American Journal of Comparative Psychology* 103: 122-131.

94. Plotnik, J.M., de Waal, F.B.M., and Reiss, D. (2006). Self-recognition in an Asian elephant. *Proceedings of the*

National Academy of Sciences 103: 17053-17057.

95. Amsterdam, B.K. (1972). Mirror self-image reactions before age two. *Developmental Psychobiology* 5: 297-305.

96. Gallup, G.G. Jr. (1982). Self-awareness and the emergence of mind in primates. *American Journal of Primatology* 2: 237-248.

97. Mitchell, R.W. (1997). Kinesthetic-visual matching and the self-concept as explanations of mirror-self-recognition. *Journal for the Theory of Social Behavior* 27:101-123.

98. Mitchell, R.W. (1994). Multiplicities of self. In Parker, S.T, Mitchell, R.W., and Boccia, M.L. (eds.), *Self-awareness in Animals and Humans*. Cambridge: Cambridge University Press.

99. Povinelli, D.J., and Cant, J.G.H. (1995). Arboreal clambering and the evolution of self-conception. *Quarterly Review of Biology* 70: 393-421.

100. Call, J. (2004). The self and other: A missing link in comparative social cognition. In Terrace, H. S., and Metcalfe, J. (ed.), *The Missing Link in Cognition*. Oxford: Oxford University Press.

101. Povinelli, D.J., Landau, K.R., and Perilloux, H.K. (1996). Self-recognition in young children using delayed versus live feedback: Evidence of a developmental asynchrony. *Child Development* 67: 1540-1554.

102. Suddendorf, T., and Corballis, M.C. (1997). Mental time travel and the evolution of the human mind. *Genetic Psychology Monographs* 123: 133-167.

103. Roberts, W.A. (2002). Are Animals Stuck in Time? *Psychological Bulletin* 128: 473-489.

104. Clayton, N.S., and Dickinson, A. (1998). Episodic-like memory during cache recovery by scrub jays. *Nature* 395: 272-274.

105. Clayton, N.S., and Dickinson, A. (1999). Memory for the content of caches by scrub jays (*Aphelocoma coerulescens*).

Journal of Experimental Psychology: Animal Behavior Processes. 25: 82-91.

106. Clayton, N.S., and Dickinson, A. (1999). Scrub jays (*Aphelocoma coerulescens*) remember the relative time of caching as well as the location and content of their caches. *Journal of Comparative Psychology* 113: 403-416.

107. Clayton, N.S., Yu, K.S., and Dickinson, A. (2001). Scrub jays (*Aphelocoma coerulescens*) form integrated memories of the multiple features of caching episodes. *Journal of Experimental Psychology: Animal Behavior Processes*. 27: 17-29.

108. Clayton, N.S., Yu, K.S., and Dickinson, A.(2003). Interacting cache memories: Evidence for flexible memory use by western scrub-jays (*Aphelocoma californica*). *Journal of Experimental Psychology: Animal Behavior Processes*. 29: 14-22.

109. Reiner, A., et al. (2004). The Avian Brain Nomenclature Forum: terminology for a new century in comparative neuroanatomy. *Journal of Comparative Neuroanatomy* 473: E1-E6.

110. Butler, A.M., and Cotterill, R.M.J. (2006). Mammalian and avian neuroanatomy and the question of consciousness in birds. *Biological Bulletin* 211: 106-127.

111. Schwartz, B.L. (2004). Do nonhuman primates have episodic memory? In Terrace, H.S. and Metcalfe, J. (ed.), *The Missing Link in Cognition*. Oxford: Oxford University Press.

112. Dally, J.M., Emery, N.J., and Clayton, N.S. (2006). Food-caching western scrub-jays keep track of who was watching when. *Science* 312; 1662-1665.

113. Emery, N.J., and Clayton, N.S. (2001). Effects of experience and social context on prospective caching strategies in scrub jays. *Nature* 414: 443-446.

114. Mulcahy, N.J., and Call, J. (2006). Apes save tools for future use. *Science* 312: 1038-1040.

115. Suddendorf, T. (2006). Behaviour: Enhanced: Foresight and evolution of the human mind. *Science* 312: 1006-1007.

116. Smith, J.D., Shields, W.E., Schull, J., and Washburn, D.A. (1997). The uncertain response in humans and animals. *Cognition* 62: 75-97.

117. Smith, J.D., Schull, J., Strote, J., McGee, K., Egnor, R., and Erb, L. (1995). The uncertain response in the bottlenosed dolphin (*Tursiops truncatus*). *Journal of Experimental Psychology: General* 124: 391-408.

118. Smith, J.D., Shields, W.E., and Washburn, D.A. (2003). The comparative psychology of uncertainty monitoring and metacognition. *Behavioral and Brain Sciences* 26:317-339, Discussion 340-373.

119. Browne, D. (2004). Do dolphins know their own minds? *Biology and Philosophy* 19: 633-653.

120. Foote, A.L., and Crystal, J.D. (2007). Metacognition in the rat. *Current Biology* 17: 551-555.

121. Call, J. (2004). Inferences about the location of food in the great apes. *Journal of Comparative Psychology* 118: 232-241.

122. Call, J., and Carpenter, M. (2001). Do apes and children know what they have seen? *Animal Cognition* 4: 207-220.

第九章　誰需要肉體？

1. http://www.ethologic.com/sasha/articles/Cyborgs.rtf.

2. Kurzweil, R. (2005). *The Singularity Is Near*. New York: Viking.

3. Markram, H. (2006). The Blue Brain Project. *Nature Reviews Neuroscience* 7: 153-160.

4. Chase, V.D. (2006). *Shattered Nerves: How Science is Solving Modern Medicine's Most Perplexing Problem* (pp. 266-268). Baltimore: Johns Hopkins University Press.

5. Bodanis, D. (2004). *Electric Universe: The Shocking True Story of Electricity* (p. 199). New York: Crown.

6. Horgan, H. (2005). The forgotten era of brain chips. *Scientific American* Oct.: 66-73.

7. Clynes, M.E., and Kline, N.S. (1960) Cyborgs and space. *Astronautics.* American Rocket Society: Sept.

8. Chorost, M. (2005). *Rebuilt: My Journey Back to the Hearing World*. New York: Houghton Mifflin.

9. Brooks, R.A. (2002). *Flesh and Machines*. New York: Pantheon.

10. Kennedy, P.R., and Bakay, R.A. (1998). Restoration of neural output from a paralyzed patient by a direct brain connection. *NeuroReport* 9: 1707-1711.

11. Kennedy, P.R., Bakay, R.A.E., Moore, M.M., Adams, K., and Goldwaithe, J. (2000). Direct control of a computer from the human central Nervous system. *IEEE Transactions on Rehabilitation Engineering* 8: 198-202.

12. Donoghue, J.P. (2002). Connecting cortex to machines: Recent advances in brain interfaces. *Nature Neuroscience* supplement 5: 1085-1088.

13. Abbott, A. (2006). Neuroprosthetics: In search of the sixth sense. *Nature* 442: 125-127.

14. Fromherz, P., et al. (1991) A neuron-silicon junction: a Retzius cell of the leech on an insulated-gate field effect transistor. *Science* 252: 1290-1292.

15. Fromherz, P. (2006) Three levels of neuroelectronic interfacing: Silicon chips with ion channels, nerve cells, and brain tissue. *Annals of the New York Academy of Sciences* 1093: 143-160.

16. Hochberg, L.R., Serruya, M.D., Friehs, G.M., Mukand, J.A., Saleh, M., Caplan, A.H., Branner, A., Chen, D., Penn, R.D., and Donoghue, J.P. (2006). Neuronal ensemble control of prosthetic devices by a human with tetraplegia. *Nature* 442: 164-171.

17. Georgopoulos, A.P., Kalaska, J.F., Caminiti, R., and Massey, J.T.(1982). On the relations between the direction of two-dimensional arm movements and cell discharge in primate motor cortex. *Journal of Neuroscience* 11:1527-1537

18. Georgopoulos, A.P., Caminiti, R., Kalaska, J.F., and Massey, J.T. (1983). Spatial coding of movement: A hypothesis concerning the coding of movement direction by motor cortical populations. *Experimental Brain Research* Supplement 7: 327-336.

19. Georgopoulos, A.P., Kettner, R.E., and Schwartz, A.B. (1988). Primate motor cortex and free arm movements to visual targets in three-dimensional space, II: Coding of the direction of movement by a neuronal population. *Journal of Neuroscience* 8: 2928-2937.

20. Andersen, R.A., and Buneo, C.A. (2002). Intentional maps in posterior parietal cortex. *Annual Review of Neuroscience* 25: 189-220

21. Batista, A.P., Buneo, C.A., Snyder, L.H., and Andersen, R.A. (1999). Reach plans in eye-centered coordinates. *Science* 285: 257-260.

22. Buneo, C.A., Jarvis, M.R., Batista, A.P., and Andersen, R.A. (2002). Direct visuomotor transformations for reaching. *Nature*. 416: 632-636.

23. Musallam, S., Corneil, B.D., Greger, B., Scherberger, H., and Andersen, R.A. (2004). Cognitive control signals for neural prosthetics. *Science*. 305(5681):258-262.

24. Wolpaw, J.R. (2007). Brain-computer interfaces as new brain output pathways. *Journal of Physiology* 579: 613-619.

25. Vaughan, T.M., & Wolpaw, J.N (2006). The Third International Meeting on Brain-Computer Interface Technology: Making a difference. *IEEE Transactions on Neural Systems and Rehabilitation Engineering* 14: 126-127.

26. Berger, T.W., Ahuja, A., Courellis, S.H., Deadwyler, S.A., Erinjippurath, G., Gerhardt, G.A., Gholmieh, G., Granacki, J.J., Hampson, R., Hsaio, M.C., LaCoss, J., Marmarelis, V.Z., Nasiatka, P., Srinivasan, V., Song, D., Tanguay, A.R., and Wills, J. (2005). Restoring lost cognitive function. *IEEE Engineering in Medicine and Biology*. Sept.-Oct.

27. http://www.case.edu/artsci/cogs/donald.html.

28. Gelernter, D. (2007). What are people well informed about in the information age? In Brockman, J. (ed), *What Is Your Dangerous Idea?* New York: Harper.

29. www.shadow.org.uk/projects/biped.shtml#Anchor-Anthropomorphism-51540.

30. www.takanishi.mech.waseda.ac.jp/research/index.htm.

31. Thomaz, A.L., Berlin, M., and Breazeal, C. (2005). Robot science meets social science: An embodied computational model of social referencing. Cognitive Science Society workshop July 25-26: 7-17.

32. Suzuki, T., Inaba, K., and Takeno, J. (2005). Conscious robot that distinguishes between self and others and implements imitation behavior. Paper presented at: Innovations in Applied Artificial Intelligence, 18th International Conference on Industrial and Engineering Applications of Artificial Intelligence and Expert Systems, *Lecture Notes in Artificial Intelligence* 3533: 101-110.

33. Donald, M. (1999). Preconditions for the evolution of protolanguages. In Corballis, M.C., and Lea, S.E.G. (eds.), *The Descent of Mind*. New York: Oxford University Press.

34. Breazeal, C., Brooks, A., Gray, J., Hoffman, G., Kidd, C., Lee, H., Lieberman, J., Lockerd, A., and Mulanda, D. (2004). Humanoid robots as cooperative partners for people. *International Journal of Humanoid Robots* 2.

35. Breazeal, C., Buchsbaum, D., Gray, J., Gatenby, D., and Blumberg, B. (2005). Learning from and about others: Towards using imitation to bootstrap the social understanding of others by robots. Artificial Life 11(2): 31-62. Also in Rocha, L., and Almedía e Costa, F. *Artificial Life* (pp.111-130). Cambridge, MA: MIT Press.

36. Barsalou, L.W., Niedenthal, P.M., Barbey, A., and Tuppert, J. (2003). Social embodiment. In Ross, B. (ed.), *The Psychology of Learning and Motivation* (pp. 43-92). Boston: Academic Press.

37. Anderson, A. (2007). Brains cannot become minds without bodies. In Brockman, J. (ed), *What Is Your Dangerous Idea?* New York: Harper.

38. Hawkins, J., with Blakeslee, S. (2004). *On Intelligence*. New York: Henry Holt.

39. http://www-formal.stanford.edu/jmc/history/dartmouth/dartmouth.html.

40. http://www.aaai.org/AITopics/html/applications.html.

41. Searle, J. (1980). Minds, brains, and programs. *The Behavioral and Brain Sciences* 3: 417-457 .

42. http://ist-socrates.berkeley.edu/~jsearle/BiologicalNaturalismOct04.doc.

43. Turing, A.M. (1950). Computing machinery and intelligence. *Mind* 59: 433-460.

44. www-formal.stanford.edu/jmc/whatisai/whatisai.html.

45. Sharma, J., Angelucci, A., and Sur, M. (2000). Induction of visual orientation modules in auditory cortex. *Nature* 404: 841-847.

46. Von Melchner, L., Pallas, S.L., and Sur, M. (2000). Visual behaviour mediated by retinal projections directed to the auditory pathway. *Nature* 404: 871-876.

47. Majewska, A., and Sur, M. (2006). Plasticity and specificity of cortical processing networks. *Trends in Neuroscience* 29: 323-329.

48. Bach y Rita, P. (2004). Tactile sensory substitution studies. *Annals of the New York Academy of Sciences* 1013: 83-91.

49. Donald, M. (1993). Human cognitive evolution: What we were, what we are becoming. *Social Research* 60: 143-170.

50. Pain, E. (2006). Leading the blue brain project. *Science Careers*. Oct. 6, http://sciencecareers.sciencemag.org/career_development/previous_issues/articles/2006_10_06/leading_the_blue_brain_project/(parent)/68.

51. Stock, G. (2003). From regenerative medicine to human design: What are we really afraid of? *DNA and Cell Biology*

22: 679-683.

52. Cohen, N.S., Chang, A., Boyer, H., and Helling, R. (1973) Construction of biologically functional bacterial plasmids in vitro. *Proceedings of the National Academy of Sciences* 70: 3240-3244.

53. Brown, B.D., Venneri, M.A., Zingale, A., Sergi, L.S., and Naldini, L. (2006). Endogenous microRNA regulation suppresses transgene expression in hematopoietic lineages and enables stable gene transfer. *Nature Medicine* 12: 585-591.

54. Hacein-Bey-Abina, S., von Kalle, C., Schmidt, M., et al. (2003). LMO2-associated clonal T cell proliferation in two patients after gene therapy for SCID-X1. *Science* 302: 415-419.

55. Cavazzana-Calvo, M., Hacein-Bey, S., De Saint Basile, G., Gross, F., Yvon, E., Nusbaum, P., Selz, F., Hue, C., Certain, S., Casanova, J.L., et al. (2000). *Science* 288: 669-672.

56. Hacein-Bey-Abina, S., Le Deist, F., Carlier, F., et al. (2002). Sustained correction of X-linked severe combined immunodeficiency by ex vivo gene therapy. *New England Journal of Medicine* 346: 1185-1193.

57. Gaspar, H.B., et al. (2004). Gene therapy of X-linked severe combined immunodeficiency by use of a pseudotyped gammaretroviral vector. *Lancet* 364: 2181-2187.

58. Ott, M.G., Schmidt, M., Schwarzwaelder, K., Stein, S., Siler, U., Koehl, U., Glimm, H., Kuhlcke, K., Schilz, A., Kunkel, H., et al.(2006). Correction of X-linked chronic granulomatous disease by gene therapy, augmented by insertional activation of MDS1-EVI1, PRDM16 or SETBP1. *Nature Medicine* 12: 401-409.

59. http://news.bbc.co.uk/1/hi/health/6609205.stm.

60. Renwick, P. J., Trussler, J., Ostad-Saffari, E., Fassihi, H., Black, C., Braude, P., Ogilvie, C.C., & Abbs, S. (2006). Proof of principle and first cases using preimplantation genetic haplotyping-a paradigm shift for embryo diagnosis.

Reproductive Bio-Medicine Online 13:110-119.

61. http://news.bbc.co.uk/2/hi/health/5079802.stm.

62. Renwick, P, and Ogilvie, C.M. (2007). Preimplantation genetic diagnosis for monogenic diseases: Overview and emerging issues. *Expert Review of Molecular Diagnostics* 7: 33-43

63. Harrington , J.J., Van Bokkelen, G., Mays, R.W., Gustashaw, K., and Willard, H.F. (1997). Formation of *de novo* centromeres and construction of first-generation human Artificial microchromosomes. *Nature Genetics* 15: 345-355

64. Stock, G. (2002). *Redesigning Humans*. New York: Houghton Mifflin.

65. www.newscientist.com/article.ns?id=dn3451.(eds.), *Continuity or replacement? Controversies in Homo sapiens evolution.* (pp. 231-235) Rotterdam: Balkema.

索引

人名

三至五畫

大衛威爾森 David Sloan Wilson 101, 176
山姆歐林納 Sam Oliner 172
川畑秀明 Hideaki Kawabata 256-257
丹尼狄維多 Danny Devito 398
巴克萊 Pat Barclay 121
巴格 John Bargh 143
巴茲尼 Luigi Barzini 85
巴茲爾 Robert Bazell 7
巴斯頓 Dan Baston 126-127
巴瑞特 Justin Barrett 273-274, 276, 278, 289, 298
巴赫伊瑞塔 Paul Bach y Rita 392
戈登摩爾 Gordon Moore 353
比爾莫瑞 Bill Murray 130
包以爾 Pascal Boyer 172, 174, 176, 276, 278, 328
卡拉瑪薩 Alfonso Caramazza 276
卡森 Bryce Carlson 109
卡爾 Josep Call 73, 281, 301, 339, 343, 346-347
卡羅爾 Joseph Carroll 250
古爾德 Stephen J. Gould 100
史坎納 Schnall 162
史韋德 Richard Shweder 152
史培利 Roger W. Sperry 34, 271
史寇耐曼 Thomas Schoenemann 38
史密斯 Vernon L. Smith 155-156, 165, 408
史崔特 George Striedter 36, 40
史麥莉 Charlotte Smylie 188
史麥斯 J. David Smith 344
史提夫馬丁 Steve Martin 47, 335
史塔克 Gregory Stock 401-402, 410-411
布洛卡 Paul Broca 43, 82-85, 263, 317
布洛斯南 Sarah Brosnan 120
布倫姆 Floyd E. Bloom 8
布倫斯坦 Dan Blumstein 277
布朗納 Derek Browne 345

布萊西 Augusto Blasi 169
布萊恩 Denis Brian 271
布萊瑞 Silvie Blairy 207
布魯克斯 Rodney Brooks 56, 363, 380-381
布魯姆 Paul Bloom 70, 281-282, 294
布蕾琪爾 Cynthia Breazeal 378, 380, 382, 384, 400
布蘭克 Olaf Blanke 217
平克 Steven Pinker 7, 108, 229-231, 242, 260, 275
甘乃狄 Phil Kennedy 363-364, 365

六至十畫

任許 Bernhard Rensch 237
伍瑞夫 Guy Woodruff 67-68
伏特 Alessandro Volta 302, 355-356, 358
休謨 David Hume 136, 180
列維亭 Dan Levitin 261, 263-264
吉力根 James Gilligan 329
吉爾 David Geary 107
吉歐普羅斯 Apostolos Georgopoulos 366
安德森 Richard Andersen 368, 370
安德瑟 Alun Anderson 384
米克傑格 Mick Jagger 227, 260
米契爾 Robert Mitchell 337-338
米勒 Geoffrey Miller 128-129, 130, 132, 241, 245, 260
米歇爾 Walter Mischel 170
米爾格蘭 Stanley Milgram 167-168
米德 Carver Mead 353
米騰 Steven Mithen 239
艾比柏 Michael Arbib 81-82, 84
艾克曼 Paul Ekman 124-125, 128
艾希 Solomon Asch 167
艾純 Scott Atran 275
艾略特 Elliot 141, 148
西田康成 Toshisada Nishida 88
西蒙義 Charles Simonyi 100
亨寧格 Daniel Henninger 8
伯金斯 David Perkins 164
伯恩 Richard Byrne 69, 111, 356, 358
伯恩斯坦 Julius Bernstein 356, 358
伯格 Theodore Berger 371-372

伯登尼斯 David Bodanis 354
伽伐尼 Galvani 355
何傑金 Alan Hodgkin 358
佛格西 Leonardo Fogassi 82
克利伯斯 John Krebs 128
克里斯托 Jonathon Crystal 345
克區雷 Hugo Critchley 196
克莉頓 Nicola Clayton 341-343, 347
克勞佛 Michael Crawford 109
克萊 Stan Klein 36, 61, 121, 196, 327, 332-333, 361, 375, 386
克萊恩斯 Manfred Clynes 361, 375
克賴 Nathan Cline 361, 375
克羅斯 Richard Cross 277, 362
克羅斯特 Michael Chorost 362
克羅爾 Clore 162
沃普 Bruce Volpe 314
沃爾夫 Tom Wolfe 212
沃爾帕 Jonathan Wolpaw 369-370
沃福德 George Wolford 319
沙特朗 Tanya Chartrand 145
狄肯 Terrence Deacon 36
狄根森 Anthony Dickinson 341
貝亞夫 Dmitry Belyaev 223
貝菈哲 René Baillargeon 284
貝瑞 Dave Barry 224, 376
貝爾 Quentin Bell 155, 229, 357-358, 385, 415
辛格 Tania Singer 194
辛葛 Jerry Singer 321
里佐拉帝 Giacomo Rizzolatti 49, 81-84, 203-204
亞茲 Shahar Arzy 217
亞歷山大 Richard Alexander 111, 324
卓曼 Tim German 70
尚葸 Jean Paul Changeux 312
居維葉 Georges Cuvier 29
帕拉吉 Elisabetta Palagi 131-132
帕特珊 Penny Patterson 76
帕華洛帝 Pavarotti 227
拉基許 Pasko Rakic 24, 54
拉圖 Richard Latto 136, 231, 234, 252, 255

拉爾森 Gary Larsen 110
拉瑪錢德朗 Vilayanur Ramachandran 8, 205
拉赫曼尼諾夫 Rachmaninoff 13, 225, 228
昆塔瓦萊 Josephine Quintavalle 406
明斯基 Marvin Minsky 385
杭士基 Noam Chomsky 75-76, 81
東貝 Norman Dombey 15
武野純一 Junichi Takeno 378
法菈 Martha Farah 329
法蘭克 Robert Frank 153, 156
波士納 Michael Posner 8, 268, 303, 325
波米納里 Daniel Povinelli 66, 68, 72, 79, 81, 282-283, 285, 288, 290, 295, 338, 340
波義爾 Herbert Boyer 403
波葛 Jana Borg 148
芙特 Allison Foote 345
金斯頓 John Kingston 109
阿道夫 Ralph Adolphs 198-199
阿德里安 Baron Edgar Adrian 357-358
哈丁 Garrett Hardin 177
哈洛醫師 John Martyn Harlow 140
契斯達科 Alexander Chislenko 351
威廉斯 George Williams 99-100, 101
恰朋 Dan Chiappe 121
查克貝瑞 Chuck Berry 376
查斯特羅 Joseph Jastrow 252
洛尼丹吉菲爾德 Rodney Dangerfield 122, 222
珍古德 Jane Goodall 84, 88, 235
珍妮李 Janet Leigh 213
科思麥蒂絲 Leda Cosmides 117-120, 149, 158-159, 243-250, 269-270
科恩 Stanley Cohen 403
科茲威爾 Ray Kurzweil 353, 372-374, 384, 388-389, 398
約瑟夫 Craig Joseph 151-152, 162
約翰・麥克菲 John McPhee 90
耐瑟 Louis Nizer 226
范伯倫 Thorstein Veblen 229
迦列賽 Vittorio Gallese 82, 203
迪佛 Irven Devore 108

迪薩娜雅克　Ellen Dissanayake　229-230, 239-242, 245
韋哲　William Van Wagenen　316
韋恩紐頓　Wayne Newton　230
韋特利　Thalia Wheatley　162
唐納　Merlin Donald　365, 373, 379, 397, 413
唐納修　John P. Donoghue　365
埃哈伯船長　Captain Ahab　29
埃默　Nicholas Emler　49, 109, 115, 123, 363
夏儂　Claude Shannon　385
娜威爾　Helen J. Neville　82, 267
庫恩　Deanna Kuhn　165
庫斯班　Robert Kurzban　158-159
恩德森　Stephen Anderson　76-78
格爾蔓　Susan Gelman　281
泰特薩　Ian Tattersall　418
泰勒　Richard Taylor　254
泰瑞斯　Herb Terrace　74, 76
海格　David Heeger　42
海曼　Steven E. Hyman　8
海絲　Cecelia M. Heyes　68
海爾　Brian Hare　220-221, 223
海德特　Jonathan Haidt　116, 136-137, 151-153, 157, 160, 162, 165-166, 168-169, 179, 251
特比亞　P.V. Tobias　107
特克　Ivan Turk　259
特爾克　David Turk　334
班妮絲　Francine Benes　64
珮爾　Lisa Parr　123, 221
珮蘿歐林納　Pearl Oliner　172, 219
納查謝　Lionel Naccache　303
納格爾　Matthew Nagle　365
紐曼　Leonard S. Newman　169, 190-191
馬克拉姆　Henry Markram　353, 398-401
馬柯　Hubert Markl　66
馬塔瑪　Hillali Matama　88
高爾　Franz Joseph Gall　40-41, 115, 309, 384

十一至十五畫

勒杜　Joseph LeDoux　86, 314
寇格　Cog　56, 380

寇勒 Garrison Keillor 17
密樂 Michael Miller 319
崔佛斯 Robert Trivers 104, 106, 154
崔蓓 Sandra Trehub 261
康特 Cant 338
康德 Immanuel Kant 136, 180, 231-232
強森 Kevin Johnson 47
梅比琳 Maybelline 376
梅哲夫 Andrew Meltzoff 184, 382
梅翁 Vinod Menon 263-264
莫卡席 Nicholas Mulcahy 73, 343
莫里斯 Desmond Morris 236-238
莫琳・葛詹尼加 Maureen Gazzaniga 233
莉伯曼 Debra Lieberman 137
荷絲 Ursula Hess 207
郭敏豪 Michael Corballis 81, 340
雪兒頓 Jennifer Shelton 276
麥卡錫 John McCarthy 385, 390
麥康 Karen McComb 296
麥凱妃 Janet Metcalfe 170
麥德爾莫特 Josh McDermott 258
傑立森 Harry Jerrison 107
傑克森 Philip Jackson 215
凱爾斯壯 John Kihlstrom 327
凱爾德 Andrew Calder 198
勞倫斯 Andrew Lawrence 200
博林 Robbins Burling 129
喬莉 Alison Jolly 111
喬漢森 Donald Johanson 61
喬戴斯 John Jonides 269
斯特勞克 Fritz Strack 190-191
斯蒂爾 Danielle Steele 244
普尤斯 Todd Preuss 28-29, 38
普拉提克 Steven Platek 202
普瑞馬克 David Premack 24, 67-68, 76, 80
普羅萬 Robert Provine 62
湯瑪斯洛 Michael Tomasello 68-69, 223
絲貝克 Elizabeth Spelke 269, 284
絲門德菲芮 Katerina Semendeferi 37-38
舒瓦茲 Norbert Schwarz 234-235, 251, 253, 342

華特生 James Watson 410-411
華萊士 Alfred Wallace 102-103
萊斯里 Alan Leslie 244, 249, 270
菲爾普絲 Elizabeth Phelps 213
費迪克 Lawrence Fiddick 139
費區 Tecumseh Fitch 260
馮巴倫 Rick Van Baaren 187
馮珂 Jennifer Vonk 68, 282-283, 285, 288
奧連斯 Gordon Orians 253
奧絲特蘿姆 Elinor Ostrom 178
愛德華威爾森 Edward O. Wilson 24, 101, 250
溫恩 Thomas Wynn 107
溫凱爾曼 Piotr Winkielman 234-235, 251, 253
瑟爾 John Searle 386-387
瑞伯 Rolf Reber 234-235, 251, 253, 255
瑞德利 Matt Ridley 93, 160, 177-178
葛林 Joshua Greene 18, 147, 377
葛林希爾 Richard Greenhill 377
葛林斯班 Ralph Greenspan 18
葛洛斯 James Gross 209-210
葛倫特 David Gelernter 374
葛琳斐德 Patricia Greenfield 78
詹森 Samuel Johnson 93
道金斯 Richard Dawkins 100-101, 128
達西堤 Jean Decety 215-216, 218
達馬修 Antonio Damasio 92, 141, 148, 152, 169, 189, 217, 304-305, 308, 347
達爾文 Charles Darwin 28, 94, 99-104, 124, 166, 222, 240, 250, 260, 418
鈴木達 Tohru Suzuki 378
雷文生 Robert Levenson 196
圖比 John Tooby 108, 149, 158-159, 243-250, 269-270
圖威 Endel Tulving 330-331, 339
圖靈 Alan Turing 389
漢夫寧 Oswald Hanfling 230-231
漢米爾頓 William Hamilton 100, 104
漢密爾頓 Charles Hamilton 48
蒙特凱索 Vernon Mountcastle 390, 393
蓋吉 Phineas Gage 140-141, 218, 298
蓋希文 George Gershwin 224

蓋洛普 Gordon Gallup 337
蓓克 Lucy Baker 296
豪瑟 Marc Hauser 121, 147, 150-152, 163, 174, 258, 285, 336
赫姆斯 John Holmes 66
赫姆霍茲 Hermann von Helmholtz 355-356
赫胥黎 T.H. Huxley 28
赫修黎 Andrew Huxley 358
德瓦爾 Frans de Waal 120
德貝克 Gavin de Becker 125
德波洛涅 Duchenne de Boulogne 124
德爾加多 José Delgado 359-360
摩絲 Cynthia Moss 296
摩爾 M. Keith Moore 184, 353, 382
稻葉啟太 Keita Inaba 378
衛斯特馬克 Edward Westermarck 137
鄧巴 Robin Dunbar 112-114, 116
魯比 Perrine Ruby 216, 218

十六畫以上

盧卡斯 Keith Lucas 356-357
盧登 Chris von Ruedon 373
諾曼 Donald Norman 232, 235, 256
諾爾曼 Richard Normann 365
賴胥利 Karl Lashley 34
賴特 Robert Wright 166-167
錢妮 Dorothy Cheney 79-80
霍金斯 Jeff Hawkins 385-387, 390-399
霍洛韋 Ralph Holloway 28
霍洛麥爾茲 Peter Fromherz 365
霍普金斯 Gerard Manley Hopkins 233-235, 254
鮑邁斯特 Roy F. Baumeister 169
戴亞奈 Stan Dehaene 303, 312
璦肯 Nancy Aiken 231
蕾貝卡・葛詹尼加 Rebecca Gazzaniga 11, 16
薛克特 Stanley Schachter 74, 321
薇蜜兒 Betty Vermeire 48
謝能堡 Glenn Schellenberg 266
賽西 Steve Ceci 266

賽法斯　Robert Seyfarth　79-80
韓森　David Hanson　377
韓福瑞　Nicholas Humphrey　111, 233, 245, 250
薩基　Semir Zeki　256-257
薩登朵夫　Thomas Suddendorf　340, 344
薩維基蘭保　Sue Savage-Rumbaugh　74, 76-79
藍田　Bruce Lahn　32
藍翰　Richard Wrangham　88-91, 93-95, 108-109, 132, 354, 413
懷特　Tim white　61, 69, 111, 205
懷特恩　Andrew Whiten　69, 111, 205
羅伯茲　William Roberts　341
羅津　Paul Rozin　144
羅茲曼　Edward Royzman　144
羅徹斯特　Nathaniel Rochester　385
羅賓斯　Trevor Robbins　200
羅藍紐曼　Roland Neumann　190-191
麗塔拉德娜　Rita Rudner　47
蘇爾　Mriganka Sur　391
露弗特絲　Judith Loftus　332-333

文獻和媒體

二至三畫

〈二十一世紀重大醫學議題〉　Great Issues for Medicine in the Twenty-First Century　24
《大白鯊》　*Jaws*　264
〈大步邁向水牛城〉　Shuffle Off to Buffalo　226
《大家樂》　*Coupe de Ville*　376

四畫

《今天暫時停止》　*Groundhog Day*　130
《巴爾薩澤》　*Balthazar*　324
《心理學原理》　*The Principles of Psychology*　302

六至七畫

《自然》期刊　*Nature* magazine　60
《克麗雅》　*Clea*　324
《完整的人》　*The Man in Full*　212
《男人來自火星，女人來自金星》　*Men Are form Mars, Women Are from Venus*　219

八畫

《亞特蘭大報》 *Atlanta* newspaper 59
《亞歷山卓四部曲》 *The Alexandria Quartet* 324
《奇點迫近》 *The Singularity is Near* 388
《性・演化・達爾文》 *The Moral Animal* 166
《物種起源》 *Origin of Species* 28
《社交大腦》 *The Social Brain* 149, 415
《空白石板與思想的原料》 *The Blank Slate and The Stuff of Thought* 7
《花都舞影》 *An American in Paris* 224

九畫

《查士丁》 *Justine* 324
《科學的疑惑與肯定：生物學家對腦的思考》 *Doubt and Certainty in Science: A Biologist's Reflections on the Brain* 350
《紅色皇后》 *The Red Queen* 93
《美國傳統辭典大學版》 *American Heritage College Dictionary* 231

十畫

《恐懼的禮物》 *The Gift of Fear* 125
《時代雜誌》 *Time magazine* 347
《泰山王子》 *Greystoke: The Legend of Tarzan* 258
《紐約科學院年刊》 *Annals of the New York Academy of Sciences* 24

十一畫

《偷窺》 *Candid Camera* 167
《動物屋》 *Animal House* 302
《笛卡爾的Baby》 *Descartes' Baby* 281
《莫黛斯特米尼翁》 *Modeste Mignon* 164
《野性的心》 *Wild Minds* 285
《野孩子》 *L'Enfant Sauvage* 246

十二畫

《尋找腦中幻影》 *Phantoms in the Brain* 8
《悲慘世界》 *Les Miserables* 224
《象的記憶》 *Elephant Memories* 296
《雄性暴力》 *Demonic Males* 88

十三畫

《新科學家》 *New Scientist* 384
《瑞士協和廣場》 *La Place de la Concorde Suisse* 90
《義大利人》 *The Italians* 85
《義大利式離婚》 *Divorce Italian Style* 374
《電學發展史》 *Electric Universe* 354

十四畫

《瘋狂高爾夫》 *Caddyshack* 384
《與天才對談》 *Genius Talk: Conversations with Nobel Scientists and Other Luminaries* 271
《蒙托利維》 *Mountolive* 324
《遠方》 *Far Side* 110

十八畫以上

《雙面嬌娃》 *Moonlighting* 134
《霹靂鑽》 *Marathon Man* 193
《驚魂記》 *Psycho* 213

地名、機構名

二至五畫

人道協會 Humane Society 59
人類分類學實驗室 Laboratory of Human Systematics 230
尤基斯全國靈長類研究中心 Yerkes National Primate Research Center 28
巴利阿里群島大學 University of Islas Baleares 230
巴斯德研究院 Pasteur Institute 312
比薩大學 Pisa University 131
牛津大學人類遺傳學衛爾康信託中心 Wellcome Trust Centre for Human Genetics 51
加州大學洛杉磯分校 UCLA 107, 205, 277, 401
加州大學聖塔芭芭拉分校 University of California at Santa Barbara 16, 76, 243, 327
加州大學爾灣分校 University of California at Irvine 36
加州理工學院 Caltech 15-16, 198, 353, 368
北倫敦大學腦化學與人類營養學院 University of North London Institute of Brain Chemistry and Human Nutrition 109
布朗大學 Brown University 365

生殖倫理評論組織 Comment on Reproductive Ethics 406-407

六至十畫

安博塞利國家公園 Amboseli National Park 79, 296
早稻田大學 Waseda University 378
西安大略大學 University of Western Ontario 341
利他個性與利社會行為機構 Altruistic Personality and Prosocial Behavior Institute 172
貝爾電話實驗室 Bell Telephone Laboratories 385
那佛納廣場 Piazza Navona 213
帕索 El Paso 39, 224
卑爾根大學 University of Bergen 234
岡貝國家公園 Gombe National Park 88, 90, 235
拉斯考克 Lascaux 227
杭柏德特州立大學 Humboldt State University 172
東肯塔基大學 Eastern Kentucky University 337
波瓦爾動物園 ZooParc de Beauval 131
金山大學 University of the Witwatersrand 107
阿姆斯特丹大學 University of Amsterdam 187
哈佛腦組織資源中心 Harvard Brain Tissue Resource Center 64
洛桑聯邦大學 École Polytechnique Fédérale de Lausanne (EPFL) 398, 400
紅木理論神經科學中心 Redwood Center for Theoretical Neuroscience 390
美國人工智慧學會 American Association for Artificial Intelligence 385
倫敦大學 the University College London 68, 100, 109, 194, 256, 405
倫敦大學附屬眼科醫院 Moorfields Eye Hospital 405
倫敦大學學院 University College of London 68, 256
倫敦政經學院 London School of Economics 100
埃塞斯科爾切斯特大學 University of Essex, Colchester 70
埃默里大學 Emory University 49, 109, 123, 363
烏茲堡大學 University of Würzburg 190
「神經翱翔」公司 NeuroSky 371
馬克斯普朗克研究所 Max Plank Institute 220
馬克斯普朗克學會 Max Planck Society 66

馬里蘭大學 University of Maryland 62
馬哈雷山國家公園 Mahale Mountains National Park 88

十一畫以上

國防部高等研究計畫局 Defense Advanced Research Projects Agency (DARPA) 376
基因科技 Genentech 403
都市傳奇網站 snopes.com 59
野馬隊 Broncos 94
麥基爾大學 McGill University 261
凱斯西儲大學 Case Western Reserve University 373, 409
喀拉哈里沙漠 Kalahari 90
喬治梅森大學 George Mason University 155
普魯夫洛克宿舍 J. Alfred Prufrock house 15-16
集體農場 kibbutzim 137
奧杜威峽谷 Olduvai Gorge 63
奧韋里 Owerri 240
愛荷華大學 University of Iowa 198
溫徹斯特大學 University of Winchester 111
聖太尼昂市 Saint-Aignan-sur-Cher 131
聖安祖大學 University of Saint Andrews 111, 205, 260
腦智研究所 Brain and Mind Institute 398
詹姆斯庫克大學 Townsville James Cook University 139
路易斯安納大學兒童研究中心 University of Louisiana Center for Child Studies 66
達特茅斯學院 Dartmouth College 16, 148, 302, 385
「電感動」公司 Emotiv 370
電腦科學及人工智慧實驗室 Computer Science and Artificial Intelligence Laboratory 380
漢諾威 Hanover 385
蓋氏醫院 Guy's Hospital 405
蓋提 the Getty 230
認知演化協會 Cognitive Evolution Group 66
影子機器人公司 Shadow Robot Company 377
霍華休斯醫學研究中心 Howard Hughes Medical Institute 32
薩伊 Zaire 61
薩塞克斯大學 University of Sussex 196, 296

薩塞克斯醫學院 Sussex Medical School 196, 296
羅格斯大學 Rutgers University 104, 244

其他

一至五畫

1/f 譜頻 1/f spectra 263-264
μ波 mu waves 204-205
一級視覺皮質區 primary visual cortex 182
乙型腦內啡 beta- endorphins 132
二十二碳六烯酸 docosahexaenoic acid (DHA) 109
二級聽覺區 secondary auditory location 47
人科動物 hominid 37, 61, 107
人屬 Homo 62, 219
上顳葉溝 superior temporal sulcus 148
叉頭盒 forkhead box (FOX) 52
大猩猩 gorilla 35, 37, 60-61, 76, 88, 91, 228, 337, 346
大腦杏仁核 amygdala 87, 144, 170, 198-201, 213, 265, 271
大腦前額葉腹側 ventral prefrontal cortex 217
小腦症 microcephaly 32-33, 51
工作記憶 working memory 257, 310-311
中間背側丘 medial dorsal nucleus 40
中間神經元 interneurons 370, 401
「中斷」理論 discontinuity theory 75
互惠利他主義 reciprocal altruism 104, 129, 154
互惠模組 The Reciprocity Module 154-155
內前喙扣帶 anterior rostral zone of the cingulate 195
內側前額葉皮質 medial prefrontal cortex 216, 218-219
內團體／外團體的偏見 ingroup-outgroup bias 94, 176
內隱自我 implicit self 338
內臟運動 visceromotor 193, 204
鏡像神經元 mirror neurons 9, 49, 82-83, 85, 95, 202-207, 379, 418
反轉位 retrotransposition 60
尺度噪音 scaling noise 263
巴諾布猿 bonobo 37, 60-61, 73, 76-77, 79, 91, 131-132, 343, 346, 417
心智推理 theory of mind (TOM) 67-73, 81, 154, 174, 184, 201-202, 216, 218, 220-222, 259, 274, 286-288, 290-292, 295, 297, 301, 328, 343-344, 380, 382, 417

止痛劑　Advil　194
比肖夫－克勒假說　Bischof-Kohler hypothesis　341
比較神經解剖學　comparative neuroanatomy　28, 37
比較基因體學　comparative genomics　50
丘腦　thalamus　40, 87, 144, 195, 199, 217, 264, 306-307, 312, 342, 370
功能性生化人　fyborg　350-352, 402
功能性磁振造影　functional magnetic resonance imaging (fMRI)　9, 82, 147, 192-193, 196, 199, 203, 205, 256
功能柱　column　43-44, 45-46
功能微柱　minicolumn　43
半邊忽略　hemineglect　313-314, 318, 324
卡波格拉斯症候群　Capgras' syndrome　326
可可（猩猩名）　Koko　76
右角迴　right angular gyrus　217
失控的性擇　runaway sexual selection　106, 129
尼安德塔人　Homo Neanderthalensis / Neanderthals　30, 226, 257-259, 295, 418
巧人　Homo habilis　63, 108
布丁岩　pudding stone　239
布洛卡區　Broca's area　43, 82-85, 263, 317
正向篩選　positive selection　31, 33-34, 53
生化人　cyborg　350-352, 361-362, 375, 402
生物分子　biomolecules　381
生物唯實論　biological realism　399
生物層級　biological hierarchy　101
白質　white matter　32, 38, 43, 49-53, 60, 108, 267, 271, 356, 359, 399, 404
皮質功能柱　cortical minicolumn　43
穴居黃鼠　ground squirrel　336

六至十畫

先天小腦症　primary microcephaly　32-33
先天無痛症　congenital inability to feel pain (CIP)　206
全域工作空間　global workspace　310
地猿　Ardipithecus　61
多元不飽和脂肪酸　Polyunsaturated fatty acids　109
多巴胺　dopamine　200, 264-265
多層級群體選擇　multilevel group selection　223
多層級選擇理論　multilevel selection theory　101

扣帶　cingulate　39, 192, 194-195, 207, 219, 257, 307-309
次亞麻油酸　alpha-linolenic acid (LNA)　109-110
牟比士症候群　Mobius syndrome　206-207
百萬鹼基　megabases　60
肌萎縮性脊髓側索硬化症　amyotrophic lateral sclerosis (ALS)　363
自主運動　voluntary movement　41
自我參照特性　self-referential traits　333
自我覺知　self-awareness　10, 30, 179-180, 201-202, 214, 220, 304, 327, 329-331, 336-340, 347, 379, 386, 418
自私基因　selfish gene　100, 153
亨丁頓舞蹈症　Huntington's disease　198
克斯摩　Kismet　380-383
克羅馬儂人　Cro-Magnons　295
坎茲（猿名）　Kanzi　77-79, 81, 95
尾狀核　caudate nucleus　360
投射　projection　17, 219, 339-340
李奧納多（機器人名）　Leonardo　382-383
沃森實驗　Wason Test　119
那洛松　nalaxone　264
亞諾馬米族　Yanomami　89-90, 130
侏儒黑猩猩　pygmy chimpanzees　61
兒茶酚胺　catecholamines　272, 299
湖濱南猿　Ardipithecus ramidus　61
底質　substrates　219
性擇　sexual selection　65, 92-93, 105-106, 110, 117, 121, 129, 132, 241-242, 245, 248, 251-252, 260, 289
易位　translocation　51
法藍德斯人　Flemish　56
「法寶」　Flubber　377
泛自閉症障礙　autistic spectrum disorder (ASD)　205
盲視　blindsight　182, 199
直立人　Homo erectus　17, 108-109, 238-239
直迴　gyrus rectus　216
直覺模組　intuitive modules　150, 177
社交心智　social mind　98-99, 101, 110
社交遊戲　social play　113, 131-132
社會化大腦假說　social brain hypothesis　111
金巴利　Campari　213
長臂猿　gibbon　37

阿米巴原蟲　Entamoeba histolitica　160
阿法南猿　Australopithecus afarensis　61, 108
非進行性智能障礙　nonprogressive mental retardation　32
前扣帶皮質　anterior cingulate cortex　39, 192, 207, 219, 308
前身細胞　predecessor cell　54
前注意力系統　anterior attention system　310
前運動皮質　premotor cortex　203, 309
前運動神經元　premotor neurons　202
前聯體　anterior commissure　315
前額腦區底部　orbitofrontal cortex　256, 265
前額葉皮質區　prefrontal cortex (mPFC)　218
南猿屬　Australopithecus　61-62
威尼基區　Wernicke's area　42, 46, 82
後頂葉皮質　posterior parietal cortex　39, 368
後顳皮質　posterior temporal cortex　216
恆河猴　rhesus　37, 42, 49, 123, 201-202, 221-222, 261, 344
施維阿爾部落　Shiwiar　120
眉骨外側　lateral eyebrow　215
突現行為　emergent behavior　401
突現狀態　emergent states　348
突現特質　emergent property　348, 388, 401
突現現象　emergent phenomenon　387
紅毛猩猩　orangutan　35, 37, 60, 73, 88, 94, 337, 343, 346
美學根基　aesthetic primitive　252
背外側前額葉皮質　dorsal lateral prefrontal cortex (dlPFC)　257, 308
背側丘腦　dorsal thalamus　40
負向偏誤　negativity bias　143-145, 148, 162, 252, 255
面孔失認症　prosopagnosia　338
音蝟基因　Sonic Hedgehog　31
剛族人　Kung of the Kalahari　90
原猴亞目動物　prosimians　69
核心嫌惡　core disgust　160-161
海馬結構　hippocampi　42
特化作用　specialization　30, 47-48, 315, 321
病覺缺失　anosognosia　313, 325
神經工作空間　neuronal workspace　328

神經核團 nuclei 36
神經造影研究 neuroimaging 171, 192, 198, 228, 305
神經傳導素 neurotransmitter 304, 354, 359, 399
神經網路圖譜 wiring diagram 25
神經輔具 neuroprosthetic 354, 361
紋狀皮層 striate 37
胼胝體 corpus callosum 48-49, 138, 308, 315-317, 333, 418
記憶預測理論 memory-prediction theory 390, 392
配對記錄 paired recordings 400
馬可夫模型 Markov models 387
馬基維利智力理論 theory of Machiavellian intelligence 111
高鳴行鳥 piping plover 122

十一至十五畫

側化 lateralized 42, 46-47, 49, 334
動物自我覺知 animal self-awareness 336-337
基因體學 genomics 50, 53
基底前腦 basal forebrain 306-307
基模 schema 72
宿霧眼鏡猴 cebu 37
情節記憶 episodic memory 330-333, 337, 339-342, 344, 347, 417
捲尾猴屬 Cebus 237
斜向效應 oblique effect 252
梭狀迴 fusiform gyrus 293
理毛 grooming 81, 93, 113-116, 131-132
理論理論 theory theory 183, 190
現象意識 phenomenal consciousness 302, 348
瓶鼻海豚 bottlenose dolphin 345
疏失管理理論 error management theory 143, 289
眼眶前額葉區域 orbital prefrontal region 39
眼輪匝肌外側 orbicularis oculi pars lateralis 125
細胞上顆粒層 supragranular layers 44-45
細胞周期 cell cycles 45
細胞群 cell groups 40
脫鉤機制 decoupling mechanism 244, 249
莫珊比克（猩猩名） Mozambique 57
被殼 putamen 198

通道　pathway　63, 90, 98, 356-360, 370, 392, 399, 401, 418
「連續性理論」　continuity theory　75
都市挑戰賽　The Urban Challenge　376
閉鎖症候群　locked-in syndrome　363, 366
頂蓋皮質　opercular cortex　197
鳥糞嘌呤　guanine　31, 52
單側腦內迴路　intrahemispheric circuitry　49
斑馬紋貽貝　Zebra mussels　412
智人　Homo sapiens　30, 32, 35, 61, 95, 109, 239-240, 257, 295, 414, 417-418
智慧型機器人　smart robots　368, 374-375, 413
替代痛覺　vicarious pain　194
湖濱南猿　Australopithecus anamensis　61
硬腦膜下電極　subdural electrodes　217
裂腦症　split-brain　30, 47-48, 49, 149, 188, 303, 315-316, 318-323, 333-334, 348
視交叉　optic chiasm　317
視床枕　pulvinar　40
軼事證據　anecdotal evidence　164-165, 299
階級模組　hierarchy module　157, 176
黑猩猩　chimpanzee　5-6, 12-13, 19, 29-30, 32-33, 35-39, 42-43, 50, 53-55, 57, 59-74, 76, 78-79, 81-82, 84, 87-95, 108, 113-114, 116-117, 123, 131-132, 139, 151, 157-158, 178-179, 202, 220-223, 225, 228, 235-238, 247, 283, 288-290, 295, 337, 346, 416-419
傳訊核糖核酸　mRNA　52
微腦磷脂基因　microcephalin　31-32, 240
新皮質管柱　neocortical column (NCC)　400
群體選擇　group selection　99, 101, 105, 176, 223
腺嘌呤　adenine　31, 52
腦化商數　encephalization quotient　107
「腦門」系統　BrainGate system　365
腦島　insula　192-193, 195, 197-198, 204-205, 207, 219
腦電圖　EEG　204-205
運動前區　premotor area　42
過度擬人化　overanthropomorphize　382
電位控制通道　voltage-gated channels　358
僧帽猴　capuchin monkeys　237
圖形字　lexigrams　76-77, 78, 81

圖靈測驗 Turing Test 389
對偶基因 alleles 31
演化心理學 evolutionary psychology 117-118, 128, 137, 149, 228, 242-243, 332
瑪莎拉蒂 Maserati 64, 352
管太多人 Homo buttinski 414
語意記憶 semantic memory 328, 330-331, 333, 339-340
認知特徵 cognitive trait 99
遞歸 recursion 215, 262
層內核群 intralaminar nuclei 306
影子手 Shadow Hand 377
模擬理論 simulation theory 183, 198, 215, 218
褐戴帽捲尾猴 brown capuchin monkeys 120
複合功能柱 macrocolumn 46
複製錯憶 reduplicative paramnesia 325
調節序列 regulatory sequence 50
適應性指標 fitness index 105, 121, 128-129, 131-132, 241-242
墨西哥游離尾蝠 Mexican Free Tail bats 336
齒狀核 dentate nucleus 40

十六至二十畫

凝血因子 VIII factor VIII 403
學術能力測驗 SAT 170
盧伽雷氏症 Lou Gehrig’s disease 363
親代投資 parental investment 106, 249
親擇 kin selection 100, 104, 129
親屬辨識 kin recognition 137
錐狀細胞 pyramidal cells 25, 43, 46-47, 308
錯誤信念任務 false-belief task 70-71
靜止膜電位 resting membrane potential 356
頭號雄性 alpha male 72, 93
嬰猴 Galago 36
聯合區 association area 41, 44, 217, 219
薄片細胞核 intralaminar nuclei (ILN) 306-307
顆粒下層 infragranular layers 44
顆粒前額葉皮層 granular prefrontal cortex 39
叢鳥 scrub jays 341-343, 347
翻譯器詮釋模組 interpreter module 139

藍基因 Blue Gene/L 399-400
轉移效果 transfer effect 266
轉錄因子 transcription factor 52-53
額端皮質 frontopolar cortex 216
鏡像自我認知 mirror self recognition (MSR) 68, 337-338, 340
鏡像神經元 mirror neuron 9, 49, 82-83, 85, 95, 202-207, 379, 418
類人猿 great apes 37, 42, 60, 66, 73, 78, 108, 122, 185, 223, 258, 283, 290, 308, 343, 346
類神經網路 neural networks 214, 216, 308, 387
礫岩 conglomerate 239
覺醒系統 arousal system 306
獼猴 macaque monkey 48, 185

二十二畫以上

囊鼠 pocket mouse 29
髓鞘 myelin sheaths 64
髓鞘化 myelination 64
體染色體隱性遺傳 autosomal recessive 32
體感覺皮質 somatosensory cortex 195, 216, 218-219
靈魂出竅經驗 out-of-body experience (OBE) 217
鹼基對 base pair 31, 52
觀點取替 perspective taking 68, 190, 214, 217, 220-221, 224
顱相學 phrenology 40-41
顳平面 planum temporale 42-46, 271
顳頂聯合區 temporoparietal junction (TPJ) 217, 219
顳極 temporal pole 219
顴大肌 zygomaticus major 125, 255

與眾不同的大腦：
為什麼我們能理解科學和藝術？電腦與AI會影響大腦的演化嗎？

作　　者　葛詹尼加
譯　　者　鍾沛君
責任編輯　曾琬迪（一版）、王正緯（二版、三版）
協力編輯　張慧敏
校　　對　魏秋綢
版面構成　張靜怡
封面設計　兒日
行銷專員　簡若晴
版權專員　陳柏全
數位發展副總編輯　李季鴻
行銷總監兼副總編輯　張瑞芳
總 編 輯　謝宜英
出 版 者　貓頭鷹出版 OWL PUBLISHING HOUSE

事業群總經理　謝至平
發 行 人　何飛鵬
發　　行　英屬蓋曼群島商家庭傳媒股份有限公司城邦分公司
115 台北市南港區昆陽街 16 號 8 樓
劃撥帳號：19863813；戶名：書虫股份有限公司
城邦讀書花園：www.cite.com.tw ／購書服務信箱：service@readingclub.com.tw
購書服務專線：02-25007718~9 ／ 24 小時傳真專線：02-25001990~1
香港發行所　城邦（香港）出版集團有限公司／電話：852-25086231 ／ hkcite@biznetvigator.com
馬新發行所　城邦（馬新）出版集團／電話：603-9056-3833 ／傳真：603-9057-6622
印 製 廠　中原造像股份有限公司
初　　版　2011 年 4 月／二版 2020 年 1 月／三版 2025 年 6 月
定　　價　新台幣 570 元／港幣 190 元（紙本書）
新台幣 399 元（電子書）
I S B N　978-986-262-758-7（紙本平裝）／ 978-986-262-757-0（電子書 EPUB）

讀者意見信箱　owl@cph.com.tw
投稿信箱　owl.book@gmail.com
貓頭鷹臉書　facebook.com/owlpublishing

國家圖書館出版品預行編目資料

與眾不同的大腦：為什麼我們能理解科學和藝術？電腦與 AI 會影響大腦的演化嗎？／葛詹尼加（Michael S. Gazzaniga）著；鍾沛君譯 . -- 三版 . -- 臺北市：貓頭鷹出版：英屬蓋曼群島商家庭傳媒股份有限公司城邦分公司發行 , 2025.06
面；　公分 .
譯自：Human: the science behind what makes up unique.
ISBN 978-986-262-758-7（平裝）

1. CST：腦部　2. CST：認知心理學
3. CST：生理心理學　4. CST：意識

394.91　　114004609

本書採用品質穩定的紙張與無毒環保油墨印刷，以利讀者閱讀與典藏。